微纳光纤制备与传感技术应用

李　晋　孟凡利　苑振宇　著

科学出版社
北　京

内 容 简 介

本书从微纳光纤的特性出发，对近年微纳光纤传感技术领域的相关工作和研究进展进行梳理和评述，并提出作者对未来微纳光纤传感技术的发展预测和建议。本书首先介绍了微纳光纤的独特光学效应和特点；进而从二氧化硅和聚合物材料特性出发，介绍微纳光纤的常见制作方法和特点；分析和总结了微纳光纤传感技术当前热点领域的研究进展；最后结合作者在微纳光纤传感器及技术应用领域的研究工作进行了案例分析和技术讨论。

本书可供先进光纤传感、光学检测、微纳材料增敏技术等多学科交叉方向的高年级本科生、研究生及相关科研和工程技术人员参考。

图书在版编目(CIP)数据

微纳光纤制备与传感技术应用/李晋，孟凡利，苑振宇著. —北京：科学出版社，2024.10

ISBN 978-7-03-077315-9

Ⅰ. ①微… Ⅱ. ①李… ②孟… ③苑… Ⅲ. ①纳米材料－应用－光纤传感器 Ⅳ. ①TP212

中国国家版本馆 CIP 数据核字（2024）第 000496 号

责任编辑：姜 红 张培静 / 责任校对：韩 杨
责任印制：赵 博 / 封面设计：无极书装

科学出版社 出版
北京东黄城根北街 16 号
邮政编码：100717
http://www. sciencep. com

中煤（北京）印务有限公司印刷
科学出版社发行 各地新华书店经销
*
2024 年 10 月第 一 版 开本：720×1000 1/16
2025 年 1 月第二次印刷 印张：18 1/2
字数：373 000

定价：168. 00 元

（如有印装质量问题，我社负责调换）

前 言

在传感技术和光学检测技术领域，光纤传感技术是发展较快的前沿科学之一，它具有本征无源、不受电磁干扰影响、可承受较大温差、耐酸碱腐蚀、抗高压、抗辐射、操作过程简单、制备成本低廉，并能实现远距离传输等特点。基于上述特点，光纤传感器在智能工业、环境污染防控、管道泄漏定位、结构健康诊断、生命体征监测等领域有广阔的应用前景。

与电子器件不同，光纤传感器中传播的是光信号。当光纤直径接近或小于信号光波长时，光学传输性能将发生本质性改变，不同于传统光纤中光线在介质平面的全内反射传输理论。近年来，各国学者针对不同功能的微纳光子器件开展了广泛的研究工作，涵盖了微纳光纤、光子晶体波导、表面等离子体激元光学波导、激光刻写微纳波导、硅刻蚀波导、超构波导等，极大地丰富了微纳光子学和全光子器件的研究内涵。

作为光纤传感领域的后起之秀，微纳光纤传感技术融合了纳米材料、光电测量、光学调控、生化检测等多学科特色，是典型的跨学科研究方向，受到了越来越多的关注。2003 年，浙江大学童利民教授在 *Nature*（《自然》）上发表了研究论文，采用普通单模光纤制备了直径在微纳米级的光纤，并研制了微型光纤耦合器和干涉仪等相关器件。自此，微纳光纤走进人们的视野，凭借它特有的光学倏逝场，可以实现不同微纳光纤之间高效率的光学耦合，突破光学衍射极限，实现光子或光信号的高效传输。微纳光纤能够提供超大比表面积，从而增大与待测环境接触截面，有效提升传感器灵敏度。微纳光纤的制作材料丰富，涵盖各种无机和有机玻璃、大分子聚合物、半导体和金属等。微纳光纤的制作方法简单，能够有效降低光学器件的制作成本，提升全光芯片的微型化和集成化水平。

本书共 7 章。第 1 章介绍微纳光纤的发展历史和基本概念；第 2 章介绍微纳光纤内光学传输及耦合理论；第 3～6 章分别通过近年报道的相关学术工作，系统评述各种典型微纳光纤器件的制作方法和应用；第 7 章结合东北大学“微纳传感与智能检测”课题组开展的相关工作案例进行示例讲解。

本书参考了国内外学者在微纳光纤传感应用方向的研究评述，结合了课题组近几年在 *Sensors and Actuators B: Chemical*（《传感器与执行器 B：化学》）、*Optics and Laser Technology*（《光学与激光技术》）、*Optical Materials*（《光学材料》）、*Measurement*（《测量》）、*Sensors*（《传感器》）等期刊发表的相关文章，同时融合了2014年至今我在东北大学赵勇教授带领的课题组工作期间所开展的部分研究工作。本书是对课题组相关研究工作的阶段性总结，特别感谢程展博士协助整理书稿，也感谢我指导的硕士研究生陈飞、盖丽婷、范蕊、杨俊彤、高宁、闫浩、张爽，博士研究生陈高亮和王雁南，多年来在课题组开展本科毕业设计工作的刘长轩、聂芹、黄少彬、方正同等，以及入选大学生创新计划的李周兵、王浩儒、范嘉璇等同学的相关工作对本书内容的贡献。

我从 2014 年 1 月进入东北大学信息科学与工程学院以后，在科研工作中离不开课题组在科研条件和平台方面给予的大力支持，感谢赵勇教授多年来的提携和关心，感谢课题组孟凡利教授和苑振宇教授一如既往的信任和帮助。也衷心感谢课题组的王琦教授、张亚男教授、胡海峰副教授、吕日清副教授、高宏亮副教授、张华副教授、李雪刚副教授，东北大学秦皇岛分校控制工程学院的蔡露副教授、蔡忆副教授、胡晟副教授、仝锐杰副教授、陈茂庆副教授，以及英宇副教授、高朋副教授、张玉艳副教授、周雪讲师、吴迪博士等。

课题组相关科研工作的顺利开展离不开国内外同行的帮助，特别感谢中国科学院安徽光学精密机械研究所阚瑞峰研究员，华中科技大学段国韬教授，哈尔滨工业大学掌蕴东教授、姚勇教授、宋清海教授和董永康教授，清华大学彭志敏副教授，西北工业大学王跃副教授，中国工程物理研究院叶鑫副研究员，哈尔滨工程大学李寒阳副教授，哈尔滨师范大学姚成宝副教授，齐鲁工业大学赵强副研究员，澳大利亚国立大学 Duk-Yong Choi 教授等同行、前辈的大力提携和帮助。

课题组的相关研究工作和本书的顺利出版得到了国家和省部级项目的资助，包括：科技部国家重点研发计划制造基础技术与关键部件重点专项项目“多参数危险气体在线分析关键技术”（2019YFB2006000）；国家自然科学基金重点项目“用于毒品和易制毒化学品现场快速检测的微纳传感器阵列与系统”（62033002）和青年科学基金项目“金属微纳米粒子掺杂石英光纤多参量传感特性研究”（61405032）；中央高校基本科研业务费项目“纳米材料辅助增强微纳光纤传感技术”（N170405003）、“二维全介质纳米结构的光纤集成化设计及传感技术研究”（N2004007）和“磁性金纳米粒子光子晶体光纤的制备及生物传感技术研究”（N150404022）；辽宁省自然科学基金重点项目“介质纳米材料修饰微纳米光纤的类 SPR 传感技术研究”（20180510015）和博士科研启动基金项目“掺杂型聚合物微纳米光纤传感器件制备及初步实验研究”（201501144）；国家公派访问学者项目（201606085023）、中国科学院长春光学精密机械与物理研究所应用光学国家重点实验室开放课题和中广核工程有限公司核电安全监控技术与装备国家重点实验室开放课题等。

受限于作者的研究水平和科研经验，如存在不妥之处，敬请科研同行批评指正，共同探讨。

李　晋

2022 年 7 月于沈阳

目　录

1　微纳光纤技术概况

自2021年起，为落实“十四五”期间国家科技创新有关部署安排，国家重点研发计划启动实施了“智能传感器”重点专项。智能传感器关乎国家精密制造、国防安全、环境监控、工业安全、生命健康等新兴和关键领域。诸多智能传感器技术被国外形成专利和技术垄断，亟须源头技术创新。作为一种新兴的传感器，光纤传感器具有体积小、灵敏度高、响应速度快、抗电磁干扰、分辨力高等特点，尤其面向一些工作空间狭小、环境复杂恶劣、测量精度要求高、响应时间要求快的检测场合，光纤传感器相较于电学传感器具备很多无法替代的优势。近年来，国内外的各大高校以及科研机构针对光纤传感技术开展了持续、深入和透彻的研究，并积极将其应用推广到工业生产、航空航天、海洋探测、国防军事等领域。进入21世纪，伴随微纳米加工技术的进步和各种新型微纳米材料的出现，光纤传感技术开始朝微型化、多功能化和精细化设计方向发展，并形成了一个独具特色的研究分支，即微纳光纤传感技术。随着技术经验的不断积累与完善，尺寸更小、性能更佳、集成度更高的微纳光纤传感器被陆续报道，极大地丰富了智能传感器的内涵。

1.1　什么是微纳光纤？

微纳光纤延续了光纤波导本身的概念，只是它在尺寸上区别于传统的单模光纤（single mode fiber，SMF），微纳光纤的直径通常接近或小于其内部传输光信号的波长[1]。

1.1.1　微纳光纤的提出与发展

在英文中，光纤的严格翻译为“optical fibers”，而“fibers”本义为纤维。1887 年，物理学家 Boys（博伊斯）最先获得了微米级玻璃纤维，他用飞速射出的箭头穿过熔融状态的矿物质，拉伸出了一根非常细的玻璃纤维[1]。微米纤维的最初应用还仅限于机械领域，如利用其均匀性和优异弹性的特质，将其用作指针式电流计的弹簧等。1959 年，Kapany[2]率先使用多根微米纤维束来传输图像信号。直到 1966 年，Kao 等[3]制作完成了第一根可以满足远距离光通信的低损耗光纤，才使各种光纤传感技术的出现，包括各种微纳光纤器件的出现成为可能。20 世纪 70 年代以后，针对数微米直径光纤设计及应用的工作零散地出现，直到 1999 年，Bures 等[4]才为亚波长直径微米光纤建立了系统的光学传输理论模型。

2003 年，Tong 等[5]在 *Nature* 发表的研究工作开启了微纳光纤传感技术的研究热潮。他们采用加热熔融二次拉伸方法，首次获得了直径远小于激发光波长的微纳光纤，并展示了其优异的光学传输及耦合效率、柔韧性和机械强度，展现了其未来在微型全光芯片和光子器件领域的广阔应用前景。

1.1.2　微纳光纤及倏逝场的定义

微纳光纤直径的典型尺寸分布于 1nm～10μm 范围，涵盖了微米光纤和纳米光纤。表 1.1 中对比了不同类型微纳光纤和原子光纤的特点。

表 1.1　微纳光纤和原子光纤的特点

种类		典型尺寸	光学效应特点	代表性材料
微纳光纤	微米光纤	1～10μm	亚波长光场束缚（光学倏逝场）	SiO_2、磷酸盐等无机玻璃、聚甲基丙烯酸甲酯、聚苯乙烯等有机聚合物
	纳米光纤	100nm～1μm	亚波长光场束缚（光学倏逝场）	ZnO、CdS 等半导体，碳纳米管/线，金、银等金属纳米线
		1～100nm	量子束缚-光子限域	碳纳米管/线，金、银等金属纳米线
原子光纤		<1nm	量子束缚-光子限域	碳纳米管/线，金、银等金属纳米线

微纳光纤内部光学特性与工作波长密切相关，当其尺寸与工作波长接近时，就可以在光纤外围产生一定比例的光学倏逝场，它会沿着光纤轴向与纤芯部分的光信号同向传输。此时，光信号的传输方式将不能再用传统光纤内所采用的光线传输理论（即光线在纤芯与包层交界面的全反射）去解释。之所以称为倏逝场，是因为逸出纤芯的该部分光信号的强度在远离纤芯的方向上呈指数形式急速衰减，快速消逝，这也是为什么普通 SMF 的结构设计中需要保证纤芯和包层足够粗，从而实现光信号的超远程、低损耗传输。在光纤传感器的研究工作中，通常采用的信号光源有白光光源（卤素灯、卤钨灯等，对应波长 360～2500nm）、放大自发辐射光源（典型工作波长范围为 1520～1610nm，对应 C+L 波段）、近红外激光器（980nm 半导体激光器、1064nmCO_2 激光器和 1550nm 掺铒光纤激光器）、各种可见光激光器（632.8nmHe-Ne 激光器等）和超连续谱光源等。因此，同一根微纳光纤内的光学倏逝场特性和模场特性均与光源波长息息相关，是设计相关传感器需要首先考虑的问题。当光纤直径降低到小于 1nm 时，其轴向仅能存在数个甚至一个原子，可认为它是由单原子定向排列的“原子光纤”，相应的光学效应表现为量子束缚，即可将单个光子限定在局域范围内，该现象可以用光量子阱理论去解释。

1.2 微纳光纤的典型特点及应用

微纳光纤基于其低传输损耗、高效倏逝场耦合效率、强光场约束、超大比表面积、高机械强度、轻质量和光学可视化等特点，在诸多光学器件和非线性光学效应研究方面展现出了难以替代的独特优势。相关应用可以参照浙江大学童利民教授课题组的相关工作，如图 1.1 的树状图所示[6, 7]。

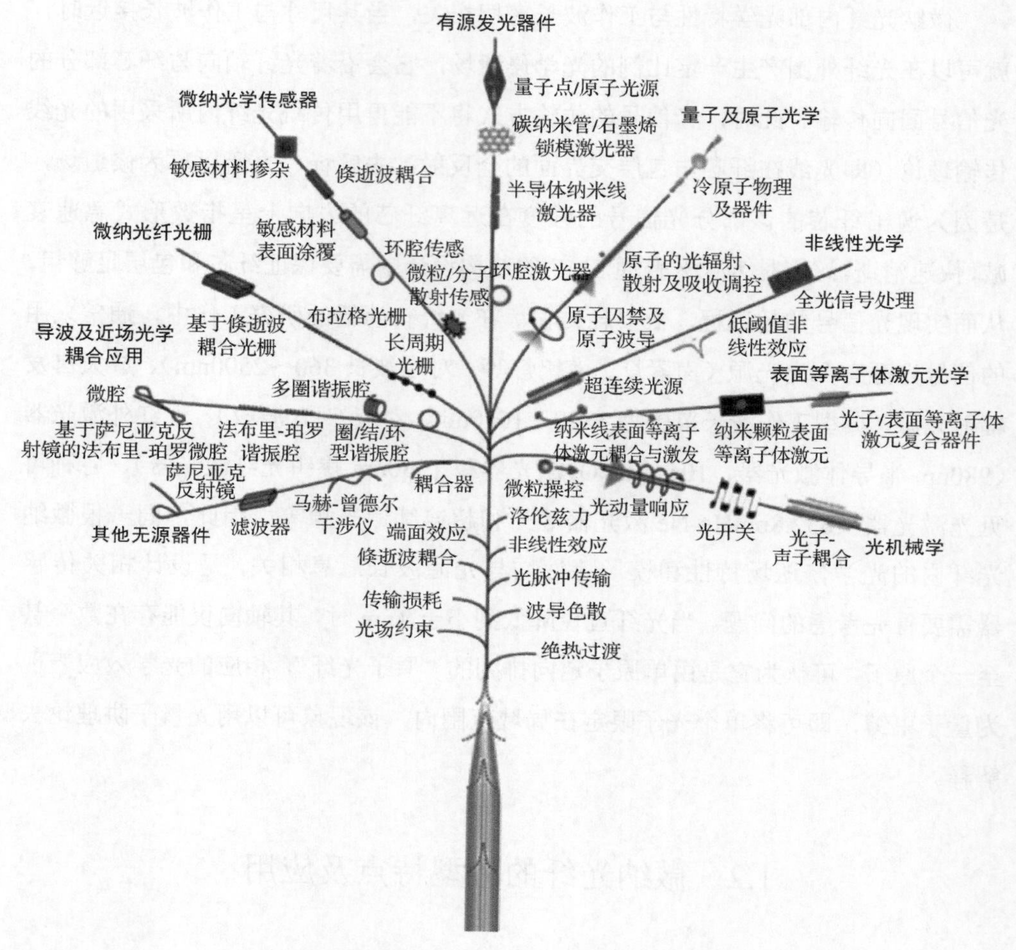

图 1.1 微纳光纤的特点及应用树状图[6, 7]

1.2.1 量子光场束缚及光镊技术

将普通 SMF 熔融加热拉断后，可以获得结构形式最简单的微纳光纤锥。借助其尖端的尺寸突变可以产生光量子阱和洛伦兹力，即在锥尖一定区域范围内产生内拉力，超过该范围则产生外推力，已被验证可以实现对微纳米直径聚合物颗粒，甚至是活性生物细胞的光学操控，相关内容可以参考中山大学李宝军教授课题组的工作。与传统“光镊”技术相比，微纳光纤可以形成独立的“光镊”探头，而无须借助空间光路的精准聚焦和微位移平台的协同合作来实现微粒的操控，有望形成结构形式更为灵活的可移动、可植入“光镊”。相应的实验操作是将微纳光纤锥插入纯水等液体环境内，通过光信号的通、断来实现对液体环境内悬浮微小粒子的抓取、转移、分类等操作，同时借助光学显微镜对微纳操作过程进行实时监控和记录。此类器件还可以拓展到光动量推动、微型光开关、光子与电子、声子耦合增强及调控等光机械学相关的其他研究方向。

1.2.2　微纳光纤的柔韧性及复合微型器件研制

借助高温加热蓝宝石棒来蘸取熔融状态的SMF或晶体，同时采用轴向拉伸所制作的无机玻璃微纳光纤，继承了传统光纤的宽谱低损耗传输特性，可以支持中红外、近红外、可见光和紫外波段光信号的高效传输。当然，不同波段的传输条件取决于微纳光纤的具体构成材料：工作于中红外波段的微纳光纤，其材料一般为亚碲酸盐、硅酸盐、磷酸盐、硫系玻璃等晶体；近红外波段光纤的材料则多为传统的熔石英玻璃；可见光及紫外波段工作的微纳光纤直径更小，通常可以是SiO_2、半导体及金属微纳米线和碳纳米线（管）等。实验过程中发现，去掉聚合物涂覆层的SMF弯曲损耗极高且极易损坏，特别是经过高温熔融处理后的SMF极其脆弱。当直径低于10μm时，固定基底的微小振动都极易将其折断；而对于直径5μm以下的微纳光纤，其柔韧性会得到极大提升，可被轻易弯折和盘曲成各种微型结构，例如300nm直径的微纳光纤的最小弯折半径可以达到4μm。

基于微纳光纤优异的柔韧性，其可用于设计各种形式的微型干涉仪或谐振器，相关研究可以参考浙江大学童利民教授、华中科技大学孙琪真教授课题组的相关工作。相关结构包括：环形谐振器（根据耦合区的结构特点可分为多圈形、单环形和结形）；马赫-曾德尔（Mach-Zehnder）微型干涉仪（从最简单的单一材料单根双锥微纳光纤到多种材料多根微纳光纤拼接的复合型微纳光纤结构）；光学分束器或耦合器（耦合效率取决于两根微纳光纤直径、间距和耦合区长度）；波长滤波器（截止波长取决于光纤尺寸）；单段微纳光纤还可以充当法布里-珀罗（Fabry-Perot）微腔，并可接入萨尼亚克（Sagnac）干涉环、光纤环形镜，镶嵌到微型谐振器等，构建复合型微干涉仪器，以实现光信号调制和光学传感。

1.2.3 低光学耦合损耗及传感应用

微纳光纤之间的高效倏逝场耦合，使其应用方向覆盖了针对光信号复用和调制的微型干涉仪器、面向全光集成光子芯片的微型激光器、用于生物单分子高分辨探测的微型传感器；微纳光纤的高比表面积，以及它与其他微纳米材料的完美结合，可以产生局域增强光场、定点散射及荧光激发等，使其可用于研制高性能微型智能传感器。目前，代表性工作主要集中在表面等离子体激元光学（英文称plasmonics）和微纳光纤传感器等领域。

表面等离子体激元光学微纳光纤器件的工作原理主要基于金属纳米粒子或结构的局域表面等离子体共振（local surface plasmon resonance，LSPR）效应，以及基于金属纳米膜层或微纳米线的长程表面等离子体共振效应，实现的形式包括将微纳米粒子在微纳光纤的表面涂覆或内部掺杂，涉及金属微纳米线拼接的微型复合结构、“光纤上实验室”（即在光纤端面或侧壁刻蚀金属微纳结构）、微纳光纤表面溅射金属纳米薄膜等。近年来，随着微纳米加工技术的发展和成熟，还出现了超构微纳光纤概念，即在微纳光纤表面加工更为精细的三维立体金属纳米结构。微纳光纤传感技术的研究工作则是主要在米氏散射效应观测、倏逝波耦合效率分析、敏感材料及结构工作机理探究等方向展开。

微纳光纤传感器的高性能表现主要是基于微纳光纤倏逝场对其周围的环境变化极其敏感，目前可以结合表面增强拉曼散射等技术，通过分析吸附在其表面纳米粒子或活性分子的散射光，在实验室环境下实现对单个粒子或生物单分子的探测。各种新型纳米材料也极大地丰富了微纳光纤器件的研究内容，包括：溶解于有机或无机溶剂的激光染料、氧化石墨烯（graphene oxide，GO）等，可以方便地嵌入聚合物微纳光纤内，或者以膜层方式修饰到微纳光纤表面；半导体量子点、金属纳米粒子等零维纳米材料，可以通过表面修饰（纳米粒子自组装）和内部掺杂（固芯微纳光纤的镶嵌固定或空芯微纳光纤的微孔灌注）的方式，构建局域表面增强热点，实现高分辨力传感。各种一维微纳米线与微纳光纤一般是通过倏逝场耦合，同时结合冷熔接的方式来构建复合型的微纳光纤传感器；石墨烯、MoS_2等二维薄膜型材料，则是以外部包裹或基底的形式与微纳光纤传感器结合，以提高传感效率。

1.2.4 新型集成化二维全光器件开发

微纳光纤除了以一维均匀直径光波导的形式存在，还可以与光纤光栅、光子晶体光纤（photonic crystal fiber，PCF）、空芯光纤等其他特种光纤或结构融合，用于研制新型的光纤光学器件。微纳光纤的倏逝场效应使其可以与硅片或其他基底上刻蚀的微纳光波导集成，完成自由移动光纤波导与芯片光波导间的高效光学耦合，对于未来全光芯片的研制极为重要。沿着微纳光纤的径向周期性地镶嵌或修饰其他材料（如聚合物溶胶），发展类似于常规长周期光纤光栅或光纤布拉格（Bragg）光栅的周期性折射率调制结构，可以研制新型的微型光栅器件，用于光信号调制及光学传感。

1.2.5 非线性光学新理论及近场光学调控新方法

区别于传统光纤的全内反射传输特性，在微米、纳米甚至更小尺寸的微纳光纤内部，光信号传输方式更为复杂，一些有趣的非线性光学效应也陆续被发现和应用。但是，相应的理论仍然不够完善，主流光学计算方法或建模仿真软件也无法合理和准确地分析精细结构内的光学现象。在光量子和非线性效应的相关研究中，具有增益特性的半导纳米线、高效电子输运效率的碳纳米管或石墨烯和原子尺寸的金属纳米线等，可以用于开发自增益的有源光学器件，实现对原子或光子的直接、精细调控。原子层面的光学囚禁、光学调控和光学信息存储，涉及诸多新颖的非线性光学效应，相关理论也比较匮乏。

1.3 微纳光纤的典型制作方法

从光子器件应用的角度看，微纳光纤的直径均匀性和表面粗糙度会直接影响器件性能，一般需要有理想的圆形截面和径向均匀性，以获得柱坐标系下麦克斯韦（Maxwell）方程组解析的波导模式。微纳光纤的制作材料非常丰富，针对不同材料微纳光纤的制作方法将在后续章节详细地介绍和讨论，在此只做概述。微纳光纤最简单的制作方法是通过高温熔融商品化玻璃光纤（最常见的材料为熔石英，

即 SiO_2）来获得，采用的是自上而下的物理加工方法。为了提供 1300℃以上的加热温度，可以采用氢氧焰、甲烷等气体燃烧，也可以采用半导体加热片或线圈的电加热，或 CO_2 激光器的光加热等方式，同时需要装配电动位移平台来控制光纤的拉伸速度，或实现加热区域的动态调控。对于块状玻璃，则可以通过间接加热蓝宝石玻璃棒（热扩散性好，加热后棒体表面温度会均匀分布），利用高温棒头接近块状玻璃，形成局部熔融进而蘸取拉制获得微纳光纤[7]。对于熔点较低的有机聚合物材料，可用加热平台加热达到熔融状态，或者加入有机溶剂将其溶解使其达到溶胶状态，进而使用微探针提拉方法来快速获得聚合物微纳光纤（提拉过程中伴随温度降低或有机溶剂挥发，聚合物材料会迅速固化）。聚合物微纳光纤的特点是易于在其中掺杂一些功能材料。半导体微纳米线、碳纳米线（管）、金属纳米线等则通常采用化学生长技术配合模板法来获得，即化学合成中的自下而上方法。

1.3.1 SiO_2 微纳光纤的制作

普通光纤是通过拉伸熔融状态的光纤预制棒而制备的，这也成为制作微纳光纤的最主要方式，即通过进一步加热拉制普通光纤来得到微纳光纤。由于玻璃材料的非晶性和黏滞特性，在高温下用热源将光纤加热至熔融状态，然后缓慢拉伸，即可获得直径约几微米的拉锥区。若选用恰当的加热装置，并精确控制加热的温度和拉伸速度，锥区形状可以被精确地调控，从而达到理想的绝热拉伸效果，此时光信号在锥区传播时的损耗极低，可忽略不计。

1.3.1.1 高温熔融拉伸法

熔融态玻璃的非晶态结构提供了较高的黏度，产生的较大内聚力可以维持相邻原子间的连接，以此平衡由表面张力造成的断裂倾向。对于许多玻璃而言，这种平衡会一直保持到纤维直径达到纳米级。所以，微纳光纤的拉制一般需要在高温条件下进行。高温制备的微纳光纤具有原子级的低表面粗糙度，由冷却过程中表面冻结的毛细波决定。因此，在现有的技术中，采用高温熔锥拉制的微纳光纤具有优异的直径均匀性与表面光洁度，可保障低损耗、高信噪比和高相干性的光信号传输，进而实现灵敏度高、通用性强的光学传感。

一个典型的火焰扫描加热拉锥系统的示意图如图 1.2 所示。通常会选用标准玻璃纤维作为初始材料，以方便制造微纳光纤，同时保证其内部光信号的高效率传输和高纯度玻璃的可用性。

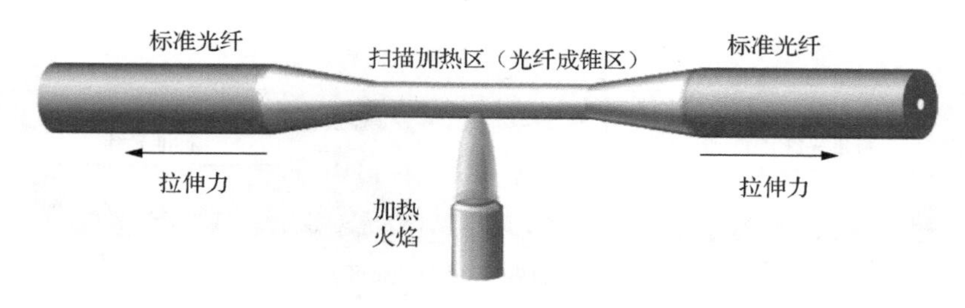

图 1.2　火焰扫描加热拉锥系统示意图

剥去涂覆层后，将其固定在带有火焰或激光加热装置的拉伸设备中。待将其加热到软化状态时，拉伸电机向两侧移动并对加热区域进行拉伸，得到微纳光纤。其中的热源通常使用氢氧焰喷枪，由于其易清洁、易控制，可为纤维拉伸提供足够高的温度。当火焰在标准玻璃纤维的某一特定区域内来回扫描时，受热区被锥形拉伸而直径缩小。在两端施加一个恒定的拉力，逐渐拉伸纤维，直到达到所需锥度、长度或直径。在这种技术中，微纳光纤通过两端的锥形区域连接到标准纤维上，因此被称为双锥形微纳光纤。由于在光纤拉伸过程中火焰喷枪会沿着光纤的径向来回扫描，火焰的工作方式像刷子，因此在一些文献中称其为火焰刷。为了控制火焰的温度和大小，有时会给喷枪供应氧气。此外，为了降低 E 波段 OH 峰在 1380nm 波长附近的衰减，一般建议用氘气体代替氢气。

1.3.1.2　激光加工法

使用 CO_2 激光作为加热源可减少或消除锥形区纤维内 OH^-对 1380nm 波长光的吸收，以及避免由污染和随机湍流引起的火焰加热系统不均匀等问题[8, 9]。由于不涉及燃烧，也不需要供应氧气，激光加热是一种非常干净的方案，并且可以完全与环境隔离，可有效避免燃烧残留物和空气中悬浮粉尘的污染。此外，相对于火焰刷的气体对流扰动，激光束具有高的功率稳定性和操作重复性。图 1.3 显示了用于制造微纳光纤的 CO_2 激光扫描加热拉锥系统。

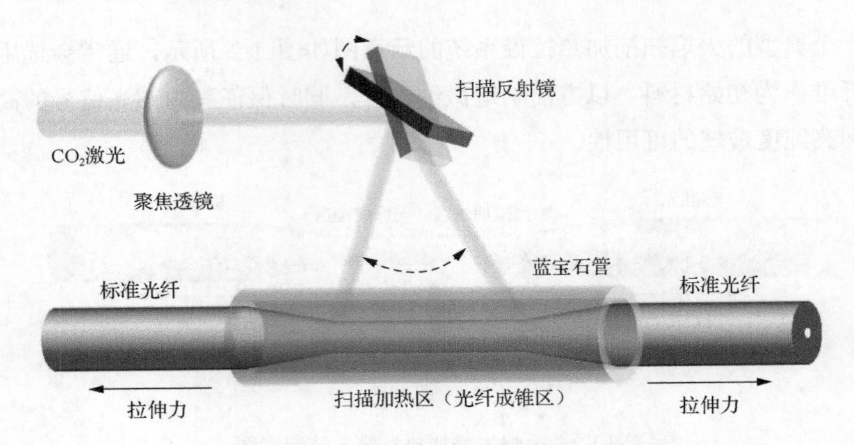

图 1.3　CO_2 激光扫描加热拉锥系统示意图

使用大约几十瓦输出功率的 CO_2 激光作为加热源，激光的波长约为 10.6μm，处于大多数玻璃的强吸收带内。激光束首先通过可变衰减器来控制加热功率，然后用聚焦透镜和扫描反射镜反射将激光投射到光纤上。其中，扫描反射镜将聚焦的激光束重定向到图 1.3 所示的扫描加热区，并在加热区内快速来回扫描。当加热区温度升高使光纤变成熔融状态时，在光纤两端预先施加拉伸力的作用下，光纤加热区被拉长同时直径变小。与火焰加热法不同，激光加热拉锥过程中，拉伸力恒定且具备自调节功能，即当光纤直径减小到一定值时，拉锥会自动停止[10]。这可以用矢量衍射理论来解释或预测：随着纤维直径持续减小，它可以吸收的激光能量降低，当光纤直径小于一定阈值后，光纤加热区不能吸收足够能量来维持软化状态，拉锥过程随即停止[11]。

激光加热方法的自调节功能提供了对微纳光纤的最终直径进行量化的方法：一方面，可以通过预先设定加热功率和拉伸力来预测最终直径，使重复制造特定直径的微纳光纤成为可能；另一方面，自调节严重限制了直径的大小，难以得到直径 1μm 以下的微纳光纤。

1.3.1.3　化学腐蚀法

化学腐蚀法制作微纳光纤示意图如图 1.4 所示。

它是利用氢氟酸的强腐蚀特性制作微纳光纤，具体过程如下：先将普通 SMF 的涂覆层部分剥除，并用乙醇擦拭表面。将光纤固定在培养皿的上方，然后滴入氢氟酸，氢氟酸会在自身表面张力的作用下形成液滴，并覆盖在光纤表面，静

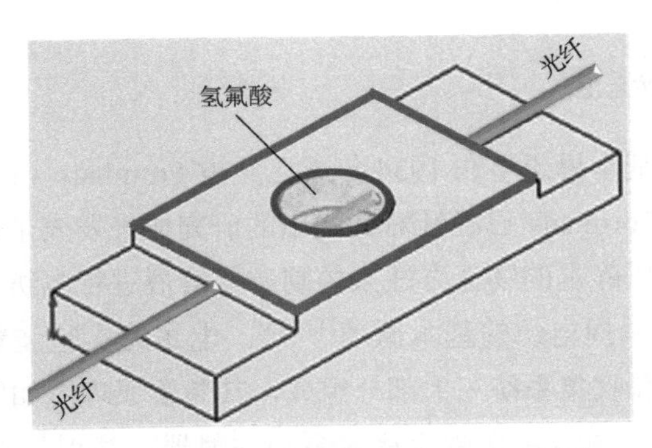

图 1.4 化学腐蚀法制作微纳光纤示意图

置一段时间，待腐蚀完成后，用吸管将氢氟酸移除，并用去离子水冲洗清理，就可得到微纳光纤。化学腐蚀法制备的微纳光纤，其表面较光滑，直径沿径向渐变。

相较于其他制备方法，化学腐蚀法的操作流程简单，较易实现，缺点是微纳光纤的均匀度不好，表面的光滑程度较差。在光纤表面特定位置覆盖抗腐蚀材料进行保护，可以选择性地定点或定区域腐蚀，获得特异结构的微纳光纤。此外，氢氟酸腐蚀速率跟光纤材料的纯度密切相关，较多杂质或气泡的存在会加速腐蚀速率。在实验过程中，需要针对光纤材料、几何结构、保护材料特性和腐蚀池等参数进行综合调节，来制备特定结构的微纳光纤。

1.3.2 聚合物微纳光纤的制作

近年来，在制备掺杂纳米粒子的纳米光纤时，聚合物作为主要材料发挥了重要作用。通过化学合成方法制备的聚合物大分子材料包括聚甲基丙烯酸甲酯（polymethylmethacrylate，PMMA）、聚丙烯酰胺（polyacrylamide，PAM）、聚苯乙烯（polystyrene，PS）、聚乙烯吡咯烷酮（polyvinyl pyrrolidone，PVP）、聚乙烯醇（polyvinylalcohol，PVA）、聚对苯二甲酸丙二醇酯（polytrimethyleneterephthalate，PTT）、聚碳酸酯（polycarbonate，PC）和氘化聚合物等。这些聚合物具有许多优点，例如：熔点低，易于制备；在特定波长下的透光率超过 90%，可用作高效导光的介质波导；增益介质和其他粒子可以很容易地掺杂到聚合物微纳光纤中，以便于制备功能化光纤。聚合物微纳光纤熔点低，制备过程简单，但易受化学腐蚀和高温影响，限制了其应用范围。在未来的工作中，应通过改进生产工艺和引入新材料来完善聚合物微纳光纤器件。聚合物微纳光纤的制备方法有许多，如静电纺丝、物理拉伸、多孔模板、相分离、自组装。

1.3.2.1 静电纺丝法

静电纺丝法的基本思想早在 1934 年就已经被 Formhals（福姆哈尔斯）提出。20 世纪 30 年代，Formhals 已经针对其突出的研究成果发表了许多专利，专利中介绍了如何利用高压静电的物理方法来控制纺丝溶液进行电纺的详细全过程，使研究者能够熟悉并掌握电纺的基本原理[12, 13]。电纺的实验装置主要是由供样系统、高压发生系统和收集系统三大部分组成，其装置原理图如图 1.5（a）所示。

所谓供样系统，通常包含微流注射泵和注射器，注射器的下端连接金属喷针。平行电极、转筒或铝箔纸等都可以作为喷丝收集板。在整个纺丝的过程中，高电压作用于聚合物溶液中，此时会有电荷产生于溶液的内部。当溶液里的电荷量达到某一临界值时，小液滴就会在毛细管喷头处初步形成，被称为泰勒锥，见图 1.5（a）。

通常情况下，高压发生系统的电压大小取决于聚合物溶液的分子量和表面张力等因素，电压强度也需要根据聚合物溶胶的特性进行优化，防止喷丝终端形成液滴，如图 1.5（b）所示[14]。高压电极连接到金属喷针上，接地电极与喷丝收集板连接，通过调节金属喷针与喷丝收集板之间的高度和电压值来调制聚合物微纳光纤的直径，如图 1.5（c）、（d）所示[15]。

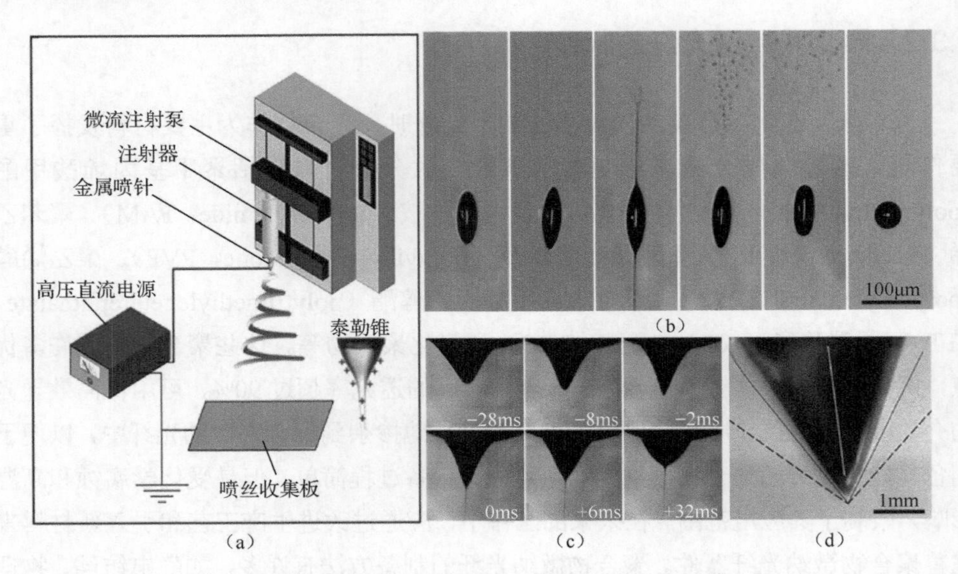

图 1.5 聚合物微纳光纤静电纺丝技术及效果[12, 14, 15]

随着溶液内部电荷量进一步增加，当足以克服溶液表面张力时，在泰勒锥处就会喷射出带电射流，随着有机溶剂迅速挥发，喷丝固化形成聚合物微纳光纤。一般来说，每次制作过程中只要保证实验条件相同，如聚合物溶液的分子量相同、高压发生系统的电压大小相同等，得到的聚合物微纳光纤的直径就不会相差太大。

该方法的缺点在于：聚合物微纳光纤的表面比较粗糙，光传输损耗较大，所以基于该方法制作的聚合物微纳光纤大多用于电化学传感器的柔性基底，或者生物医学中的仿生皮肤和人造血管（须结合可溶解型聚合物和多轴进样喷针制作空芯微纳光纤）等。

1.3.2.2 物理拉伸法

物理拉伸法是使用有机溶剂将聚合物固体粉末溶解，并放在磁力搅拌机上搅拌均匀，得到具有一定黏度的聚合物溶胶。然后利用尖端比较细的探针蘸取，并以一定的速度迅速拉伸，随着有机溶剂快速挥发可以得到聚合物微纳光纤。Harfenist等[16]首次通过物理拉伸液体聚合物，成功制备聚合物微纳光纤，如图 1.6（a）、（b）所示。原子力显微镜的探针用于将纳米光纤从一根柱子牵引到另一根柱子上。

图 1.6（c）的扫描电子显微镜（scanning electron microscope，SEM）图像表明，对准光纤必须在光学显微镜下进行，因此难以实现批量化的商业制备。近年来，浙江大学童利民教授课题组改进了这项技术，通过将功能性材料掺杂到聚合

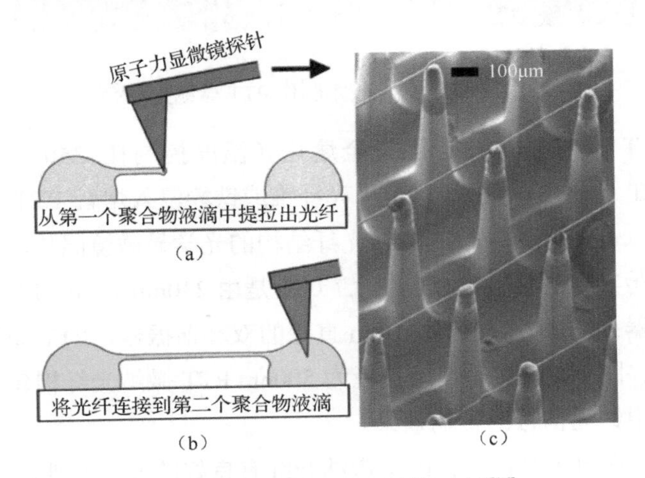

图 1.6 聚合物微纳光纤制作方法[16]

物溶胶中，并使用钨探针制备聚合物微纳光纤，获得了功能化的 PMMA、PS 和 PAM 纳米光纤[17-19]。通过调节拉伸的速度、聚合物和有机溶剂混合溶液的黏稠度，可以控制聚合物微纳光纤的直径大小。但是，由于是手工操作，提拉速度的均匀性无法保证，导致制作相同直径聚合物微纳光纤的重复性较低。

物理拉伸技术主要是针对不能溶于有机溶剂的高分子聚合物，其中聚合物被高温火焰加热到玻璃态，利用尖端比较细的钨探针蘸取并拉制来获得聚合物微纳光纤。如在 2008 年，Xing 等[20]采用物理拉伸技术制作了聚对苯二甲酸丙二醇酯微纳光纤，过程如图 1.7（a）所示。

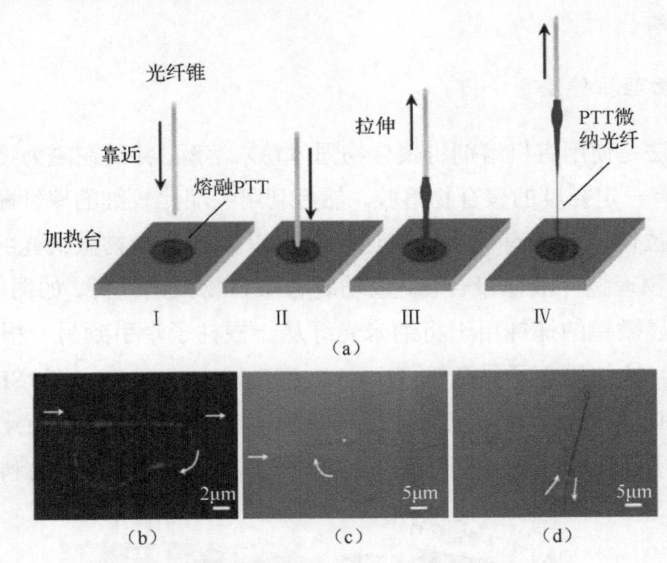

图 1.7　物理拉伸技术制作 PTT 微纳光纤[20]

首先，PTT 小球在加热台上完全熔化（温度控制在 250℃附近，略高于 225℃，即 PTT 的熔化温度），可使用光纤锥或铁棒浸入熔融 PTT 蘸取并拉伸。图 1.7（b）～（d）显示了 PTT 微纳光纤结构的光学显微镜照片，同时将红光信号耦合进去检验其光学传输效果。图 1.7（b）是由 230nm 直径 PTT 微纳光纤构建的跑道形谐振器；图 1.7（c）是 3.8μm 直径的双环谐振器，PTT 微纳光纤的平均直径约 550nm；图 1.7（d）是使用直径为 500nm PTT 微纳光纤构建的半径 680nm 扭曲螺旋微环中红光信号的传输效果。

结果表明，在可见光区域，PTT 微纳光纤有良好的波导特性。在 PTT 微纳光纤的制作过程中，需要根据材料特性和设备条件选择合适的制备方法，物理拉伸法由于具有操作简单、成本低、制备效果良好等优势被科研工作者广泛采用。物理拉伸法制得的聚合物微纳光纤的 SEM 表征结果显示其表面质量较好，可以在实验室研究阶段，满足对聚合物微纳光纤的较少用量和较高质量的基本要求。

1.3.2.3 多孔模板法

该方法需要事先在模板表面制备一些固定直径的圆柱形孔。将加热到玻璃态的高分子聚合物通过微量注射器灌注进圆柱形孔中，待一段时间冷却之后进行脱模，就可以得到微纳光纤。2007 年，O'Carroll 等[21]尝试用该方法制备聚 9,9-二辛基芴（poly9,9-dioctylfluorene，PFO）微纳光纤。他们所使用模板的圆柱形孔径大小为几百纳米，将 PFO 加热到高于其玻璃化温度时，利用注射设备将其填充到这些圆柱形孔中，待玻璃态 PFO 冷却并固化，将模板溶解后获得 PFO 微纳光纤，如图 1.8（a）所示。

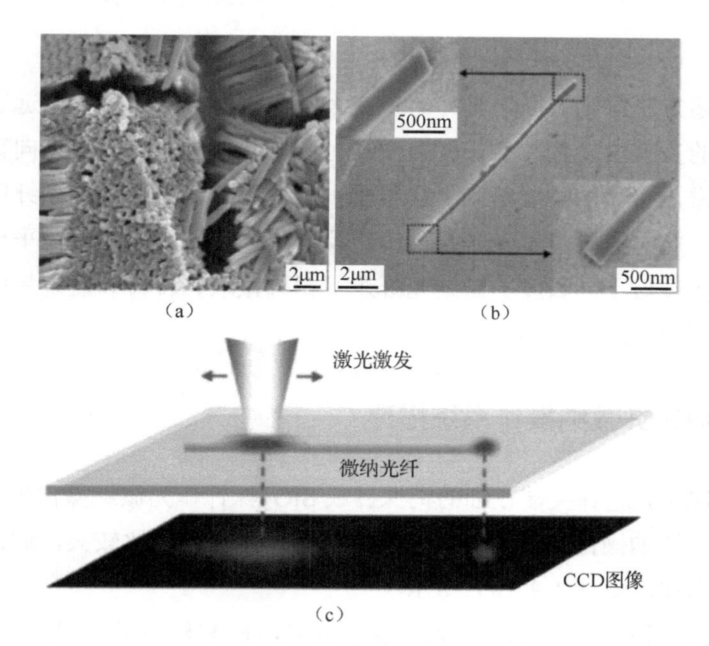

图 1.8 多孔模板法制作微纳光纤[21]

CCD 表示电荷耦合器件（charge coupled device）

这种方法对氧化铝模板的加工工艺要求较高，而且通过注射装置将玻璃态的高分子聚合物注射到纳米孔的微纳操作难度较大，对设备精准度要求非常高。

如图 1.8（b）、（c）所示，可以进一步在合成的 PFO 微纳光纤束中提取出单根微纳光纤，并针对其荧光激发效率和其他有趣的光学特性进行观测和分析，为新型微型全光器件的研制提供理论和实验参考。

聚合物微纳光纤的有效传感长度通常在几百微米左右，以保证有足够强度的光信号能够通过并被探测到。过长的微纳光纤内光损耗急剧积累，输出端的光谱分析仪有可能探测不到输出光信号，所以实际传感长度不宜过长。一般情况下，需要构建基于高倍显微系统的微纳操作平台，从而截取一段粗细均匀、表面平滑、长度合适的聚合物微纳光纤用于实验。除了普通光纤的基本特性，聚合物微纳光纤的独有特性也展示出了巨大的应用潜力。由于聚合物微纳光纤韧性较好，可以通过打结或拼接来构建微纳光纤谐振器，也可以在其表面刻蚀微纳光栅结构。

1.4　微纳光纤的操控及熔接技术

利用上述方法得到的微纳光纤的长度大概在数厘米甚至更长，远远超出光学实验中需要的长度。而且，大长度的微纳光纤，从整体而言，其径向直径分布并不均匀。通常，实验中需要截取一段表面平滑、粗细均匀的微纳光纤用于制作微小光学器件。此时需要基于光学显微镜透反射光路和微米机械调控平台搭建微操控系统，以实现对不同长度的微纳光纤进行精确截取、转移和盘绕等操作，在此基础上设计不同功能的微纳光纤器件。

1.4.1　微纳光纤微纳操作系统搭建

一般情况下，选择尖端较细的钨探针或 SiO_2 探针作为微纳操作的执行器，三维调整架作为微纳操作的控制器[22]。钨探针由于本身硬度比较大，通常用来切割聚合物微纳米线，如图 1.9（a）所示。

而 SiO_2 光纤锥探针恰好相反，通常用来捡取和转移聚合物微纳光纤，如图 1.9（b）所示。钨探针尖端的粗细可以通过化学腐蚀时间的长短来控制，其尖端直径一般情况下在十几微米。而 SMF 锥是通过使用本生灯把剥除涂覆层的普通 SMF 加热拉断来制作，这样可以得到尖端直径在纳米量级的 SMF 锥。图 1.9（c）为尖端直径 300nm 的 SiO_2 光纤锥探针。由于 SMF 锥质地较软，所以在捡取和转移微纳米线的过程中不会破坏聚合物微纳光纤的表面。从目前发展的情况来看，仅仅使用没有掺杂的聚合物微纳光纤来实现传感，已经很难满足各个领域的多样化需求，那么如何突破微纳光纤的发展瓶颈呢？聚合物微纳光纤相比于常用的普通光纤有非常多特有的优点，特别是其本质柔软和方便掺杂功能材料的特性，使得研制微米或者纳米量级的传感器成为可能。

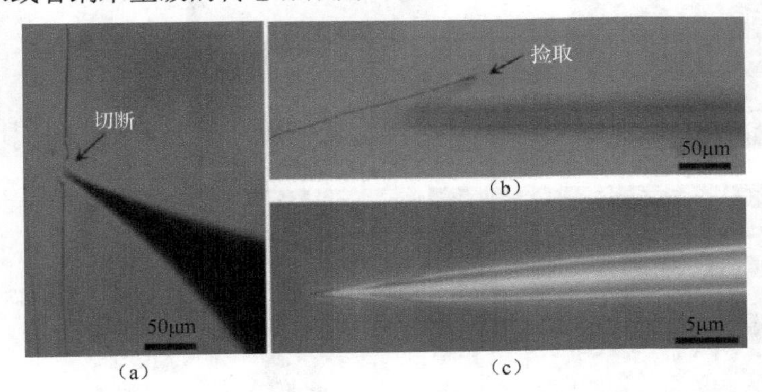

图 1.9　聚合物微纳光纤的微纳操作[22]

通过掺杂不同的新型材料来实现功能的拓展，最常用的方法就是在光纤表面涂覆敏感薄膜。例如，在 SiO_2 微纳光纤表面涂覆银膜，结合表面等离子体共振（surface plasmon resonance，SPR）技术来实现物理量的测量；给 SiO_2 微纳光纤涂覆一层几纳米厚的钯膜，可以对生产过程中泄漏的 H_2 浓度进行测量等。通过对聚合物微纳光纤制备工艺的广泛调研与了解，在聚合物微纳光纤的制备过程中，可以更方便地对其进行功能拓展。相对而言，一般对 SiO_2 微纳光纤的镀膜修饰需要专业和昂贵的镀膜设备，无疑提高了传感探头的制作成本，而且镀膜机对选用的膜材料具有一定的局限性。目前，材料科学的繁荣发展无疑为光纤传感技术的发展和丰富奠定了坚实的基础，常用新型材料主要有量子点、石墨烯和一些贵金属粒子等，图 1.10 为一些功能化聚合物微纳光纤的 SEM 图像[23]。

聚合物微纳光纤的表面功能化，可以通过修饰荧光材料［图 1.10（a）355nm 激光泵浦下的不同荧光材料掺杂聚合物微纳光纤］、量子点［图 1.10（b）掺杂 CdSe 量子点的 PS 微纳光纤］、贵重金属纳米棒［图 1.10（c）PAM 微纳光纤中掺杂金纳米棒］、金属氧化物纳米粒子和铒元素［图 1.10（d）F_2O_3 纳米粒子和铒元素修饰的 PVP 微纳光纤］、厚度非常薄的银膜［图 1.10（e）表面镀金膜和银膜的 PMMA 微纳光纤］和石墨烯［图 1.10（f）石墨烯掺杂的 PVA 微纳光纤］来实现。当然，以上提到的掺杂都属于物理性掺杂，不能与高分子聚合物发生化学反应，对于可能发生复杂化学反应的情况，能否将其应用于传感还需要视具体情况而定。

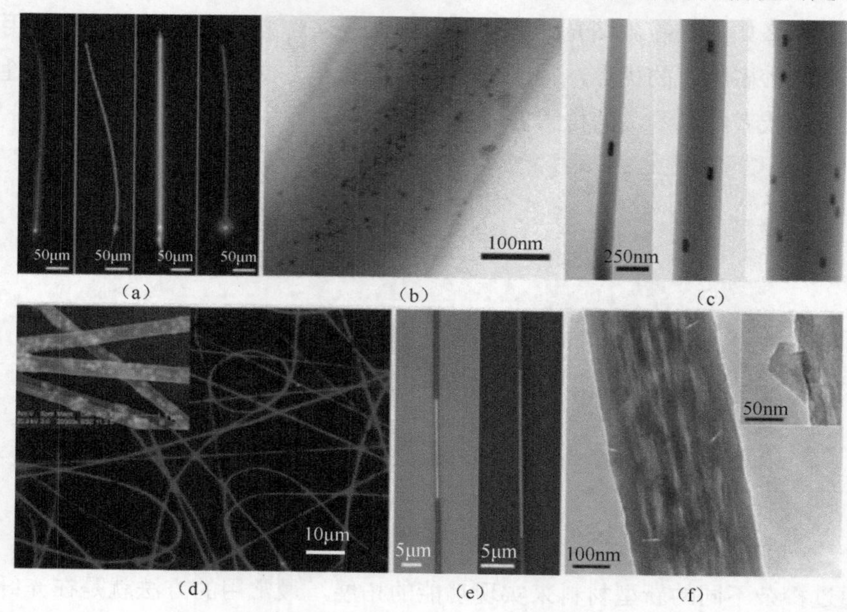

(a) (b) (c)

(d) (e) (f)

图 1.10 功能化聚合物微纳光纤的 SEM 图像[23]

1.4.2 微纳光纤与普通 SMF 的熔接

在微纳光纤传感器的研究中，如何连接微纳光纤与普通 SMF，以组成性能稳定的传感结构，是首要关注的关键问题。本节将分析和对比几种典型微纳光纤的光学耦合方法，并分析其优缺点。当前典型的光纤耦合方法如下。

1.4.2.1 传统端面对端面耦合法

光纤传感科研工作者曾经提出，对于光纤锥体尖端直径在微米量级的光波导与 SMF 之间的耦合[24]，可以采用端面对端面的低损耗耦合模型来实现，如图 1.11 所示。

图 1.11 光纤端面对端面耦合法示意图

波导的等效折射率会随着波导横截面的面积的减小而减小，要想实现相位的匹配，就必须使其尽可能地与 SMF 纤芯的等效折射率相接近。使用这种端面对端面的耦合方法需要尽量保持锥形波导结构的对称性，特别是光波导横截面尺寸减小时，可以避免电场偏振对耦合效率的影响。但是，光纤端面对端面耦合的方法还会受光纤锥体直径大小的影响。因为随着直径的变化其横截面的面积也会发生变化，等效折射率随之改变。实现两根光纤的相位匹配，也必然可以获得最大耦合效率。但是，这种方法并不适用于尺寸在微米或者纳米量级的光纤，并且该耦合方式要求单模光纤锥和微纳光纤精确对准，必须借助高精密的微纳操作平台才能够实现，即使实现耦合，效果也难以稳定地维持。

1.4.2.2 透镜聚焦耦合法

透镜聚焦耦合法是将经过透镜聚焦后的光照射到光纤的纤芯处，随着聚焦光越来越接近纤芯区，光纤另一端亮度会越来越高，即耦合的效率越来越高，其结构如图 1.12 所示。

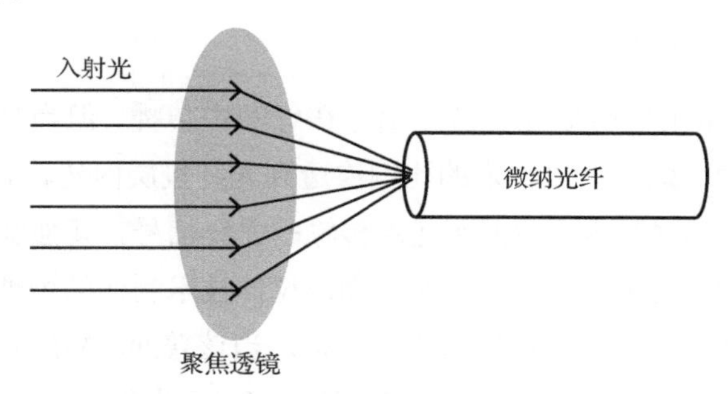

图 1.12 透镜聚焦耦合法结构示意图

耦合效率为耦合进微纳光纤的有效光功率 P_c 与到达接收孔径平面的光功率 P_a 的比值，即

$$\eta = \frac{P_c}{P_a} \tag{1.1}$$

由帕塞瓦尔-普朗歇尔（Parseval-Plancherel）原理可知，该耦合效率也可以表示为

$$\eta = \frac{\left|\iint E_A^* U_A \mathrm{d}s\right|^2}{\iint |E_A|^2 \mathrm{d}s + \iint |U_A|^2 \mathrm{d}s} \tag{1.2}$$

式中，U_A、E_A 和 s 分别为传播到接收孔径平面的光纤本征模、入射光场的强度和距离。当是平面波入射时，式（1.2）可以改写为

$$\eta=\frac{2\left(1-\mathrm{e}^{-\beta^{2}}\right)^{2}}{\beta^{2}} \tag{1.3}$$

式中，β 为耦合参数，$\beta=\pi R_{\mathrm{r}} w_0/(\lambda f)$，$R_{\mathrm{r}}$ 为接收孔径的半径大小，w_0 是单模激光的束腰半径大小，λ 为光的波长，耦合效率是随着 β 的增大而先增大再减小，其中有一个最大值[25]。

通常情况下，在光经过透镜聚焦到光纤的纤芯区域之前会使用另一个透镜将光源发出的光先准直。当利用透镜聚焦耦合方法时，其耦合效率与所使用的透镜系统的参数直接相关。所以透镜系统的参数是实现高耦合效率所必须考虑的关键因素之一。光束会聚能力的大小与透镜系统的数值孔径大小直接相关，使用数值孔径较大的透镜系统，光束更易被耦合到纤芯区域。而在光学平台上将入射光束、透镜系统、光纤入射端面进行更加精确地对准，可以得到更好的耦合效果。

1.4.2.3 倏逝波耦合法

普通 SMF 利用全反射原理支持光信号在纤芯中传播，但当光纤直径减小，纤芯对光的束缚能力减弱，会以一定的比例渗透到光纤包层内传输。纤芯直径越小，泄漏到包层中的光信号越多。泄漏到包层传输的光纤信号，其强度会随着远离纤芯而呈指数形式衰减。通常采用加热熔融或物理拉伸技术制作的微纳光纤，其纤芯和包层部分已经融合，可以认为是整体均质结构。当该普通 SMF 的直径尺寸达到微米或者纳米量级时，光纤的包层可以忽略不计。此时可以将微纳光纤本身看作纤芯，而周围环境就可以看作是包层。微纳光纤的相关实验研究中，通常采用 SMF 制作的微纳光纤锥与微纳光纤搭接，二者之间的倏逝波耦合方式和效果见图 1.13。

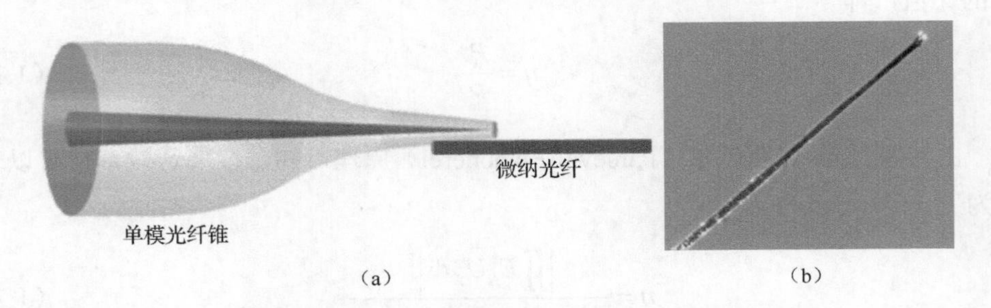

（a）　　（b）

图 1.13　SMF 锥与微纳光纤的倏逝波耦合

基于表面倏逝波高效耦合将光信号导入或导出微纳光纤，该耦合方式的可行性也在理论和实验上得到了充分的验证。图 1.13（a）为 SMF 锥与微纳光纤的耦合结构示意图，图 1.13（b）为将 632.8nm 的红光耦合进 6.1μm 直径的微纳光纤后其尖端的光学显微镜照片。该耦合方法中，需要先将 SMF 的一端拉锥，其尖端直径大小与微纳光纤的直径大小相当。一般情况下，可以使 SMF 尖端直径比微纳光纤直径略大，其耦合效率比两根微纳米纤在直径相等情况下要高。

1.5 本书主要内容

综上所述，微纳光纤传感技术的相关研究涉及基础光学理论的革新、新型传感机理的探究、新颖结构或器件的发展、传感性能的优化和实用化研究等方向，属于横跨检测及自动化技术、物理及工程光学、材料科学与工程、生命健康等的跨学科领域。由于作者的工学研究背景，本书将主要讨论微纳光纤的制作方法和相关应用，对相关理论不进行详细分析。本书接下来的内容安排如下：第 1 章介绍微纳光纤的发展历史、微纳光纤的典型特点及应用方向；第 2 章简述微纳光纤的基础光学理论、典型微纳光纤的制作方法和操作方法等共性问题；第 3 章介绍基于各种新型材料的柔性微纳光纤制作及其在生化传感方面的应用；第 4 章针对微纳光纤环形耦合谐振器件的特点和应用进行讨论；第 5 章对金属纳米粒子掺杂微纳光纤的发展现状和未来趋势进行分析；第 6 章基于气体传感技术应用方向，讨论空芯微结构光纤的特点及应用；第 7 章基于作者课题组近年主要研究工作，针对典型微纳光纤器件的设计、制作及传感特性研究，以案例形式进行介绍和分析。

参 考 文 献

[1] 童利民. 微纳光纤及其应用: 研究进展及未来机遇[J]. 光学与光电技术, 2020, 18(4): 12-17.

[2] Kapany N S. High-resolution fibre optics using sub-micron multiple fibres[J]. Nature, 1959, 184(4690): 881-883.

[3] Kao K C, Hockham G A. Dielectric-fibre surface waveguides for optical frequencies[C]. Proceedings of the Institution of Electrical Engineers. IET, 1966: 1151-1158.

[4] Bures J, Ghosh R. Power density of the evanescent field in the vicinity of a tapered fiber[J]. Journal of the Optical Society of America A, 1999, 16(8): 1992-1996.

[5] Tong L M, Gattass R R, Ashcom J B, et al. Subwavelength-diameter silica wires for low-loss optical wave guiding[J]. Nature, 2003, 426(6968): 816-819.

[6] 伍晓芹，王依霈，童利民. 微纳光纤及其应用[J]. 物理, 2015, 44(6): 356-365.

[7] Tong L M, Zi F, Guo X, et al. Optical microfibers and nanofibers: A tutorial[J]. Optics Communications, 2012, 285(23): 4641-4647.

[8] Kakarantzas G, Dimmick T E, Birks T A, et al. Miniature all-fiber devices based on CO_2 laser microstructuring of tapered fibers[J]. Optics Letters, 2001, 26(15): 1137-1139.

[9] Ward J M, O'shea D G, Shortt B J, et al. Heat-and-pull rig for fiber taper fabrication[J]. Review of Scientific Instruments, 2006, 77: 083105.

[10] Grellier A J C, Zayer N K, Pannell C N. Heat transfer modelling in CO_2 laser processing of optical fibres[J]. Optics Communications, 1998, 152: 324-328.

[11] Bohren C F, Huffman D R. Absorption and scattering of light by small particles[M]. Weinheim: John Wiley & Sons, 1998.

[12] Xue J J, Wu T, Dai Y Q, et al. Electrospinning and electrospun nanofibers: Methods, materials, and applications[J]. Chemical Reviews, 2019, 119(8): 5298-5415.

[13] Xue J J, Xie J W, Liu W Y, et al. Electrospun nanofibers: New concepts, materials, and applications[J]. Accounts of Chemical Research, 2017, 50(8): 1976-1987.

[14] Duft D, Achtzehn T, Müller R, et al. Rayleigh jets from levitated microdroplets[J]. Nature, 2003, 421: 128.

[15] Reneker D H, Yarin A L. Electrospinning jets and polymer nanofibers[J]. Polymer, 2008, 49(10): 2387-2425.

[16] Harfenist S A, Cambron S D, Nelson E W, et al. Direct drawing of suspended filamentary micro-and nanostructures from liquid polymers[J]. Nano Letters, 2004, 4(10): 1931-1937.

[17] Gu F X, Zhang L, Yin X F, et al. Polymer single-nanowire optical sensors[J]. Nano Letters, 2008, 8(9): 2757-2761.

[18] Wang P, Zhang L, Xia Y N, et al. Polymer nanofibers embedded with aligned gold nanorods: A new platform for plasmonic studies and optical sensing[J]. Nano Letters, 2012, 12(6): 3145-3150.

[19] Gu F X, Yin X F, Yu H K, et al. Polyaniline/polystyrene single-nanowire devices for highly selective optical detection of gas mixtures[J]. Optics Express, 2009, 17(13): 11230-11235.

[20] Xing X B, Wang Y Q, Li B J. Nanofiber drawing and nanodevice assembly in poly(trimethylene terephthalate)[J]. Optics Express, 2008, 16(14): 10815-10822.

[21] O'Carroll D, Lieberwirth I, Redmond G. Melt-processed polyfluorene nanowires as active waveguides[J]. Small, 2007, 3(7): 1178-1183.

[22] Gu F X, Yu H K, Wang P, et al. Light-emitting polymer single nanofibers via waveguiding excitation[J]. ACS Nano, 2010, 4(9): 5332-5338.

[23] Wang P, Wang Y Q, Tong L M. Functionalized polymer nanofibers: A versatile platform for manipulating light at the nanoscale[J]. Light: Science & Applications, 2013, 2(10): e102.

[24] Vivien L, Laval S, Cassan E, et al. 2-D taper for low-loss coupling between polarization-insensitive microwaveguides and single-mode optical fibers[J]. Journal of Lightwave Technology, 2003, 21(10): 2429-2433.

[25] 陈海涛, 杨华军, 黄小平, 等. 基于非球面透镜的光纤耦合系统设计[J]. 激光与红外, 2013, 43(1): 76-78.

2 微纳光纤的光学特性

2.1 概　　述

相对于传统光学波导，微纳光纤的尺寸较小，可以接近甚至小于光波长。对于微纳光纤内的光学特性研究，会涉及量子光学的相关理论，通常需要通过光学模式特性的求解和分析，探讨其内部的光学特性。本章将从典型光波导内光信号的传输和特性分析入手，对比分析传统波导和微纳光纤内的光学特性。此外，不同于传统光学波导或空间光路的光学耦合方式，微纳光纤间光学耦合是通过倏逝场来实现的，本章针对倏逝场的概念，对微纳光纤耦合方式进行了介绍。最后，对典型微纳光纤单元结构中的光学特性进行了分析和讨论。

2.2 微纳光纤与倏逝波

2.2.1 典型光波导内的光信号传输

光波导，又叫介质光波导，分为两大类：一类是集成光波导，包括平面光波导和条形光波导；另一类是圆形光波导，即通常所说的光纤。

2.2.1.1 平面光波导

平面光波导模型中，假设波导两侧介质的折射率都为n_1，波导折射率为n_2。当n_2大于n_1时，光波导在z方向和y方向无限延展。光在平面波导中传播时，只受到横向x的限制。所以在笛卡儿直角坐标下的Maxwell方程可写为

$$\begin{cases}\dfrac{\partial E_z}{\partial y}-\dfrac{\partial E_y}{\partial z}=\mathrm{j}\omega\mu H_x\\\dfrac{\partial E_x}{\partial z}-\dfrac{\partial E_z}{\partial x}=\mathrm{j}\omega\mu H_y\\\dfrac{\partial E_y}{\partial x}-\dfrac{\partial E_x}{\partial y}=\mathrm{j}\omega\mu H_z\end{cases}\quad 和 \quad \begin{cases}\dfrac{\partial H_z}{\partial y}-\dfrac{\partial H_y}{\partial_z}=-\mathrm{j}\omega\varepsilon E_x\\\dfrac{\partial E_x}{\partial z}-\dfrac{\partial H_z}{\partial x}=-\mathrm{j}\omega\varepsilon E_y\\\dfrac{\partial E_y}{\partial x}-\dfrac{\partial E_x}{\partial y}=-\mathrm{j}\omega\varepsilon E_z\end{cases} \tag{2.1}$$

式中，E 为电场强度，E_x、E_y、E_z 分别为 x、y、z 方向的电场强度；H 为磁场强度，H_x、H_y、H_z 分别为 x、y、z 方向的磁场强度；ω 为角频率；μ 为磁导率；ε 为介电常数。

因为波导在 z 方向和 y 方向上无限延展，联立两方程组可知：左边电场的纵向分量为零，只有横向分量，磁场有横向分量和纵向分量，为横电（transverse electric，TE）模；右边电场有横向分量和纵向分量，磁场只有横向分量，为横磁（transverse magnetic，TM）模。由上可知，平面波导中只有 TM 模和 TE 模。

2.2.1.2　条形光波导

条形光波导是假设光在平面波导中传播时，电磁场只受一个方向的限制。但是这种模型太过理想，在实际中几乎不存在。实际中电磁场在传播过程中会受到各个方向的限制以防止光散射损失。条形光波导在集成光学中最为常见，它是光电开关、耦合器、滤波器、半导体激光器等光电子器件中最基本的结构。

2.2.1.3　圆形光波导

圆形光波导的折射率以原点为中心，向外呈同心圆分布，每个同心圆内的折射率是均匀分布的，如图 2.1 所示。

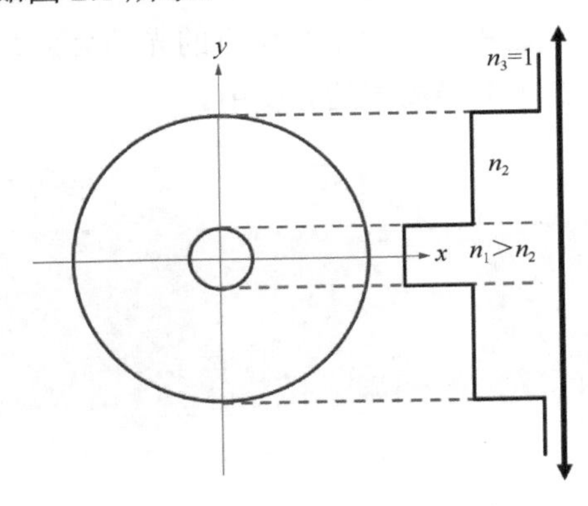

图 2.1　圆形光波导示意图

圆形光波导的典型代表就是光纤。1966 年，Kao 等[1]提出了杂质提纯后的熔石英玻璃纤维，损耗可以降到 20dB/km 以下，可以满足远距离光通信的低损耗标准。对于最简单的阶跃光纤结构，折射率分布可以表示为

$$n^2(r)=\begin{cases}n_1, & r\leqslant a\\ n_2, & r>a\end{cases} \tag{2.2}$$

全反射将光信号局限在波导及其周围环境有限区域内向前传输，最常见的 SMF 和多模光纤（multimode fiber，MMF）在光通信领域获得了广泛的应用，支撑现代通信网络的高速数据交换。由于光纤的传输特性，其对温度和压力等外界环境因素的变化极其敏感，因而可将其制成光纤传感器，用来测量温度、压力、折射率和声场等物理量。

2.2.2 倏逝波定义及光纤表面倏逝波特点

光从光密介质入射到光疏介质的过程中，当入射角大于临界角时，会在界面发生全反射现象。在宏观几何光学或者光线传播理论中，全反射现象产生时，入射光波的能量会在折射率不同的分界面内被完全反射，而不会进入低折射率介质内[2]。但是，采用电磁波理论分析光的全反射现象可以发现，当光信号从光密介质入射到光疏介质中时，在光疏介质中存在一个非常微弱的电磁场，其流过界面的光波能量几乎为零，且其振幅的大小是随着与分界面垂直的传播距离增大呈现指数形式衰减，这部分光场就称为倏逝波。倏逝波只存在于界面附近的几个波长范围内，倏逝波以谐振电场或磁场形式存在，不携带和传播能量，没有净能流穿过界面。除了光学领域，倏逝波还存在于机械波、电磁辐射、声表面波等。如图 2.2 所示，在光的传输过程中，并不是所有的光都会被约束在波导中，有一部分是以倏逝场的形式存在于波导周围的介质中。

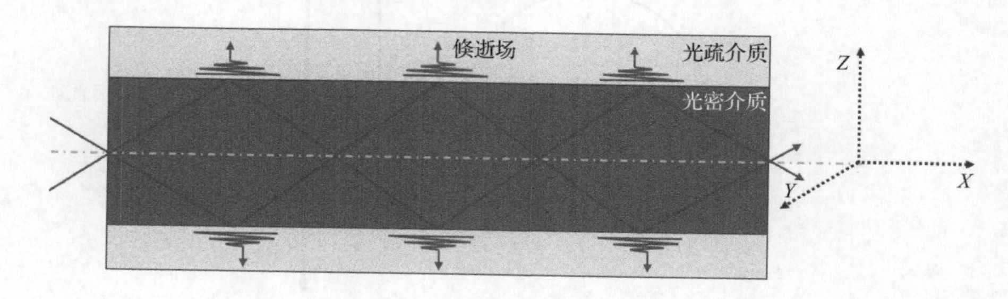

图 2.2　光纤中的倏逝场分布

对于光纤传感器来说，倏逝波存在于包层和纤芯的分界面附近，沿着界面传播，并且在与分界面垂直的方向上以指数形式衰减。在倏逝波快速衰减的过程中，将透射光强衰减至原来光强 e 分之一（1/e = 36.8%）时所能达到的深度，定义为倏逝波的穿透深度。

倏逝波的表示形式：

$$E_{\mathrm{t}} = E_{0\mathrm{t}} \mathrm{e}^{-\alpha_1 y} \mathrm{e}^{-\mathrm{j}\alpha_2} \tag{2.3}$$

式中，$E_{0\mathrm{t}}$ 表示界面处的光场振幅；y 表示与界面垂直的距离；系数 α_1 和 α_2 为实数，分别表示倏逝波在沿界面垂直方向和平行方向的衰减因子。

穿透深度表示为

$$d' = \frac{\dfrac{\lambda}{2\pi}}{\sqrt{\left(\dfrac{n_{\mathrm{i}}}{n_{\mathrm{t}}}\right)^2 \sin^2 \theta_{\mathrm{i}} - 1}} \tag{2.4}$$

式中，n_{i} 表示光密介质折射率；n_{t} 表示光疏介质折射率；θ_{i} 表示入射角。

2.2.3 微纳光纤倏逝场理论

微纳光纤是直径在微米或者纳米尺寸的圆形光波导，在标准 SMF 被拉制成微纳光纤的过程中，其包层和纤芯尺寸等比例缩小。当直径小于入射波光波长时，原有的包层和纤芯界面已消除。并且，包层和纤芯的折射率差极小，此时包层和纤芯可整体看成纤芯，而把外界介质看成包层。这样，就可以将微纳光纤视为折射率阶跃分布光纤结构，此时纤芯和包层之间较大的折射率差保证了它的光场限制能力。假设微纳光纤所处介质环境为空气，倏逝波示意图如图 2.3 所示。

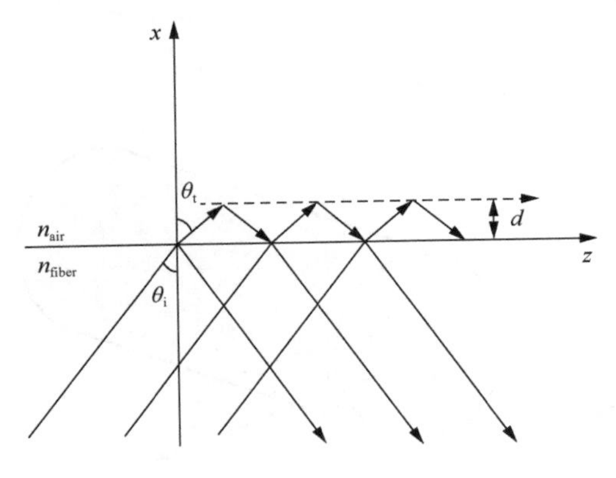

图 2.3　倏逝波示意图

图 2.3 中，n_{fiber} 为微纳光纤折射率，n_{air} 为空气折射率。这里假设入射光是 TE 偏振光，则折射光的电场分量为

$$E_{\text{t}}=E_{\text{t}}(x,z)\mathrm{e}^{\mathrm{j}k_1(x\cos\theta_{\text{t}}+z\sin\theta_{\text{t}})-\mathrm{j}\omega t} \tag{2.5}$$

由折射定律，可将上式改为

$$\begin{aligned}E_{\text{t}}&=E_{\text{t}}(x,z)\mathrm{e}^{\mathrm{j}k_2 z\sin\theta_{\text{i}}+\mathrm{j}k_1 x\sqrt{1-(k_2\sin\theta_{\text{i}}/k_1)^2}-\mathrm{j}\omega t}\\&=E_{\text{t}}(x,z)\mathrm{e}^{\mathrm{j}k_2 z\sin\theta_{\text{i}}+\mathrm{j}k_1 x\cdot m-\mathrm{j}\omega t}\end{aligned} \tag{2.6}$$

但是在全反射情况下，$(k_2\sin\theta_{\text{i}}/k_1)^2>1$，所以 m 是虚数，即

$$\begin{aligned}E_{\text{t}}&=E_{\text{t}}(x,z)\mathrm{e}^{-k_1 x\sqrt{(k_2\sin\theta_{\text{i}}/k_1)^2-1}}\mathrm{e}^{\mathrm{j}(k_2 z\sin\theta_{\text{i}}-\omega t)}\\&=E_{\text{t}}(x,z)\mathrm{e}^{-\alpha_{\text{v}}x}\mathrm{e}^{\mathrm{j}(k_2 z\sin\theta_{\text{i}}-\omega t)}\end{aligned} \tag{2.7}$$

式中，α_{v} 表示折射光在介质中衰减的速度。由光波传输理论知，光在标准光纤中通过全反射在其内部向前传输。但经实验探究发现，光通过微纳光纤时，在微纳光纤和外界介质分界面处，光波并没有全部被反射回微纳光纤中。它会进入介质大概一个波长大小的距离，其强度在远离微纳光纤后会不断衰减，同时保持沿着微纳光纤的轴向向前传输，然后再折回微纳光纤中，被称为倏逝波。该波沿入射面的介质边界传输，且振幅沿着界面法向指数衰减。在微纳光纤传感技术中，倏逝波越强，其传感灵敏度和分辨力越高。基于倏逝波耦合的微纳光纤耦合方式的可行性和良好的稳定性、高效性已经被实验证明。

对于微纳光纤纤芯和包层较大的折射率差，应用弱波导理论进行研究并不准确，通常通过 Maxwell 方程进行分析。图 2.4 为微纳光纤传输特性计算模型示意图，可做几点假设：光纤横截面为均匀圆形，且光纤纤芯和包层折射率分布为标准阶跃式；光纤表面光滑且质量均匀，不会产生表面凹凸不平所引起的散射损耗；光纤内传输模式稳定。

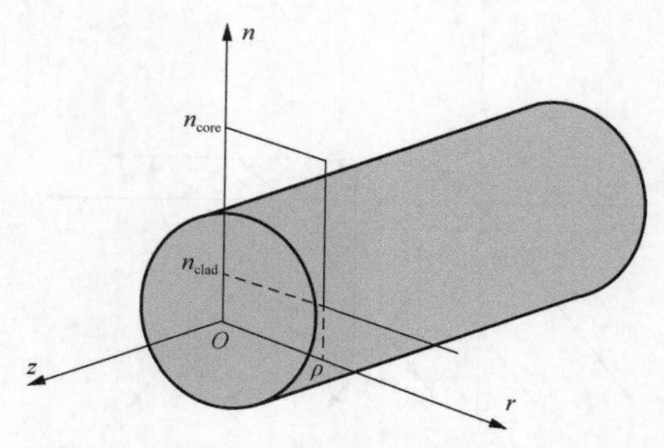

图 2.4　微纳光纤传输特性计算模型示意图

基于以上假设，简化 Maxwell 方程组为如下的亥姆霍兹方程[3]：

$$\begin{cases}\left(\nabla^2+n^2k^2-\beta^2\right)e=0\\\left(\nabla^2+n^2k^2-\beta^2\right)h=0\end{cases}\tag{2.8}$$

式中，∇ 为哈密顿算符，$\nabla=l_x\dfrac{\partial}{\partial x}+l_y\dfrac{\partial}{\partial y}+l_z\dfrac{\partial}{\partial z}$，$l_x$、$l_y$、$l_z$ 为 x、y、z 方向的单位矢量；n 为折射率；$k=2\pi/\lambda$ 表示波数；β 为传播常数；h 为磁场矢量；e 为电场矢量。光波导理论中给出了上述亥姆霍兹方程组的严格解，可以用包含电场强度 E 和磁场强度 H 的混杂模式来表示，当 z 方向电磁场强度中电场强度 E 分量占主导时，称为 EH 模式，而当磁场强度 H 分量占主导时，称为 HE 模式。对于式（2.8），HE_{vm} 和 EH_{vm} 模式（z 方向电场 $e_z\neq0$，z 方向磁场 $h_z\neq0$；v,m=0,1,2,⋯，分别表示模式的阶数和对称性）的本征方程如下：

$$\left[\frac{J_v'(U)}{UJ_v(U)}+\frac{K_v'(W)}{WK_v(W)}\right]\left[\frac{J_v'(U)}{UJ_v(U)}+\frac{n_{\text{clad}}^2K_v'(W)}{n_{\text{core}}^2WK_v(W)}\right]=\left(\frac{v\beta}{kn_{\text{core}}}\right)^2\left(\frac{V}{UW}\right)^2\tag{2.9}$$

式中，J_v 是 v 阶第一类贝塞尔函数；K_v 是 v 阶修正的第二类贝塞尔函数，v=0,1,2,⋯。对于 TE_{0m} 模式（$e_z=0$，$h_z\neq0$；下角标 0 代表基模，m=1,2,⋯）：

$$\frac{J_1(U)}{UJ_0(U)}+\frac{K_1(W)}{WK_0(W)}=0\tag{2.10}$$

对于 TM_{0m} 模式（$h_z=0$，$e_z\neq0$；下角标 0 代表基模，m=1,2,⋯）：

$$\frac{n_{\text{core}}^2J_1(U)}{UJ_0(U)}+\frac{n_{\text{clad}}^2K_1(W)}{WK_0(W)}=0\tag{2.11}$$

式（2.9）～式（2.11）中，

$$U=d\sqrt{k_0^2n_{\text{core}}^2-\beta^2}\tag{2.12}$$

$$W=d\sqrt{\beta^2-k_0^2n_{\text{clad}}^2}\tag{2.13}$$

其中，d 为光纤直径，n_{core} 为纤芯等效折射率，n_{clad} 为包层的折射率。归一化常数 V 可表示为

$$V=k_0d\sqrt{n_{\text{core}}^2-n_{\text{clad}}^2}\tag{2.14}$$

一般情况下，光波在微纳光纤中传输，大部分能量局限在基模内，即满足基模传输条件：

$$V=\frac{2\pi d\sqrt{n_{\text{core}}^2-n_{\text{clad}}^2}}{\lambda_0}\leqslant 2.405 \tag{2.15}$$

从式（2.15）可知微纳光纤直径 d 和自由波长 λ_0 与归一化常数 V 直接相关，截止波长满足

$$\lambda_{\min}\geqslant\frac{2\pi d\sqrt{n_{\text{core}}^2-n_{\text{clad}}^2}}{2.405} \tag{2.16}$$

当自由波长变大或者光纤直径减小到一定值，此时微纳光纤中基模作为传输模式，就把该光纤称为 SMF。图 2.5 为归一化常数、传播常数和光纤直径之间的关系，工作波长为 633nm。

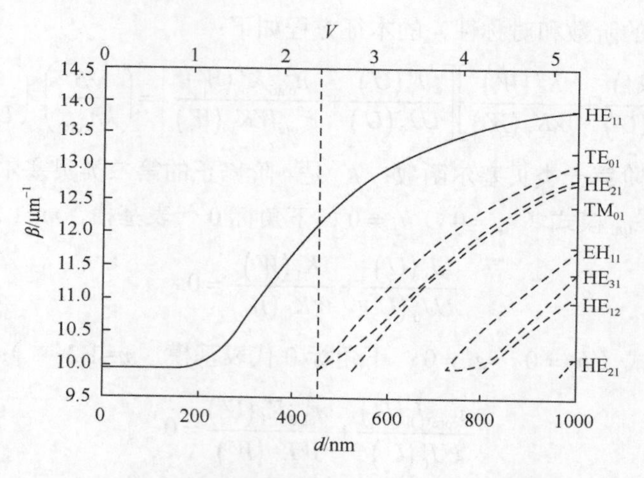

图 2.5　归一化常数、传播常数和光纤直径关系图[4]

由图 2.5 可以看出，当直径减小到使得 V 小于一个确定的值 2.405 时，仅仅有基模 HE_{11} 模式。当微纳光纤工作在单模条件下时，大部分传输光能量以倏逝波的形式传输。不同材质的微纳光纤都有一个单模工作的截止波长，工作波长为 1500nm 的 SiO_2 微纳光纤的截止波长为 1134.7625nm。相对于一些折射率较高的材质，对光场能量的约束能力更强，对应的单模工作时的临界直径更小，例如碲酸盐玻璃（折射率为 2.0）的临界直径为 685.0151nm。表 2.1 为 SiO_2 微纳光纤的临界直径随工作波长的变化表。

表 2.1 SiO_2 微纳光纤在不同波长的临界直径

波长/nm	SiO_2 折射率	空气折射率	临界直径/nm
325	1.482	1.0	228
633	1.457	1.0	457
1064	1.450	1.0	776
1550	1.444	1.0	1139

由表 2.1 可以看出，随着工作波长的变化，微纳光纤的临界直径相应变化，具体表现为工作波长增大，微纳光纤临界直径增大。微纳光纤临界直径随工作波长的关系如图 2.6 所示。当直径 d 小于临界直径 d_{sm} 时，只有基模在微纳光纤中传输，即图 2.6 中两条直线以下的区域分别代表微纳光纤外界介质不同时对应的单模传输条件。—■—表示 SiO_2 微纳光纤外界介质为空气，即 SiO_2 微纳光纤的包层为空气。空气折射率为 1，此时微纳光纤和包层折射率差较大。—●—表示 SiO_2 微纳光纤外界介质为水，水的折射率为 1.33，此时微纳光纤和包层的折射率差较小，进而其对光场能量有更大的约束力，基模传输时对应的临界直径相对增大。

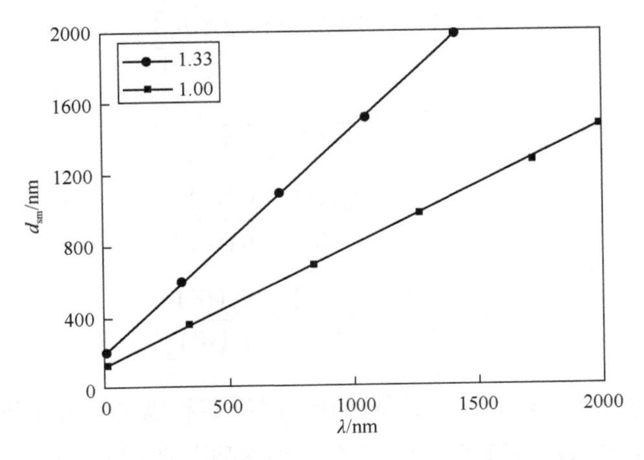

图 2.6 临界直径与工作波长关系曲线

在能量分布上，对于只有基模传输的微纳光纤来说，在方位角方向和径向上，平均能量传输为零，只需计算 z 传输方向的能量分布，即 z 方向的坡印亭矢量。

在微纳光纤的内部（$0<r<\rho$），

$$S_{z1}=\frac{|\rho|^2}{2}\left(\frac{\varepsilon_0}{\mu_0}\right)^{1/2}\frac{kn_{\text{core}}{}^2}{\beta J_1(U)}\left[a_1a_3J_0{}^2(UR)+a_2a_4J_2{}^2(UR)\right.$$
$$\left.+\frac{1-F_1F_2}{2}J_0(UR)J_2(UR)\cos(2\phi)\right] \tag{2.17}$$

式中，ϕ为光信号的相位。在微纳光纤的外部（$\rho\leqslant r<\infty$），

$$S_{z2}=\frac{|\rho|^2}{2}\left(\frac{\varepsilon_0}{\mu_0}\right)^{1/2}\frac{kn_{\text{core}}^2}{\beta K_1(U)}\frac{U^2}{W^2}\left[a_1a_5K_0{}^2(WR)+a_2a_6K_2{}^2(WR)\right.$$
$$\left.-\frac{1-2\varDelta-F_1F_2}{2}K_0(WR)K_2(WR)\cos(2\phi)\right] \tag{2.18}$$

式中，$a_1=(F_2-1)/2$；$a_2=(F_2+1)/2$；$a_3=(F_1-1)/2$；$a_4=(F_1+1)/2$；$a_5=(F_1-1+2\varDelta)/2$；$a_6=(F_1+1-2\varDelta)/2$；$\varDelta=\left(n_{\text{core}}^2-n_{\text{clad}}^2\right)/\left(2n_{\text{core}}^2\right)$；$R=r/\rho$；$\beta$为传播常数；

$$F_1=\left(\frac{UW}{V}\right)^2\left[b_1+(1-2\varDelta)b_2\right] \tag{2.19}$$

$$F_2=\left(\frac{V}{UW}\right)^2\frac{1}{b_1+b_2} \tag{2.20}$$

$$b_1=\frac{1}{2U}\left[\frac{J_0(U)}{J_1(U)}-\frac{J_2(U)}{J_1(U)}\right] \tag{2.21}$$

$$b_2=\frac{1}{2W}\left[\frac{K_0(W)}{K_1(W)}+\frac{K_2(W)}{K_1(W)}\right] \tag{2.22}$$

基于以上分析，可以通过计算基模传输时纤芯和包层的功率分布，来分析微纳光纤的倏逝场能量分布情况。微纳光纤纤芯内功率P_1、微纳光纤纤芯外功率P_2、纤芯功率η_{inside}和纤芯外功率η_{outside}有如下关系：

$$\eta_{\text{inside}}=\frac{P_1}{P_1+P_2}=\frac{\int_0^a S_{z1}\mathrm{d}A}{\int_0^a S_{z1}\mathrm{d}A+\int_a^\infty S_{z2}\mathrm{d}A} \tag{2.23}$$

$$\eta_{\text{outside}}=1-\eta_{\text{inside}} \tag{2.24}$$

式中，

$$dA = r dr d\phi \tag{2.25}$$

微纳光纤纤芯内和纤芯外的能量分布可以由式（2.23）、式（2.24）求出。根据不同的传感器性能要求，可以调节纤芯内外能量。图 2.7 为 SiO_2 微纳光纤中光波的全反射传输图。

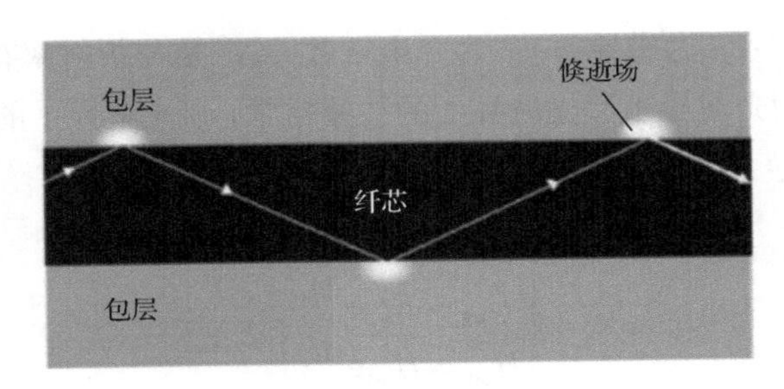

图 2.7　SiO_2 光纤中光波的全反射传输

可以看出，在纤芯和包层界面处有一定的能量分布，这部分能量对外界环境变化极为敏感。在微纳光纤传感器中，倏逝波能量的大小直接影响到传感器的灵敏度、分辨力等性能指标。

2.2.4　微纳光纤间的倏逝波耦合

倏逝波耦合原理是很多微纳米传感器的基础，在相邻的两个光波导中发生光场之间的相互耦合。当两个光波导之间的距离足够小时，两个光波导可以被等效为一个新的光波导，图 2.8 为其结构示意图，n_{w1} 和 n_{w2} 为两个光波导的折射率，n_{out} 为外界介质折射率。

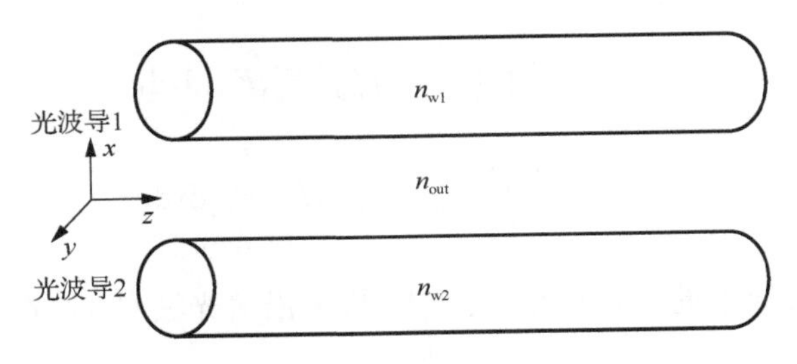

图 2.8　双波导结构示意图

设光波导 1 的电场强度为 E_{w1}，光波导 2 的电场强度为 E_{w2}，当光波导 1 和光波导 2 足够近时，它们电场的线性叠加即实际总的电场强度：

$$E = A(z)E_{w1} + B(z)E_{w2} \tag{2.26}$$

式中，z 为传输距离；$A(z)$、$B(z)$ 是 z 的振幅函数。电场满足 Maxwell 方程：

$$\begin{cases}\nabla\times\tilde{E} = -\mathrm{j}\omega\mu\tilde{H}\\ \nabla\times\tilde{H} = -\mathrm{j}\omega\varepsilon N^2\tilde{E}\end{cases} \tag{2.27}$$

式中，ω 为角频率；μ 为磁导率；ε 为介电常数；N^2 是与折射率有关的分布函数。设 β_{w1}、β_{w2} 分别为光波导 1 和光波导 2 的传播常数，则光波导 1 的电场 $\tilde{E}_{w1}$ 和磁场 $\tilde{H}_{w1}$，以及光波导 2 的电场 $\tilde{E}_{w2}$ 和磁场 $\tilde{H}_{w2}$ 可以表示为

$$\begin{cases}\tilde{E}_{w1} = E_{w1}\mathrm{e}^{-\mathrm{j}\beta_{w1}z}\\ \tilde{E}_{w2} = E_{w2}\mathrm{e}^{-\mathrm{j}\beta_{w2}z}\\ \tilde{H}_{w1} = H_{w1}\mathrm{e}^{-\mathrm{j}\beta_{w1}z}\\ \tilde{H}_{w2} = H_{w2}\mathrm{e}^{-\mathrm{j}\beta_{w2}z}\end{cases} \tag{2.28}$$

对式（2.26）进行旋度计算，得到如下表达式：

$$\begin{cases}\dfrac{\mathrm{d}A(z)}{\mathrm{d}z} = -\mathrm{j}K_{11}A(z) - \mathrm{j}K_{12}B(z)\mathrm{e}^{-\mathrm{j}(\beta_{w2}-\beta_{w1})z}\\ \dfrac{\mathrm{d}B(z)}{\mathrm{d}z} = -\mathrm{j}K_{22}B(z) - \mathrm{j}K_{21}A(z)\mathrm{e}^{-\mathrm{j}(\beta_{w2}-\beta_{w1})z}\end{cases} \tag{2.29}$$

式中，

$$\begin{cases}K_{11} = \dfrac{\omega\varepsilon}{4}\iint\limits_{s_{w2}}\left(n_{w1}^2 - n_{out}^2\right)E_{w1}^*E_{w1}\mathrm{d}x\mathrm{d}y\\ K_{22} = \dfrac{\omega\varepsilon}{4}\iint\limits_{s_{w1}}\left(n_{w2}^2 - n_{out}^2\right)E_{w2}^*E_{w2}\mathrm{d}x\mathrm{d}y\end{cases} \tag{2.30}$$

$$\begin{cases}K_{12} = \dfrac{\omega\varepsilon}{4}\iint\limits_{s_{w2}}\left(n_{w2}^2 - n_{out}^2\right)E_{w1}^*E_{w2}\mathrm{d}x\mathrm{d}y\\ K_{21} = \dfrac{\omega\varepsilon}{4}\iint\limits_{s_{w1}}\left(n_{w1}^2 - n_{out}^2\right)E_{w2}^*E_{w1}\mathrm{d}x\mathrm{d}y\end{cases} \tag{2.31}$$

其中，K_{11} 为光波导 1 的自耦合系数；$\iint\limits_{s_{w2}}$ 代表沿着光波导 1，在与光波导 2 重合的长度上积分；K_{22} 为光波导 2 的自耦合系数；$\iint\limits_{s_{w1}}$ 代表沿着光波导 2，在与光波

导 1 重合的长度上积分；E_{w1}^{*} 为光波导 1 的自耦合电场强度；E_{w2}^{*} 为光波导 2 的自耦合电场强度；K_{12} 为光波导 2 到光波导 1 的耦合系数，K_{21} 为光波导 1 到光波导 2 的耦合系数。在弱耦合条件下，耦合系数约等于 0。不同波导间的耦合系数也称为横向耦合系数，一般有 $K_{12} = K_{21}^{*}$，$K_{21} = K_{12}^{*}$。在不计系统损耗情况下，系统的功率流密度的守恒公式为

$$\frac{\mathrm{d}}{\mathrm{d}z}\left[\frac{\left|A(z)\right|^2+\left|B(z)\right|^2}{2}\right]=0 \tag{2.32}$$

由式（2.32）和式（2.29）可得

$$\mathrm{j}A^{*}B\left(K_{21}^{*}-K_{12}\right)\mathrm{e}^{-\mathrm{j}\Delta\beta z}-\mathrm{j}AB^{*}\left(K_{21}-K_{12}^{*}\right)\mathrm{e}^{\mathrm{j}\Delta\beta z}=0 \tag{2.33}$$

式中，$\Delta\beta = \beta_{w2} - \beta_{w1}$，当令 $K_{12} = K_{21}^{*}$ 时，式（2.29）可以整理为

$$\begin{cases}\dfrac{\mathrm{d}A(z)}{\mathrm{d}z}=-\mathrm{j}K_{12}B(z)\mathrm{e}^{-\mathrm{j}\Delta\beta z}\\[2ex]\dfrac{\mathrm{d}B(z)}{\mathrm{d}z}=-\mathrm{j}K_{21}A(z)\mathrm{e}^{-\mathrm{j}\Delta\beta z}\end{cases} \tag{2.34}$$

2.3 微纳光纤光学仿真分析

2.3.1 单根微纳光纤内的倏逝场

普通光纤的纤芯和包层之间的折射率差很小，所以在普通的光纤模场分析中，需要做弱波导近似，但对于微纳光纤不适用。针对微纳光纤传输特性计算模型，需要做几点假设：①微纳米纤直径 d 不能太小，通常情况下都是要大于几十纳米，基于介质的介电常数 ε 和磁导率 μ 仍可以描述光场分布；②微纳光纤的长度必须足够长，一般实验中使用的几百微米长度恰好符合上述条件，可以形成较为稳定的模场分布；③微纳光纤表面粗糙度不应过大，保证由此引起的光散射损耗可以忽略不计。图 2.9 同时给出了直径分别为 400nm 和 200nm 微纳光纤在 z 方向（光纤径向）的坡印亭矢量分布图[5]，工作波长为 633nm。

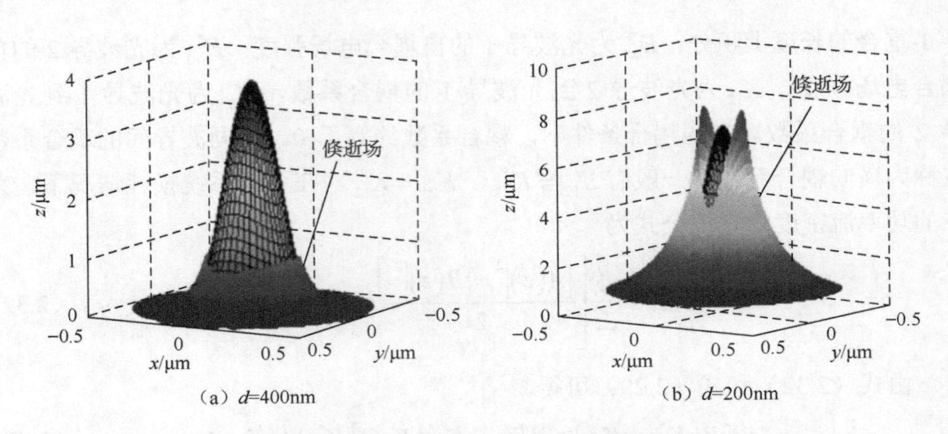

图 2.9　微纳光纤 z 方向坡印亭矢量分布图

图 2.9 中，网格部分为微纳光纤纤芯中传输的光场能量分布，外边渐变部分为微纳光纤的外部光场（即倏逝场）的光场能量分布。由图 2.9 可知，两种直径的微纳光纤表面都有较为明显的倏逝场分布。对比图 2.9（a）中直径为 400nm 微纳光纤和图 2.9（b）中直径为 200nm 微纳光纤的结果可知，微纳光纤的直径越小，能够逸散到其外部环境传输的倏逝波能量越强。图 2.10 为微纳光纤的直径和模式之间的关系图。

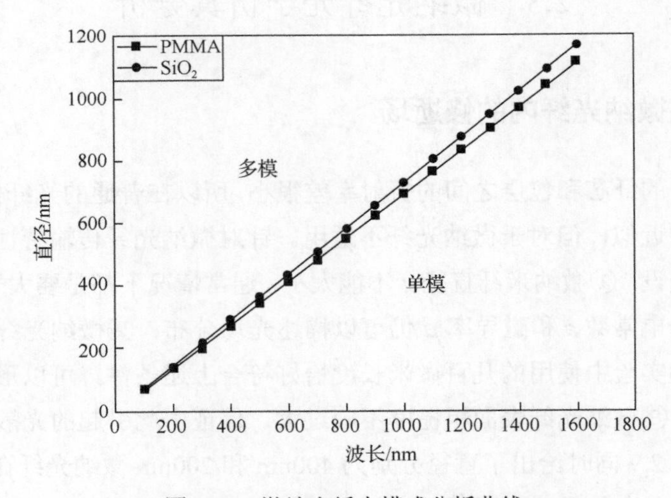

图 2.10　微纳光纤内模式分析曲线

可以看出，图 2.10 中曲线的右下角为单模区域，即当波长或直径小于相应值时，微纳光纤内只能支持一种模式传输；而左上角为多模区域。在最常用的微纳光纤倏逝场耦合方式中，两个 SMF 锥搭接在聚合物微纳光纤或 SiO_2 微纳光纤的两端，通常要求微纳光纤工作在多模区域，传输 SMF 锥的锥腰部分的几个模式即可。光经过 SMF 锥，由于在锥形过渡区域是突变锥，此时在锥形过渡区域基模会激发高阶模式。随着光继续传输到 SMF 锥的锥腰部分，部分高阶模式会被截止，此时可以根据微纳光纤的单模条件，判断该 SMF 锥的锥腰部分是否工作在多模区域。在 SMF 锥的锥腰部分与微纳光纤倏逝波耦合以后，可以实现光的传导。微纳光纤上传输的光，一部分是以倏逝波的形式传播，在传输的过程中可以感受外界环境的变化，然后再利用相同的方式将微纳光纤上传输的光导入另外一根 SMF 锥，连接至光谱仪实现透射光谱的检测。在传输的过程中有多种模式，随着 SMF 锥的锥形过渡区域的直径从小变大，这几种模式之间会发生干涉现象。如果利用光谱分析仪检测透射光谱，可以发现透射光谱是一种干涉谱。当微纳光纤周围环境发生变化时，透射光谱会发生移动。通过透射光谱移动的距离和周围环境的变化之间的关系，可实现对周围环境参数的检测。

2.3.2　微纳光纤波导耦合效率分析

在实验过程中，两个微纳光纤间的耦合效率也是一个非常重要的参数，相关的影响因素有耦合区长度、耦合距离和微纳光纤直径。耦合距离和耦合效率成反比；耦合长度和耦合效率成正比；微纳光纤的直径越小，倏逝场越强，耦合效率越高。在微纳光纤谐振器中，传输光通过耦合区进入谐振器，进而进行传输，所以耦合效率的高低直接影响微纳光纤谐振器的传感质量。

结合之前分析可知，端面对端面耦合法虽然简单实用，但只能用于两根宏观光纤，并且对两根光纤的相对位置精度要求非常高，有时可能还需要借助高精密的微纳操作系统和准直参考系统。因此，这种方法并不适用于微纳光纤。在光波导中，虽然光纤中的大部分能量被约束在光纤的纤芯中传输，但是当该光纤被拉至微纳米级别时，光在微纳光纤中传输绝大部分是以倏逝波的形式存在，因而当两个尺寸相当的微纳光纤波导相互靠近时，光就可以从一根波导耦合到另外一根波导。图 2.11 为基于倏逝波耦合的 SiO_2 微纳光纤示意图，其中，L_c 为两个微纳光纤耦合区的重叠长度，H 为两根微纳光纤的距离，这里称为耦合距离，d_1、d_2 分别表示两根微纳光纤的直径。

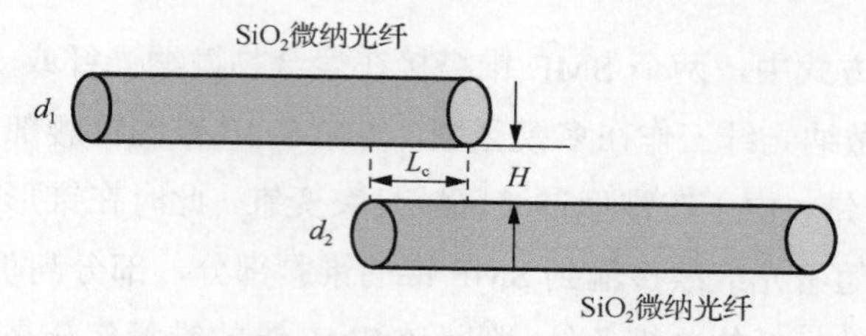

图 2.11　微纳光纤倏逝波耦合结构

针对这种耦合结构，可以采用耦合模式理论进行分析[6]，假设两个光纤波导相互靠近，光场分布为

$$\begin{cases} E(x,y,z)=a(z)E_a(x,y)+E_b(x,y) \\ H(x,y,z)=b(z)H_a(x,y)+H_b(x,y) \end{cases} \tag{2.35}$$

式中，$a(z)$和$b(z)$分别表示波导中两个模式的波动项。根据耦合模式理论，存在如下方程组[7]：

$$\begin{cases} \dfrac{\mathrm{d}a(z)}{\mathrm{d}z}=\mathrm{j}\gamma_a a(z)+\mathrm{j}K_{ab}b(z) \\ \dfrac{\mathrm{d}b(z)}{\mathrm{d}z}=\mathrm{j}\gamma_b b(z)+\mathrm{j}K_{ba}a(z) \end{cases} \tag{2.36}$$

式中，

$$\begin{cases} \gamma_a=\beta_a+(\tilde{K}_{aa}-\tilde{K}_{ba}C)/(1-C^2) \\ \gamma_b=\beta_b+(\tilde{K}_{bb}-\tilde{K}_{ab}C)/(1-C^2) \\ K_{ab}=(\tilde{K}_{ab}-\tilde{K}_{bb}C)/(1-C^2) \\ K_{ba}=(\tilde{K}_{ba}-\tilde{K}_{aa}C)/(1-C^2) \end{cases} \tag{2.37}$$

其中，β_a与β_b分别表示微纳光纤相互靠近时a与b的传播常数，$\tilde{K}_{aa}$、$\tilde{K}_{ba}$、$\tilde{K}_{bb}$、$\tilde{K}_{ab}$表示微扰项，可求得

$$\begin{cases} \tilde{K}_{aa}=\omega\iint\Delta\varepsilon_a\left[E_a(x,y)\cdot E_a(x,y)-\dfrac{\varepsilon_a}{\varepsilon_0 n(x,y)}E_a(z)E_a(z)\right]\mathrm{d}x\mathrm{d}y \\ \tilde{K}_{bb}=\omega\iint\Delta\varepsilon_b\left[E_b(x,y)\cdot E_b(x,y)-\dfrac{\varepsilon_b}{\varepsilon_0 n(x,y)}E_b(z)E_b(z)\right]\mathrm{d}x\mathrm{d}y \\ \tilde{K}_{ab}=\omega\iint\Delta\varepsilon_b\left[E_a(x,y)\cdot E_b(x,y)-\dfrac{\varepsilon_a}{\varepsilon_0 n(x,y)}E_a(z)E_b(z)\right]\mathrm{d}x\mathrm{d}y \\ \tilde{K}_{ba}=\omega\iint\Delta\varepsilon_a\left[E_b(x,y)\cdot E_a(x,y)-\dfrac{\varepsilon_b}{\varepsilon_0 n(x,y)}E_b(z)E_a(z)\right]\mathrm{d}x\mathrm{d}y \end{cases} \tag{2.38}$$

式（2.37）中，C 表示模式的交叠，$C=\left(C_{ab}+C_{ba}\right)/2$，$C_{ab}$ 和 C_{ba} 可以表示为

$$\begin{cases} C_{ab}=2\hat{z}\iint\limits_{\infty}\left(E_a\cdot E_b\right)\mathrm{d}x\mathrm{d}y \\ C_{ba}=2\hat{z}\iint\limits_{\infty}\left(E_b\cdot E_a\right)\mathrm{d}x\mathrm{d}y \end{cases} \tag{2.39}$$

当两光纤距离比较远时，两根光纤的模式交叠区非常小，可以近似认为 $C\to 0$，此时 $\tilde{K}_{aa}$ 与 $\tilde{K}_{bb}$ 可以忽略。式（2.36）可以改为

$$\begin{cases} \dfrac{\mathrm{d}a(z)}{\mathrm{d}z}=\mathrm{j}\beta_a a(z)+\mathrm{j}K_{ab}b(z) \\ \dfrac{\mathrm{d}b(z)}{\mathrm{d}z}=\mathrm{j}\beta_b b(z)+\mathrm{j}K_{ba}a(z) \end{cases} \tag{2.40}$$

式（2.40）是在弱波导耦合的情况下两平行波导的耦合方程。如果忽略光纤内部传输损耗，并且两个波导的光学参数相同，由能量守恒定律可得 $\beta_a=\beta_b=\beta$，$K_{ab}=-K_{ba}^{*}=k$。通过前面的假设，其耦合方程的解为

$$\begin{bmatrix} a(z) \\ b(z) \end{bmatrix}=\begin{bmatrix} \cos kz & \mathrm{j}\sin kz \\ \mathrm{j}\sin kz & \cos kz \end{bmatrix}\begin{bmatrix} a(0) \\ b(0) \end{bmatrix}\mathrm{e}^{\mathrm{j}\beta z} \tag{2.41}$$

式中，$a(0)$、$b(0)$ 表示输入端的初始值。

经过长度 L_{c} 的传输之后，光纤波导 a 到光纤波导 b 的耦合效率为

$$\eta=\left(kL_{\mathrm{c}}\right)^2\left[\frac{\sin\sqrt{\left(kL_{\mathrm{c}}\right)^2+\left(\Delta\beta L_{\mathrm{c}}\right)^2}}{\sqrt{\left(kL_{\mathrm{c}}\right)^2+\left(\Delta\beta L_{\mathrm{c}}\right)^2}}\right] \tag{2.42}$$

式中，$\Delta\beta=\beta_a-\beta_b$，表示两个光纤波导传播常数的差异量。

假设 $a(0)=1$，$b(0)=0$，得到如图 2.12 所示的耦合效率图。

当两根光纤波导完全相同时，一个光纤波导中传输的能量可以完全转移到另外一根波导中；但当两根光纤波导不相同时，即两波导的传播常数不同，耦合效率会随着传播常数的差异量（$\Delta\beta$）变化而迅速降低[8]。传播常数匹配与否直接决定了两根光纤波导能否实现侧向耦合[9]。

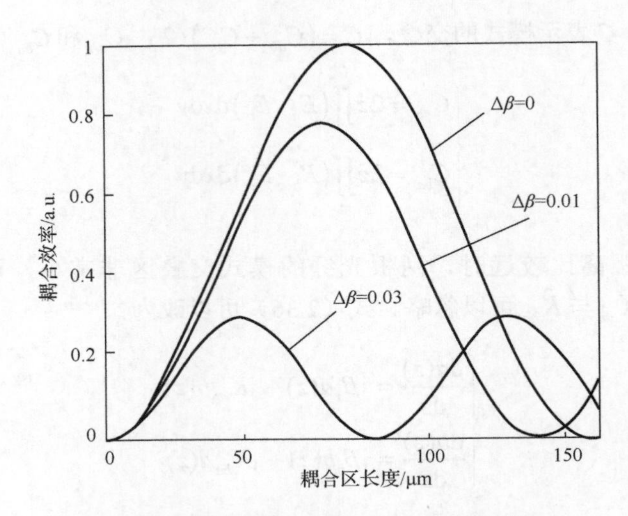

图 2.12　耦合区长度与耦合效率关系[7]

基于上述倏逝波耦合理论，可以结合 RSoft Photonics CAD Suite 8.0 仿真软件研究相关因素对耦合效率的影响规律。该软件主要包括 BeamPROP、FullWAVE、DiffractMOD、GratingMOD、LaserMOD 等模块。光纤传感结构设计方面，常用的是 BeamPROP 和 FullWAVE 两个模块，分别基于光束传播法（beam propagation method，BPM）和时域有限差分法（finite difference time domain method，FDTD）对光纤内的光学模式和光场分布进行计算。目前，BPM 已成为研究集成光子学器件和光波导理论最受欢迎的一种方法，其中主要采用的数学方法为快速傅里叶变换（fast Fourier transform，FFT），基于 FFT 的 BPM 可简称为 FFT-BPM。但是，FFT 方法给 BPM 带来了一些限制，如网格宽度要求一致、横向网格不能细化等，对于微纳光纤模型，FFT-BPM 方法不能完全适用。

1989 年，有限元光束传播法被提出，通过该方法在仿真界面设置结构参数，利用极限分割的思想将光纤的横截面进行密集的方形网格划分，然后使用差分方程来计算每一个网格的光场分布。进而，结合边界条件可以得到光纤整个横截面的光场分布。但是，该种方法的缺陷在于，它对复杂几何曲面的计算精度不高[10]。针对该种缺陷，有限元光束传播法将光波导的横截面分成许多三角形网格单元，单个三角形网格单元内的光场分布可以用一个多项式来表示，然后使用求解域的边界条件可以提高计算精度。这种方法在处理复杂几何曲面问题时非常有效，但是仍然不能确切地得到不同网格单元两种介质分界面处的介电常数，以及光波导模型的三维矢量表达式[11]。基于上述情况，一般选用 BeamPROP 模块来进行仿真分析，其建模过程方便、数学运算简单和计算精度较高。

图 2.13 为两根微纳光纤倏逝波耦合效率仿真图。利用倏逝波耦合的方式，将光从 SMF 锥中导入微纳光纤中，选取光纤通信窗口典型工作波长 1550nm，并将微纳光纤放置在 SMF 锥一端。光源发出光经过 SMF 锥、耦合区和微纳光纤，在微纳光纤的出射端放置功率监视器，通过计算透射光的损耗大小可以得到耦合效率。

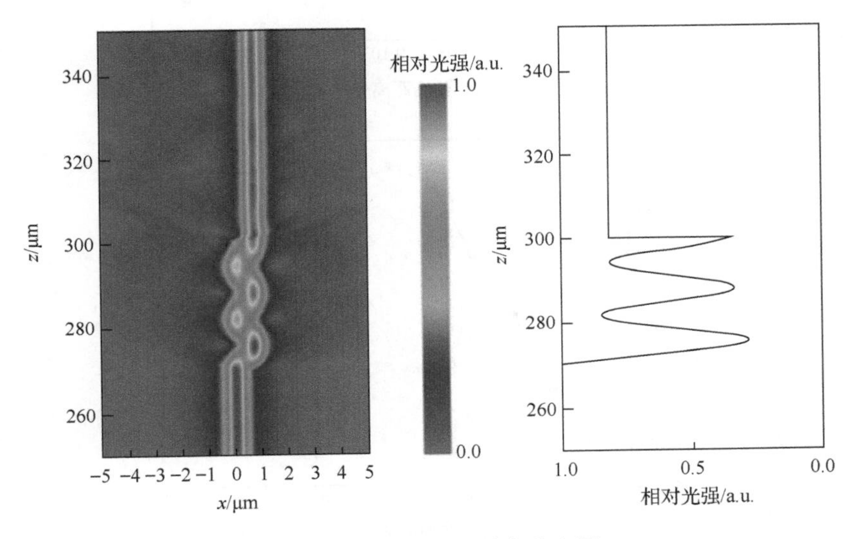

图 2.13 倏逝波耦合效率仿真图

图 2.13 中两根微纳光纤的折射率分别为 1.45、1.49，直径均为 600nm，光源波长为 1550nm，通过该图可计算得到其耦合效率为 81%，但影响该仿真结果的因素还有两根微纳光纤的耦合距离 H 和重叠长度 L_c。固定两根光纤搭接重叠部分的长度 $L_c = 30\mu m$，图 2.14（a）为 SMF 锥与微纳光纤之间的耦合距离与耦合效率的关系图。可以发现，随着耦合距离增大，耦合效率先增大再减小，中间会出现一个最优值。当耦合距离为 90nm 时，最大耦合效率为 81%。此时，固定耦合距离为 90nm 不变，研究 SMF 锥与微纳光纤之间的重叠长度 L_c 与耦合效率的关系，结果如图 2.14（b）所示。随着重叠长度增加，耦合效率也呈现先增大后减小的趋势，中间也存在一个最优值。在重叠长度为 30μm 时，耦合效率达到最大。

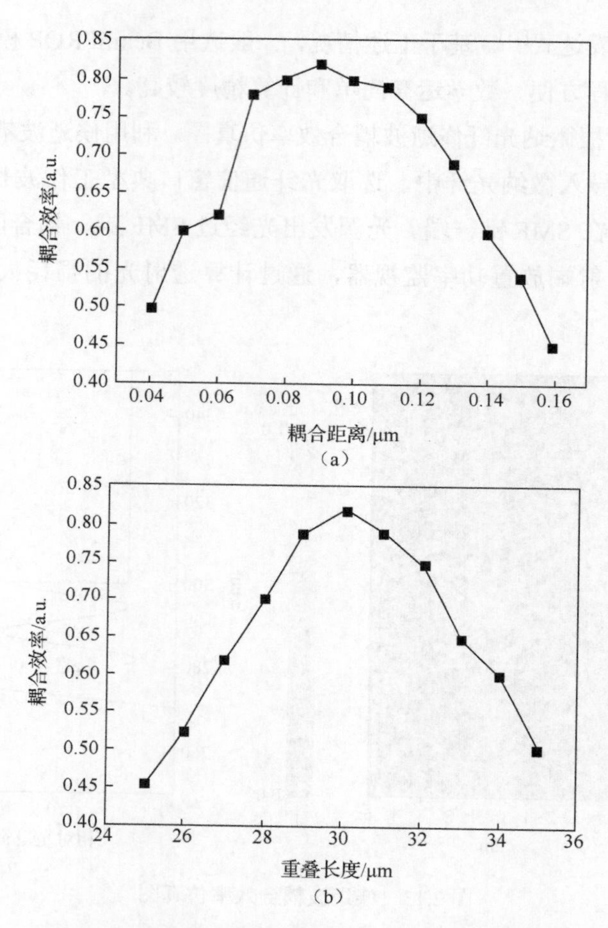

图 2.14　耦合距离及重叠长度与耦合效率的关系

除此之外，同样按照上述方法，固定耦合距离和重叠长度，研究 SMF 锥与微纳光纤的直径对耦合效率的影响情况，结果如图 2.15 所示。

从图 2.15 中可以看出，当微纳光纤的直径固定不变、SMF 锥的直径增大时，或者当 SMF 锥的直径不变、微纳光纤的直径增大时，微纳光纤与 SMF 锥之间的耦合效率均会先增大后减小。上述两种情况下，耦合效率分别可以达到 80%和 90%。在仿真计算过程中发现，耦合效率最高时，SMF 锥与微纳光纤的直径并不相等。

当然，影响耦合效率的因素很多，除了上述的重叠长度 L_c、耦合距离 H 、微纳光纤直径等，还需要考虑光纤的传播常数、光场束缚能力等因素。通常情况下，折射率大的微纳光纤直径较小，相反直径较大，这样才能使两根微纳光纤的等效折射率更加接近，传播常数更容易匹配，以获得更高的耦合效率。图 2.16 展示了光信号从直径为 680nm 的 SMF 锥通过倏逝波耦合的方式进入直径为 600nm 的微纳光纤的仿真结果。其中，SMF 锥与微纳光纤的重叠长度为 30μm，耦合距离设置为 90nm。微纳光纤的光场束缚能力大于 SMF 锥，这主要与光纤本身材料（纤芯）和周围环境（包层）的折射率差相关。一般情况下，光纤对光场的束缚能力取决于光纤纤芯的折射率和外界包层的折射率差，该差值越大，束缚能力也就越强。这也是微纳光纤的一个优势所在。

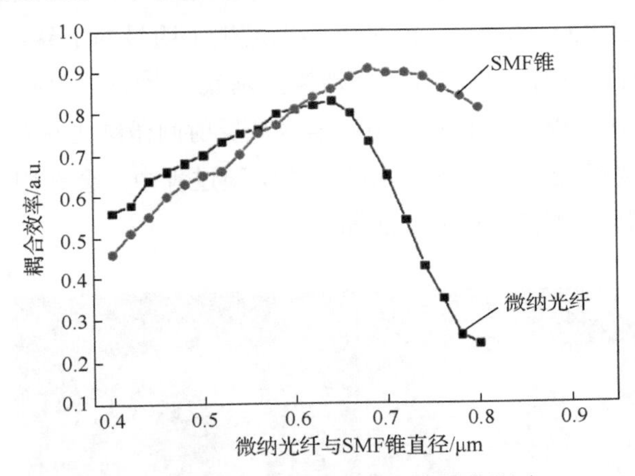

图 2.15　光纤直径大小对耦合效率影响

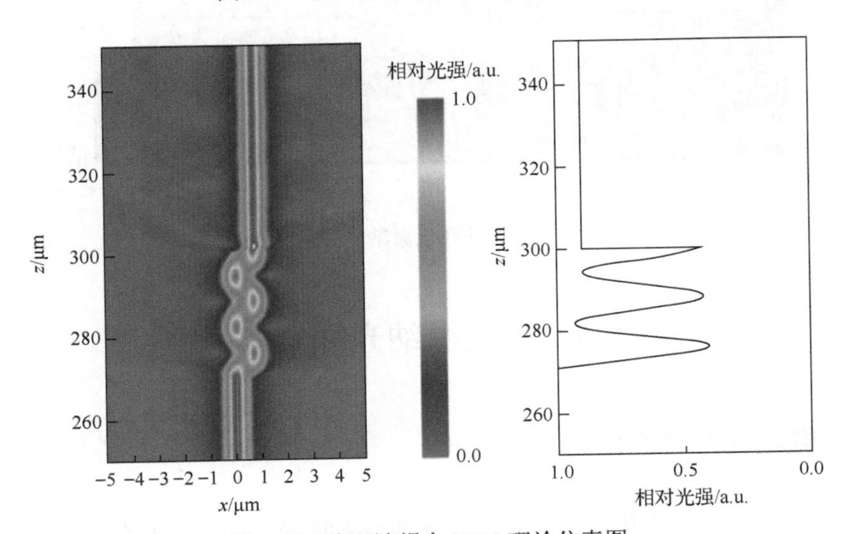

图 2.16　倏逝波耦合 BPM 理论仿真图

当把微纳光纤置于空气环境下时，微纳光纤本身就相当于纤芯，空气相当于包层，具有较大的内外折射率差，所以对光场的束缚能力比普通光纤强。例如，空气中微纳光纤的内外折射率差为0.49，而SMF锥的内外折射率差为0.45。

在后续的微纳光纤传感实验中，须将微纳光纤放置在低折射率的基底上，实验室中常用的基底有载玻片、有机玻璃片、MgF_2基底等。仿真过程中，将两根直径相同的微纳光纤分别放置在 MgF_2 基底和载玻片（材料为 SiO_2）上，利用COMSOL Multiphysics软件可以获得微纳光纤的横截面能量分布图，如图2.17（a）、（b）所示。可以发现，当微纳光纤放置在SiO_2基底上时，微纳光纤中传播的光有很大一部分泄漏到SiO_2基底上，能量中心也发生了明显的下移；而微纳光纤放置在MgF_2基底上时，只有一小部分的光泄漏到基底上[12]。主要原因是，MgF_2基底的折射率仅为1.38，较低折射率使得光信号被反射回微纳光纤内，有效降低了光学损耗。在微纳光纤器件及传感技术的相关实验过程中，会选用MgF_2作为基底，避免微纳光纤中传播光能量向基底泄漏。

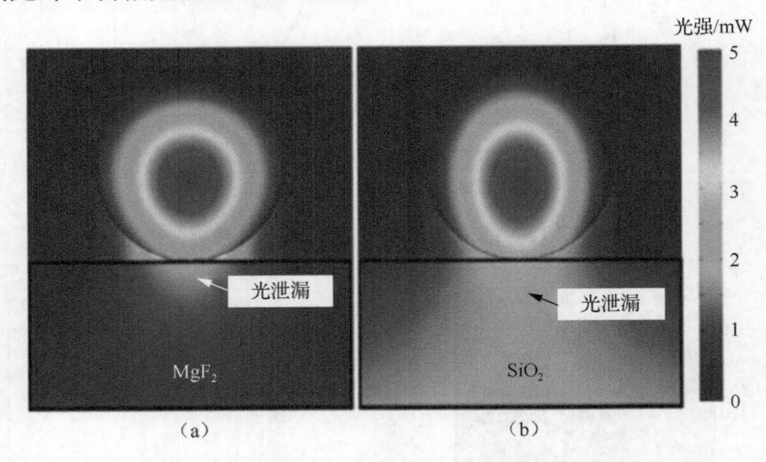

图2.17　不同基底上微纳光纤的光泄漏

2.4　典型微纳光纤结构

2.4.1　微纳光纤端面出射光场

将微纳光纤应用于传感测量时，其外部倏逝场能量的大小和分布范围对传感性能有着重要作用。倏逝场越强，分布范围越大，能够有效增大微纳光纤内光信号与外界环境介质的作用面积，以此提升传感器的响应速度和灵敏度。而微纳光纤直径、工作波长和包层折射率都会影响倏逝场的能量分布。通常可采用 COMSOL Multiphysics 软件对微纳光纤横截面的电场分布特性进行仿真分析，COMSOL Multiphysics 基于有限元分析法，能实现对偏微分方程（单场）和偏微分方程组（多场）的求解，利用数学方法来仿真分析现实环境中的物理现象。它包含热学、流体学、电磁学、材料力学等众多物理模式，可以方便地改变材料属性（介电常数、电导率等）、传输条件等，而且可以精确地调控数学参数来细化仿真模型，包括常量、函数、变量、表达式，以及代表实测数据的插值函数等。基于以上优点，COMSOL Multiphysics 已经在工程计算、数学建模、物理实验等科学领域得到了广泛应用。对于微纳光纤器件的相关特性，可以基于 COMSOL Multiphysics 建立物理模型、调节材料属性、尺寸等参数，进行二维电磁场分析。

首先，利用 COMSOL Multiphysics 仿真分析不同直径微纳光纤的倏逝场能量分布。图 2.18 同时给出了直径为 600nm 和 800nm 微纳光纤的径向电场能量分布图。该模型中，外界包层的折射率为 1，工作波长为 1550nm，纤芯折射率为 1.4679。由图 2.18 可以看出，其中一部分光波在纤芯中传播（见中心环形区域），外边渐变部分为倏逝场。可以发现，微纳光纤直径为 600nm［图 2.18（a）］时，相较于图 2.18（b）直径 800nm 时，更多倏逝场能量在包层中传输。工作波长和包层相同时，微纳光纤的直径越小，对光场的约束能力越弱，越多的光波在光纤表面传输，倏逝场越强。

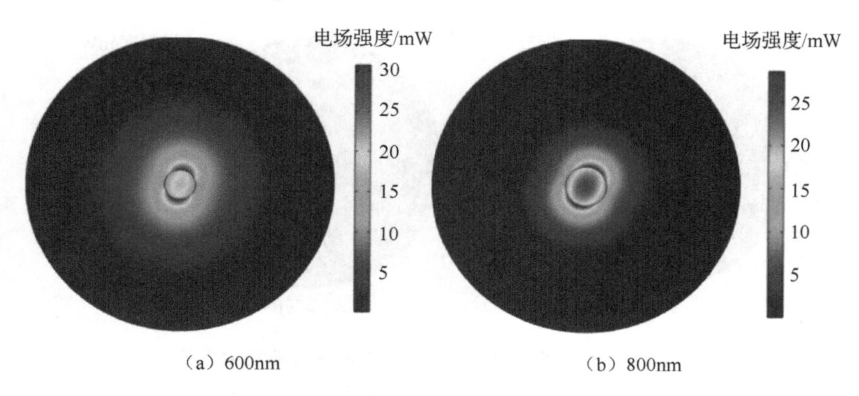

（a）600nm　　　　（b）800nm

图 2.18　不同直径微纳光纤径向电场能量分布图

其次，利用 COMSOL Multiphysics 仿真分析不同工作波长时微纳光纤表面的电场能量分布。包层折射率为 1、直径为 600nm 的 SiO_2 微纳光纤，取 1520nm［图 2.19（a）］、1550nm［图 2.19（b）］两个工作波长来对比微纳光纤表面倏逝场的分布情况，结果见图 2.19。

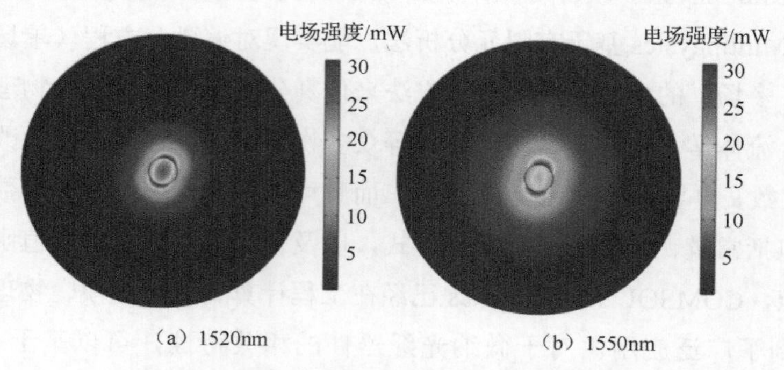

（a）1520nm　　（b）1550nm

图 2.19　不同波长微纳光纤径向电场能量分布图

可以看出，工作波长为 1520nm 时，大部分能量被局限在纤芯内传输，而工作波长为 1550nm 时，光纤纤芯内能量变小，更多的光场能量逸出光纤表面，以倏逝场的形式传输。由此可知，当微纳光纤直径和外界包层介质一定时，工作波长越大，倏逝场越强。

最后，利用 COMSOL Multiphysics 仿真分析不同外界包层对应的倏逝场能量分布。当 SiO_2 微纳光纤直径为 600nm、工作波长为 1550nm 时，改变外界包层折射率，仿真分析微纳光纤纤芯外电场分布。图 2.20 为包层折射率分别取 1［图 2.20（a）］和 1.3［图 2.20（b）］时，微纳光纤横截面内的径向电场能量分布图。

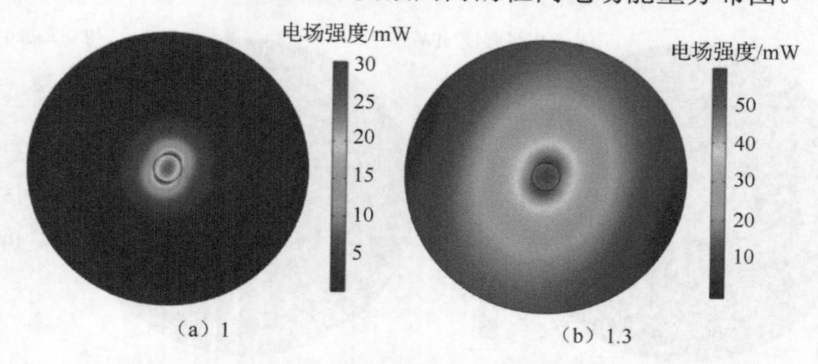

（a）1　　（b）1.3

图 2.20　不同折射率微纳光纤径向电场能量分布图

可以看出，包层折射率越大，包层和纤芯之间的折射率差值越小（纤芯折射率不变），微纳光纤对光场的约束力越差，导致更多的能量泄漏进包层中传输。由此可知，当光纤直径和工作波长不变时，包层折射率越大，倏逝场形式的光能量在包层中分布越多。

一般情况下，采用微扰理论对 SiO_2 微纳光纤间的倏逝波耦合特性进行分析，但是微纳光纤纤芯包层折射率差较大，采用微扰理论计算容易产生误差，一般采用相对精准的数值计算方法。通过三维时域有限差分求解[13]，直径为 350nm 的 SiO_2 微纳光纤间的倏逝波耦合能量分布如图 2.21 所示[14]，重叠长度为 7.2μm，内部输入的光波长为 633nm。

图 2.21　微纳光纤倏逝波耦合能量分布图[14]

由图 2.21 可知，在两根微纳光纤重叠区域，光场能量可以高效地耦合进彼此，且耦合长度为 2μm，相比弱波导间的耦合长度来说，其耦合长度更小。

2.4.2　双锥形微纳光纤

当被加热的光纤段软化后，该部分的光纤直径在拉伸力作用下逐渐收缩并在中央处形成直径较细的锥腰区域（即锥区），如图 2.22 所示，这是熔融光纤在轴向拉伸力作用下的光纤结构变形，包含两个锥形过渡和一小段直径均匀的微纳光纤，可称为双锥形微纳光纤。

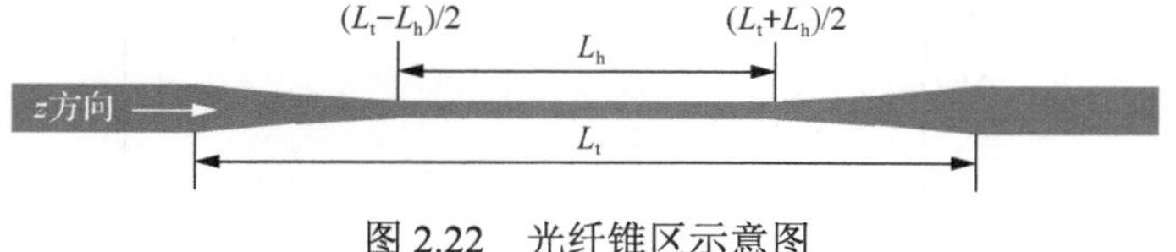

图 2.22　光纤锥区示意图

双锥形微纳光纤是把剥除涂覆层的裸 SMF 经过高温加热处理，然后将其纤芯和包层同时拉细得到的。设双锥形微纳光纤纤芯和包层的折射率分别为 n_{core} 和 n_{clad}，半径分别为 r_{core} 和 r_{clad}，待测溶液的折射率为 n_0。为了说明传输损耗随待测溶液折射率变化的关系，建立以下简单模型：将原来双锥形微纳光纤的纤芯和包层等效成模型的新纤芯，而把待测溶液作为模型的新包层。新纤芯的折射率可以由原双锥形微纳光纤的等效折射率 n_{eff} 来表示，而新包层的折射率即待测溶液的折

射率 n_0。为了说明新包层折射率 n_0 变化时，纤芯所携带的光功率与总光功率比值如何变化，下面以 LP_{01} 模为例进行介绍。

LP_{01} 模的模场符合高斯分布，可以用高斯函数近似代替场表达式。新纤芯所携带的光功率与总光功率的比值为

$$\frac{P_c}{P_t} \approx 1 - e^{-2\left(\frac{r_{clad}}{s_0}\right)^2} \tag{2.43}$$

式中，P_c 表示纤芯携带的光功率；P_t 表示总光功率；r_{clad} 表示新纤芯半径；s_0 表示新模场半径。对于阶跃折射率光纤，模场半径与纤芯半径存在如下关系：

$$s_0^2 = \frac{2r_{clad}^2}{\ln\left(2\Delta_d k_0^2 n_{eff}^2 r_{clad}^2\right)} \tag{2.44}$$

式中，$k_0 = 2\pi/\lambda$；$\Delta_d = \left(n_{eff}^2 - n_0^2\right)/n_{eff}^2$ 为相对折射率差。将式（2.44）代入式（2.43），并化简得到

$$\frac{P_c}{P_t} \approx 1 - \frac{1}{C_1 - C_2 n_0} \tag{2.45}$$

式中，$C_1 = 2k_0^2 n_{eff}^2 r_{clad}^2$；$C_2 = 2k_0^2 n_{eff} r_{clad}^2$。

根据实际情况，工作波长为 $\lambda = 1.55\mu m$，双锥形微纳光纤的等效折射率为 $n_{eff} = 1.4682$。当将其置于空气中时，$n_0 = 1$。改变锥腰直径，可以得到新纤芯携带光功率与总光功率的比值 P_c/P_t，即光透射率，它随锥腰直径 R_{taper} 变化曲线如图 2.23 所示。

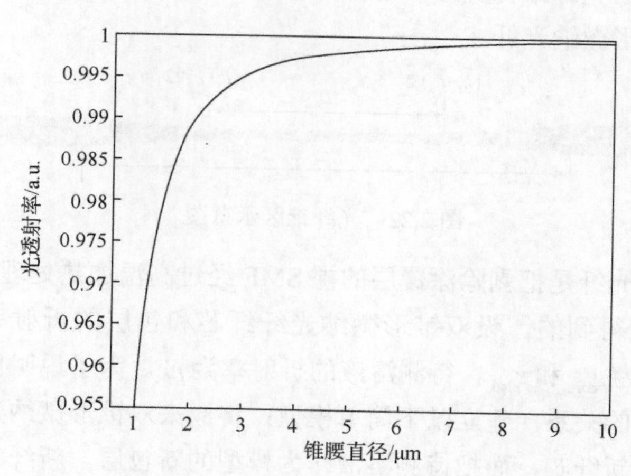

图 2.23　光透射率与锥腰直径的关系

从图 2.23 中可以看出，双锥形微纳光纤的光透射率受锥腰直径的影响。当锥长度相同时，锥腰直径越小，锥区的锥度比越大，光在锥区传播时入射角逐渐减小，因此会有一部分光射出光纤，进入锥区外部的液体中。锥腰直径越大，光透射率就越大，当锥腰直径小于 2μm 时，光透射率受锥腰直径的影响较大。当锥腰直径增大，光透射率显著增大，而锥腰直径大于 2μm 后，光透射率增大趋势趋于平缓。

当光源中心波长为 $\lambda = 1.55\mu m$，双锥形微纳光纤的等效折射率为 $n_{eff} = 1.4682$。将锥区浸泡在外部液体中时，其光透射率会随外部液体折射率变化，关系曲线如图 2.24 所示。

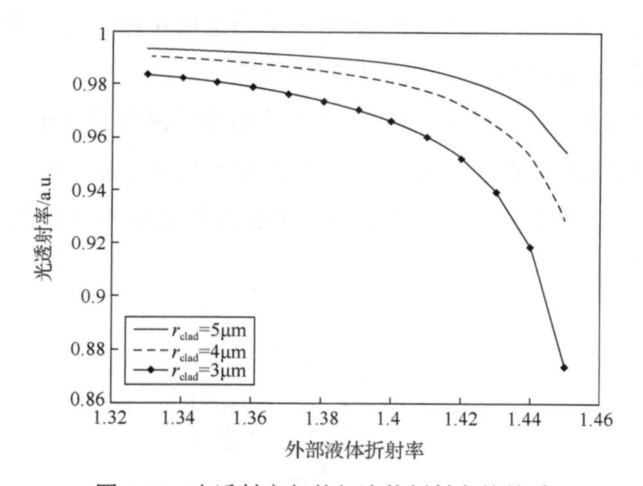

图 2.24　光透射率与外部液体折射率的关系

可以清楚地看出，随着折射率 n_0 增大，P_c / P_t 减小，更多光泄漏到包层中被损耗掉。因此，双锥形微纳光纤的传感机理可以归结为：随着折射率 n_0 的增大，P_c / P_t 减小，越来越多的光泄漏到包层（待测介质）中，导致损耗增大。根据此传感机理，把锥区浸泡到外部液体时，可以通过测量锥区内光功率损耗来推算出液体折射率，进而基于液体折射率与其浓度换算关系获得液体浓度。

光在经过光纤传输后，光强将减弱，意味着光在光纤中传播时产生了损耗，光纤中的光损耗率大小为

$$\delta = \frac{10\lg\dfrac{P_0}{P_1}}{L_{taper}} \tag{2.46}$$

式中，δ 为光损耗率；P_0 为输入端光功率；P_1 为输出端光功率；L_{taper} 为锥长度。实现光纤通信的首要问题是如何降低光纤传输损耗，损耗分为吸收损耗和散射损耗。现代光纤通信技术中，光纤损耗已经降到了 0.2dB/km 以下。

从光纤传感的角度来看，一般更关注光纤本身以外的因素对光纤传输损耗的影响，可以建立传输损耗与外界环境参数的依赖关系，实现对曲率、应力、折射率和流体浓度等对象的检测。在光学类器件，特别是光纤结构中，各种环境参数的变化最终都可以等效为折射率的改变。对于双锥形微纳光纤，其倏逝场区域不满足光的全反射条件，无法将光能量全部约束在光纤内部。以倏逝波的方式透射到光纤外的部分光能量极易被吸收或散射，从而造成传输光能量的损耗，最终在传感系统的接收端所接收到的光功率相应地降低。

对于折射率均匀分布的外界环境，倏逝波的穿透深度正比于传输光损耗，而这个损耗又影响到光纤的透射光能量。基于这个作用关系，可以构建光纤倏逝场探测器，通过分析接收端光功率变化，来建立倏逝波与环境变化参数的物理关系模型。

将式（2.45）代入式（2.46）可得

$$\delta = \frac{10\lg\left(1 - \frac{1}{C_1 - C_2 n_0}\right)}{L_{\text{taper}}} \tag{2.47}$$

由式（2.47）可知，锥形阶跃光纤中倏逝波对光损耗率的影响与锥长度、锥腰直径、锥度比有关。当锥长度为 5mm 时，光损耗率与锥腰直径的关系如图 2.25 所示。当锥腰直径变大时，倏逝场对光损耗率的影响变小；锥腰直径越大，光损耗率越小。此结果和光透射率与锥腰直径的关系相似。

当锥腰直径小于 2μm，光损耗率受锥腰直径影响较大，锥腰直径增大时，光损耗率显著减小。当锥腰直径大于 2μm，光损耗率仍然减小，但变化趋势趋缓。当固定锥腰直径为 5μm 时，光损耗率与锥长度的关系如图 2.26 所示。

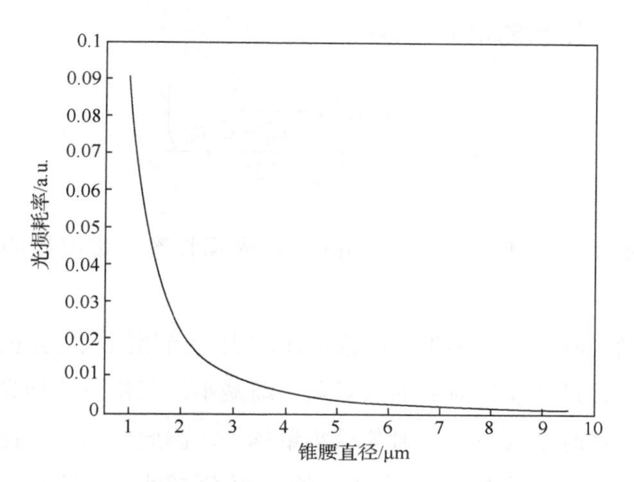

图 2.25 光损耗率与锥腰直径的关系

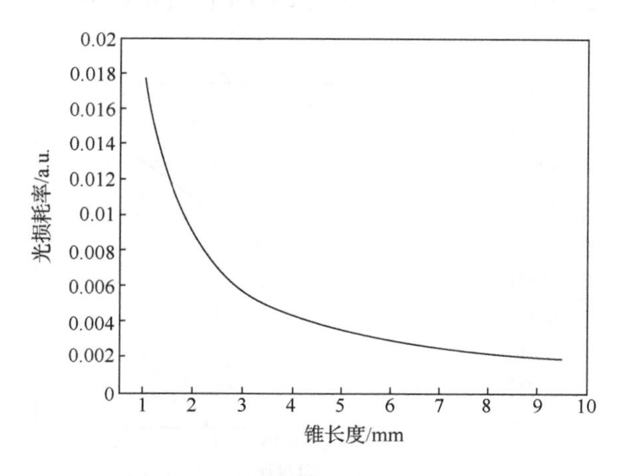

图 2.26 光损耗率与锥长度的关系

可以看出，锥腰直径一定时，锥长度与光损耗率成反比。当锥腰直径为定值时，锥长度越小，锥度比越大，光在锥区中的入射角逐渐减小，会有一部分光脱离光纤，进入锥区外部的液体中传播。当锥长度为 1mm 时，光损耗率约为 0.018；当锥长度为 9mm 时，光损耗率约为 0.002。锥度比可以表示为

$$T_{\mathrm{L}}=\frac{125-R_{\text{taper}}}{1000L_{\text{taper}}} \tag{2.48}$$

可以得到光损耗率与锥度比的关系为

$$\delta = \frac{10^4 T_{\mathrm{L}} \lg\left(1 - \frac{1}{C_1 - C_2 n_0}\right)}{R_{\mathrm{taper}} - 125} \tag{2.49}$$

当其他参数不变，锥腰直径为 5μm 时，光损耗率与锥度比的关系如图 2.27 所示。

当锥度比增大时，光纤锥锥区的锥度比增大。当相同入射角的光进入光纤锥传播时，光信号经过多次反射后的入射角逐渐减小。双锥形微纳光纤的锥度比越小，光在光纤传播时全反射的入射角减小量越小。因此，当锥度比增大时，光信号沿着光纤中进行全反射传输时对应的入射角减小，不满足光全反射条件（$\sin\theta > (n_2/n_1)$）的光信号增多，会有更多的光信号泄漏到锥区外部的液体中，致使光损耗率增大。

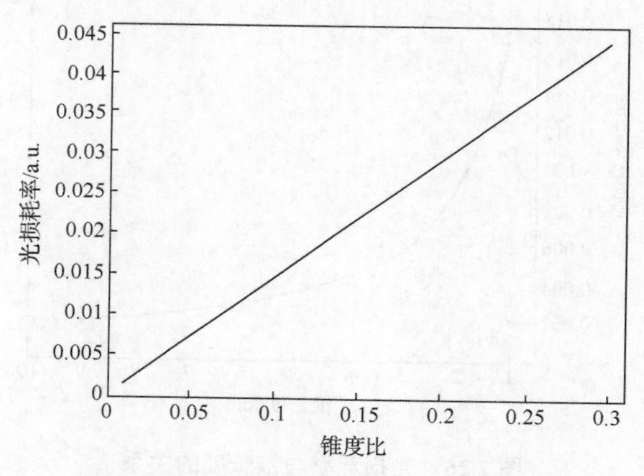

图 2.27　光损耗率与锥度比的关系

2.4.3　微纳光纤谐振器

早在 1969 年，微纳光纤谐振器理论就已经被提出，随着近些年传感器微型化受到广泛关注，基于微纳光纤谐振器的传感技术也逐渐成为国内外研究的热点。本节将主要讨论微纳光纤谐振器的传输特性和传感性能指标。

2.4.3.1 传输特性

微纳光纤谐振器通过波导之间的耦合进行传输，相关理论结合了波导环形谐振腔以及定向耦合器理论。通过微环重叠区域的强倏逝场耦合，来增强谐振器的稳定性，同时减小光传输损耗，获得高品质因子。标准 SMF 纤芯和包层之间折射率差很小，但微纳光纤纤芯和包层的折射率差较大，能够将光场大部分局限在纤芯内。当弯曲半径达到微米量级时，微纳光纤仍然能保持很低的弯曲损耗[15]。图 2.28 为 SiO_2 微纳光纤所在平面的电场强度分布和横截面光能量分布，其中微纳光纤直径为 450μm，输入光波长为 633nm，弯曲半径分别为 5μm［图 2.28（a）、（b）］和 1μm［图 2.28（c）、（d）］。

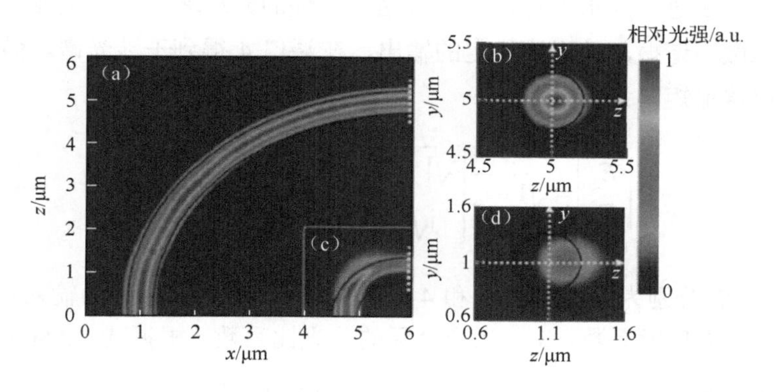

图 2.28　微纳光纤平面电场和截面模场分布[15]

结果表明，弯曲半径为 5μm 时，大部分光信号可以正常地通过，弯曲损耗为 0.14dB/90°，如图 2.28（a）、（b）所示。弯曲半径为 1μm 时，光信号发生了明显的泄漏，并且，其模场发生横向漂移，弯曲损耗达到 4.8dB/90°，如图 2.28（c）、（d）所示。实验中，微纳光纤谐振器的弯曲半径达到毫米量级，由于弯曲损耗极小，忽略了环弯曲产生的弯曲损耗。并且，假设微纳光纤谐振器内没有光传输损耗，偏振态变化不影响结形耦合区的分光比。结形微环利用打结的方式，通过倏逝波耦合，进而构造出低损耗的稳定谐振腔。单个结形微环具有很好的可控制性和稳定的输出光谱，本书后续章节中主要研究基于结形微纳光纤谐振器的温度和应变传感特性，其结构示意图见图 2.29。

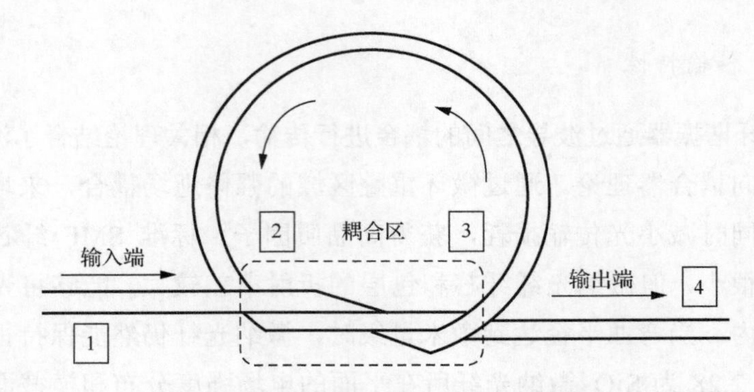

图 2.29　微纳光纤环形谐振器结构示意图

图 2.29 中，输入光从端口 1 进入结形耦合区，经过倏逝场耦合，符合谐振条件的光从端口 3 进入结形微环，不符合谐振条件的光从端口 4 直接输出。光不断地耦合进入微环谐振，并形成稳定的输出，在端口 4 得到干涉光谱。微纳光纤谐振器的端口传输矩阵为

$$\begin{bmatrix} E_3 \\ E_4 \end{bmatrix} = \sqrt{1-r_0} \begin{bmatrix} \sqrt{1-k_{\text{split}}} & \text{j}\sqrt{k_{\text{split}}} \\ \text{j}\sqrt{k_{\text{split}}} & \sqrt{1-k_{\text{split}}} \end{bmatrix} \begin{bmatrix} E_1 \\ E_2 \end{bmatrix} \tag{2.50}$$

式中，E_3、E_4 分别为输出端口 3 和 4 处的光场；E_1、E_2 分别为输入端口 1 和 2 处的光场；r_0 为反射系数；k_{split} 为耦合区的分光比系数。根据式（2.50）给出的传输矩阵可以得到

$$E_2 = E_3 \text{e}^{\text{j}\beta L_{\text{ring}}} \tag{2.51}$$

式中，β 为传播常数；L_{ring} 为谐振器环长。

将式（2.51）代入式（2.50）计算可以得到

$$E_3 = \frac{\sqrt{(1-r_0)(1-k_{\text{split}})}E_1}{1-\text{j}\sqrt{k_{\text{split}}(1-r_0)}\text{e}^{\text{j}\beta L_{\text{ring}}}} \tag{2.52}$$

将式（2.52）代入式（2.50）中，得到输出光场为

$$E_4 = \left[\text{j}\sqrt{k_{\text{split}}(1-r_0)} + \frac{(1-r_0)(1-k_{\text{split}})\text{e}^{\text{j}\beta L_{\text{ring}}}}{1-\text{j}\sqrt{k_{\text{split}}(1-r_0)}\text{e}^{\text{j}\beta L_{\text{ring}}}} \right] E_1 \tag{2.53}$$

传播常数 β 与微纳光纤直径 d_{micr} 以及工作波长 λ 的关系[16, 17]如下：

$$\beta=\frac{2\pi}{\lambda}+\frac{\gamma^2\lambda}{4\pi} \tag{2.54}$$

$$\gamma=\frac{2.246}{d_{\text{micr}}}\exp\left[\frac{n_{\text{core}}^{2}{}^{2}+n_{\text{diel}}^2}{8n_{\text{diel}}^2}-\frac{n_{\text{core}}^2+n_{\text{diel}}^2}{n_{\text{diel}}^2\left(n_{\text{core}}^2-n_{\text{diel}}^2\right)}\frac{\lambda^2}{\left(\pi d_{\text{micr}}\right)^2}\right] \tag{2.55}$$

式中，n_{core}^2 为纤芯折射率；n_{diel} 为外界介质折射率。由式（2.54）可得，传播常数与工作波长、微纳光纤直径和纤芯内外折射率有关，结合式（2.53）～式（2.55），利用 MATLAB 仿真可以计算输出光谱，进而可以分析不同参数对光谱特性的影响。

2.4.3.2　传感性能指标

结形微纳光纤谐振器的输出光谱特性类似于驻波振荡器，表征其传输特性的指标主要有谐振波长、半峰全宽、自由光谱范围、精细度、品质因子和谐振深度。

1. 谐振波长

传输光在微纳光纤谐振器中传输时，应当满足以下传输条件：

$$2\pi r n_{\text{eff}}=m\lambda_m \tag{2.56}$$

式中，λ_m 为 m 阶谐振波长；r 为微环半径；m 为正整数；n_{eff} 为微纳光纤谐振器的等效折射率。对于制备好的、尺寸固定的微纳光纤谐振器而言，当等效折射率或环长变化时，谐振波长随之改变，本书后续介绍的温度和应变传感器就是基于谐振波长漂移检测原理进行工作的。

2. 半峰全宽

半峰全宽指的是当谐振波长功率强度值减小到最大值一半时对应的带宽，也称 3dB 带宽，它决定了一个谐振周期内波峰的数量，间接影响着谐振器分辨力，可表示为

$$\Delta\lambda=\frac{\lambda^2}{2\pi^2 n_{\text{eff}} r}\frac{1-\tau t_1 t_2}{\sqrt{\tau t_1 t_2}} \tag{2.57}$$

式中，λ 为谐振波长；r 为微环半径；n_{eff} 为微纳光纤谐振器的等效折射率；t_1、t_2 分别为微环和总线光纤的传输系数；τ 为传输损耗。

3. 自由光谱范围

自由光谱范围（free spectral range，FSR）表示微纳光纤谐振器透射光谱中相邻两个谐振峰或相邻两个谐振谷间的波长差。已知谐振条件 $2\pi r n_{\text{eff}} = m\lambda_m$，对其两边关于 λ 做微分，可以得到

$$2\pi r \frac{\mathrm{d}n_{\text{eff}}}{\mathrm{d}\lambda}\Delta\lambda_m = m\Delta\lambda_m + \lambda\Delta m \tag{2.58}$$

当 $\Delta m = -1$ 时，FSR 就是 $\Delta\lambda_m$，即有

$$\text{FSR} = \Delta\lambda_m = \frac{\lambda}{m}\left(1 - \frac{2\pi r}{m}\frac{\mathrm{d}n_{\text{eff}}}{\mathrm{d}\lambda}\right)^{-1} \tag{2.59}$$

设群等效折射率 $n_{\text{g}} = n_{\text{eff}} - \lambda \mathrm{d}n_{\text{eff}} / \mathrm{d}\lambda$，式（2.59）可表示为

$$\text{FSR} = \frac{\lambda n_{\text{eff}}}{m n_{\text{g}}} = \frac{\lambda^2}{2\pi n_{\text{g}} r} \tag{2.60}$$

式中，λ 为谐振波长；r 为微环半径。FSR 与微环半径成反比，FSR 是微纳光纤谐振器传感测量中很重要的一个参数，代表着传感测量范围。微环输出光谱的 FSR 越大，其传感测量范围越大，且越有利于光谱的解调。

4. 精细度

精细度为一个 FSR 内所含谐振波长的数量，精细度越大，越利于光谱解调，精细度 F 表示如下：

$$F = \frac{\text{FSR}}{\Delta\lambda} \tag{2.61}$$

5. 品质因子

谐振腔的品质因子大小代表着谐振峰的尖锐程度，用谐振波长除以 3dB 带宽表示，如下：

$$Q = \frac{\lambda}{\left(1 - k_{\text{coup}}\right)^2 + r_0}\int_0^{L_{\text{ring}}} \frac{\partial\beta}{\partial\lambda}\mathrm{d}l \tag{2.62}$$

式中，β 是传播常数；L_{ring} 是谐振器环长；λ 是工作波长；r_0 是反射系数；k_{coup} 是耦合效率。品质因子是衡量一个微纳光纤谐振器质量好坏的参数，品质因子越大，波长的选择性越好，更多的光波能量被很好地保持在谐振器内，谐振器损耗越低，环内光子寿命越长，微环稳定性越好。

6. 谐振深度

谐振深度一定程度上表示谐振器品质好坏，耦合效率是影响其大小的主要因素，耦合效率越好，进入环内的能量越多，谐振深度越大，谐振深度表示为透射光谱谐振波长的波峰与波谷光强比值的对数：

$$\mathrm{ER}=10\lg\left(\frac{\left|T_{\max}\right|^2}{\left|T_{\min}\right|^2}\right) \tag{2.63}$$

式中，$T_{\max}$ 为输出光谱谐振波的最大光强；$T_{\min}$ 为最小光强。

结合式（2.52）和式（2.53），假设输出光强是 1，则微纳光纤谐振器输出光谱透射率为

$$T=\frac{\left|E_4\right|^2}{\left|E_1\right|^2}=\left|\mathrm{j}\sqrt{k_{coup}\left(1-r_0\right)}+\frac{\left(1-k_{coup}\right)\left(1-r_0\right)\mathrm{e}^{\mathrm{j}\beta L_{ring}}}{1-\mathrm{j}\sqrt{k_{coup}\left(1-r_0\right)}\mathrm{e}^{\mathrm{j}\beta L_{ring}}}\right|^2 \tag{2.64}$$

式中，k_{coup} 为耦合效率；r_0 为反射系数；L_{ring} 为谐振器环长。可以看出，微环透射光谱的传输特性与 k_{coup} 、r_0 、L_{ring} 都有关。微纳光纤直径大小、耦合区长度、耦合距离三个因素影响着耦合效率的大小。微纳光纤直径越小，其表面倏逝场越强，耦合效率越高；耦合区长度越长，倏逝波耦合距离越长，耦合效果越好；微纳光纤之间的耦合距离越近，耦合效率越高。反射系数主要由微纳光纤自身特性决定，主要包括材料自身特性、材料表面粗糙度、质量均匀性等。

基于以上分析，本节利用 MATLAB 来计算分析耦合效率、反射系数、谐振器环长对微环输出光谱的影响，结构如图 2.30 所示。

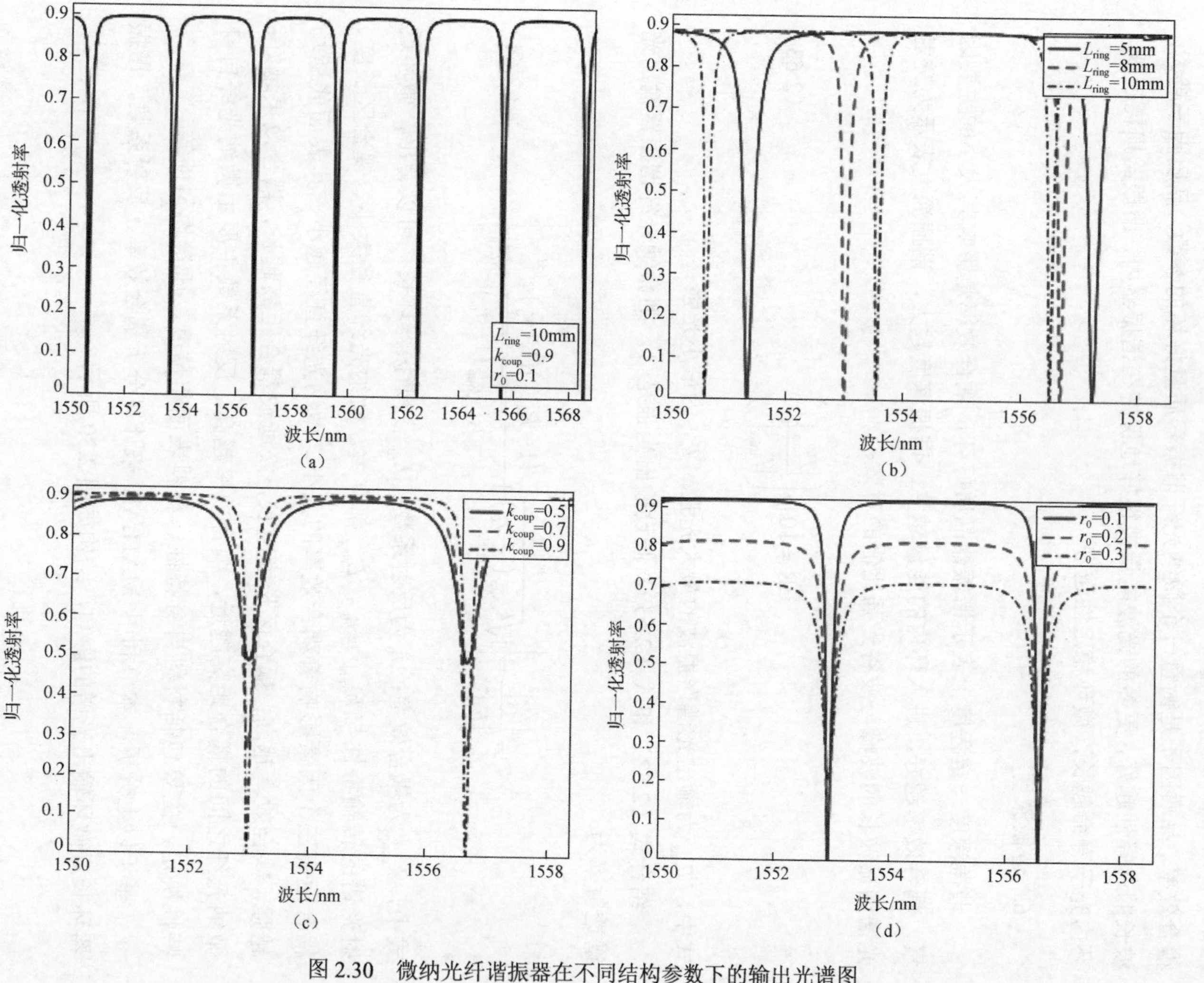

图 2.30 微纳光纤谐振器在不同结构参数下的输出光谱图

当取 $L_{ring}=10\text{mm}$、$k_{coup}=0.9$、$r_0=0.1$ 时，微纳光纤谐振环的输出光谱如图 2.30（a）所示，为均匀周期的谐振光谱。首先分析谐振器环长对输出光谱的影响，当耦合效率 k_{coup} 和反射系数 r_0 固定，环长 L_{ring} 分别取 5mm、8mm 和 10mm 时，得到结果如图 2.30（b）所示。随着微纳光纤谐振器环长的增大，两个相邻谐振峰之间波长差变小，即透射光谱的 FSR 变小，对比式(2.60)，结果与理论相符。而且，不同谐振峰的波长漂移量不同，这可以为后期传感实验分析提供理论基础。计算结果说明，微环环长是后期实验需要考虑的一个影响因素。另外，由式(2.62)中微环性能指标的分析可知，微环品质因子主要与光损耗率和耦合效率有关，在微环环长增大过程中，品质因子和精细度变化微小。当环长 L_{ring} 和反射系数 r_0 为固定值，耦合效率 k_{coup} 为 0.5、0.7 和 0.9 时，得到输出光谱如图 2.30（c）所示，当耦合效率增大时，谐振深度明显变深，即消光比增大，谐振峰波谷的 3dB 带宽减小，谐振峰更尖锐，即品质因子增大，FSR 基本保持不变。这是由于耦合效率增大时，进入环内的光能量变大，即环内对应传输模式的能量变大，在输出端相应模式的能量变小，表现在透射光谱上为谐振深度增加，即微环对传输模式能量的保持能力变强，微环品质因子增大。由前面的分析可知，自由光谱范围与微环环长、群等效折射率和工作波长有关，改变耦合效率并不能改变其大小。当环长 L_{ring} 和耦合效率 k_{coup} 保持不变，分别取反射系数 r_0 为 0.1、0.2 和 0.3 时，得到光谱图如图 2.30（d）所示。可以看出，随着反射系数的增大，谐振器的消光比减小，随着进入微纳光纤谐振器内的能量变少，FSR 基本不变，3dB 带宽增大，透射光谱品质因子和精细度 F 变小。这是由于光损耗率增大，即传输模式光能量变小，在输出端透射光谱中表现为输出光功率减小，同时在耦合效率一定时，进入环内的光能量也会减小，相比透射能量来说，其减小幅度变小，即消光比变小。

2.5　本 章 小 结

相对于空间光路系统和宏观光学波导结构而言，微纳光纤的尺寸小，其中的光学现象无法直接通过常规的光波导理论去分析和理解。本章从常规光波导理论出发，结合微纳光纤的光学特性，介绍了微纳光纤中的光学倏逝场理论。从微纳光学集成的角度，分析了平行放置的微纳光纤之间的光学耦合及效率分析方法，并给出了相应的仿真分析结果。接着结合理论公式和仿真计算结果，分析了双锥形微纳光纤、微纳光纤谐振器等典型结构内的光场分布和光学性能评价参数。

参 考 文 献

[1] Kao K C, Hockham G A. Dielectric-fibre surface waveguides for optical frequencies[C]. Proceedings of the Institution of Electrical Engineers. IET, 1966: 1151-1158.

[2] 胡诚. 全反射现象物理机制的微观分析[J]. 哈尔滨师范大学自然科学学报，1999, 15(3): 54-57.

[3] Le K F, Liang J Q, Hakuta K, et al. Field intensity distributions and polarization orientations in a vacuum-clad subwavelength-diameter optical fiber[J]. Optics Communications, 2004, 242(4-6): 445-455.

[4] Tong L M, Sumetsky M. Subwavelength and nanometer diameter optical fibers[M]. 杭州：浙江大学出版社, 2011.

[5] Tong L M, Lou J Y, Mazur E. Single-mode guiding properties of subwavelength-diameter silica and silicon wire waveguides[J]. Optics Express, 2004, 12(6): 1025-1035.

[6] Hardy A, Streifer W. Coupled mode theory of parallel waveguides[J]. Journal of Lightwave Technology, 1985, 3(5): 1135-1146.

[7] Chuang S L. Application of the strongly coupled-mode theory to integrated optical devices[J]. IEEE Journal of Quantum Electronics, 1987, 23(5): 499-509.

[8] 洪泽华. 微纳光波导倏逝场耦合结构及其特性研究[D]. 上海：上海交通大学, 2012.

[9] Ton X A, Acha V, Bonomi P, et al. A disposable evanescent wave fiber optic sensor coated with a molecularly imprinted polymer as a selective fluorescence probe[J]. Biosensors and Bioelectronics, 2015, 64: 359-366.

[10] Feit M D, Fleck J A. Computation of mode properties in optical fiber waveguides by a propagating beam method[J]. Applied Optics, 1980, 19(7): 1154-1164.

[11] Yevick D, Hermansson B. New formulations of the matrix beam propagation method: Application to rib waveguides[J]. IEEE Journal of Quantum Electronics, 1989, 25(2): 221-229.

[12] Li L, Yang X H, Yuan L B. One-dimensional optical materials of microfibers by electrospinning[J]. Materials Letters, 2012, 66(1): 292-295.

[13] Huang K J, Yang S Y, Tong L M. Modeling of evanescent coupling between two parallel optical nanowires[J]. Applied Optics, 2007, 46(9): 1429-1434.

[14] 伍晓芹, 王依霈, 童利民. 微纳光纤及其应用[J]. 物理, 2015, 44(6): 356-365.

[15] Yu H K, Wang S S, Fu J, et al. Modeling bending losses of optical nanofibers or nanowires[J]. Applied Optics, 2009, 48(22): 4365-4369.

[16] Sumetsky M. How thin can a microfiber be and still guide light?[J]. Optics Letters, 2006, 31(7): 870-872.

[17] Sumetsky M. How thin can a microfiber be and still guide light? Errata[J]. Optics Letters, 2006, 31(24): 3577-3578.

3 柔性微纳光纤及生化传感应用

3.1 概 述

生物和化学传感器在人类疾病诊断、治疗和生命安全以及环境污染防控和工业安全监控等领域发挥着重要作用。柔性微纳光纤具有对外界环境高度敏感、结构紧凑、易于集成等特点，因此在生化传感器中的应用潜力巨大。近年来，柔性微纳光纤已经被实验验证，可以实现对各种物理、化学和生物变量的高精度、高分辨力测量。通常，柔性微纳光纤传感器的灵敏度和分辨力取决于其几何形貌，对待测量的选择性识别则主要依靠一些特定的功能材料、化学键和敏感基底。一般而言，单根柔性微纳光纤的传感性能更稳定，但强烈依赖于光学显微镜下的精细操控。通过堆栈或阵列排布方式集成的柔性微纳光纤传感器，其制作过程往往相对简单，但重复性较差，需要进一步优化工艺和技术。本章相关部分内容整理自作者 2015 年在 *Sensors and Actuators B: Chemical* 和 *Optical Materials* 上发表的综述论文[1, 2]，将讨论基于聚合物、金属氧化物和半导体等材料的微纳光纤传感器的发展和特点。

不同于三维体材料和二维平面薄膜，一维微纳光纤的直径可以达到微米甚至纳米级别，具备较高的比表面积（即材料的总表面积和总体积的比值），因此表现出一些纳米材料才具有的优异特性。柔性微纳光纤的组成材料丰富多样，包括金属（例如 Ni、Pt 和 Au）、半导体（例如 InP、Si 和 GaN）、无机介质（例如 SiO_2 和 TiO_2）和分子链等。随着直径的缩小，微纳光纤的强度和韧性会得到显著提高，并表现出一些量子效应。微纳光纤独特的一维线性结构和光量子限域效应特性，极大地开拓了它在传感器和光伏领域的应用范围。以半导体材料为例，具备两个反射端面的一小段微纳光纤就可以形成一个微型激光谐振腔，在受到泵浦光激发时产生窄线宽的激光脉冲。此类激光器具有微型尺寸和高柔韧性，其激光波长可根据微纳光纤材料、结构参数和激光染料掺杂，使工作波长覆盖从紫外到近红外的波段。

近年来，针对柔性微纳光纤生化传感器的相关研究发展迅速，研究内容主要集中在对其非线性光学现象的发现及研究、传感机理的探索和实用化探头的研制。已经有许多方法和技术可以用于制备柔性微纳光纤，例如化学生长法、晶须法、电化学腐蚀、电子束光刻法等。制备完成后，可以通过光学显微镜下的微纳操作系统来进行精细操控，实现对微纳光纤的弯曲、耦合和组装等。微纳光纤内有趣的非线性光学特性与其几何结构参数密切相关，进而也展现出了一些优异的传感性能。为了跟后续章节的微纳光纤传感器进行区分，同时考虑到微纳光纤的柔韧性会随着直径减小明显增强，本章中的柔性微纳光纤的直径大多小于 1μm，即达到了纳米光纤的量级。使用“nanowire”作为关键字在谷歌学术上检索的结果显示，2000～2020 年相关研究论文的数量增长迅猛，如图 3.1（a）所示。其中，金属（氧化物）、半导体和聚合物三种材料的占比超半，如图 3.1（b）所示。本章将详细介绍几种典型材料微纳光纤的制作方法及其在生化传感领域的应用，包含聚合物微纳光纤、金属氧化物微纳光纤和半导体（化合物和单元素）微纳光纤。

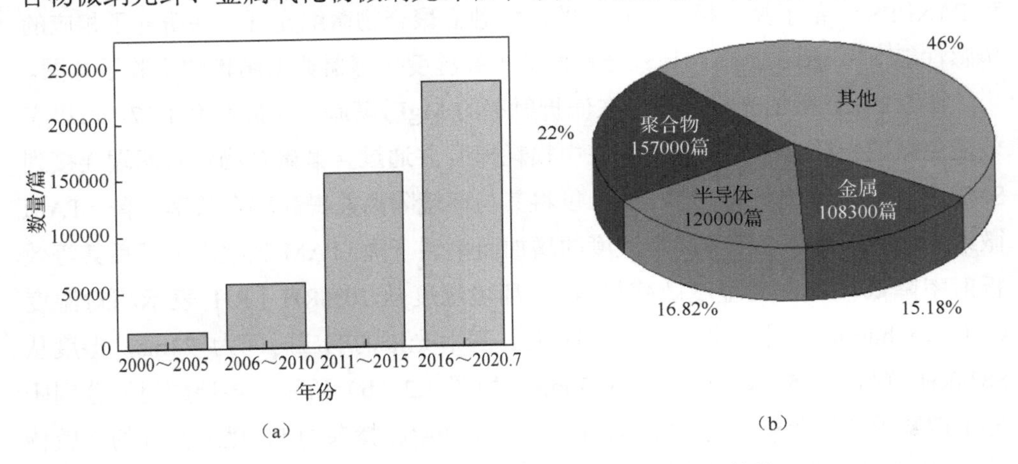

图 3.1 纳米光纤传感器的相关研究论文发表趋势

尽管近年来有一些工作也评述了微纳纤维的合成和应用，但是均局限于几类特殊的研究领域，例如太阳能电池和生物组织工程，主要涉及电化学特性和机械性能等，对光学性能和传感应用的讨论缺失。在过去的 20 年间，以纳米粒子和纳米线为代表的低维纳米材料，拥有优异的光信号传导功能和生物相容性，吸引着生化传感领域的研究兴趣。

3.2 聚合物微纳光纤传感器

聚合物是制作微纳光纤最重要的一类材料，包括 PMMA、PAM、PS、PVP、PVA、PC、聚苯胺（polyaniline，PANI）和氘化聚合物等。与物理或化学纳米光刻技术相比，聚合物微纳光纤的制备方法更简单、更经济，可广泛应用和推广。通过物理拉伸技术和静电纺丝法，可以使用这些聚合物材料制备柔软、透明的聚合物微纳光纤，这些技术在近年来得到了广泛的应用。

3.2.1 物理拉伸技术

物理拉伸技术可以直接用熔融体的聚合物或聚合物有机溶胶制备聚合物微纳光纤，是最经济、简便的方法。浙江大学童利民教授课题组率先用 PAM、PMMA 和 PANI/PS 制备了具有极低光损耗的单根独立聚合物微纳光纤，并研究了相应的传感性能[3, 4]。图 3.2（a）是聚合物微纳光纤湿度传感器典型结构的实验示意图。

图 3.2 中，微纳光纤会放置在低折射率的 MgF_2 基底上（折射率 1.37，可以有效避免微纳光纤内的光泄漏到基底中损耗掉），并通过含氟聚合物将其两端连接到 SMF 制作的微纳光纤锥形耦合区，以将其与环境隔离并提高耦合效率。单一 PAM 微纳光纤的折射率会随着环境湿度的增加而单调下降（PAM 吸收水分子后其等效折射率降低，可作为湿度敏感材料）。环境湿度从 10%RH［RH 表示相对湿度（relative humidity）］增加到 75%RH 时，透射光谱的响应时间为 24ms，湿度从 88%RH 降低到 75%RH 的时间为 30ms，如图 3.2（b）所示。该课题组还分别研究了溴麝香草酚蓝掺杂的 PMMA 微纳光纤和 PANI 掺杂的 PS 微纳光纤的气敏特性，分别将其用于检测 NH_3 和 NO_2 气体浓度的变化，对应的工作范围是 3～28μL/L 和 0.1～4μL/L，响应时间分别是 1.8s 和 7s。单根聚合物微纳光纤有较高的灵敏度和更短的响应时间，响应时间比其他湿度传感器短 1～2 个数量级。微纳光纤的灵敏度和工作范围等传感性能，可以通过物理或化学掺杂其他材料的方式来进一步进行优化，如稀土元素和各种功能纳米粒子。如今，相关研究表明，掺杂纳米粒

子的微纳光纤拥有许多优异特性，可以用作高灵敏度传感器。2012 年，Wang 等[5]在 PAM 纳米光纤中纵向掺杂单个金纳米棒，制备了基于 SPR 的微纳光纤传感器，成功将由光子能量到 SPR 振动能量的转换效率提高到了 70%以上。所构建湿度传感器的响应时间为 110ms，最低功率为 500pW。当湿度在 10%RH～70%RH 变化，SPR 共振波长从 750nm 移动到 760nm。金属纳米粒子掺杂型微纳光纤传感器的相关研究将在后续章节单独讨论。

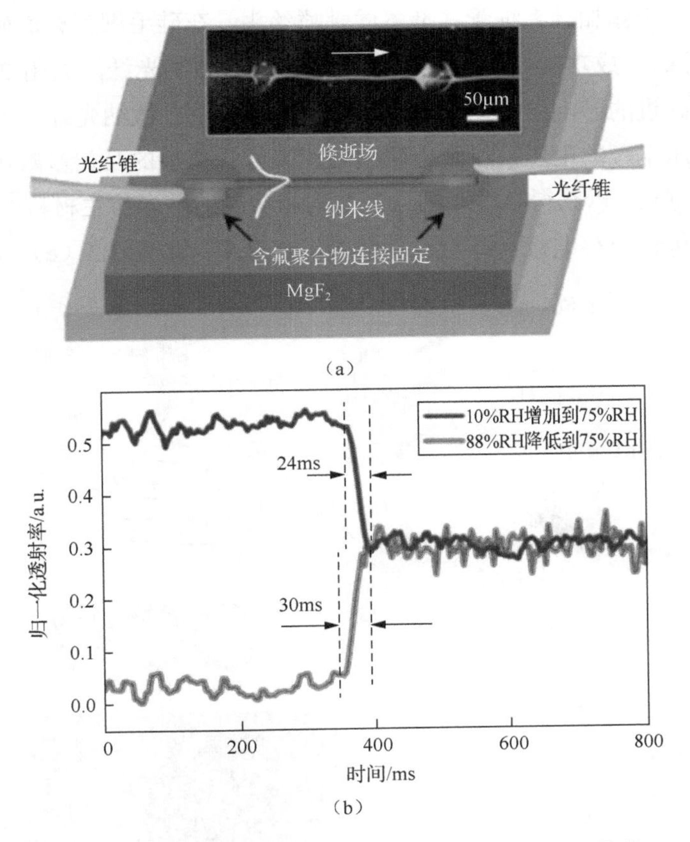

图 3.2　聚合物微纳光纤湿度传感器结构及湿敏性能[3, 4]

3.2.2　静电纺丝法

Ramakrishna 等[6]在综述中提到：几乎任何具有足够高分子量的可溶聚合物都可以采用静电纺丝技术来获得微纳米线。已成功证明，微纳光纤可由天然聚合物、聚合物共混物、纳米粒子或特征材料浸涂聚合物以及陶瓷前驱体制作。静电纺丝技术的典型实验装置见图 3.3（a）。

该装置包含可以产生数十千伏高压的高压直流电源、连接在注射器上的金属喷针（作为阳极）、用于收集喷丝状微纳光纤的喷丝收集极（作为阴极）和微流注射泵（将填装在注射器内的黏性聚合物或溶胶源源不断地泵入金属喷针中，液滴在针尖会形成泰勒锥[7]）。夏幼南课题组一直致力于研究并改进这项技术[8, 9]，通过在金属喷针中添加硅毛细管并准备同轴喷丝头，在硅毛细管充满矿物油（可以很容易地去除），成功制作了芯-鞘微纳光纤和空芯微纳光纤，见图 3.3（b）[10]。也可以使用改进的静电纺丝系统制造一些功能化的空芯微纳光纤，见图 3.3（c）。通过改变高压电源的电压，以及金属喷针和喷丝收集板的几何参数可以控制微纳光纤的排列方式，以获得具有不同几何结构和功能的纳米仿生材料[11]。图 3.3（d）中的收集板包含一对电极[12]，可以获得微纳光纤束，如图 3.3（e）、（f）所示[13]。

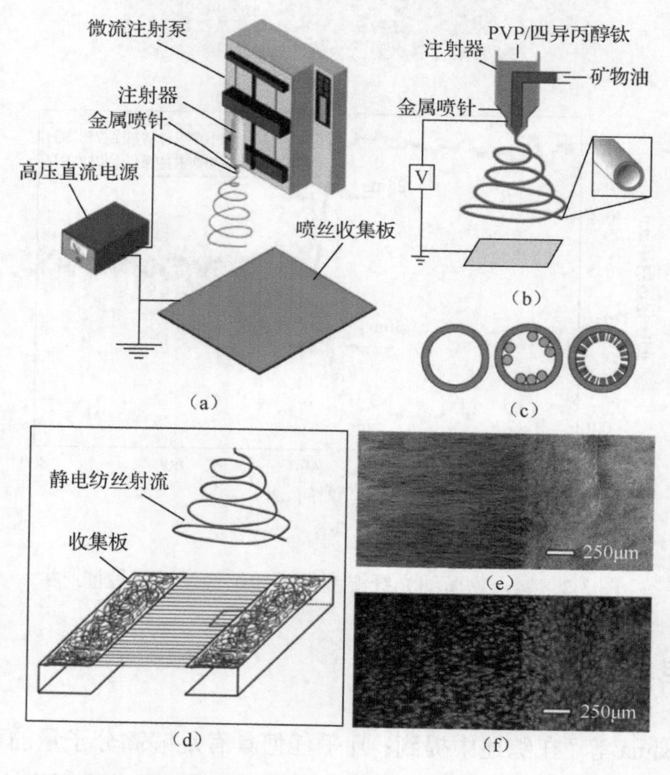

图 3.3　制备微纳光纤的静电纺丝装置[7]、部件及效果照片[10-13]

总之，静电纺丝技术是一种简单、有效、经济的方法，可用来制备长度足够长、径向直径分布均匀的聚合物微纳光纤或空芯微纳光纤，且可以在光纤内部或表面掺杂各种功能纳米材料。

Nirmala 等[14, 15]证明，修饰卵磷脂的酚酰胺-6 聚合物微纳光纤（通过静电纺丝法制备）有可能促进体外人类成骨细胞的增殖，并且对成骨细胞无毒，细胞生长速度会受到微纳光纤的表面形态和密度影响。掺杂 TiO_2 纳米粒子的聚合物微纳光纤被设计成蜘蛛网状，显示出在水过滤器（防污效果）和防护服（紫外线阻隔性能）方面的应用潜力[16, 17]。

聚合物微纳光纤具有高孔隙度和大比表面积，可用于提高癌症诊断的检测灵敏度。Wang 等[18]使用三种不同的癌症生物标记物（甲胎蛋白、癌胚抗原和血管内皮生长因子）掺入 PS 微纳光纤，通过实验证明了聚合物微纳光纤用于癌症诊断的可能性。对高浓度的肿瘤标记物，PS 微纳光纤的荧光强度得到显著增强，但低浓度肿瘤标记物的光学响应在他们的工作中尚不确定，需要进一步研究，推断原因可能是低浓度肿瘤标记物的荧光较弱，普通相机无法识别。作者建议，可以在类似的工作中设计荧光收集及传导光纤系统，以完成对待测信号的高效获取。

3.2.3 其他方法

除上述技术外，本节将介绍其他几种方法，用于改善聚合物微纳光纤传感器的性能。丝网印刷技术被验证可以制备 PANI 微纳光纤，用于检测食源性病原体蜡样芽孢杆菌的浓度，实现高速（6min）、高灵敏度［低至 10CFU/mL，CFU 表示菌落形成单位（colony forming unit）］和易用性[19]。其中，抗体作为传感部分固定在 PANI 微纳光纤上。抗原和抗体之间的相互作用将改变 PANI 微纳光纤的电阻。Yuk 等[20]用磁性纳米粒子涂覆 PANI 微纳光纤，并使用脉冲模式测量技术改进了上述生物传感器，证明了传感器对生物素化 IgG（免疫球蛋白 G）的传感能力。生物传感器的工作原理如图 3.4（a）所示，两个银电极由涂有磁性纳米粒子的导电 PANI 微纳光纤作为桥梁连接。

如图 3.4（b）所示，当生物分子（由分析物携带）与磁性纳米粒子结合时会产生电流，并且由于链霉亲和素-生物素相互作用，电阻发生变化。如图 3.4（c）所示，使用脉冲电流 10μA（实线）和非脉冲电流（虚线）分析了电阻的变化。如

图 3.4（d）所示，使用脉冲电流技术分析了不同浓度生物素化 IgG 下的电阻变化。当分析物与生物传感器充分结合时，电信号约 2min 后达到稳定状态。

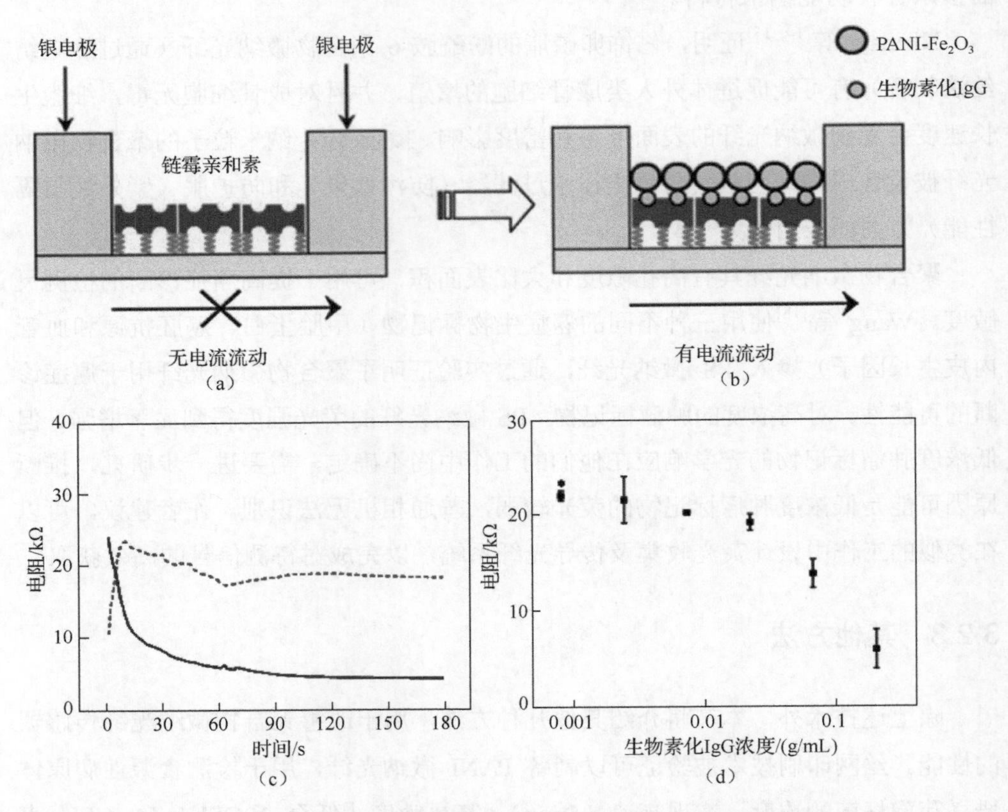

图 3.4　PANI 微纳光纤生物传感器工作机理及阻抗响应特性[20]

Hao 等[21]提出了一种新的电化学活性传感器（由 PANI 微纳光纤制作），用于高灵敏度、选择性地检测乙型肝炎病毒（hepatitis B virus，HBV）基因，如图 3.5（a）所示。其制作过程如下：首先，通过苯胺单体连接九肽 GGAAKLVFF，设计了苯胺多肽（aniline polypeptide，AP）结构单元；其次，将 AP 组装成均匀的淀粉样纤维，得到功能性 AP 微纳光纤；然后，将其酶聚合成直径小于 10nm 的 PANI 微纳光纤。为了放大信号，将辣根过氧化物酶（horseradish peroxidase，HRP）加载在微纳光纤上，这也催化了在 H_2O_2 存在下的苯胺聚合。他们证明了 PANI 微纳光纤生物传感器对脱氧核糖核酸（deoxyribonucleic acid，DNA）的动态响应，靶 DNA

浓度范围为 2.0fM～0.8nM（1M=1mol/dm^3），支持电解质为 1.0fM 磷酸盐缓冲液（pH=4.5），得到检测限为 1.0fM。

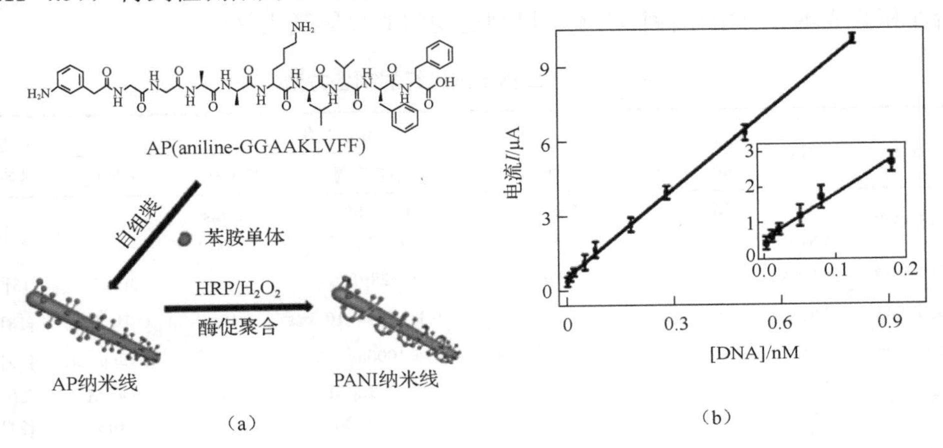

图 3.5 微纳光纤传感单元设计及性能曲线[21]

如图 3.5（b）所示，其检测限低于荧光和比色生物传感器，类似于电化学生物传感器[21]，误差带代表三次测量的标准偏差。选择性实验结果表明，该生物传感器对突变 DNA 的响应几乎消失，稳定性也在他们的工作中得到了证明。

3.2.4 比较和分析

为了设计聚合物微纳光纤传感器，必须平衡不同技术和材料的优缺点。微纳光纤传感器的几何形态（直径和长度）、检测对象、传感范围、响应时间和灵敏度都是必须考虑的关键因素。

表 3.1 列出了典型聚合物微纳光纤的制备方法。由此可知，微纳光纤传感器因其灵敏度高、响应时间快和测量范围宽而被广泛应用于气体、环境参数、DNA 和其他生物分子的传感。对于大多数制备方法，微纳光纤的直径和长度都是有限的，这将阻碍微纳光纤传感器的发展和应用。静电纺丝法制备的聚合物微纳光纤除了用作传感器，在组织工程、再生医学和光催化反应器等领域也受到广泛的关注。原因是，采用这种方法可以很容易地制备各种直径和超长微纳光纤。在使用聚合物微纳光纤设计化学或生物传感器之前，应了解其化学性质和导电性，以及它们对环境参数的依赖程度，如 pH、湿度、温度和其他合成条件。由于响应时间快、制备简单，聚合物微纳光纤被广泛地研究。同时，聚合物材料的透光率在 90%

以上，可以作为光波导来使用。此外，增益材料和其他纳米粒子可以掺杂到微纳光纤，以便于制备某些特定功能的微纳光纤。聚合物由于材料的易用性、设计灵活性和低成本，可用作牺牲模板，以制造均匀的金属氧化物微管。

表 3.1　聚合物微纳光纤的制备方法

方法	材料	直径/nm	长度/nm	传感性能				参考文献
				检测对象	传感范围	响应时间	灵敏度	
物理拉伸	PAM	410	250	相对湿度	10%～88%	24ms	—	[3]
	PANI/PS	250	200	NO_2	0.1～4μL/L	7s		
静电纺丝	PMMA	270	200	NH_3	3～28μL/L	1.8s	3μL/L	[5]
氧化方法	PANI	50	0.6	NH_3	（0.1～10）$\times10^{-6}$bar	40s	1×10^{-7}bar	[18]
丝网印刷	PS	$<10^3$	—	癌症标志物	0～1000ng/mL	—	26.19pg/mL	[19]
酶技术	PANI	—	—	生物素化 IgG	1～4.32μM	2min	0.4μM	[20]
	PANI	—	—	HBV 病毒	2～800fM	—	1.0fM	[21]
湿化学	PANI	—	—	葡萄糖	10～100CFU/mL	3s	10CFU/mL	[22]

注：$1bar=10^5Pa$

但是，聚合物微纳光纤的一些缺点也限制了其发展，如：聚合物熔点太低；高透射率仅存在于特定波长（可见光范围）；耐腐蚀性差。通过掺杂或涂覆材料可以控制导电聚合物微纳光纤的电学和光学性质，用于各种化学和生物用途，如表 3.2 所示。

表 3.2　静电纺丝法聚合物微纳光纤的典型应用

材料	直径/nm	应用	参考文献
PAN/碳纳米管	100	催化载体，气体吸收剂和药物密封剂	[8]
PVP/聚乳酸-羟基乙酸共聚物	100～400		[9]
聚己内酯或聚乳酸-羟基乙酸共聚物	10～100	组织工程	[13]
PAM/卵磷脂（壳聚糖）	10	再生医学，人成骨细胞培养	[14]、[15]

从表 3.2 中可以看出，采用静电纺丝法合成的聚合物微纳光纤，其尺寸最小可以达到约 10nm，应用主要集中在生物医学方面。此外，导电聚合物微纳光纤中功能材料的掺杂和涂覆方法基本一致，以官能团（羟基或羧基）和金属纳米粒子（银或金）为例，前者需要离子-离子或离子-偶极子相互作用，但对于后者，则可通过表面沉积获得。

3.3 激光染料

掺杂激光染料的光纤表现出许多优异的光学性能。掺杂罗丹明 B 光纤的饱和功率是掺铒的 1000 倍[23]。通过将激光染料掺杂到聚合物微纳光纤可以用于研制微腔激光器，其典型特征包括低泵浦阈值、高激发效率和窄线宽。为了使染料激光均匀地掺杂到聚合物材料中，可以用化学溶剂溶解激光染料，然后将其混合到聚合物溶胶中。以掺杂罗丹明 6G 的 PMMA 为例，罗丹明 6G 可在乙醇中溶解，并与甲基丙烯酸甲酯溶液混合。通过这种方法，可以获得玫瑰红色的罗丹明 6G/PMMA 固体材料或有机溶胶。将聚合物固体加热拉伸或从有机溶胶中物理拉伸，可以制备掺杂罗丹明 6G 的 PMMA 微纳光纤（注：PMMA 可溶解在三氯甲烷中）。童立民教授课题组展示了操作聚合物纳米光纤的实用方法[24]。通常，钨探针可用于切割特定长度聚合物微纳光纤［图 3.6（a)］，然后被捡起放置到低折射率 MgF_2 基底上，接下来，使用 SMF 锥形光纤对聚合物纳米光纤进行微纳操作，使其弯曲成所需结构，如图 3.6（b）～（e）所示。图 3.6（b）为使用锥形光纤捡起切割的 PS 纳米光纤；图 3.6（c）为将 PS 纳米光纤沉积在 MgF_2 基底上；图 3.6（d）、（e）为将 PS 纳米光纤组装成环形结构；图 3.6（f）为将能量密度为 206.2mJ/cm^2 的泵浦激光耦合进环形谐振器所激发出的多模发射光谱[25]，其中的插图是直径 470nm、长度 120mm 的环形谐振器的 SEM 图像；图 3.6（g）对应了直径为 370nm 纳米线的光学显微镜照片，导入光波长为 632.8nm[26]；箭头表示光的传播方向。掺杂激光染料的聚合物微纳光纤有两种结构，分别是直波导和环形腔结构，在其中可以有效地激发出激光模式。然而，如图 3.6（f）所示，通常在直波导结构中会获得多种模式输出。由于泵浦能量被多模吸收和分配，激发效率大大降低。因此，从环形腔结构输出的单模激光器具有更高的泵浦效率。输出模式取决于纳米光纤谐振器的结构参数，包括直径、均匀性和表面光滑度，以及不同连接部分的耦合效率。两个锥形光纤耦合的总耦合损耗低至 10dB。掺杂激光染料的聚合物纳米光纤也可以用作光学传感器。如图 3.6（h）所示，掺杂溴麝香草酚蓝 PMMA 纳米光纤，直径为 270nm，可测量 3～28μL/L 浓度 NH_3，响应时间为 1.8s[3]。

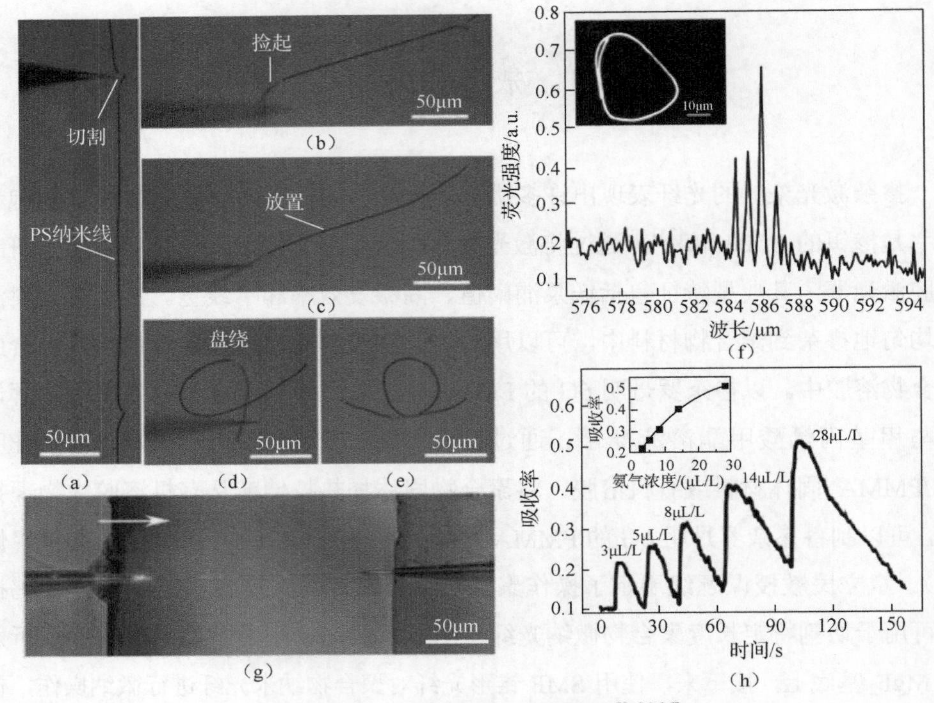

图 3.6 微纳光纤的微操控及特性[3, 24-26]

相对于激光染料，荧光量子点的激发效率更高。PS 是一种重要的高分子材料，在可见光范围内有高透光率和折射率，而且有优异的机械性能和化学稳定性，可作为掺杂荧光量子点的典型主体材料。Meng 等[27]使用溶液物理拉伸法制备了掺杂荧光量子点的 PS 微纳光纤，如图 3.7 所示。

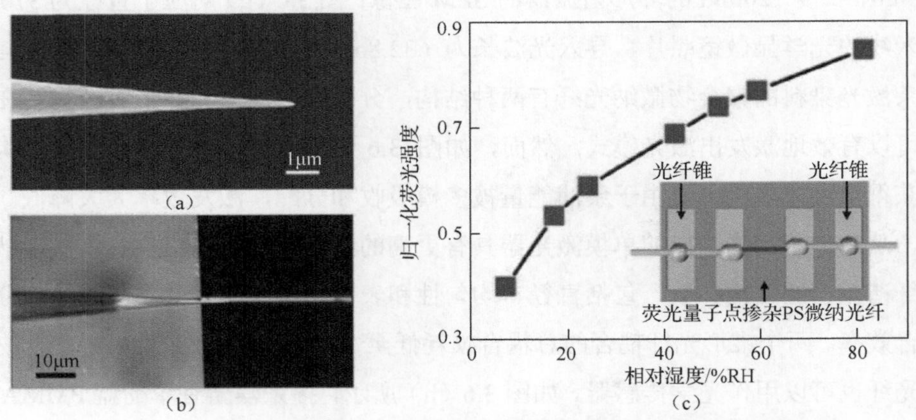

图 3.7 荧光量子点掺杂 PS 微纳光纤湿度传感器结构及传感性能[27]

PS 可以被溶于有机溶剂三氯甲烷，荧光量子点可通过磁力搅拌均匀分散在三氯甲烷溶液中。用作拉伸聚合物纳米光纤的典型钨探针的直径为 1μm。图 3.7（a）所示的钨探针是通过电化学腐蚀制备的，直径由电流强度和腐蚀性液体的浓度控制。在实验中，光可以通过锥形光纤发射和检测。图 3.7（b）显示了锥形光纤和聚合物纳米光纤之间的耦合区。实验装置如图 3.7（c）的插图所示，研究的是掺杂荧光量子点的 PS 纳米光纤湿度传感器特性。在环境相对湿度为 7%RH～81%RH 时，掺杂荧光量子点的聚合物纳米光纤的光致发光强度，对于一个湿度单位，其变化率约为 0.6%。

3.4　金属氧化物微纳光纤传感器

除了聚合物微纳光纤，金属氧化物微纳光纤和半导体微纳光纤（SnO_2、ZnO、CdO、TiO_2、Si）也可以有效检测易燃或有毒气体（H_2、CO、NO、NH_3、C_2H_6O）浓度。检测方法是，当传感器吸附目标气体分子之后，通过测量光学响应和导电性能（电阻、电容和 *I-V* 特性）改变来检测气体浓度。此类传感器的设计主要遵循了微纳光纤的两类典型的合成方法，即自上而下的方法（使用纳米光刻或离子束刻蚀进行减材操作）和自下而上的方法（使用化学合成生长或物理组装进行增材制造）。

一种典型的金属氧化物微纳光纤传感器，需要在金属电极和半导体基底之间形成肖特基势垒。其中，金属氧化物微纳光纤用于增强检测信号。因此，基于金属氧化物微纳光纤传感器[28]（紫外传感器、生物传感器和气体传感器）可以实现超灵敏和快速响应[29]。2012 年，Tonezzer 等[30]在 Si/SiO_2 基底上分散 SnO_2 微纳光纤，制备了一种 NO_2 传感器。相应的低放大倍数和高放大倍数 SEM 图像分别如图 3.8（a）、（b）所示，其中 SnO_2 微纳光纤的直径为 117nm。

实验结果揭示了 SnO_2 微纳光纤气体传感器的一些重要的性能参数，如工作温度为 250～350℃，动态工作范围为 18.9～1000μL/L，检测限为 7.2μL/L，快速响应时间为 7s，快速恢复时间为 3s（微纳光纤的直径为 41nm）。他们还研究了 NO_2 气体浓度在 50～1000μL/L 范围内变化时，SnO_2 微纳光纤直径对传感性能的影响，如图 3.8（c）所示，小直径的表现更好。并非所有金属氧化物微纳光纤都能实现有效

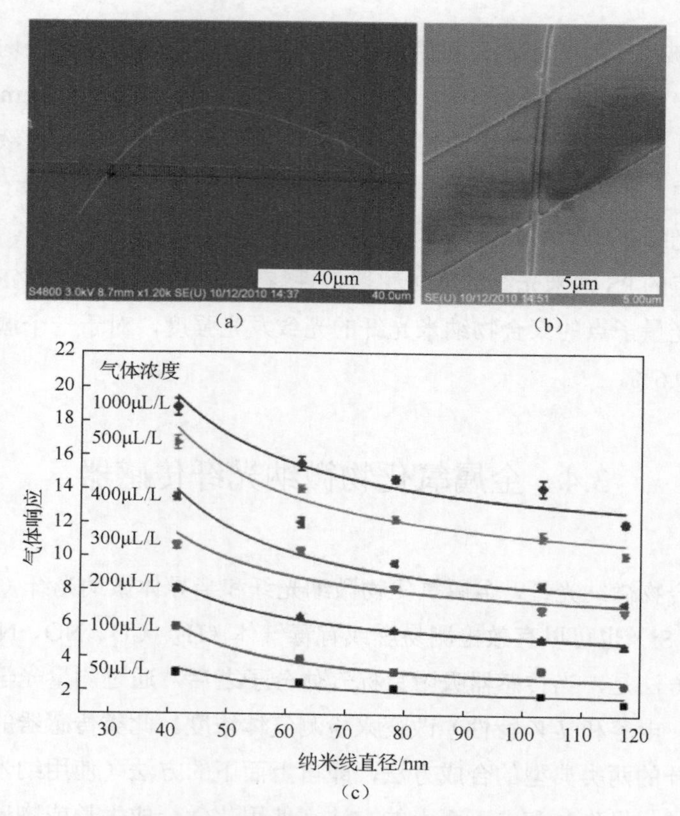

（a）（b）（c）

图 3.8　SnO_2 微纳光纤表征及气体响应曲线[30]

传感，必须在设计、制造、化学活性和稳定性方面进行优化[31]。表 3.3 中，Ho[32]总结了几种典型金属氧化物材料的工作参数。实际的传感探头设计过程中，必须根据分析物以及传感器的稳定性和灵敏度等性能要求合理地选择传感器材料。当微纳光纤接触分析物，实时的流动电子浓度 n_m 满足电荷守恒条件 $N_s\theta = R(n-n_m)/2$，N_s、θ、R、n 分别是未占据空位的浓度、平衡表面气体覆盖率、微纳光纤直径和流动电子浓度。微纳光纤电导取决于温度，恒温条件下 $G=\pi R^2 e\mu n/L$，e 是单个电荷电量，L 是电子扩散长度。电子耗尽时（$\Delta n = 2N_s\theta/R$），电导将下降［$\Delta G = (\pi R^2 e\mu n/L)\cdot 2N_s\theta/R$］[33]。

表 3.3　典型固态氧化物气敏材料的特性和工作参数[32]

材料	熔点/℃	类型	工作温度/℃	最佳检测气体	稳定性	湿度敏感
SnO_2	1900～1930	N 型半导体	200～400	CO，H_2，CH_4	极好	高
Ga_2O_3	1740～1805	N 型半导体	400～1000	O_2，CO，NO_2，NH_3	好	低

续表

材料	熔点/℃	类型	工作温度/℃	最佳检测气体	稳定性	湿度敏感
In_2O_3	1910～2000	N 型半导体	200～400	O_3，NO_2，NH_3	一般	低
TiO_2	1855	N 型半导体	350～800	O_2，CO，SO_2	一般	低
ZnO	1800～1975	N 型半导体	250～350	CH_4，C_4H_{10}，O_2	一般	高
WO_3	1470	N 型半导体	200～500	NO_2，NH_3，O_3，N_2O，SO_2，H_2S	极好	低

通过掺杂或者涂覆一些功能性纳米粒子，可以优化微纳光纤传感器的性能。2013 年，Ramgir 等[34]证明修饰 Au 的 ZnO 纳米线对室温下不同浓度 H_2S 有响应，并且提出了基于纳米肖特基势垒结的传感机理。Au 修饰的 ZnO 微纳光纤传感器示意图如图 3.9（a）所示，ZnO 纳米线（长度为 1～2μm）被沉积在玻璃基底上，并涂覆了厚度为 120nm 的 Au 膜。

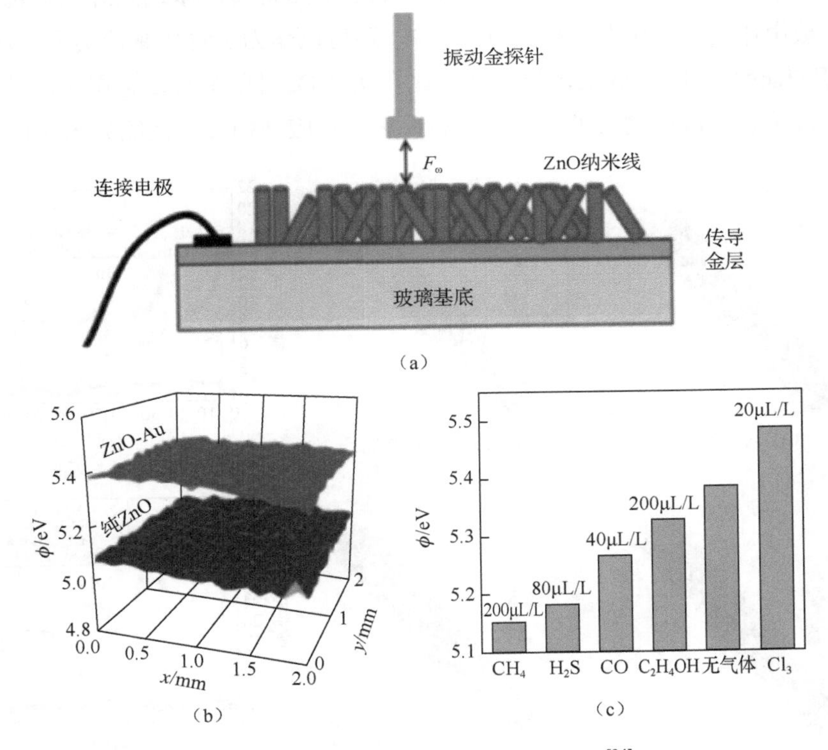

图 3.9 ZnO 纳米线传感器及气体响应[34]

由于 ZnO-Au 界面肖特基势垒的高度改变，修饰 Au 的 ZnO 纳米线电势从 5.09eV 增大到 5.39eV，如图 3.9（b）所示。图 3.9（c）显示了室温条件下不同气体浓度中微纳光纤传感器的电势变化。实验结果表明，相对 ZnO 纳米线，修饰 Au 的 ZnO 纳米线电阻率更高、功函数更高，检测限提升了16倍。Li 等[35]在 ZnO 纳米线阵列中掺杂金属粒子，提高了其对 CO 的传感性能（工作温度200～400℃）。该气体传感器对浓度为500μL/L 的 CO 响应快速，在60min 内的响应为500%，在5min 内对浓度为250μL/L 的 CO 响应为26%。由于传感原理依赖于活性气体分子与吸附在 ZnO 纳米线表面氧离子之间的化学结合能，因此响应时间无法显著提高[36]。

Steinhauer 等[37]提出了一种新的 CuO 微纳光纤传感器，利用电镀铜微结构的热氧化将电极与 CuO 微纳光纤连接。在300℃下测量了 CuO 微纳光纤的气体传感性能。对 CO 的最低检测限为10μL/L，对 H_2S 也为10nL/L。此外，该传感器的智能化和功能化特点，决定了其巨大的潜在商业应用价值。微纳光纤气体传感器不仅可以被用作化学传感器去检测有害气体，还可以作为生物传感器实现疾病诊断。Kim 等[38]证明了新型 Pd 纳米粒子功能化孔状 WO_3 对甲苯有传感作用，且响应速度快，该传感器可通过人类呼气来诊断肺癌，对应结构及其性能见图3.10。

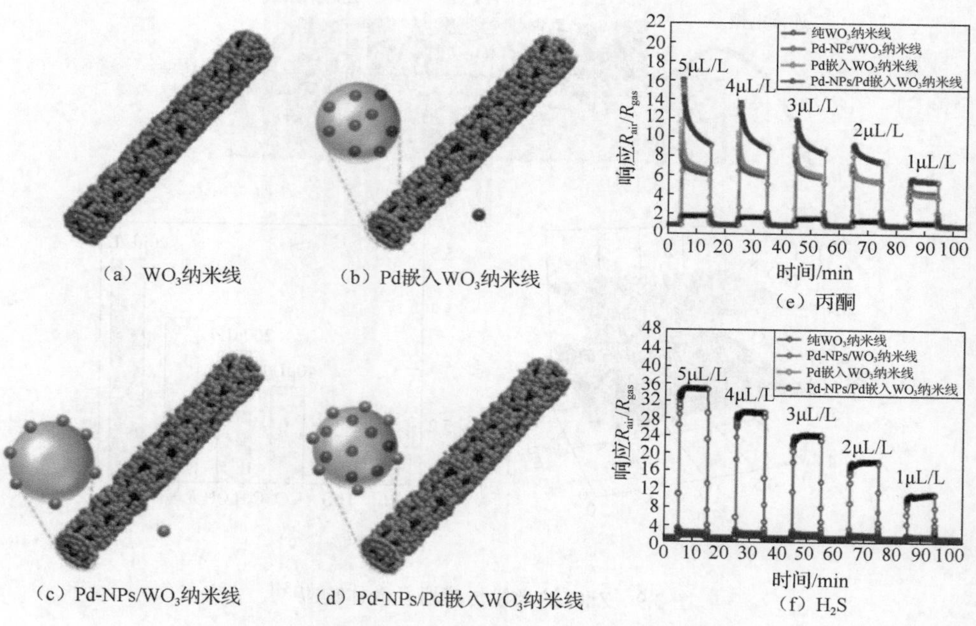

图3.10 WO_3 纳米线表面修饰及气体传感性能[38]

为了开发这种呼气传感器，研究者通过静电纺丝法合成了 WO_3 纳米线，并用

Pd 纳米粒子修饰微纳光纤（详细的制作过程见参考文献[38]）。纯 WO_3 纳米线、嵌入 Pd 的 WO_3 纳米线、Pd 纳米粒子功能化的 WO_3 纳米线和 Pd 纳米粒子功能化的嵌入 Pd 的 WO_3 纳米线的结构分别如图 3.10（a）～（d）所示。在后三种 WO_3 纳米线中，Pd 的平均质量分数控制在 10mg/g。图 3.10（e）是它们对甲苯的传感结果，在 350℃温度下，可以实现低浓度丙酮气体（0.2μL/L 和 0.12μL/L）的快速响应（2.14s 和 1.71s）。与传统 WO_3 薄膜传感器相比，功能化 WO_3 纳米线的性能得到显著改善，检测响应 R_{air}/R_{gas} 从 3 降低到 1.32。然而，甲苯在 WO_3 纳米线表面的迁移和吸附会受到 H_2O 分子的影响，这可能导致响应时间和恢复时间的增加，有待于进一步完善。此外，相比于功能化的 WO_3 纳米线，纯 WO_3 纳米线在 H_2S 和丙酮传感方面具有更好的响应，如图 3.10（f）所示。纳米线在 Pd 纳米粒子沉积后传感性能的改善可以用"电子机制"和"化学机制"[39]（也称为"溢出效应"）来解释。电子机制认为，在气体吸附和解附过程中，Pd 纳米粒子状态变化会造成耗尽区的形成和变化；化学机制认为，Pd 纳米粒子催化活化了气体分子，使其解离，促进了气体在金属氧化物微纳光纤上的扩散，最终会使金属氧化物微纳光纤失去电子的速度加快。

除气体浓度外，金属氧化物微纳光纤还可检测其他生化变量。Liu 等[40]提出了一种基于场效应晶体管的 ZnO 纳米线，证明其对不同浓度的尿酸溶液有传感作用。响应时间为毫秒量级，浓度检测限低至 1pM，测量了尿酸溶液浓度从 1pM 到 0.5mM 时微纳光纤传感器的电导率。毫秒级响应时间明显短于其他类型微纳光纤的响应时间（6～9s）、检测限高于 500nM 的 ZnO 纳米线器件。

表 3.4 列出了金属氧化物和半导体微纳光纤传感器的传感性能。

表 3.4　金属氧化物和半导体微纳光纤传感器的传感性能

微纳光纤（材料）	传感性能				参考文献
	检测对象	浓度范围	响应/恢复时间	灵敏度	
ZnO	紫外光	—	—	12.22mA	[28]
ZnO	血红蛋白	1～100μL/L	—	2fg/mL	[29]
ZnO	乙醇	1～500pM	7～9s/9～11s	1μL/L	[31]
ZnO/Au	H_2S	12.5～500μL/L	38s/170s	5μL/L	[34]
ZnO	尿酸	1～13	227ns/ms	1pM	[40]

续表

微纳光纤（材料）	传感性能				参考文献
	检测对象	浓度范围	响应/恢复时间	灵敏度	
SiO_2	抗体	—	—	12609Ω	[41]
Si	DNA	3.2～12.2	—	0.1μM	[42]
Si/Pd	H_2	50～400nM	约 5s（>100μL/L） 约 30s（>1000μL/L）	6.9%/(μL/L)	[43]
Si	pH	0.1～10μg/L	—	60.2mV	[44]
Si	Cu^{2+}（海拉细胞）	6nM	—	31.0nM	[45]
Si/GQDs	胞苷	1.4nM	—	0.055μg/L	[46]
TiO_2	甲醇	0.2～15μg	80s/75s	100nL/L	[47]
TiO_2	H_2	10～500nL/L	60s/45s	1μL/L	[47]
Si	DNA	3～9	—	18ns/V	[48]
Si	pH	1fM～1nM	—	60mV	[49]
Si	核酸	0.1fM～10nM	—	1fM	[50]
Si	核酸	18.9～1000μL/L	—	0.1fM	[51]
SnO_2	NO_2	0.5～5000μL/L	—	7.2μL/L	[30]
CuO	H_2S	—	—	10nL/L	[37]
CuO	CO	0.12～5μL/L	—	10μL/L	[37]
WO_3	H_2S	100μL/L	10.9s/16.1s	30nL/L	[38]

从表 3.4 可以看出，微纳光纤传感器已广泛用于感测气体、液体、pH、DNA 和其他分子或离子，而且响应快速、恢复时间仅几秒、灵敏度高（分子浓度为 2fg/mL 或 0.1fM，气体浓度为 100nL/L）。

3.5　半导体微纳光纤传感器

2014 年，Miao 等[45]提出了基于 Si 微纳光纤的荧光传感器，能够高灵敏度和选择性地检测 Cu^{2+}。复合物 Cu^{2+}从凋亡海拉细胞中释放，并由上述传感器检测。图 3.11（a）解释了荧光猝灭，荧光传感器对 Cu^{2+}表现出显著的结合亲和力。复合体系中 Cu^{2+}易被荧光传感器捕获，导致荧光信号变化，称为荧光猝灭。

图 3.11（b）显示了添加 Cu^{2+}后的荧光强度，荧光峰值强度显著降低，并且显

示了 Cu^{2+}从 50nM 滴注到 450nM 过程中，传感器的线性响应特性。随着铜锌超氧化物歧化酶和小鼠肝提取物的浓度增加，荧光强度逐渐减弱，如图 3.11（c）、（d）所示。通过校准实验荧光曲线可以检测分析物的含量。此外，从不同培养时间对应的荧光图像中可以捕获荧光强度，从而构建基于荧光图像的生物传感器。相关工作表明，掺杂石墨烯量子点可以提高抗体中 Si 微纳光纤的检测性能，因此，传感器用于测定水中微囊藻毒素-LR 时，展现高灵敏度、选择性和可重复使用性[46]。掺杂和功能化的半导体微纳光纤展现出更大的发展前景，并受到广泛关注。

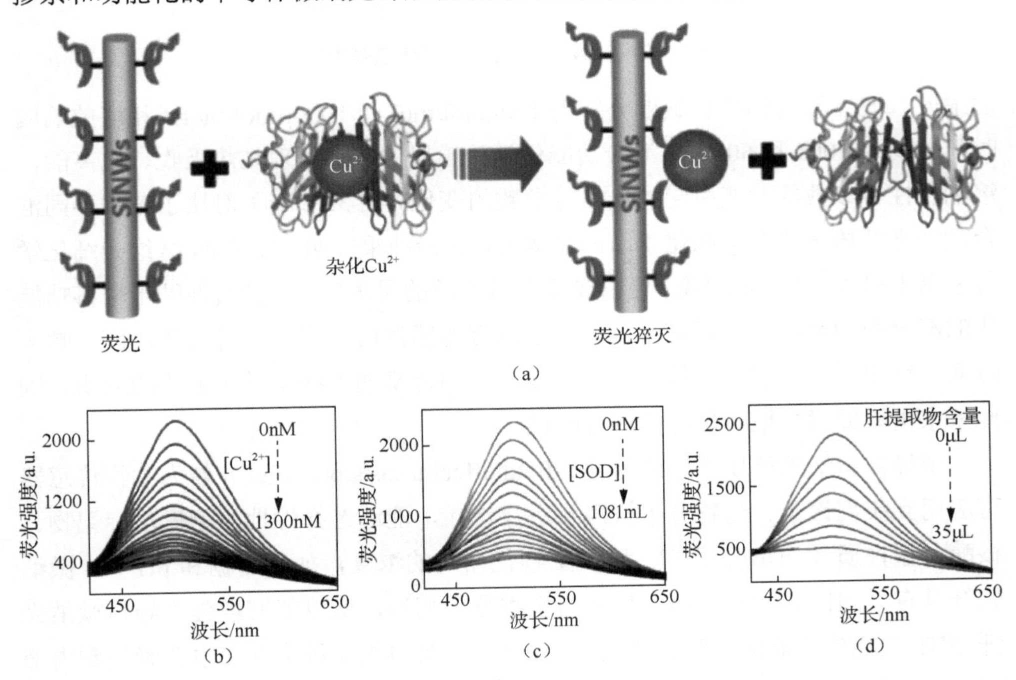

图 3.11　Si 微纳光纤的荧光传感器及性能[45]

SOD 表示超氧化物歧化酶（superoxide dismutase）

通过敏感纳米材料，如金属或金属氧化物纳米粒子，可获得具有选择性的半导体微纳光纤化学传感器。Aluri 等[47]在 GaN 纳米线上沉积 TiO_2 纳米晶和 Pt 纳米团簇，从而构建了一种新型化学传感器，见图 3.12。

图 3.12（a）展示了修饰 TiO_2 和 Pt 纳米团簇的 GaN 纳米线的 TEM 图像。其中，GaN 纳米线被放置在薄的非晶碳载体膜上，并涂覆了具有岛状图案的 TiO_2 层［如图 3.12（a）左上方插图中的箭头所示］，Pt 纳米团簇沉积在上面。在紫外光照射下，这种复合功能 GaN 纳米线化学传感器可测量室温下乙醇、甲醇和氢气

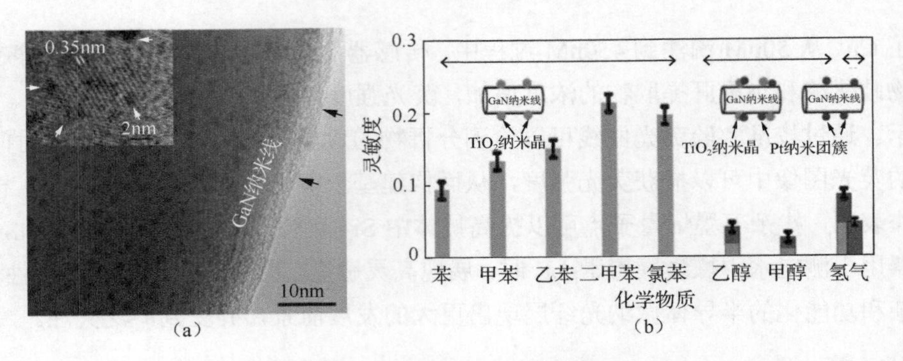

图 3.12　GaN 纳米线及其气体选择性[47]

的浓度。液体和气体的灵敏度分别为 100nmol/mol 和 1000μmol/mol，相应的响应时间分别为 100s 和 60s。该混合功能化学传感器的传感机理是热吸收、电离能、溶剂极性等参数的改变引起的光信号参数的变化。图 3.12（b）对比了三种不同混合微纳光纤传感器对不同化学品的灵敏度。实验结果证明，在 GaN 微纳光纤化学传感器中引入 Pd 纳米团簇，可以提高其对乙醇的灵敏度。各种活性纳米材料功能化的混合微纳光纤传感器对不同的化学品有传感作用。然而，对工作温度、响应时间、环境适应性和光源等的要求，限制了混合微纳光纤化学传感器的应用，因此未来需要针对性地对传感器进行改进。

半导体微纳光纤场效应晶体管（field effect transistor，FET）作为生物传感器可应用到疾病诊断、生物分子检测和医疗诊断，能够选择性地检测癌症标记物、核酸、蛋白质和病毒分子[48]，以及生物代谢物的浓度，如葡萄糖和 pH[49]。微纳光纤具有大的比表面积，而且尺寸与生物分子相当，所以能够增强半导体微纳光纤 FET 生物传感器的探测灵敏度，即使是少量带电生物种类存在也会影响到内部载流子的传导。

Gao 等[50, 51]提出了一种新型的基于 Si 微纳光纤的 FET 生物传感器，用于选择性检测禽流感相关两种病毒（H1N1 和 H5N1）的 DNA 序列。他们利用各向异性湿法刻蚀技术，制作了 Si 微纳光纤 FET 生物传感器。三角形 Si 微纳光纤的宽度是 20nm，取决于蚀刻时间，且近似线性速率为 2.3nm/min，如图 3.13（a）的 SEM 图像所示，插图显示了角度为 54.74°，Si 顶面和底面的微纳光纤横截面图。此外，微纳光纤的直径也与氧化性自受限有关。为了检测 DNA，需要用探针分子修饰 Si 微纳光纤。图 3.13（d）显示了整个修饰过程。首先，在 3∶1 的 H_2SO_4/H_2O_2 中清洗 Si 微纳光纤阵列，以产生亲水性表面；然后，将清洗后的 Si 微纳光纤阵列暴露在3-氨丙基三乙氧基硅烷(3-aminopropyl triethoxysilane，APTES)的2mg/dL乙醇溶液中，得到APTES修饰的Si微纳光纤阵列；最后，通过复合过程，用末端氨基和5-羧基修饰的ssDNA功能化Si微纳光纤阵列。

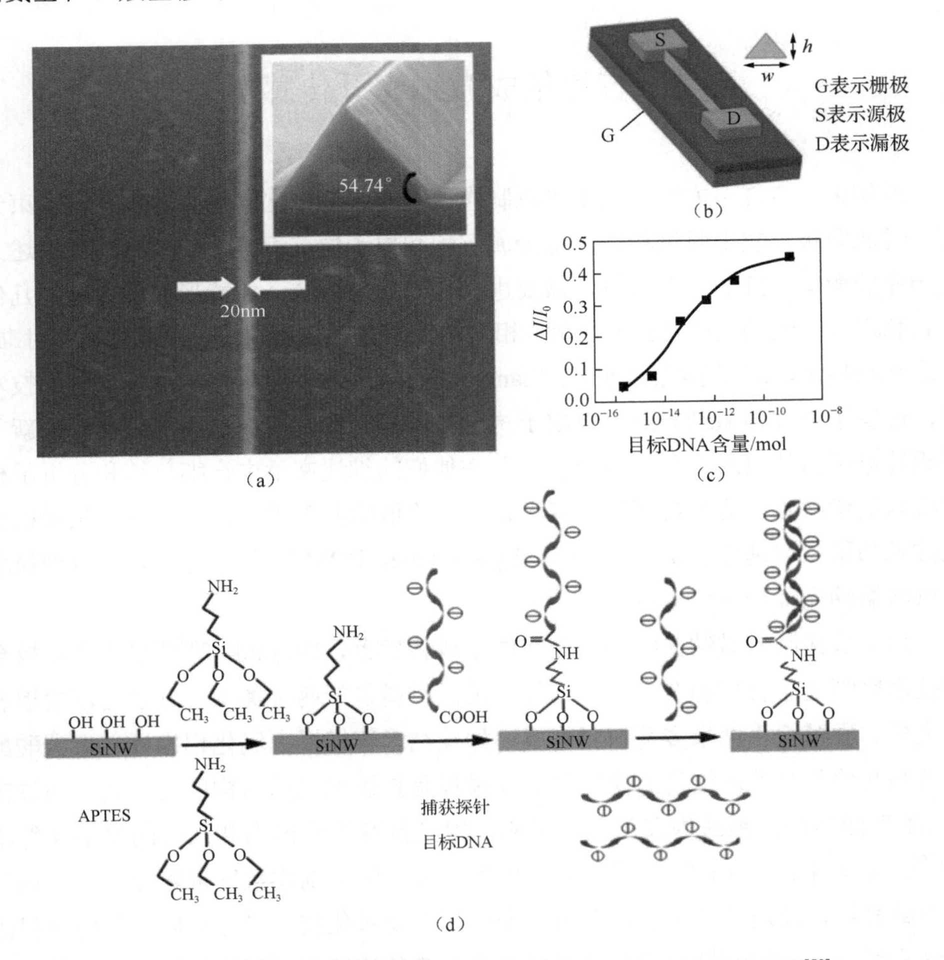

图 3.13 Si微纳光纤FET生物传感器构成单元及DNA检测结果[50]

在实验中，负电荷DNA与Si微纳光纤FET的栅极电介质结合，导致电流发生变化。实验结果如图3.13（c）所示，其中，ΔI和I_0分别表示实验中的电流变化值和初始电流。该生物传感器能够快速检测目标DNA，其灵敏度高达1fM，检测范围为1fM～1nM。通过优化各种参数，如合适的栅极电压、低的缓冲离子强度和适度的探针浓度，将微纳光纤FET生物传感器的灵敏度提高到了0.1fM。

半导体微纳光纤是强大的检测平台，可以检测小分子、DAN和蛋白质。通过平衡成本、性能和稳定性问题，基于半导体的化学和生物传感器可以在解决实际生物检测问题中发挥重要作用。

3.6 芯片集成微纳光纤传感器

近年来，有许多方法和技术可以制作微纳光纤，如化学气相沉积、电子束光刻、过滤阴极真空电弧沉积、无电金属沉积和原子层沉积等。然而，通过上述方法制作的微纳光纤的分布随机，需要进一步地均匀组装，才能形成具备可控几何形状和尺寸一致的规律性排布阵列。相关的组装技术也有很多，如流动辅助对准、气泡吹制技术、朗谬尔-布洛杰特（Langmuir-Blodgett）技术和接触/滚动印刷技术等，证明了半导体微纳光纤可以用于构建柔性基底和芯片化集成，用于研制新一代柔性电子器件。Liu 等[52]和 Long 等[53]在他们的综述文章中详细总结和分析了相关技术的优缺点。这里将回顾具有潜在商业价值的两项重要技术，分别是模板合成技术和聚二甲基硅氧烷（polydimethylsiloxane，PDMS）模板方法，这两项技术可以将微纳光纤传感器集成到芯片上。

为了直接制备微纳光纤均匀分布的集成传感器，Brumlik 等[54]提出了模板合成技术来制造聚合物和金属微纳光纤。模板材料包括两种类型，分别是硬模板和软模板。硬模板由纳米多孔材料构成，如碳纳米管模板、氧化铝模板、聚碳酸酯模板和其他具有纳米结构的模板[55]。软模板是指微纳光纤结构的自组装：通过在水-油-表面活性剂系统内发生化学反应，得到具有不同形态和尺寸的微纳光纤阵列[56]。多年来，Martin[57]一直致力于模板合成方法来制作数纳米直径、径向均匀的微纳光纤，使用纳米多孔膜获得了金属、金属氧化物、半导体以及其他材料的微纳光纤。Maas 等[58]通过控制流经纳米多孔膜的溶液制备了磷酸钙矿化胶原微纳光纤（论文中称为“fibrils”）。实验装置和模型分别如图 3.14（a）、（b）所示。其中，聚碳酸酯纳米多孔膜夹在两段 U 形管之间，两侧 U 形管分别填充进料溶液和接收溶液。使用压缩机将进料溶液泵入接收器溶液。收集矿化胶原微纳光纤并在室温下干燥得到纳米多孔膜，相应的 SEM 图像如图 3.14（c）、（d）所示。结果表明，进料溶液中 $CaCl_2$ 的浓度导致矿化胶原微纳光纤的形成，对于低浓度 $CaCl_2$（1mM）和高浓度 $CaCl_2$（5mM），矿化胶原微纳光纤分别表现出矿化内部和矿化过度生长。将人脂肪干细胞培养在胶原纳米粒子上，为其在生物传感、组织修复和疾病治疗等方面的应用奠定了基础。研究证明，用这种方法制备的直径为 4nm 的金纳米管功能性纳米多孔膜可将离子导电性提高一个数量级以上[59]。

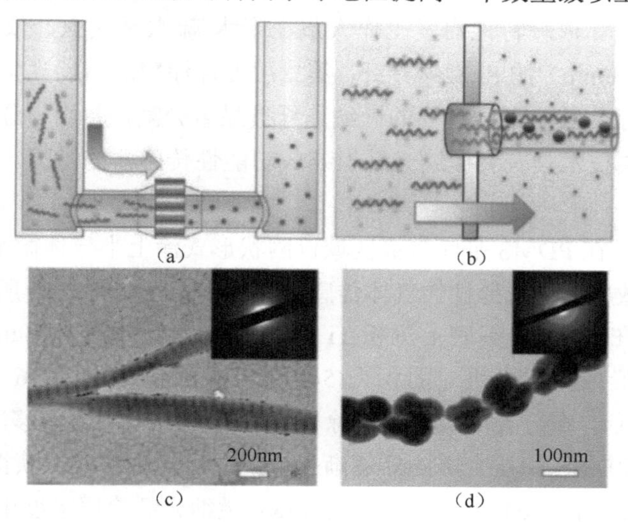

图 3.14 矿化胶原微纳光纤实验装置、模型和光纤形貌图像[58]

2014 年，He 等[60]展示了一种新的亲水性涂层技术，用于在基底上组装不同直径的 Si 微纳光纤。工作原理示意图如图 3.15（a）所示，其中 Si_3N_4/Si 基底由亲水和疏水材料涂覆。

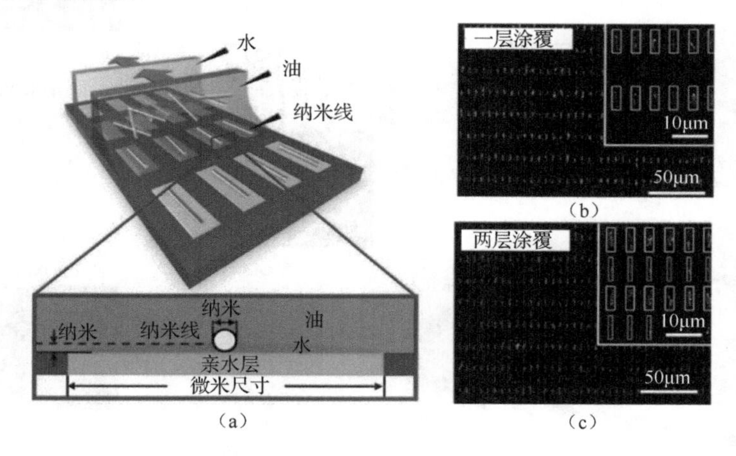

图 3.15 微米亲水涂层法工作原理示意图及沉积效果图像[60]

油（1,4-二氯丁烷）中分散的 Si 微纳光纤仅在水-油界面上优先吸附，能够最小化系统的吉布斯能，并被涂覆基底上，如图 3.15（b）所示。Si 微纳光纤的尺寸选择性沉积取决于亲水/疏水涂层的规模，但与微纳光纤的材料无关。由于微纳光纤吸水能力受其几何结构参数限制，沉积在基底上的水层高度必须低于微纳光纤半径值。尺寸依赖特性启发工作人员在亲水/疏水基底上，依次涂覆不同直径（100nm 和 650nm）的 Si 微纳光纤。第二层刀片涂覆的暗场光学显微镜照片如图 3.15（c）所示，其中不同直径的微纳光纤被显著分割，并均匀分布在指定涂层上。亲水性涂层技术具有将微纳光纤组装成功能性传感器的潜力，应引起足够的重视。

Hwang 等[61]在 PDMS 基底电极区域以网状形式涂上半导体微纳光纤溶液，制作了一种高灵敏度、高选择性的气体传感器，制作流程如图 3.16 所示。首先，采用直流溅射法在 SiO_2/Si 基底上沉积 Ti 和 Pt 层（厚度分别为 50nm 和 300nm），通过剥离工艺形成梳状电极［面积为(500×500)μm^2］，如图 3.16（a）所示。如图 3.16（b）所示，在方孔电极区域上涂覆 PDMS 膜。使用微量移液管将 SnO_2 微纳光纤液滴到 PDMS 涂层上，随后逐渐干燥。通过这种方式，获得了 SnO_2 微纳光纤涂层，如图 3.16（c）～（e）所示。SnO_2 微纳光纤涂层密度由滴注量控制，可以制作低密度和高密度微纳光纤涂层的传感器。

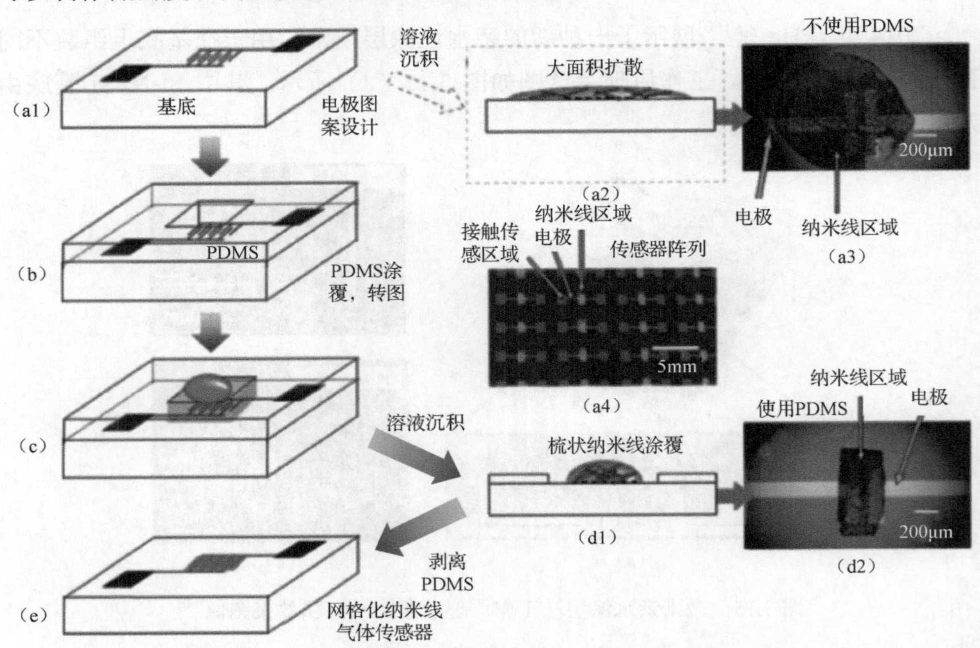

图 3.16　网状微纳光纤气体传感器的设计及制作流程[61]

图 3.16（a3）和（d2）显示了不使用 PDMS 方法和使用 PDMS 方法的传感器光学显微镜照片，表明使用 PDMS 方法可以更好地分散 SnO_2 纳米线。

通过在目标气体和高纯度空气中比较微纳光纤传感器的电阻，可以在 300～400℃工作温度下实现对 NO_2、CO、C_3H_8 和乙醇浓度的检测。响应时间、恢复时间和灵敏度取决于微纳光纤的密度和直径。密度越高，直径越小，传感性能越好。结合之前的相关研究结果可知，通过操纵外部电场和电极的几何结构，可以调整微纳光纤涂层，通过光刻技术可以实现电极的精细设计。然后，所需的涂层可以转移到 PDMS 柔性基底上，并用于湿度或其他变量的测量。基于表面增强散射技术可以制作修饰 Ag 纳米粒子的 Si 微纳光纤传感器，用于检测罗丹明 6G 分子（1×10^{-7}mol/L）[62]。Yao 等[63]在 2014 年利用 PDMS 方法开发了一种可穿戴传感器，是由银微纳光纤制成且具有高灵敏度的柔性传感器。如图 3.17（a）所示，传感器在拇指关节上，是一种单像素传感器，其相对电容可以随拇指的移动而改变。相应的传感响应曲线如图 3.17（b）所示。应变灵敏度高达 50%，压强高达 1.2MPa，快速响应时间为 40ms。

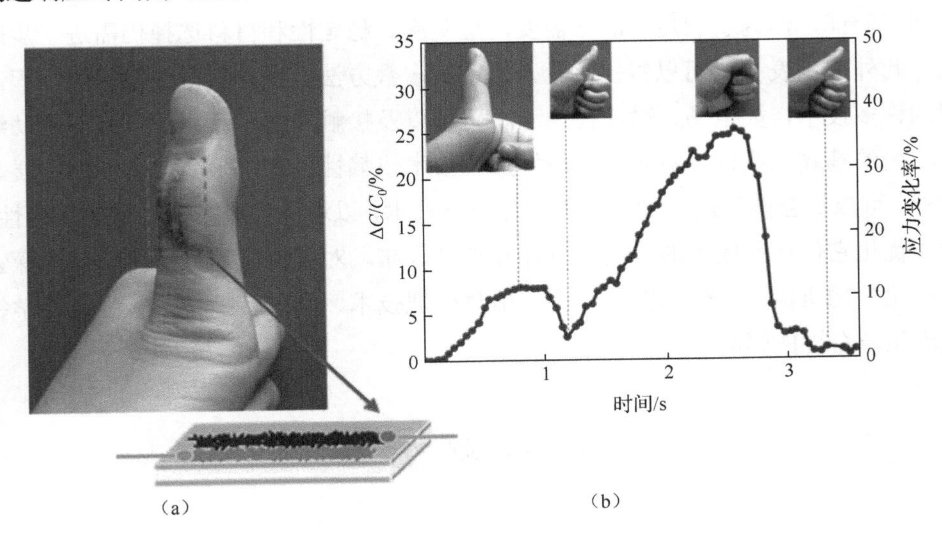

图 3.17　指关节安装柔性传感器及指状态响应[63]

近年来出现了许多方法可以将微纳光纤组装成柔性电子器件，如电场和磁场辅助方法、吹泡薄膜、电化学合成、接触和滚印以及 Langmuir-Blodgett 技术。表 3.5 列出了不同类型微纳光纤的一些典型集成方法及其特点。

表 3.5 微纳光纤传感器的集成方法和特点

集成方法	微纳光纤	传感机理	柔性基底	大比表面积	参考文献
电场	Bi_2Te_3，Si	电导	是	否	[64]、[65]
微流通道	ZnO	电阻	是	否	[66]
光镊技术	Au，InP	电阻	否	否	[67]、[68]
Langmuir-Blodgett 槽	GaN	电导	是	否	[69]
磁场	Ag，TiO_2	电阻	是	否	[70]、[71]
吹泡薄膜	Te	电流	是	是	[72]
膜模板合成	Au/Ni	光导	否	否	[57]、[73]
电化学合成	Au，MnO_2	电导	否	否	[74]、[75]
亲水/疏水基底	GO	—	否	是	[60]、[76]
接触和滚印沉积	CdS	—	是	否	[77]
PDMS 转移	Ag，Si	—	是	是	[61]、[63]、[78]

目标微纳光纤能否集成在柔性或大面积基底上对传感器的批量化制备至关重要，并限制其在不同工作环境中的应用。尽管大多数集成方法已经在柔性基底上得到了验证，但为了满足产品化需要，重复率、稳定性和材料选择仍需进一步研究。此外，从表 3.5 可以得出结论，目前大多数方法都无法获得大的比表面积。因为许多技术，如电场、微流控通道、磁场以及接触和滚印沉积，都必须借助纳米结构的基底或模板，对光刻等精细加工技术依赖性过高，限制了它们的发展。此外，可以结合两种或三种方法来优化上述技术，以增强集成微纳光纤的均匀性，例如优化它们在基底上的取向、直径和长度分布。对柔性微纳光纤传感器的探索将在化学物质检测、生物医药工程、信息处理技术、能量转换技术和生命科学领域产生革命性的影响。

3.7 本章小结

柔性微纳光纤已被广泛用于检测蛋白质、DNA、小分子、病毒以及气体的浓度和种类。结构紧凑、用途广泛的柔性微纳光纤传感器在对待测物进行检测的过程中，也显示出了较高的检测精度和灵敏度。随着化学合成和纳米光刻技术的发展，同时伴随新型纳米材料（如石墨烯、碳纳米管、量子点）的出现，功能化的柔性微纳光纤在生物、化学变量传感方面的优异性能在越来越多工作中得到验证。

柔性微纳光纤传感器未来的研究将主要针对以下问题或方向开展：柔性微纳光纤传感器的传感机理复杂而不明确，涉及表面效应、纳米尺寸效应和量子隧道效应；单根微纳光纤传感器和多根型微纳光纤传感器结构和系统各有优缺点，但当前也都只能在实验室条件下构建，还不能投入实际使用；功能性纳米材料及新型敏感材料的引入可能会改善柔性微纳光纤传感器的性能，但会进一步增加传感器的复杂性。因此，对于柔性微纳光纤传感器今后研究的目标将主要集中在结构简化、多参数测量、简易制作和封装技术等方面。

参 考 文 献

[1] Li J, Duan Y N, Hu H F, et al. Flexible NWs sensors in polymer, metal oxide and semiconductor materials for chemical and biological detection[J]. Sensors and Actuators B: Chemical, 2015, 219: 65-82.

[2] Li J, Li H Y, Hu H F, et al. Preparation and application of polymer nano-fiber doped with nano-particles[J]. Optical Materials, 2015, 40: 49-56.

[3] Gu F X, Zhang L, Yin X F, et al. Polymer single-nanowire optical sensors[J]. Nano Letters, 2008, 8(9): 2757-2761.

[4] Yang Q, Jiang X S, Gu F X, et al. Polymer micro or nanofibers for optical device applications[J]. Journal of Applied Polymer Science, 2008, 110(2): 1080-1084.

[5] Wang P, Zhang L, Xia Y N, et al. Polymer nanofibers embedded with aligned gold nanorods: A new platform for plasmonic studies and optical sensing[J]. Nano Letters, 2012, 12(6): 3145-3150.

[6] Ramakrishna S, Fujihara K, Teo W E, et al. Electrospun nanofibers: Solving global issues[J]. Materials Today, 2006, 9(3): 40-50.

[7] Dersch R, Steinhart M, Boudriot U, et al. Nanoprocessing of polymers: Applications in medicine, sensors, catalysis, photonics[J]. Polymers for Advanced Technologies, 2005, 16(2-3): 276-282.

[8] McCann J T, Lim B, Ostermann R, et al. Carbon nanotubes by electrospinning with a polyelectrolyte and vapor deposition polymerization[J]. Nano Letters, 2007, 7(8): 2470-2474.

[9] Liu Y Q, Zhang X P, Xia Y N, et al. Magnetic-field-assisted electrospinning of aligned straight and wavy polymeric nanofibers[J]. Advanced Materials, 2010, 22(22): 2454-2457.

[10] Li D, Xia Y N. Electrospinning of nanofibers: Reinventing the wheel?[J]. Advanced Materials, 2004, 16(14): 1151-1170.

[11] McCann J T, Li D, Xia Y N. Electrospinning of nanofibers with core-sheath, hollow, or porous structures[J]. Journal of Materials Chemistry, 2005, 15(7): 735-738.

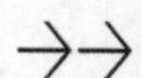

[12] Li D, Wang Y L, Xia Y N. Electrospinning of polymeric and ceramic nanofibers as uniaxially aligned arrays[J]. Nano Letters, 2003, 3(8): 1167-1171.

[13] Liu W Y, Thomopoulos S, Xia Y N. Electrospun nanofibers for regenerative medicine[J]. Advanced Healthcare Materials, 2012, 1(1): 10-25.

[14] Nirmala R, Park H M, Navamathavan R, et al. Lecithin blended polyamide-6 high aspect ratio nanofiber scaffolds via electrospinning for human osteoblast cell culture[J]. Materials Science and Engineering: C, 2011, 31(2): 486-493.

[15] Nirmala R, Navamathavan R, Kang H S, et al. Preparation of polyamide-6/chitosan composite nanofibers by a single solvent system via electrospinning for biomedical applications[J]. Colloids and Surfaces B: Biointerfaces, 2011, 83(1): 173-178.

[16] Kaur S, Ma Z W, Gopal R, et al. Plasma-induced graft copolymerization of poly (methacrylic acid) on electrospun poly (vinylidene fluoride) nanofiber membrane[J]. Langmuir, 2007, 23(26): 13085-13092.

[17] Nirmala R, Navamathavan R, Park S J, et al. Recent progress on the fabrication of ultrafine polyamide-6 based nanofibers via electrospinning: A topical review[J]. Nano-Micro Letters, 2014, 6(2): 89-107.

[18] Wang J, Kang Q S, Lü X G, et al. Simple patterned nanofiber scaffolds and its enhanced performance in immunoassay[J]. PLoS One, 2013, 8(12): e82888.

[19] Pal S, Alocilja E C, Downes F P. Nanowire labeled direct-charge transfer biosensor for detecting Bacillus species[J]. Biosensors and Bioelectronics, 2007, 22(9-10): 2329-2336.

[20] Yuk J S, Jin J H, Alocilja E C, et al. Performance enhancement of polyaniline-based polymeric wire biosensor[J]. Biosensors and Bioelectronics, 2009, 24(5): 1348-1352.

[21] Hao Y Q, Zhou B B, Wang F B, et al. Construction of highly ordered polyaniline nanowires and their applications in DNA sensing[J]. Biosensors and Bioelectronics, 2014, 52: 422-426.

[22] Guo S J, Dong S J, Wang E K. Polyaniline/Pt hybrid nanofibers: High-efficiency nanoelectrocatalysts for electrochemical devices[J]. Small, 2009, 5(16): 1869-1876.

[23] Desurvire E, Zervas M N. Erbium-doped fiber amplifiers: Principles and applications[J]. Physics Today, 1995, 48(2): 56.

[24] Wang P, Wang Y L, Tong L M. Functionalized polymer nanofibers: A versatile platform for manipulating light at the nanoscale[J]. Light: Science & Applications, 2013, 2(10): e102.

[25] Li H Y, Li J, Qiang L S, et al. Single-mode lasing of nanowire self-coupled resonator[J]. Nanoscale, 2013, 5(14): 6297-6302.

[26] Gu F X, Yin X F, Yu H K, et al. Polyaniline/polystyrene single-nanowire devices for highly selective optical detection of gas mixtures[J]. Optics Express, 2009, 17(13): 11230-11235.

[27] Meng C, Xiao Y, Wang P, et al. Quantum-dot-doped polymer nanofibers for optical sensing[J]. Advanced Materials, 2011, 23(33): 3770-3774.

[28] Bai S, Wu W W, Qin Y, et al. High-performance integrated ZnO nanowire UV sensors on rigid and flexible substrates[J]. Advanced Functional Materials, 2011, 21(23): 4464-4469.

[29] Hu Y F, Zhou J, Yeh P H, et al. Supersensitive, fast-response nanowire sensors by using Schottky contacts[J]. Advanced Materials, 2010, 22: 3327-3332.

[30] Tonezzer M, Hieu N V. Size-dependent response of single-nanowire gas sensors[J]. Sensors and Actuators B: Chemical, 2012, 163(1): 146-152.

[31] Wei S H, Wang S M, Zhang Y, et al. Different morphologies of ZnO and their ethanol sensing property[J]. Sensors and Actuators B: Chemical, 2014, 192: 480-487.

[32] Ho G W. Gas sensor with nanostructured oxide semiconductor materials[J]. Science of Advanced Materials, 2011, 3(2): 150-168.

[33] Kolmakov A, Moskovits M. Chemical sensing and catalysis by one-dimensional metal-oxide nanostructures[J]. Annual Review of Materials Research, 2004, 34: 151-180.

[34] Ramgir N S, Sharma P K, Datta N, et al. Room temperature H_2S sensor based on Au modified ZnO nanowires[J]. Sensors and Actuators B: Chemical, 2013, 186: 718-726.

[35] Li F, Ding Y, Gao P X, et al. Single-crystal hexagonal disks and rings of ZnO: Low-temperature, large-scale synthesis and growth mechanism[J]. Angewandte Chemie International Edition, 2004, 43(39): 5238-5242.

[36] Hernandez-Ramirez F, Prades J D, Hackner A, et al. Miniaturized ionization gas sensors from single metal oxide nanowires[J]. Nanoscale, 2011, 3(2): 630-634.

[37] Steinhauer S, Brunet E, Maier T, et al. Gas sensing properties of novel CuO nanowire devices[J]. Sensors and Actuators B: Chemical, 2013, 187: 50-57.

[38] Kim N H, Choi S J, Yang D J, et al. Highly sensitive and selective hydrogen sulfide and toluene sensors using Pd functionalized WO_3 nanofibers for potential diagnosis of halitosis and lung cancer[J]. Sensors and Actuators B: Chemical, 2014, 193: 574-581.

[39] Kolmakov A, Klenov D O, Lilach Y, et al. Enhanced gas sensing by individual SnO_2 nanowires and nanobelts functionalized with Pd catalyst particles[J]. Nano Letters, 2005, 5(4): 667-673.

[40] Liu X, Lin P, Yan X Q, et al. Enzyme-coated single ZnO nanowire FET biosensor for detection of uric acid[J]. Sensors and Actuators B: Chemical, 2013, 176: 22-27.

[41] Huey E, Krishnan S, Arya S K, et al. Optimized growth and integration of silica nanowires into interdigitated microelectrode structures for biosensing[J]. Sensors and Actuators B: Chemical, 2012, 175: 29-33.

[42] Serre P, Ternon C, Stambouli V, et al. Fabrication of silicon nanowire networks for biological sensing[J]. Sensors and Actuators B: Chemical, 2013, 182: 390-395.

[43] Skucha K, Fan Z Y, Jeon K, et al. Palladium/silicon nanowire Schottky barrier-based hydrogen sensors[J]. Sensors and Actuators B: Chemical, 2010, 145(1): 232-238.

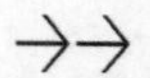

[44] Oh J Y, Jang H J, Cho W J, et al. Highly sensitive electrolyte-insulator-semiconductor pH sensors enabled by silicon nanowires with Al_2O_3/SiO_2 sensing membrane[J]. Sensors and Actuators B: Chemical, 2012, 171: 238-243.

[45] Miao R, Mu L X, Zhang H Y, et al. Silicon nanowire-based fluorescent nanosensor for complexed Cu^{2+} and its bioapplications[J]. Nano Letters, 2014, 14(6): 3124-3129.

[46] Tian J P, Zhao H M, Quan X, et al. Fabrication of graphene quantum dots/silicon nanowires nanohybrids for photoelectrochemical detection of microcystin-LR[J]. Sensors and Actuators B: Chemical, 2014, 196: 532-538.

[47] Aluri G S, Motayed A, Davydov A V, et al. Methanol, ethanol and hydrogen sensing using metal oxide and metal (TiO_2-Pt) composite nanoclusters on GaN nanowires: A new route towards tailoring the selectivity of nanowire/nanocluster chemical sensors[J]. Nanotechnology, 2012, 23(17): 175501.

[48] Xie P, Xiong Q H, Fang Y, et al. Local electrical potential detection of DNA by nanowire-nanopore sensors[J]. Nature Nanotechnology, 2012, 7(2): 119-125.

[49] Knopfmacher O, Tarasov A, Fu W Y, et al. Nernst limit in dual-gated Si-nanowire FET sensors[J]. Nano Letters, 2010, 10(6): 2268-2274.

[50] Gao A R, Lu N, Dai P F, et al. Silicon-nanowire-based CMOS-compatible field-effect transistor nanosensors for ultrasensitive electrical detection of nucleic acids[J]. Nano Letters, 2011, 11(9): 3974-3978.

[51] Gao A R, Lu N, Wang Y C, et al. Enhanced sensing of nucleic acids with silicon nanowire field effect transistor biosensors[J]. Nano Letters, 2012, 12(10): 5262-5268.

[52] Liu X, Long Y Z, Liao L, et al. Large-scale integration of semiconductor nanowires for high-performance flexible electronics[J]. ACS Nano, 2012, 6(3): 1888-1900.

[53] Long Y Z, Yu M, Sun B, et al. Recent advances in large-scale assembly of semiconducting inorganic nanowires and nanofibers for electronics, sensors and photovoltaics[J]. Chemical Society Reviews, 2012, 41(12): 4560-4580.

[54] Brumlik C J, Martin C R. Template synthesis of metal microtubules[J]. Journal of the American Chemical Society, 1991, 113(8): 3174-3175.

[55] de Leo M, Kuhn A, Ugo P. 3D-Ensembles of gold nanowires: Preparation, characterization and electroanalytical peculiarities[J]. Electroanalysis: An International Journal Devoted to Fundamental and Practical Aspects of Electroanalysis, 2007, 19(2-3): 227-236.

[56] Lim C T. Synthesis, optical properties, and chemical: Biological sensing applications of one-dimensional inorganic semiconductor nanowires[J]. Progress in Materials Science, 2013, 58(5): 705-748.

[57] Martin C R. Nanomaterials: A membrane-based synthetic approach[J]. Science, 1994, 266(5193): 1961-1966.

[58] Maas M, Guo P, Keeney M, et al. Preparation of mineralized nanofibers: Collagen fibrils containing calcium phosphate[J]. Nano Letters, 2011, 11(3): 1383-1388.

[59] Gao P, Martin C R. Voltage charging enhances ionic conductivity in gold nanotube membranes[J]. ACS Nano, 2014, 8(8): 8266-8272.

[60] He Y, Nagashima K, Kanai M, et al. Nanoscale size-selective deposition of nanowires by micrometer scale hydrophilic patterns[J]. Scientific Reports, 2014, 4(1): 5943.

[61] Hwang I S, Kim Y S, Kim S J, et al. A facile fabrication of semiconductor nanowires gas sensor using PDMS patterning and solution deposition[J]. Sensors and Actuators B: Chemical, 2009, 136(1): 224-229.

[62] Zou B, Zhang X J, Wang Y, et al. Large-scale assembly of semiconductor nanowires into desired patterns for sensor applications[J]. New Journal of Chemistry, 2013, 37(6): 1776-1781.

[63] Yao S S, Zhu Y. Wearable multifunctional sensors using printed stretchable conductors made of silver nanowires[J]. Nanoscale, 2014, 6(4): 2345-2352.

[64] Wang Z, Kroener M, Woias P. Design and fabrication of a thermoelectric nanowire characterization platform and nanowire assembly by utilizing dielectrophoresis[J]. Sensors and Actuators A: Physical, 2012, 188: 417-426.

[65] Collet M, Salomon S, Klein N Y, et al. Large-scale assembly of single nanowires through capillary-assisted dielectrophoresis[J]. Advanced Materials, 2015, 27(7): 1268-1273.

[66] Kim J, Li Z, Park I. Direct synthesis and integration of functional nanostructures in microfluidic devices[J]. Lab on a Chip, 2011, 11(11): 1946-1951.

[67] Yan Z J, Pelton M, Vigderman L, et al. Why single-beam optical tweezers trap gold nanowires in three dimensions[J]. ACS Nano, 2013, 7(10): 8794-8800.

[68] Wang F, Toe W J, Lee W M, et al. Resolving stable axial trapping points of nanowires in an optical tweezers using photoluminescence mapping[J]. Nano Letters, 2013, 13(3): 1185-1191.

[69] Salomon S, Eymery J, Pauliac-Vaujour E. GaN wire-based Langmuir-Blodgett films for self-powered flexible strain sensors[J]. Nanotechnology, 2014, 25(37): 375502.

[70] Zhang C L, Lü K P, Hu N Y, et al. Macroscopic-scale alignment of ultralong Ag nanowires in polymer nanofiber mat and their hierarchical structures by magnetic-field-assisted electrospinning[J]. Small, 2012, 8(19): 2936-2940.

[71] Mohammadpour A, Shankar K. Magnetic field-assisted electroless anodization: TiO_2 nanotube growth on discontinuous, patterned Ti films[J]. Journal of Materials Chemistry A, 2014, 2(34): 13810-13816.

[72] Wu S T, Huang K, Shi E Z, et al. Soluble polymer-based, blown bubble assembly of single-and double-layer nanowires with shape control[J]. ACS Nano, 2014, 8(4): 3522-3530.

[73] Roy C J, Chorine N, de Geest B G, et al. Highly versatile approach for preparing functional hybrid multisegmented nanotubes and nanowires[J]. Chemistry of Materials, 2012, 24(9): 1562-1567.

[74] Vigderman L, Khanal B P, Zubarev E R. Functional gold nanorods: Synthesis, self-assembly, and sensing applications[J]. Advanced Materials, 2012, 24(36): 4811-4841.

[75] Liu R, Duay J, Lee S B. Electrochemical formation mechanism for the controlled synthesis of heterogeneous MnO_2/Poly (3, 4-ethylenedioxythiophene) nanowires[J]. ACS Nano, 2011, 5(7): 5608-5619.

[76] Wu J, Li H, Qi X Y, et al. Graphene oxide architectures prepared by molecular combing on hydrophilic-hydrophobic micropatterns[J]. Small, 2014, 10(11): 2239-2244.

[77] Takahashi T, Nichols P, Takei K, et al. Contact printing of compositionally graded CdS_xSe_{1-x} nanowire parallel arrays for tunable photodetectors[J]. Nanotechnology, 2012, 23(4): 045201.

[78] Xu F, Durham III J W, Wiley B J, et al. Strain-release assembly of nanowires on stretchable substrates[J]. ACS Nano, 2011, 5(2): 1556-1563.

4 微纳光纤谐振器的制备及应用

4.1 概 述

谐振是自然界和工程上经常发生的一种物理现象，最初是以声学谐振现象的形式引起人们的关注。1910 年，英国人基于声波谐振效应，设计了圣保罗大教堂的圆顶，将声波局限在建筑物的内壁中反复传输，科学家把这种现象命名为“回音壁”现象。近代科学的发展过程中，人们将回音壁式光学谐振结构称为光学谐振器。光学微谐振器是在传统光学谐振器的基础上建立起来的一种尺寸为微纳米级的光学微腔。现代传感技术向着微型化、高灵敏度和智能化发展，微纳光纤谐振器具有很大的应用前景和研究潜力。基于微纳光纤谐振器的传感器，具有抗干扰、响应速度快、分辨力高、体积小、测量稳定等优点，在食品工业、制造业和环境监测等领域具有潜在的应用前景。微纳光纤谐振器是通过直波导和环结构之间的光学耦合来构建。基于谐振理论，满足谐振条件的一定频率的光波被束缚在微环中，在微环中进行多次的循环传输，不满足谐振条件的光输出，从而在输出光谱中呈现稳定的谐振光谱。对于微纳光纤谐振器，由于在微环中光波的不断振荡和叠加能够使光与物质的相互作用更充分、更频繁，延长了光子的寿命，从而获得较高的品质因子。光学微谐振器与传统光学谐振器相比，不仅体积大幅度减小，谐振性质也发生了变化，呈现出许多独特性质，引起了学术界广泛关注。近年来，环形、圈形、多圈形和结形微纳光纤谐振器在测量温度、湿度、折射率、加速度、气体浓度、应变等方面都有所报道。

目前，各种结构和参数的微纳光纤谐振器已经被提出，并成功得到了实验验证，可以在折射率、湿度、电流、温度、浓度和磁场等许多参数上表现出优异的传感性能。所有这些突出的光学特性揭示了微纳光纤谐振器在传感应用领域巨大的潜在价值。但是，稳定性和选择性仍然是需要关注和优化的关键性能指标。本章将介绍、比较和分析不同类型微纳光纤谐振器的制备方法和典型应用。本章的主要内容参考了作者 2017 年和 2021 年分别在 *Optics and Laser Technology* 和 *Measurement* 上发表的综述文章[1, 2]。

4.2 微纳光纤谐振器的分类及制备

4.2.1 微纳光纤谐振器的分类

典型的微纳光纤谐振器可分为三类：微环谐振器（micro-ring resonator，MRR）、微结谐振器（micro-knot resonator，MKR）和微圈谐振器（micro-coil resonator，MCR）[3]。如图 4.1 所示，这三种结构是基于光学耦合谐振效应工作的，微纳光纤的强倏逝场被用来感知周围介质参数的变化，从而导致微纳光纤有效折射率的变化和输出光谱中谐振峰值的特征波长偏移。

MRR 的结构示意图如图 4.1（a）所示。MRR 将微纳光纤弯曲一圈成环形，耦合区由同一根微纳光纤的两部分搭接而成，由于只是将微纳光纤弯曲，并不存在其他的扭曲作用，耦合区存在较小损耗，可以自由地调节耦合状态，具有较高的品质因子。但重叠区域仅仅依靠范德瓦耳斯力和静电力维持，并没有进行固定，因此耦合区不稳定，很难保持几何形状不变。当测量环境有一些扰动，例如测量气体或者流体的不规律冲击，会导致其几何尺寸的微小改变，进而影响到其他的光学传输特性。

MKR 的结构示意图如图 4.1（b）所示。MKR 是通过将微纳光纤打结形成一个环形结构来制作的，结构比 MRR 更为稳固，并可获得一个圆度规则的光纤环。环路长度可以被灵活地调节，以获得不同的 FSR。然而，在 MKR 的制备过程中，打结点尾端的微纳光纤和右侧微纳光纤锥之间的搭接耦合会带来更高的光损耗，并使整体光纤结构变得不稳定。

为了弥补 MRR 的不足，MCR 通过将微纳光纤缠绕在低折射率圆形介质棒上构造而成，是三维结构的谐振腔，器件结构的稳定性和机械强度相对得到了较大提高，且其具有较高品质因子，包含多圈光纤的 MCR 如图 4.1（c）所示。

如图 4.2 所示，将微纳光纤缠绕在铜等缠绕棒上形成多圈形，同时采用低折射率聚合物对光纤结构进一步封装和固定[4]。

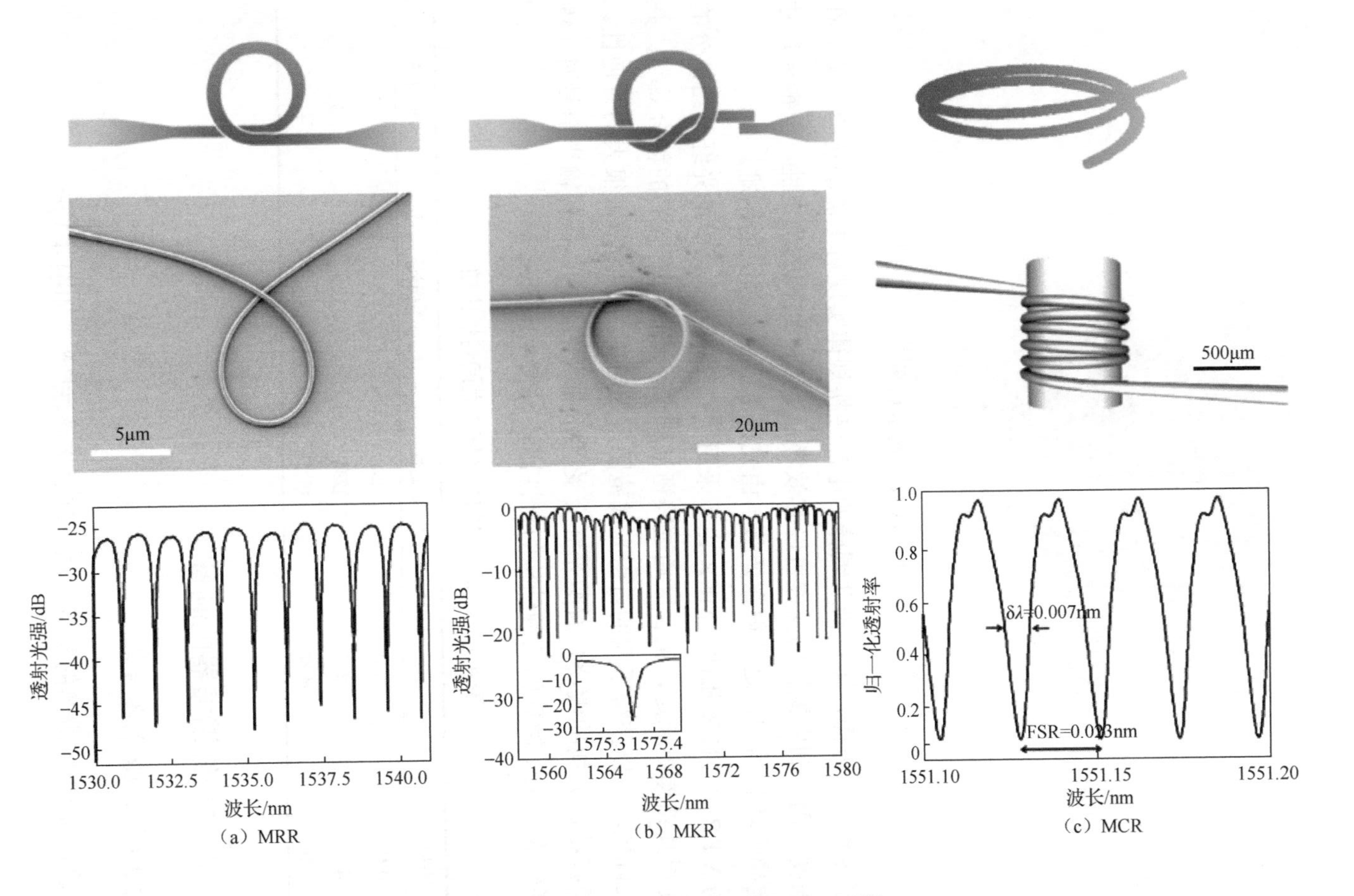

图 4.1 典型微纳光纤谐振器及对应光谱[3]

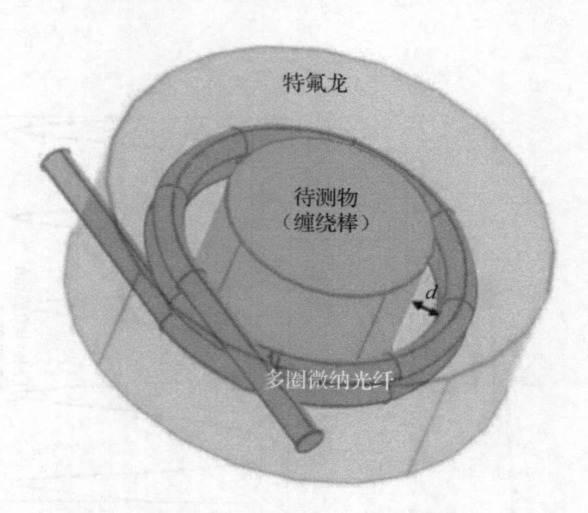

图 4.2　MCR 结构示意图[4]

在传感应用方面，可以借助铜棒的电热转换规律实现对电流的传感检测；在机械强度方面，利用铜棒的支撑可以有效增强 MCR 结构的稳定性，但铜棒尺寸的固定导致环长固定，这使得在调节自由光谱范围上有很大的困难。

与 MRR 和 MCR 相比，MKR 由于采用了打结的方法，微纳光纤打结部分的缠绕使得其结构更稳定，耦合区通过倏逝波耦合，进而具有较高的耦合效率；并且环长可控，可以获得不同的自由光谱范围，为后期的解调带来很大的方便性。但由于打结部分扭曲缠绕，微纳光纤会受到扭曲力的影响，在传输光信号时，传输损耗较大。关于微环的三种结构的特性比较如表 4.1 所示。

表 4.1　MRR、MCR、MKR 之间特性比较

类型	制备	稳定性	损耗	品质因子
MRR	简单	低	小	低
MCR	较难	较高	较大	最高
MKR	最难	最高	最大	较高

4.2.2　微纳光纤谐振器的制备

4.2.2.1　MRR 制备方法

目前，MRR 较成熟的制备方法是基底溶解法[5, 6]，如图 4.3 所示。

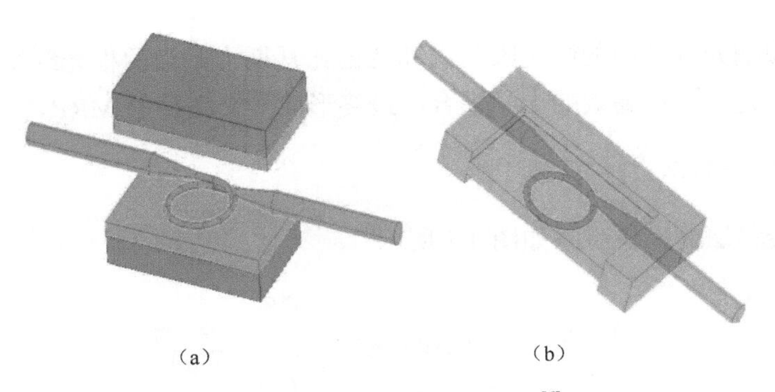

（a） （b）

图 4.3 基底溶解法制作 MRR[6]

首先，采用 PMMA 材料作为基底［图 4.3（a）最外侧深色部分］，在基底上涂覆一层薄薄的低折射率材料如聚四氟乙烯或者紫外固化胶［图 4.3（a）内侧浅色部分］；然后，将自耦合的 MCR 放在涂覆后的基底上，再用另一个与第一步中同样的涂覆后的基底盖在圈形自耦合谐振器的上面；最后，利用丙酮溶液来溶解掉 PMMA，只留下薄薄的一层聚四氟乙烯在微纳光纤谐振器的表面，如图 4.3（b）所示。当特定模式在微环中传输时，聚四氟乙烯和 SiO_2 之间较小的折射率差使得传输模式更多的能量在聚四氟乙烯中传输。外界分析物的折射率发生改变会导致传输模式特性的变化，表现为 MRR 外部等效折射率的改变。由于 MRR 是由一根锥形光纤制成的，所以光线可以耦合到传感器中而基本上没有插入损耗，这是其他类型的谐振器传感器的巨大优势。实验中制备直径为 300nm 的微纳光纤，在环两侧嵌入厚度均匀的情况下，通入 970nm 的光波，其折射率灵敏度达到 700nm/RIU［RIU 表示折射率单位（refractive index unit）］。

4.2.2.2 MKR 制备方法

MKR 的制备方法主要有三维空间法和微环转移法。

1. 三维空间法

三维空间法一般可以分成三步来完成微纳光纤结形环结构的制作[7]。首先取一根去除涂覆层的 SMF，用两步火焰加热法拉制一根微纳光纤锥，并将其剪断使其两侧变成锥形端（用作锥形光纤探针来操作弯折微纳光纤）和自由端（用于环形结构的尾端微纳光纤的平行耦合）；然后将其中一个锥形端固定在三维调节架上，自由端悬空，在光学显微镜下利用锥形光纤探针进行打环；最后将另一锥形端固定在另一台三维调节架上，调整两个调节架的高度和角度使两根微纳光纤重合，由于微纳光纤之间的静电吸附力和范德瓦耳斯力，当两根光纤平行靠近时就会吸附在一起，实现高效的光学耦合，最终形成一个完整的 MRR。

2. 微环转移法

微环转移法的操作步骤如图 4.4 所示[8]。

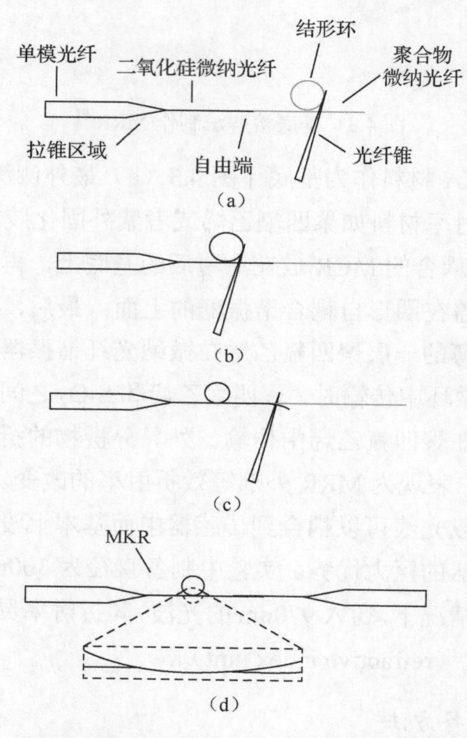

图 4.4　微环转移法制作结形微纳光纤谐振器示意图[8]

首先，利用火焰拉伸法将标准 SMF 拉制成微米量级的 SiO_2 光纤，即形成双锥形微纳光纤，剪断其一端变成自由端，选取合适长度（几十微米）的聚合物微纳光纤，利用探针在光学显微镜下将其打结成环，并且将环的自由端与 SiO_2 微纳光纤的自由端粘贴在一起进行固定，如图 4.4（a）所示。进一步，在光纤锥的辅助下，推动聚合物微纳光纤结形环向 SiO_2 微纳光纤方向移动，直至结形环区域过渡到 SiO_2 微纳光纤，此时结形环完全由 SiO_2 微纳光纤组成，如图 4.4（b）所示。然后，在光学显微镜辅助观察下利用光纤锥不断微调结形环的直径，如图 4.4（c）所示。最后，从 SiO_2 微纳光纤的自由端分离出聚合物微纳光纤，并且在其自由端

上粘贴另一根 SiO_2 微纳光纤，如图 4.4（d）所示，最终完成 MKR 的制作。微环转移法最主要的优势是 SiO_2 微纳光纤和聚合物微纳光纤之间强大的范德瓦耳斯力和静电力，此种方法常用的 SiO_2 微纳光纤直径为 1～4μm，聚合物微纳光纤的直径为 10～20μm。

4.2.2.3 MCR 制备方法

1. 通道溶解法

该方法利用火焰拉锥技术将 SiO_2 标准 SMF 拉制成表面光滑且直径达到微纳米级的光纤锥，锥腰直径均匀变化，且长度满足传感器尺寸要求。将其缠绕在 PMMA 棒上[9]，如图 4.5（a）所示。

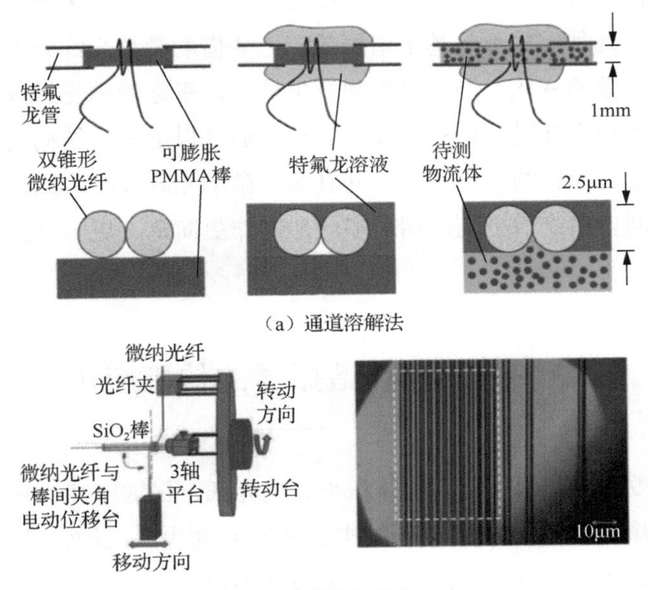

（a）通道溶解法

（b）旋转缠绕法

图 4.5 通道溶解法和旋转缠绕法制作圈形微纳光纤谐振器示意图[9, 10]

PMMA 棒直径根据传感器尺寸可自由调节。PMMA 棒两端插入特氟龙管中，将缠绕的微纳光纤完全浸入熔融的特氟龙。特氟龙具有很好的不粘性、耐腐蚀性和滑动性，在微流体测量中有很广泛的应用。整体结构在 80℃下浸泡 20min，然后再用丙酮来溶解 PMMA 支撑棒，大概持续一天时间后 PMMA 支撑棒完全被溶解抽出，被分析物便可以自由地在 MCR 内流动。

2. 旋转缠绕法

旋转缠绕法的制作过程如图 4.5（b）所示[10]。首先，利用火焰拉锥技术拉制一条表面光滑的双锥形微纳光纤，使其直径从 125μm 到 3μm 均匀变化，并且直径为 3μm 的腰椎部分的长度达到 150mm。使用直径为 2mm 的 SiO_2 棒作为缠绕支撑物，并在其上涂覆一层低折射率的聚合物 PDMS（折射率约为 1.4），且有轻微的黏性来确保微纳光纤在缠绕期间能固定在 SiO_2 棒上。其次，在缠绕前，将微米光纤顶端固定在光纤支撑架上，底端部分自然下垂。在缠绕过程中用一个电机来调整微纳光纤和 SiO_2 棒之间的角度。旋转台和 SiO_2 棒同轴固定在三轴式支撑架上，通过控制旋转轴使微纳光纤缠绕在 SiO_2 棒上。如图 4.5（b）右侧光学显微镜照片所示，白色方框内所缠绕邻环之间距离被控制在 1.5μm 以内来确保更好地耦合。

综上所述，几种结构都是基于谐振效应，并借助微纳光纤外强大的倏逝场来感知周围介质参数的变化。当外界参数发生变化，引起微纳光纤等效折射率发生变化，进而导致输出光谱的谐振峰发生偏移。通过以上三种结构的比较分析，结形微纳光纤要比环形结构稳定得多，并且由于微纳光纤被打成结，可以通过控制环长来获得不同自由光谱范围，相对多圈形制作更简单、更容易封装成独立的传感器。

4.3 微纳光纤谐振器的传感应用

近年来，微纳光纤谐振器因其体积小、损耗低、灵敏度高、响应快、分辨力高以及易于与普通 SMF 连接而受到越来越多的关注[11, 12]。此外，几个典型的微纳光纤谐振器（MRR、MCR 和 MKR）已被成功地用于确定折射率、温度、电流和湿度等不同的物理参数。接下来将介绍 MRR、MCR 和 MKR 在光纤传感领域的一些应用。

4.3.1 MRR

MRR 是一种由微纳米尺寸介质之间范德瓦耳斯力和静电力维持的自耦合环形光纤结构。Caspar 等[13]使用腰部直径为 8.5μm 的光纤锥制作了环直径为 2mm

的 MRR。微纳光纤的直径不能过大，因为没有足够比例的光学倏逝场在光纤表面传输，无法保证较高的耦合效率。为了提高耦合效率，可将 MRR 嵌入折射率接近微纳光纤的硅橡胶中。在波长为 1.5μm 时，MRR 的品质因子高达 27000。Sumetsky 等[14]使用腰部直径为0.66μm的超细光纤锥制备了一个环周长为0.64mm的 MRR。在激发光波长为 1.5μm 时，获得该结构的品质因子为 95000。Shi 等[15]建立了 MRR 理论模型，并通过优化结构参数得到了 1×10^{-5}RIU 的折射率检测下限。Wang 等[16]证实折射率和海水盐度的检测下限分别为 1×10^{-6}RIU 和 0.01‰，并且灵敏度会随着检测波长的红移而增加。Ahmad 等[17]提出了一种新型的 MRR 湿度传感器，其中 MRR 表面被涂覆了具有高渗透性和稳定性的单层 GO。实验测得，这种传感器在 30%RH～50%RH 范围内的灵敏度为 0.0537nm/%RH。

4.3.1.1 MRR 温度传感器

Harun 等[18]提出了一种基于 MRR 的新型温度传感器，它是将直径 3μm 的微米光纤卷绕为直径 3mm 的微环，整个 MRR 结构被夹在两片玻璃中间，并涂上厚度为0.5mm的低折射率紫外固化胶。光纤两端分别连接到宽谱光源和光谱分析仪。

该工作中使用烘箱来改变环境温度，图 4.6 显示了 MRR 在不同温度下的透射光谱变化，表示消光比和温度之间的关系。其中，透射光谱的谐振周期（或理解

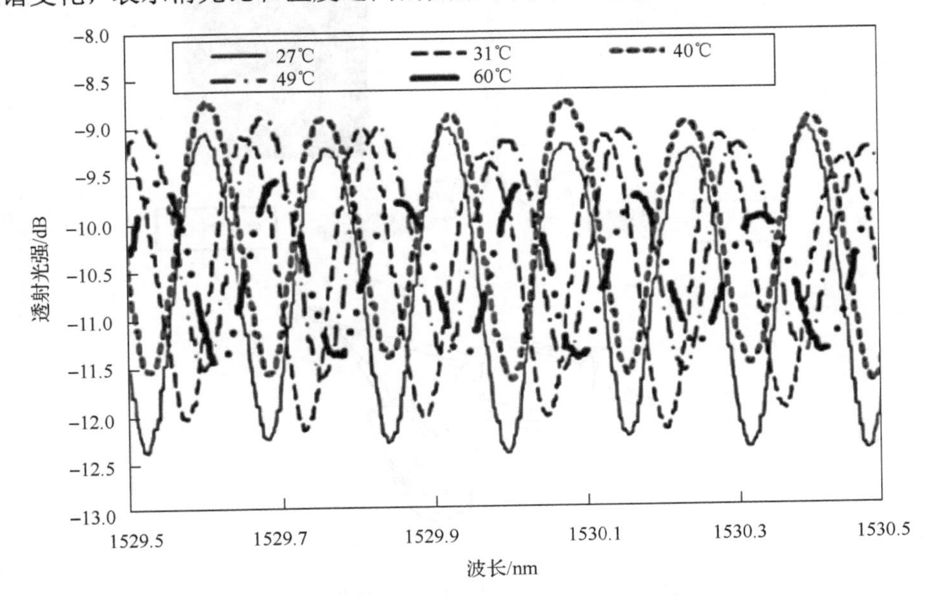

图 4.6 MRR 在不同温度下的透射光谱[18]

为自由光谱范围 FSR）不随温度变化，消光比（或理解为光谱的信噪比）随温度的升高而减小，对应的下降斜率约为 0.043dB/℃（即以光强解调获得的温度传感灵敏度）。

4.3.1.2 MRR 折射率传感器

Sun 等[19]通过扭转高双折射微纳光纤，设计了一种用于折射率测量的微型偏振 MRR 干涉仪，如图 4.7（a）所示，插图显示了双折射超细光纤的矩形横截面图和红光入射后的光学显微镜照片。可以在矩形预制棒基础上，利用火焰加热拉伸技术获得逐渐变细高双折射微纳光纤锥。矩形预制棒由直径为 6.0μm 的圆形掺锗芯和尺寸为 113μm×70μm 的矩形 SiO_2 包层组成。MRR 干涉仪的制作过程中，需要通过旋转两个以 45° 放置的光纤支架来扭转 MRR 结构，如图 4.7（b）所示。当光纤夹持器沿同一方向轻轻转动时，由于范德瓦耳斯力和静电力的作用，相互靠近的两根微纳光纤会在紧密贴合的状态下被不断地扭曲。

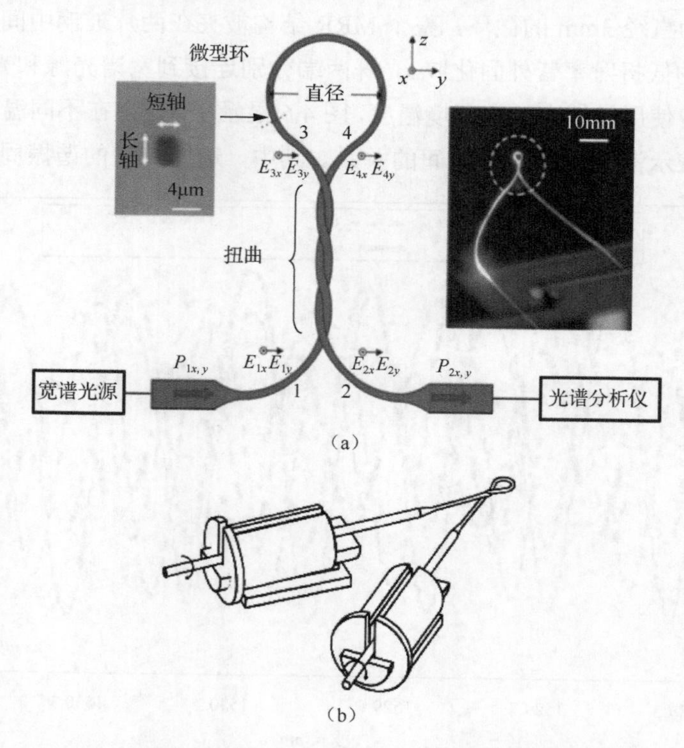

图 4.7　微型偏振 MRR 干涉仪结构示意图和制造装置[19]

实验中，光纤末端被分别连接到宽谱光源和光谱分析仪。随着扭转匝数从两周增加到三周，可以在图 4.8（a）中观察到透射光谱随着扭转角度的变化趋势。

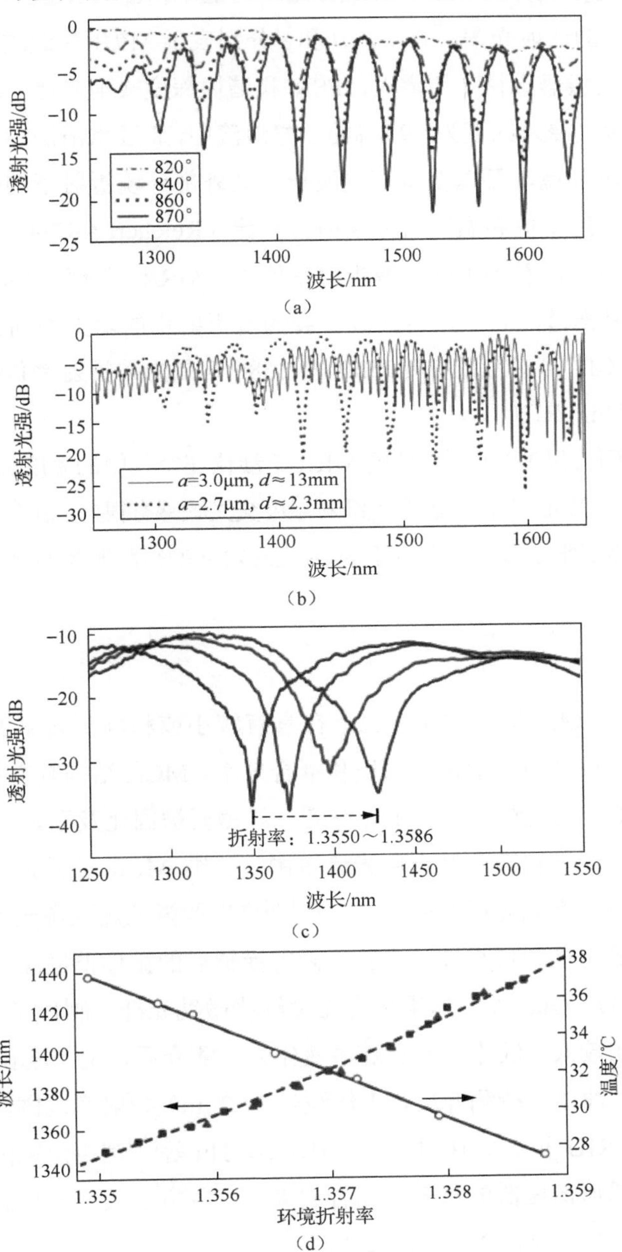

图 4.8 MRR 透射光谱及传感响应特性[19]

当扭转角从820° 增大到870° 时，光谱的消光比随转角增大而明显增大。图4.8（b）对比显示了几何参数分别为$a = 3.0\mu m$、$d = 13mm$ 和$a = 2.7\mu m$、$d = 2.3mm$ 的两个 MRR 干涉仪的透射光谱，其中，d 和 a 分别表示 MRR 和微纳光纤的直径。结果表明，随着谐振器直径 d 的增大，FSR 和谐振深度（消光比）均减小。将高双折射 MRR 干涉仪浸入纯度为99.8%的乙醇溶液中，通过水浴法加热乙醇升温来营造不同的折射率环境，可以获得谐振波长与其外部环境折射率的影响作用规律。实验过程中，折射率值和温度值分别由折射计（Reichert AR200）和温度计测定。在图 4.8（c）中可以看到不同乙醇折射率值时，MRR 干涉仪（$a = 3.65\mu m$、$d = 4.3mm$）的透射光谱，其中，谐振波长会随着折射率的增大而向长波移动（亦称红移）。图 4.8（d）是对应的在 1.3550～1.3586 范围内的折射率传感特性曲线，灵敏度约为 24373nm/RIU。

此外，该工作还验证了所设计的MRR 干涉仪在空气中的温度影响特性，它对温度的敏感度为 0.005nm/℃，这表明光纤对温度交叉敏感有很好的抑制作用，主要是源于光纤较低的热膨胀系数［主要源于 SiO_2 光纤较低的热膨胀系数（$0.55\times10^{-6}℃^{-1}$）］。

4.3.2 MCR

MCR 通常是通过将微纳光纤包裹在具有较小或相同折射率的电介质棒上来制备的，以保证较大的光学接触面积和耦合效率。MCR 结构具有损耗低、稳定性好的优点，但由于此类结构的多个光纤圈一般需要被固化及固定，因此一旦 MCR 结构制作完成，无法再改变其自由光谱范围。三维 MCR 就是通过在低折射率介质棒上缠绕多圈的微纳光纤来制造，Xu 等[20]将聚四氟乙烯涂覆到圈形光纤微环上以增加微环的稳定性和可靠性，实验中测得涂覆后的微环谐振深度为 9dB 以上，品质因子为 6000。Guo 等[21]以铜棒为支撑缠绕微纳光纤，制作了一种 MCR 折射率传感器，其在较低（低浓度的乙醇溶液作为待测介质，工作波长 1.55μm）和较高（高浓度的甘油作为待测介质，工作波长 1.22μm）折射率范围内的最低分辨力分别为 1.1×10^{-4}RIU 和 1.8×10^{-5}RIU。2012 年，Hu 等[22]利用熔融的聚合物纳米线作为粘连剂将圈形谐振器的耦合区黏合起来，这种方法大大地提高了微环的稳定性。下面介绍几种典型的 MCR 传感器。

4.3.2.1 MCR 温度传感器

Liu 等[23]设计了一种简易的光纤绕制装置，将直径约 5μm、长度约 14mm 的微纳光纤在 PMMA 棒上绕制两圈，再用特氟龙包裹来封装，制作了一个结构简单的 MCR 温度传感器，如图 4.9 所示。MCR 温度传感器被放置在玻璃载玻片上，并用聚四氟乙烯覆盖，一方面提供低折射率环境以减小光学泄漏损耗，另一方面对整体结构进一步地保护。

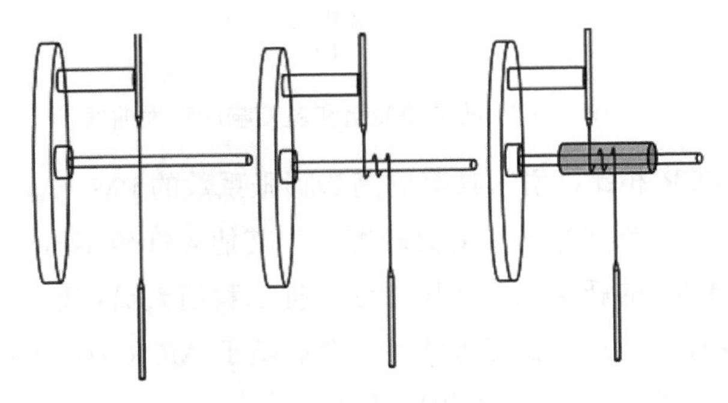

图 4.9 MCR 温度传感器的制作示意图[23]

为了保证实验过程中周围环境加热的均匀性，使用了带有玻璃盖的加热室，并用热电偶实时测量环境温度作为参考。MCR 的输入和输出光纤分别连接到宽带光源（工作波长 1525～1610nm）和光谱分析仪。在 29.4～29.8℃的温度范围内，透射光谱变化如图 4.10（a）所示。随着温度升高，谐振波长向长波方向移动。图 4.10（b）表明谐振波长会随着温度升高而线性增加（红移），温度灵敏度为 80pm/℃。

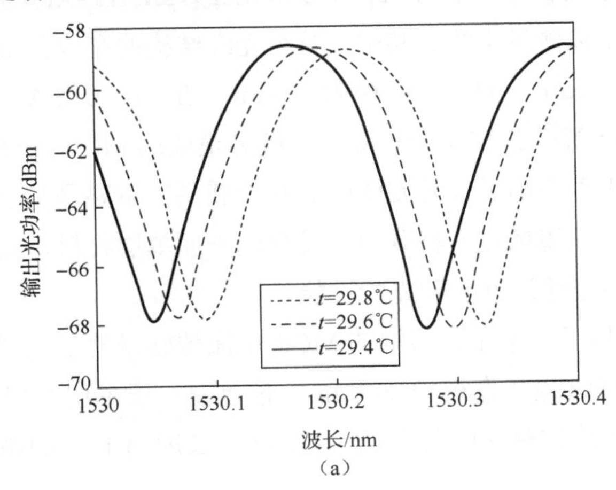

（a）

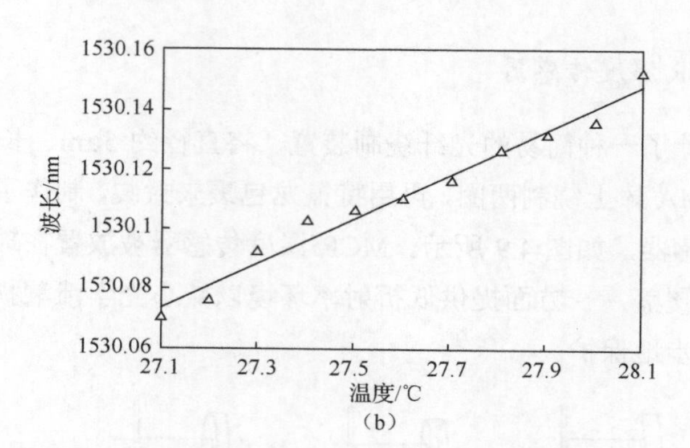

（b）

图 4.10　MCR 的谐振光谱和温度响应特性曲线[23]

与纯 SiO_2-MCR 相比，引入具有更高热膨胀系数的 PMMA，使温度响应的灵敏度提高了 5 倍。虽然 80pm/℃的灵敏度低于其他光纤传感器结构，但该工作探索了一种基于 MCR 的新型温度传感方法，提示科研人员可以选择其他具有高热膨胀系数的封装材料来提高温度敏感性，今后基于 MCR 类型的温度传感器在结构优化方面有待开展进一步、更细致的研究工作。

4.3.2.2　MCR 电流传感器

Chen 等[24]展示了基于温度测量机理的一种 MCR 电流传感器，它是将微纳光纤缠绕在空芯聚四氟乙烯毛细管上，随之使用低折射率紫外固化胶加以保护和固定。利用 MCR 温度传感器可以测量插入空芯聚四氟乙烯毛细管内金属导线的发热量，温度和电流灵敏度分别为 95pm/℃和 67.297μm/A。Xie 等[25]将微纳光纤卷绕在镍铬合金丝上以测量电流。其中，整个光纤结构的有效测量长度仅为 35μm，微纳光纤直径为 2μm，MCR 直径为 50μm。在 0～0.12A 的电流灵敏度为 220.65nm/A^2。Yan 等[26]提出了一种基于石墨烯集成的 MCR 光学电流传感器。在很多传感器中会引入石墨烯或者 GO 作为功能膜层，主要是基于二维材料优异的物理和化学特性，石墨烯是一种碳原子排列的平面单层材料，具有极高的机械强度、极好的表面电子输运性能和光学性能。

图 4.11（a）展示了基于石墨烯的 MCR 电流传感器的示意图。该传感器设计过程中将微纳光纤缠绕在直径为 840μm、预包覆一层单层石墨烯的玻璃毛细管上。首先，采用火焰加热法制备直径为 4.5μm、长度为 1cm 的微纳光纤。接着，

将一小块石墨烯从铜基底转移到 PMMA 层，然后覆盖在玻璃毛细管上，随后用丙酮溶液去除 PMMA。最后，在石墨烯片的两端沉积 100nm 厚的金膜作为电极。输入端连接到宽带光源（工作波长 1525～1565nm），输出光纤连接到光谱分析仪以监测其透射光谱变化。电流源仪表（Keithley 2400）提供稳定的直流电。当电流流过导电性和导热性都很好的石墨烯膜层时，会产生大量的热，引起 MCR 长度和其附近等效折射率的变化，从而导致输出光谱上谐振波长的偏移。波长移动量和电流变化的关系曲线如图 4.11（b）所示，在电流升高和降低的过程中，均呈现良好的线性变化趋势，并且不存在往返过程对应数据点的迟滞现象，对电流响应的灵敏度为 67.297μm/A^2。与其他电流类光纤传感器不同的是，该 MCR 电流传感器中未使用金属棒材料，仅仅依靠石墨烯中产生的热量来实现电流检测，不会引起额外的功率损耗，因此，获得了相对较高的电流响应灵敏度。

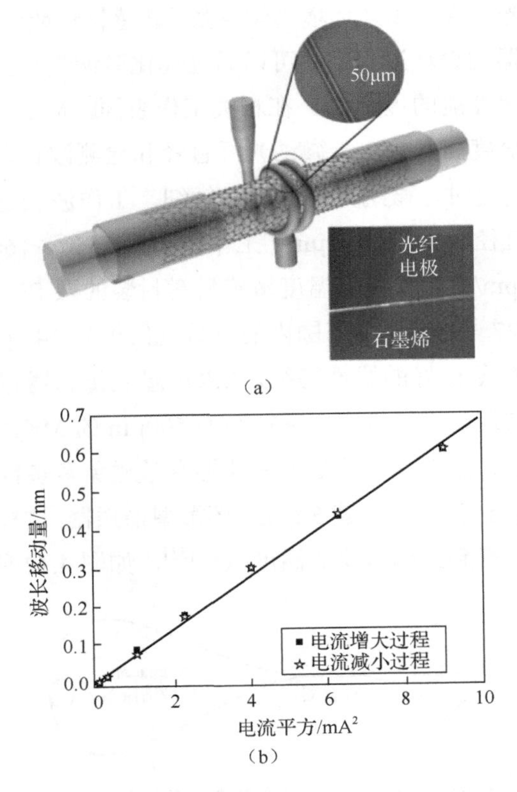

图 4.11 石墨烯基 MCR 电流传感器示意图及电流变化响应曲线[26]

4.3.3 MKR

MKR 是通过将微纳光纤绕成一个环并打结固定来制造的，因此，与 MRR 和 MCR 结构相比，这种结构更稳定，其周长在获得光纤环结构后可以被灵活地调制，但其制造过程相对较为复杂。到目前为止，MKR 传感器的潜在应用已在许多工作中得到了实验验证，在温度、湿度、折射率、电流等参数检测方面表现出了独特的优势[27]。

4.3.3.1 MKR 温度传感器

SiO_2-MKR 可由普通 SMF 制备，并通过环形结构产生回音壁耦合共振模式[28]。结合理论和实验研究可知，MKR 的热效应与其结构参数之间存在物理联系，MKR 热响应特性与微纳光纤直径以及环境光学参数（敏感材料或分析物）密切相关[29]。在 MKR 温度传感器的设计过程中，可以通过优化微纳光纤直径、工作波长和封装工艺等，实现传感性能的提升[30]。在相关工作表面，MKR 温度传感器对海水温度变化的响应灵敏度高低取决于微纳光纤直径和检测波长，当微纳光纤直径在 0.20～4μm 范围内变化时，微纳光纤的直径越细，工作波长越大，对应的温度感应灵敏度更高。当直径为 2.3～3.91μm、工作波长为 1550～1600nm 时，灵敏度可以达到 5.54～22.81pm/℃。无任何温度敏感材料封装的裸 SiO_2-MKR 温度传感器的灵敏度较低，在 27～95℃温度范围内的灵敏度仅仅为 14.5pm/℃[31]，相应的温度传感特性曲线也具备良好的线性特征。MKR 温度传感器也可以通过连接或组合其他光纤结构来实现，例如将两个直径约为 500μm 的 MKR 级联[32]，可以同时测量温度和其他参数，结合差分测量方法能够有效避免多参数之间的交叉敏感。

将 MKR 嵌入 Sagnac 环内构建 Sagnac 环微型谐振器，这样可以将透射型结构变换为反射型结构，得到结构紧凑的温度探头[33]，如图 4.12 所示。

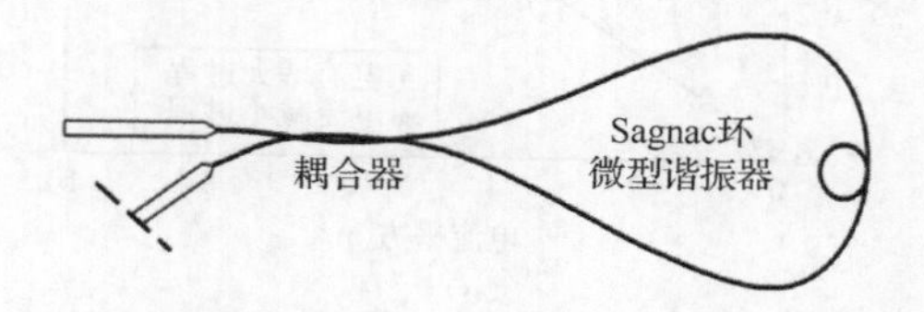

图 4.12　MKR 嵌入 Sagnac 干涉型温度传感探头结构示意图[33]

在这个实验中，除了将 MKR 结构暴露在环境内用于测量温度外，其他与之连接的光纤部件被低折射率聚四氯乙烯覆盖以隔绝环境温度的影响。在 30～130℃，实验获得的温度灵敏度为 20.6pm/℃。由于 MKR 是被直接放置在玻璃基底上，而不是像其他部件一样嵌入聚四氯乙烯中，因此玻璃基底和 SiO_2-MKR 的低热传导率在加热过程中无法产生更高的灵敏度。在这个工作中，干涉相位变化仅通过改变 MKR 环的长度或其周围等效折射率来实现，Sagnac 干涉仪和 MKR 结构的特性并未得到充分应用。

针对 MKR 温度传感器性能的研究，可以衍生两个方面的应用：一方面，需要进一步抑制其温度敏感特性，采用温度不敏感甚至负响应的材料来对 MKR 结构进行封装，进一步降低其温度敏感性能；另一方面，可以借助对环境温度变化敏感的材料，来辅助提升 MKR 温度传感器的响应灵敏度。

对于前者而言，具有温度响应抑制作用的材料被用来封装 MKR，以保证结构的稳定性。例如，在实际应用中，磁场传感器容易受到环境温度波动的影响，使用过程中需要消除其温度漂移效应的影响。可以采用铁磁流体包裹 MKR，来设计温度不敏感的磁场传感器，通过合理的结构设计和封装技术，可以将其温度灵敏度降低到 0.17pm/℃[34]。此外，严格控制微纳光纤的直径也可以一定程度上抑制其热响应性能，也可以通过与其他类型的光纤结构进行组合来实现温度补偿。依靠复合材料结构虽然可以优化传感性能，但仍然需要考虑它带来的一些问题，比如器件制备工艺和信号解调过程复杂，同时没有封装 MKR 结构的稳定性差，使用寿命有限。为了将 MKR 温度传感器应用于商业领域，材料敏感特性及器件封装技术将是未来研究中极具挑战性和意义重大的一个研究方向。

对于后者而言，当将 SiO_2-MKR 结构用于温度传感时，一般需要引入对温度敏感的聚合物材料来有效提升其温度灵敏度。比如，可以采用 PMMA 包覆 SiO_2-MKR 结构，并将其夹持固定在两片 MgF_2 基底间，形成一个简易的温度传感探头[35]，如图 4.13 所示。PMMA 或 MgF_2 的折射率均小于 SiO_2 的折射率，可以借助全反射现象将光信号约束在微纳光纤结构内部。MKR 结构可以通过打结一根光纤来制作，进而采用两个单模微纳光纤锥实现光学耦合。

聚合物封装 MKR 结构的想法早在 2009 年就被提出，最初是通过光刻技术用聚合物膜（一种紫外固化胶，型号 EFIRON-UVF-PC373）涂覆玻璃面板[36]，相应的结构如图 4.14 所示。

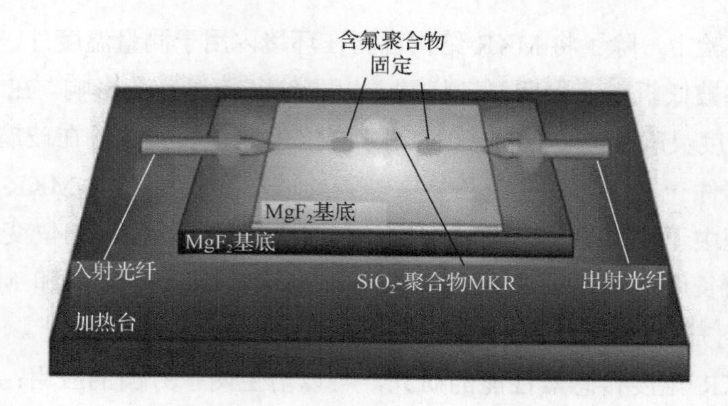

图 4.13　三明治型 MKR 温度探头结构及实验测试平台示意图[35]

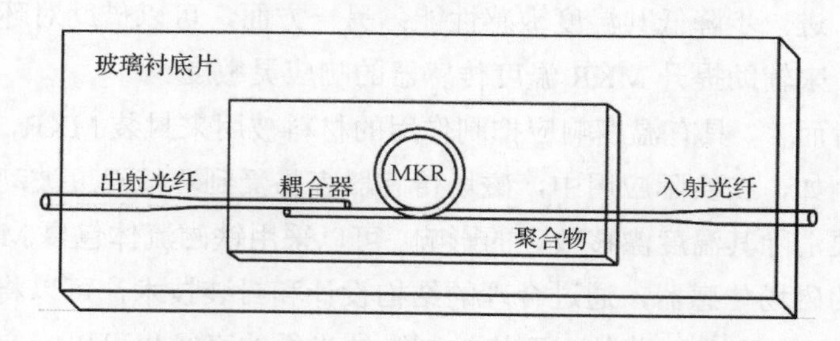

图 4.14　两根 SMF 微纳光纤搭接构建的 MKR 温度传感器示意图[36]

通过操纵微纳光纤的自由端，可以组装微环直径约为 55μm 的 MKR 结构，并将其放置在聚合物基底上。为了消除环境影响并增强 MKR 结构的稳定性，在聚合物基底和 MKR 结构上表面又涂覆了第二层聚合物。当温度从 25℃升高到 140℃时，实验测得的灵敏度为 0.27nm/℃；从 135℃冷却到 25℃时，温度灵敏度为-0.28nm/℃。这个工作提出了一种简单有效的 MKR 制作方法，并在后来许多研究中被采用。虽然，低折射率聚合物材料被引入用于封装 MKR 结构，但它仅被用作保护及封装介质，来提高 MKR 结构和传感探头稳定性，该工作中并未针对封装材料的灵敏度增强特性开展进一步深入研究。

在已报道光纤温度传感技术中，PDMS 由于具有更大的热膨胀系数和热光系数而被广泛采用。最简单的方法是在 MKR 结构表面直接滴涂 PDMS 溶胶，待其固化后用于温度测量。当 PDMS 膜的厚度为 5μm 时，其温度灵敏度为 0.197nm/℃左右[37]。随着温度升高，MKR 的几何结构（取决于材料的热膨胀系数）和微纳光纤的等效折射率（由热光效应引起）均会受到不同程度的影响，从而改变干涉光谱中的光学相位，表现为干涉光谱的整体红移。通过观测单个特征共振峰（谷）

的波长移动趋势和变化量，可以对传感器的性能进行标定。在温度传感过程中，材料及结构的等效折射率、光信号的相位和传播常数都会相应地改变。在结构形貌方面，PDMS 的热膨胀会改变 MKR 的环长度。此外，PDMS 折射率为 1.406，固化后是一种高透明度、高柔韧性的薄膜材料，在很多柔性电学类传感器的研究中也被用作基底材料。

在 PDMS 封装 MKR 结构的基础上也可以引入其他新型的二维平面材料（如石墨烯等），来进一步提高温度传感性能[38]。石墨烯具有独特的原子取向和无隙结构，具有高电子迁移率和单层纳米结构，可以在 PDMS 温度增敏的基础上，有效提高电子和光子的输运效率[39]。为了制作这种器件，可以将直径为 3μm、长度为 3cm 的微纳光纤首先打结形成 MKR 结构，并固定在 MgF_2 基底上[40]，MKR 的两个自由端用耐高温胶带固定在基底上；用于封装 MKR 的膜层材料则是将单层石墨烯从铜箔上剥离并转移到 PDMS 膜上；然后，采用两个 PDMS 石墨烯薄膜将 MKR 紧密包裹，封装为一个直径为 185μm 的紧凑而稳定的三明治结构。该工作中，PDMS 除了作为温度敏感膜外，还充当了微纳光纤与石墨烯之间的过渡膜，使二者紧密接触，提高了器件的稳定性。结合两种材料的优点，提高了温度传感器性能。此处，与石墨烯相比，PDMS 具有更小的热导率，这是影响 PDMS 响应速度的主要因素，可计算为[41]

$$\tau = c\rho i^2 / (2h) \tag{4.1}$$

式中，c 是比热；ρ 是密度；i 是厚度；h 是 PDMS 的导热系数。PDMS 对应的以上 4 个参数的值分别为 1.38J/(g·K)、1.05g/cm^3、0.165mm、0.17W/(m·K)，响应时间为 56ms。在微纳光纤和 PDMS 界面形成的全反射可以降低光传输损耗；PDMS 的导热系数比 SiO_2 微纳光纤高 10 倍，可显著改善温度灵敏度。

综上所述，通过在 MgF_2 或玻璃基底上涂覆低折射率聚合物薄膜，可以保护 MKR 结构，有效提高其稳定性和抗环境波动性。低折射率聚合物膜层虽然会引入一些测量误差，但是相对于温度灵敏度的巨大提升，波动影响极为微弱，所引起的误差在实验允许的范围内。

4.3.3.2　MKR 湿度传感器

由于 SiO_2-MKR 对湿度变化不是非常敏感，它的湿度传感的实现和性能提升必须依靠湿敏材料封装和结构设计。在湿度传感器的性能研究中，一般多用相对湿度来表征湿度变化。PAM 吸收水分子后会发生溶胀，用它封装的 MKR 湿度传感器的干涉光谱会在大约 120ms 内出现明显移动[42]。在 5%RH～71%RH 范围内，湿度灵敏度可以高达 490pm/%RH。通过对比研究纯 SiO_2 和 PMMA 基 MKR 的湿度传感性能，可以直观反映湿敏材料对其传感性能的改善程度[43]。实验结果表明，上述两种 MKR 结构的湿度灵敏度分别约为 1.2pm/%RH 和 8.8pm/%RH，对应的线性工作范围为 15%RH～60%RH 和 17%RH～95%RH。与温度敏感材料不同，湿度敏感材料必须经常与水分子接触。一方面，其微孔结构自动吸附空气中的水分子，改变薄膜的等效折射率；另一方面，吸水后薄膜内水分子的脱吸附性能会直接影响湿度传感器的恢复时间和稳定性，这将成为其实际应用的巨大障碍。多孔半导体和聚合物材料是最常用的湿敏材料，在微型 MKR 湿度传感器的开发中得到了广泛的应用。

多孔结构 TiO_2 对水分子的吸附率较高，能够在室温下轻松收集水蒸气分子。实验表明，TiO_2 纳米粒子涂层可以显著提升 SiO_2-MKR 的湿敏性能[44]，可以将其湿度灵敏度从 1.3pm/%RH 提高到 2.5pm/%RH。这主要是因为纳米粒子提供了较大的比表面积，提高了收集微量水分子的能力。GO 的二维结构和大表面积使其能够高灵敏地感知周围环境[45]，将其作为涂层引入 MKR 传感器，可以有效改善湿度传感器的传感性能，推动其在气候监测和水汽分布等方面的潜在传感应用。

Nafion 具有高亲水性、热稳定性、高导电性、机械韧性、低折射率和高附着力等优点，是一种很有前途的湿度敏感材料。不同于空气环境内湿度传感应用，在水环境下对湿度的测量难度更大。2014 年，Gouveia 等[46]使用 Nafion 作为 MKR 的涂层提出了一种嵌入式 MKR 湿度传感器，并研究了其在水环境中的湿度传感特性，通过实验得出了低湿度环境和高湿度环境下的湿度特性。在 30%RH～45%RH 的低湿度区域，在湿度增加和降低过程中对应的灵敏度分别约为 0.11nm/%RH 和 0.08nm/%RH；在 40%RH～75%RH 的高湿度区域，灵敏度分别约为 0.29nm/%RH 和 0.26nm/%RH。实验过程中，还观察到了约 1.9nm 的湿滞现象。不同的湿度灵敏度和响应滞后性都取决于 Nafion 的材料的自身特性，例如在高干燥和高湿度环境的临界条件下，Nafion 表现出了膨胀滞后性和异常吸水性。

对于敏感材料，亲水材料可以通过吸收水分子来显著地改变微纳光纤的几何结构形态，应根据工作环境要求进行选择，同时考虑材料的成本和使用寿命[47]。

在选择封装或涂层薄膜材料时，除了折射率差和亲水性外，所选材料与基材之间的良好兼容性也可以有效提高湿度传感器的稳定性和使用寿命。此外，一些特种材料制备的微纳光纤或新技术也可以用于丰富 MKR 湿度传感器的研究内容[48]。

4.3.3.3　MKR 折射率传感器

光纤传感器的工作原理是建立其等效折射率与光信号的功率、相位和传输时间之间的关系。折射率传感特性可以反映光纤传感器的光学传感性能，也是检测具体参数的理论基础。通过光纤表面的功能化和敏感材料的改性，可以发展多种多功能的物理和生化传感器。MKR 折射率传感器是一种非常典型的光纤谐振器。

不同于上述典型温度和湿度传感机理，干涉光相位的变化主要依靠 MKR 直径的改变来实现，MKR 折射率传感器主要依靠 MKR 结构周围环境等效折射率的改变来影响干涉相位变化。因此，光学倏逝场需要与待测环境（一般为气体或液体）充分接触，MKR 结构不能完全固化封装。为了将光信号引导到光纤表面，可以通过氢氟酸腐蚀多模光纤来构建 MKR 结构。MKR 结构的结形耦合区被氢氟酸腐蚀，取代了传统的熔融加热和锥形拉伸工艺。化学蚀刻方法使光纤芯暴露以产生光学倏逝场，其中光纤直径由蚀刻时间精确控制。该工艺制造成本低，可根据光纤中杂质粒子的类型和分布特点灵活调整。然而，这种光纤的表面质量比热熔光纤差，从而导致光信号散射。也可以在 MKR 结构表面浸涂一层薄膜聚合物，起到固定 MKR 结构的作用，同时保证微纳光纤内的倏逝场可以穿透该薄膜感应环境折射率变化[49]。浸涂过程分为三个步骤。首先，将 MKR 浸入聚四氟乙烯溶液中，使其完全润湿；其次，湿 MKR 在 50℃下干燥 10min；最后，溶剂蒸发后，在微纳光纤表面得到均匀厚度的聚四氟乙烯薄膜。由于微纳光纤上的液体在光纤表面存在一定程度的黏性（取决于聚合物溶胶的黏度和浓度等），可以通过控制提拉镀膜时的提升速度来精确控制膜层厚度。

MKR 折射率传感器的结构类型丰富多样。可以将极细直径的微纳光纤（直径 1.3μm）直接打结获得 MKR 结构，微纳光纤周围的强光学倏逝场对附近折射率的变化极为敏感，可用于测定 0.6～1.2mg/dL 的极低浓度分析物的存在[50]。此类微纳光纤的直径比拟光学工作波长，一方面保证了 MKR 结形区域高效和低损耗的光学耦合效果，另一方面也为微纳光纤与平面型波导的集成提供了便利。在对传感器体积和灵敏度要求不高的场合，可以适当增大 MKR 结构的尺寸，以大大地降低制造难度。一个 MKR 结构的环直径可以大到数毫米，在 1.3735～1.428 的工作范围内，折射率灵敏度仍然可以达到(642±29)nm/RIU，对应分辨力为 0.009RIU[51]。大尺寸 MKR 的制造难度大大降低，适当增大 MKR 结构尺寸已成为将 MKR 类传感器推向实用化的一个重要途径。

基于游标效应的级联 MKR 器件，是利用微纳光纤的高比率倏逝场和游标效应的光谱放大功能来提高折射率传感灵敏度和检测分辨力。结构紧凑级联 MKR 的最低折射率检测限可以达到 1.533×10^{-7}RIU[52]。级联结构大大提高了 MKR 传感器的灵敏度，但制造工艺复杂，实现的技术难度较高。将光纤的柔性微纳操作与二维微盘结构的精确设计相结合，可以提高级联 MKR 的制作重复性和结构稳定性。级联结构还可以进一步扩展光纤传感器的功能，实现对多个参数的同时传感，例如，基于 MKR 和突变锥的 Mach-Zehnder 干涉仪的紧凑复合结构，具备优异的温度和折射率传感性能[53]。通过同时解析两组干涉光谱特征分量，可以对不同的测量参数进行标定和测量。基于相同或不同光纤结构的级联结构充分利用了光纤的光学传感特性，可用于设计多参数传感器和多点分布式传感器。

MKR 折射率传感器的结构可以灵活地设计，基于单个 MKR 结构的器件对实验设备要求较低，实际操作相对简便，但灵敏度相对较低；双 MKR 或含有 MKR 的其他复合结构可以非常有效地提高灵敏度，或者实现对多参数同时测量，但是解调算法和过程相对复杂，对制作装备和人员技术水平要求也更高。在实际的器件设计过程中，有必要根据传感器的应用需求和环境特点选择合适的结构。

4.3.3.4 MKR 电流传感器

光纤不能用于传输电流，因此 MKR 电流传感器的结构相对简单，主要依靠金属和其他换能材料将电流信号转换为温度等易测参数来间接实现对电流强度的测量。例如，可以将铜线缠绕在 MKR 结构上，利用直流电流经铜导线产生的温度变化来获得电流值[54]，MKR 透射光谱上特征波长的移动量与温度变化呈近似线性关系。由于热能和电能守恒，并与导线中电流的平方（I^2）成正比，因此可以建立波长移动量与 I^2 的线性关系，对应电流响应灵敏度为 51.3pm/A^2。也可以将铜线与 MKR 的环形结构平行放置并固化封装来设计电流传感器[55]。与上一个传感机理类似，MKR 结构被流动电流加热，导致共振波长位移。该 MKR 电流传感器本质上也是一个温度传感器，通过金属线完成温度和电流之间的能量转换，电流灵敏度为 90pm/A^2，具有线性变化特性。这也启发我们，通过在同一种光纤结构中引入新型的换能结构或材料，可以建立新型的间接传感机制，有效拓展特定光纤传感器的应用范围，通过被测参数之间的物理或化学转换，探索对难测参数的间接检测。以上提到的两种 MKR 电流传感器中都需要铜线辅助，但后一种方法中，铜线和 MKR 结构的相对位置改变，导致等效折射率和共振波长的变化更明显。当然，固化封装工艺的优化，除了可以提高光纤结构的稳定性和强度外，也对传感性能的提升有所贡献。

除了导线辅助方法外，还可将磁性流体涂覆在 MKR 上，以通过间接感知直导线内直流电产生的磁场变化建立干涉光谱信号与电流强度的物理联系[56]。在这种结构中，MKR 被聚四氟乙烯薄膜覆盖，而后放置在 MgF_2 基底上，并插入到充满磁性流体的小空腔中。该 MKR 电流传感器将电流变化转化为磁场，并作用于磁性流体，调节其折射率。在这里，必须严格控制电场（直导线、直流电）和磁场的方向（均匀环形磁场），使磁流体构建的折射率分布场稳定变化，达到最理想的传感效果。该探头可以检测 50Hz 正弦波电流信号和上升时间为 2.5μs 的脉冲电流信号，对应检测限为 10A，光谱干涉相位与电流强度呈近似线性关系。由于磁流体的光学参数不受环境温度和应力的影响，因此该传感器具有较高的可靠性和准确性。

4.3.3.5 其他 MKR 传感器

近年来，基于 MKR 的传感器被广泛用于检测气体、紫外线、磁场、压力、加速度等。相应传感探头的制作工艺及性能优化方法与上述工作类似，例如，添加功能化的聚合物涂层、引入新型的零维或二维功能材料和开发复合型的材料或结构来不断提高其传感性能。

1. MKR 气体传感器

在钯涂层 MKR 结构中，光信号不断在微纳光纤环形结构中循环和谐振可以显著积累氢-钯相互作用效果[57]，提高 H_2 检测灵敏度。在 MKR 表面沉积 V，可以实现对极低浓度 NH_3 和 CO 的检测[58]。当浓度小于 150μL/L 时，检测 NH_3 的灵敏度约为 0.35pm/(μL/L)，检测 CO 的灵敏度约为 0.17pm/(μL/L)。进一步，在 GO 上添加一些特殊的金属纳米粒子作为催化剂，如钯或铂纳米粒子，灵敏度可以获得更大的提高。选择性在复杂组分气体识别和分析中极为重要，高选择性气体传感器，可以借助具备分子或化学键指纹特征的分子吸收光谱技术，以及半导体材料的特异性吸收和催化性能来实现。基于各种紧凑型结构和新型敏感材料的光纤气体传感器，在狭小空间、强电磁干扰和有毒有害环境中，具有巨大的应用潜力。本书也将在后续安排专门的章节讨论实用化光纤气体传感器的研究进展及发展趋势。

2. MKR 磁场传感器

将磁流体填充到密封电池中，并在 MKR 的耦合区覆盖上聚合物，即可以完成一个复合型 MKR 磁场传感探头，对磁场变化的响应灵敏度为 9.09pm/mT[59]。相对于具备环形结构的 Sagnac 光纤干涉仪，同样是被磁流体封装在毛细管中，MKR 展现了更为优异的磁场响应灵敏度[60]，二者的磁灵敏度分别为 171.8pm/Oe（1Oe=1Gb/cm=79.5775A/m）和 19.4pm/Oe。当前，多数光纤类磁场传感器的实现均是基于磁流体的折射率调制特性实现的，由于本身为液体形态，此类探头结构复杂且不稳定。空芯光纤或空芯微结构光纤的引入有助于开发更紧凑、稳定的磁场探头，相关工作可以参考作者课题组的相关论文。

3. MKR 紫外线传感器

当直径为 1mm 的 MKR 制作完成后，在其表面涂覆一层 PANI 薄膜，可以通过波长解调实现对紫外线强度的检测，线性工作范围内的响应灵敏度为 6.61nm/(W/cm)[61]。与传统紫外探测器相比，MKR 紫外线传感器具有抗电磁干扰、体积小、物理灵活性好、制造工艺简单等优点。镱元素掺杂的 MKR 在紫外光照射下产生可见荧光，继而在其表面涂覆二硫化钨纳米片可以完成一款紫外线 MKR 传感器[62]，对应灵敏度高达约 0.4dB/mW，平均响应时间约为 1.2s。在实际应用和未来发展方面，功能性聚合物基柔性光纤和超细光纤更容易集成到织物和其他可穿戴设备中，用于实现对光学环境污染和内部机械应力变化的实时监测。

4. MKR 机电系统集成传感器

基于 MKR 的微型光电系统加速度计首次被装配到微机电系统，实现了对系统振动的实时监测[63]。MKR 透射光谱的共振波长位置会随加速度变化而移动，响应灵敏度为 29pm/g。这些 MKR 装置也广泛应用于通信领域。图 4.15 是基于 MKR 和 Mach-Zehnder 干涉仪的复合结构示意图和光学显微镜照片[64]。

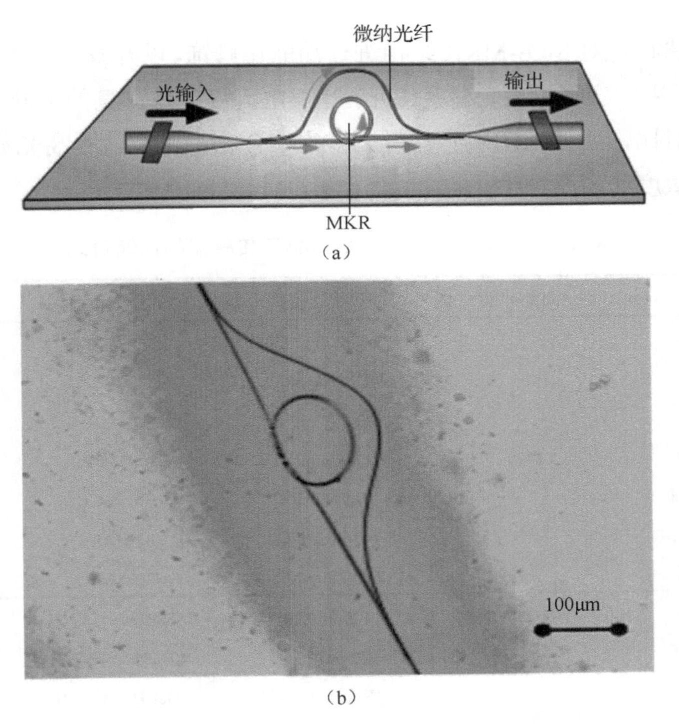

（a）

（b）

图 4.15　MKR/Mach-Zehnder 干涉仪复合结构示意图和光学显微镜照片[64]

与普通 Mach-Zehnder 干涉仪相比，MKR/Mach-Zehnder 干涉仪复合结构的品质因子更高，并且可以通过优化干涉仪臂长差值或环间耦合距离来改善其光学及传感性能。基于 SPR 效应的复合型 MKR 还可用于测量物体重量[65]，该器件的基底表面先后用金纳米薄膜修饰和 PDMS 封装，品质因子大于 47000，灵敏度为 9.34pm/kPa，高于大多数传统意义的压力传感器。基于 MKR 结构的微环长度和等效折射率变化，还可以测量弯曲度[66]，实验灵敏度和理论分辨力分别为 3.04nm/m 和 $3.29\times10^{-3}m^{-1}$。

5. MKR 光子器件和传感器

MKR 的结构稳定性好、兼容性强，有望用于开发各种类型的全光器件（如调制器、偏振器、滤波器或传感器）。2016 年，Xu 等[67]从理论和实验上验证了平行 MKR 结构内具备较大群延迟的慢光特性，使用的是 3.35GHz 脉冲信号。该器件在光存储、量子通信等领域具有广阔的应用前景。

一般来说，制备 MKR 的光纤材料是 SiO_2，因为其制造工艺成熟且成本低。

用不同的敏感材料对 SiO_2-MKR 结构进行功能化修饰，以开发不同类型的传感器。表 4.2 列出了用于实现温度、湿度、折射率、电流等参数测量的不同 MKR 结构传感器的性能对比，所使用的敏感材料大多为聚合物，可有效提高光纤传感探头的柔韧性、灵敏度和耐腐蚀性。

表 4.2　不同材料修饰 SiO_2-MKR 传感器的性能对比

修饰材料	测量对象	灵敏度	工作范围	参考文献
紫外固化胶	温度	0.27nm/℃	25～140℃	[29]
PMMA		约 266pm/℃	20～80℃	[30]
PDMS		0.197nm/℃	—	[31]
聚氯乙烯		20.6pm/℃	30～130℃	[32]
PDMS/石墨烯		0.544dB/℃	30～60℃	[34]
PDMS		24.6nm/℃	32～45℃	[38]
甘油		约 230pm/℃	20～60℃	[39]
PAM	湿度	490pm/%RH	5%RH～71%RH	[42]
TiO_2 纳米粒子		2.5pm/%RH	40%RH～95%RH	[44]
GO		约 10pm/%RH	0%RH～80%RH	[45]
Nafion		约 0.3nm/%RH	40%RH～75%RH	[46]
PVA		约 0.87nm/%RH	20%RH～80%RH	[47]
PVA		−0.99μm/%RH	35%RH～80%RH	[48]
特氟龙	折射率	约 31nm/RIU	1.3322～1.3412	[49]
PTT		95.5nm/RIU	1.39～1.41	[50]
铜导线（盘绕）	电流	51.3pm/A^2	0～2A	[52]
铜导线（贴附）		90pm/A^2	0～2A	[55]
磁流体		约 2.25mV/A	0～2000A	[56]
Pb 纳米粒子	H_2	约 0.44nm/(mL/L)	0～91mL/L	[57]
GO	CO/NH_3	0.17～0.35pm/(μL/L)	0～400μL/L	[58]
磁流体	磁场	9.09pm/mT	0～22mT	[59]
磁流体		171.8pm/Oe	0～240Oe	[60]
PANI	紫外线	6.61nm/(W/cm)	10～22.5mW/cm^2	[61]
硫化钨纳米片		约 0.4dB/mW	0～23.6mW	[62]
紫外固化胶	加速度	0.029nm/g	0～25g	[63]
金膜/PDMS	重量	9.34pm/kPa	0～42kPa	[65]
胶封/不锈钢片	弯曲	3.04nm/m	0～0.15m^{-1}	[66]

与其他常用的微纳光纤谐振器相比，MKR 结构具有高稳定性和低成本。然而，MKR 的耦合区必须仔细地封装，以确保光信号的稳定传输。相应的封装材料主要是聚合物材料，并掺杂了新型功能纳米材料，以提高传感器器件的灵敏度和选择性。纳米粒子具有超高比表面积，有效提高了传感器的灵敏度，基于二维材料的三明治型加持封装的 MKR 更容易集成到可穿戴设备中，过渡换能材料可以实现不同参数的有效转换，扩展了传感器的应用领域，如通过温度变化监测设计电流传感器等，MKR 与其他类型光纤结构的级联或复合为多参数阵列传感器的发展提供了参考，各种新型特种材料或结构光纤的出现也将极大地优化 MKR 传感器的结构设计和传感性能。

由于高灵敏度、高分辨力和快速响应，MKR 传感器近年来在理论和实验上都取得了很大的进展，未来会有更多的突破。尽管已经有许多实验模型和结构被验证，但 MKR 结构也存在一些缺陷无法完全克服：由于光纤直径较细，MKR 结构很脆弱。微纳光纤的保存、MKR 的表面封装、封装后结构的稳定性将对实际使用产生影响。为了制备灵敏度更高、实用性更好的 MKR，未来的研究重点应放在优化制备工艺、提高结构稳定性、采用合适的敏感材料和封装形式上。为了制备具有更高稳定性或重复性的 MKR 传感器，并为其未来的应用铺平道路，需要采用新技术制备更稳定、更均匀的微纳光纤。

4.4 本 章 小 结

本章介绍了多种微纳光纤谐振器的结构形式、制备方法、工作原理及应用方向；分析和讨论了各种微纳光纤谐振器的优缺点，包括损耗、制造误差和外部干扰等一些不可预测的问题对此类光纤器件性能的影响规律；预测了微纳光纤谐振器传感器未来的研究方向。

近年来，研究人员在针对微纳光纤谐振器等典型的微纳光纤及其相关结构的制作和封装方面都取得了重大突破。在陆续报道的大量理论和实验工作中，研究人员不断探索将微纳光纤谐振器应用在物理参数、生物分子浓度、化学反应产物的实时监测中。研究人员已经提出了许多基于微纳光纤谐振器的不同传感结构，并开展了相应的实验验证，相关器件也表现出了体积小、灵敏度高、响应快、选择性高、检测限低等优点。我们有理由相信，这种结构紧凑的器件在光学传感器领域的应用将吸引不同领域学者更广泛的研究兴趣。

尽管微纳光纤谐振器传感器在实验室表现出了优异的传感性能，然而它们在迈向商业应用的道路上仍然面临巨大挑战。首先，当前制作工艺很难精确控制并灵活调节微纳光纤自身的尺寸和径向的均匀性。在制备、转移、二次结构设计和传感特性研究等过程中，微纳光纤极其容易被损坏或污染，从而影响其传感性能，这也成为微纳光纤谐振器设计和优化的技术限制。其次，微纳光纤依靠其外部局限的强烈倏逝场可以敏感地感知环境参数的变化，但不可否认对环境的高敏感特性是一把双刃剑，多种因素也将对测量准确性造成不同程度的影响。至今也未出现特别有效的解决方案，一般可以通过多参数影响规律分析、解调算法优化和传感探头封装工艺的改进等手段来减弱相关不利影响。

参考文献

[1] Gai L T, Li J, Zhao Y. Preparation and application of microfiber resonant ring sensors: A review[J]. Optics and Laser Technology, 2017, 89: 126-136.

[2] Dang H T, Chen M S, Li J, et al. Sensing performance improvement of resonating sensors based on knotting micro/nanofibers: A review[J]. Measurement, 2021, 170: 108706.

[3] Wu X Q, Tong L M. Optical microfibers and nanofibers[J]. Nanophotonics, 2013, 2(5-6): 407-428.

[4] Xu F, Horak P, Brambilla G. Optical microfiber coil resonator refractometric sensor[J]. Optics Express, 2007, 15(12): 7888-7893.

[5] Lim K S, Harun S W, Jasim A A, et al. Fabrication of microfiber loop resonator-based comb filter[J]. Microwave and Optical Technology Letters, 2011, 53(5): 1119-1121.

[6] Xu F, Pruneri V, Finazzi V, et al. An embedded optical nanowire loop resonator refractometric sensor[J]. Optics Express, 2008, 16(2): 1062-1067.

[7] Jali M H, Rahim H R A, Johari M A M, et al. Optical microfiber sensor: A review[C]. Journal of Physics: Conference Series. IOP Publishing, 2021: 012021.

[8] Xu Y P, Ren L Y, Liang J, et al. A simple, polymer-microfiber-assisted approach to fabricating the silica microfiber knot resonator[J]. Optics Communications, 2014, 321: 157-161.

[9] Lorenzi R, Jung Y, Brambilla G. In-line absorption sensor based on coiled optical microfiber[J]. Applied Physics Letters, 2011, 98(17): 173504.

[10] Hsieh Y C, Peng T S, Wang L A. Millimeter-sized microfiber coil resonators with enhanced quality factors by increasing coil numbers[J]. IEEE Photonics Technology Letters, 2012, 24(7): 569-571.

[11] Chen G Y, Ding M, Newson T, et al. A review of microfiber and nanofiber based optical sensors[J]. The Open Optics Journal, 2013, 7(1): 32-57.

[12] Zhang L, Lou J Y, Tong L M. Micro/nanofiber optical sensors[J]. Photonic Sensors, 2011, 1(1): 31-42.

[13] Caspar C, Bachus E J. Fibre-optic micro-ring-resonator with 2mm diameter[J]. Electronics Letters, 1989, 25(22): 1506-1508.

[14] Sumetsky M, Dulashko Y, Fini J M, et al. Optical microfiber loop resonator[J]. Applied Physics Letters, 2005, 86(16): 161108.

[15] Shi L, Xu Y H, Tan W, et al. Simulation of optical microfiber loop resonators for ambient refractive index sensing[J]. Sensors, 2007, 7(5): 689-696.

[16] Wang S S, Wang J, Li G X, et al. Modeling optical microfiber loops for seawater sensing[J]. Applied Optics, 2012, 51(15): 3017-3023.

[17] Ahmad H, Rahman M T, Sakeh S N A, et al. Humidity sensor based on microfiber resonator with reduced graphene oxide[J]. Optik, 2016, 127(5): 3158-3161.

[18] Harun S W, Lim K S, Damanhuri S S A, et al. Microfiber loop resonator based temperature sensor[J]. Journal of the European Optical Society-Rapid Publications, 2011, 6: 11026.

[19] Sun L P, Li J, Tan Y Z, et al. Miniature highly-birefringent microfiber loop with extremely-high refractive index sensitivity[J]. Optics Express, 2012, 20(9): 10180-10185.

[20] Xu F, Brambilla G. Embedding optical microfiber coil resonators in Teflon[J]. Optics Letters, 2007, 32(15): 2164-2166.

[21] Guo X, Tong L M. Supported microfiber loops for optical sensing[J]. Optics Express, 2008, 16(19): 14429-14434.

[22] Hu Z F, Li W, Ma Y G, et al. General approach to splicing optical microfibers via polymer nanowires[J]. Optics Letters, 2012, 37(21): 4383-4385.

[23] Liu Q, Chen Y. PMMA-rod-assisted temperature sensor based on a two-turn thick-microfiber resonator[J]. Journal of Modern Optics, 2016, 63(2): 159-163.

[24] Chen G Y, Brambilla G, Newson T P. Inspection of electrical wires for insulation faults and current surges using sliding temperature sensor based on optical Microfibre coil resonator[J]. Electronics Letters, 2013, 49(1): 46-47.

[25] Xie X D, Li J, Sun L P, et al. A high-sensitivity current sensor utilizing CrNi wire and microfiber coils[J]. Sensors, 2014, 14(5): 8423-8429.

[26] Yan S C, Zheng B C, Chen J H, et al. Optical electrical current sensor utilizing a graphene-microfiber-integrated coil resonator[J]. Applied Physics Letters, 2015, 107(5): 053502.
[27] Luo W, Chen Y, Xu F. Recent progress in microfiber-optic sensors[J]. Photonic Sensors, 2021, 11(1): 45-68.
[28] Talataisong W, Ismaeel R, Brambilla G. A review of microfiber-based temperature sensors[J]. Sensors, 2018, 18(2): 461.
[29] Li X L, Ding H. Temperature insensitive magnetic field sensor based on ferrofluid clad microfiber resonator[J]. IEEE Photonics Technology Letters, 2014, 26(24): 2426-2429.
[30] Li X L, Ding H. Investigation of the thermal properties of optical microfiber knot resonators[J]. Instrumentation Science & Technology, 2013, 41(3): 224-235.
[31] Yang H J, Wang S S, Wang X, et al. Temperature sensing in seawater based on microfiber knot resonator[J]. Sensors, 2014, 14(10): 18515-18525.
[32] Ahmad H, Zulkhairi A S, Azzuhri S R. Temperature sensor and fiber laser based on optical microfiber knot resonator[J]. Optik, 2018, 154: 294-302.
[33] Lim K S, Aryanfar I, Chong W Y, et al. Integrated microfibre device for refractive index and temperature sensing[J]. Sensors, 2012, 12(9): 11782-11789.
[34] Wu Y, Jia L, Zhang T H, et al. Microscopic multi-point temperature sensing based on microfiber double-knot resonators[J]. Optics Communications, 2012, 285(8): 2218-2222.
[35] Wu Y, Rao Y J, Chen Y H, et al. Miniature fiber-optic temperature sensors based on silica/polymer microfiber knot resonators[J]. Optics Express, 2009, 17(20): 18142-18147.
[36] Zeng X, Wu Y, Hou C L, et al. A temperature sensor based on optical microfiber knot resonator[J]. Optics Communications, 2009, 282(18): 3817-3819.
[37] Yang H J, Wang S S, Mao K N, et al. Numerical calculation of seawater temperature sensing based on polydimethylsiloxane-coated microfiber knot resonator[J]. Optics and Photonics Journal, 2014, 4: 91-97.
[38] Sun X H, Sun Q Z, Jia W H, et al. Graphene coated microfiber for temperature sensor[C]. International Photonics and OptoElectronics Meetings. Optical Society of America, 2014: FF4B. 3.
[39] Yao B C, Wu Y, Zhang A Q, et al. Graphene enhanced evanescent field in microfiber multimode interferometer for highly sensitive gas sensing[J]. Optics Express, 2014, 22(23): 28154-28162.
[40] Wang M Q, Li D, Wang R D, et al. PDMS-assisted graphene microfiber ring resonator for temperature sensor[J]. Optical and Quantum Electronics, 2018, 50(3): 132-134.
[41] Yi P, Awang R A, Rowe W S T, et al. PDMS nanocomposites for heat transfer enhancement in microfluidic platforms[J]. Lab on a Chip, 2014, 14(17): 3419-3426.

[42] Wang P, Gu F X, Zhang L, et al. Polymer microfiber rings for high-sensitivity optical humidity sensing[J]. Applied Optics, 2011, 50(31): G7-G10.

[43] Wu Y, Zhang T H, Rao Y J, et al. Miniature interferometric humidity sensors based on silica/polymer microfiber knot resonators[J]. Sensors and Actuators B: Chemical, 2011, 155(1): 258-263.

[44] Faruki M J, Ab Razak M Z, Azzuhri S R, et al. Effect of titanium dioxide (TiO_2) nanoparticle coating on the detection performance of microfiber knot resonator sensors for relative humidity measurement[J]. Materials Express, 2016, 6(6): 501-508.

[45] Azzuhri S R, Amiri I S, Zulkhairi A S, et al. Application of graphene oxide based Microfiber-Knot resonator for relative humidity sensing[J]. Results in Physics, 2018, 9: 1572-1577.

[46] Gouveia M A, Pellegrini P E S, Dos Santos J S, et al. Analysis of immersed silica optical microfiber knot resonator and its application as a moisture sensor[J]. Applied Optics, 2014, 53(31): 7454-7461.

[47] Shin J C, Yoon M S, Han Y G. Relative humidity sensor based on an optical microfiber knot resonator with a polyvinyl alcohol overlay[J]. Journal of Lightwave Technology, 2016, 34(19): 4511-4515.

[48] Le A D D, Han Y G. Relative humidity sensor based on a few-mode microfiber knot resonator by mitigating the group index difference of a few-mode microfiber[J]. Journal of Lightwave Technology, 2018, 36(4): 904-909.

[49] Li X L, Ding H. A stable evanescent field-based microfiber knot resonator refractive index sensor[J]. IEEE Photonics Technology Letters, 2014, 26(16): 1625-1628.

[50] Yu H Q, Xiong L B, Chen Z H, et al. Solution concentration and refractive index sensing based on polymer microfiber knot resonator[J]. Applied Physics Express, 2014, 7(2): 022501.

[51] Gomes A D, Frazão O. Mach-Zehnder based on large knot fiber resonator for refractive index measurement[J]. IEEE Photonics Technology Letters, 2016, 28(12): 1279-1281.

[52] Jiang X S, Yang Q, Vienne G, et al. Demonstration of microfiber knot laser[J]. Applied Physics Letters, 2006, 89(14): 143513.

[53] Gomes A D, Frazão O. Microfiber knot with taper interferometer for temperature and refractive index discrimination[J]. IEEE Photonics Technology Letters, 2017, 29(18): 1517-1520.

[54] Lim K S, Harun S W, Damanhuri S S A, et al. Current sensor based on microfiber knot resonator[J]. Sensors and Actuators A: Physical, 2011, 167(1): 60-62.

[55] Sulaiman A, Harun S W, Desa J M, et al. Demonstration of DC current sensing through microfiber knot resonator[C]. 10th IEEE International Conference on Semiconductor Electronics (ICSE). IEEE, 2012: 378-380.

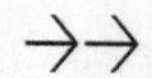

[56] Li X L, Lü F X, Wu Z Y, et al. An all-fiber current sensor based on magnetic fluid clad microfiber knot resonator[J]. International Journal on Smart Sensing and Intelligent Systems, 2020, 7(5): 1-4.

[57] Wu X, Gu F X, Zeng H P. Palladium-coated silica microfiber knots for enhanced hydrogen sensing[J]. IEEE Photonics Technology Letters, 2015, 27(11): 1228-1231.

[58] Yu C B, Wu Y, Liu X L, et al. Graphene oxide deposited microfiber knot resonator for gas sensing[J]. Optical Materials Express, 2016, 6(3): 727-733.

[59] Li X L, Ding H, Han C Y. A novel magnetic field sensor based on the combination use of microfiber knot resonator and magnetic fluid[C]. IEEE International Conference on Condition Monitoring and Diagnosis. IEEE, 2012: 111-113.

[60] Pu S L, Mao L M, Yao T J, et al. Microfiber coupling structures for magnetic field sensing with enhanced sensitivity[J]. IEEE Sensors Journal, 2017, 17(18): 5857-5861.

[61] Lim K S, Chiam Y S, Phang S W, et al. A polyaniline-coated integrated microfiber resonator for UV detection[J]. IEEE Sensors Journal, 2013, 13(5): 2020-2025.

[62] Chen G W, Zhang Z J, Wang X L, et al. Highly sensitive all-optical control of light in WS_2 coated microfiber knot resonator[J]. Optics Express, 2018, 26(21): 27650-27658.

[63] Wu Y, Zeng X, Rao Y J, et al. MOEMS accelerometer based on microfiber knot resonator[J]. IEEE Photonics Technology Letters, 2009, 21(20): 1547-1549.

[64] Chen Y H, Wu Y, Rao Y J, et al. Hybrid Mach-Zehnder interferometer and knot resonator based on silica microfibers[J]. Optics Communications, 2010, 283(14): 2953-2956.

[65] Li J H, Xu F, Ruan Y P. A hybrid plasmonic microfiber knot resonator and mechanical applications[C]. 16th International Conference on Optical Communications and Networks (ICOCN). IEEE, 2017: 1-3.

[66] Dass S, Jha R. Square knot resonator-based compact bending sensor[J]. IEEE Photonics Technology Letters, 2018, 30(18): 1649-1652.

[67] Xu Y P, Ren L Y, Ma C J, et al. Slow light and fast light in microfiber double-knot resonator with a parallel structure[J]. Applied Optics, 2016, 55(30): 8612-8617.

5　金属纳米粒子修饰微纳光纤传感器

5.1　概　　述

近年来，SPR 光纤传感器受到国内外学者的广泛关注，主要是因为有望借助金属纳米结构表面的光子与自由电子耦合谐振增强效应来克服光学衍射极限，在更小尺寸结构上实现光信号的有效传输，从而研制新型光子芯片和传感器。同时，SPR 与光纤的结合促进了高性能紧凑型微探针的发展，以及光纤与平面波导的集成。相比于连续分布纳米厚度金属薄膜界面激发的长程表面等离子体共振，纳米尺度金属粒子表面的入射光可以激发 LSPR 效应，产生局域增强光场，即光学热点。金属纳米粒子修饰光纤 LSPR 传感器灵敏度高，结构紧凑，可实现物理参数、环境参数（温度、湿度）、生化参数（pH、气液浓度、蛋白质分子、病毒）的实时监测。本章将带领读者一起探讨金属纳米粒子改性微纳光纤传感探头的制备与应用，并对其未来发展进行展望。最后，结合作者近年来的相关研究工作，从实验细节、数据分析和研究方向上进行剖析。本章主要内容参考了作者 2020 年在 *Sensors* 期刊上发表的综述文章[1]。

5.2　SPR 光纤传感器技术发展现状

SPR 是指当光入射到金属-电介质界面上时，光子引起金属表面上自由电子的振荡，并且沿着金属界面的光波的波矢分量与 SPR 的波矢匹配的现象。在振荡过程中，光波的能量被转换为自由电子的振荡能量，导致光场强度的强烈衰减，在反射或透射光谱的共振波长位置出现明显的吸收峰。根据 SPR 波的传输距离或光场分布，SPR 分为长程表面等离子体共振和 LSPR。长程表面等离子体共振存在于金属微纳米结构中，包括二维、三维结构和金属微纳米线的表面[2]。这种 SPR 波通常沿特定方向传播，并沿界面具有一定的线性传输长度。它可用于全光信号调制、成像和生化传感。LSPR 存在于具有各种形貌的金属纳米粒子表面，这些纳米粒子可以是球形、椭球形，甚至是随机形状。这种类型的 SPR 波仅限于金属纳米粒子表面，在其周围形成一个倏逝场，因此 LSPR 对周围环境非常敏感，主要用于检测和筛选生物分子和活细胞、生化反应过程监测、生物表面分析和处理。

对于一个典型的 SPR 光纤传感器，它的传感部分一般是通过对光纤本身的微纳米结构进行改进来实现，例如使用具有纳米厚度的金属膜或金属纳米阵列作为传感层来代替光纤的涂覆层，或者在光纤探针的端面修饰金属微纳米结构，即涂覆纳米尺寸的贵金属层（一般为聚合物分散的金属纳米粒子或胶体）或刻蚀金属纳米结构（电子束刻蚀、聚焦离子束刻蚀或纳米压印方法），以上包含金属微纳米结构的光纤表面就可以作为 SPR 光纤传感器的传感部分。这些新结构类型的提出和实现，得益于化学或物理领域中金属涂层技术和微纳米结构加工技术的进步，是跨学科领域和多学科相互促进发展的结果。在传感测量过程中，光纤的传感部分会与被测对象直接接触，并将其相关变化信息转换为光纤中透射光或反射光信号的变化来实现传感的目的。由单金属纳米粒子、纳米粒子对和金属纳米粒子阵列等金属微纳米结构所产生 LSPR 的局部光场增强，可以有效提高 SPR 传感器和全光器件的灵敏度、选择性、空间分辨力和可集成性，近年来已成为 SPR 技术领域的一个重要研究和应用方向。

在谷歌学术搜索中使用“plasmon”作为关键词，可以在图 5.1 中看到截至 2020 年 7 月相关学术论文的发表数量为 838000 篇，其中，与“nanoparticles”相

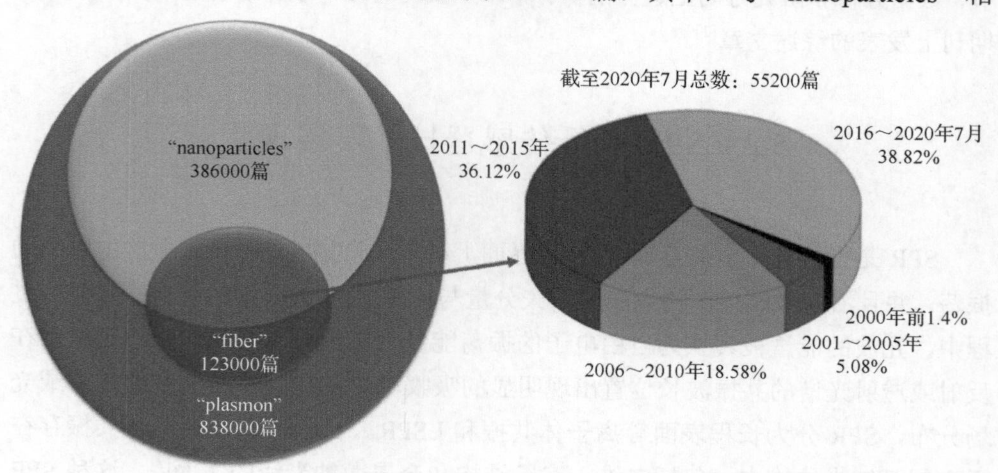

图 5.1　LSPR 光纤传感器相关论文发表数量

关的有 386000 篇，与“fiber”相关的有 123000 篇。在报道的 SPR 相关文章中，46%与纳米粒子有关。自 2000 年以来，金属纳米粒子改性光纤 SPR 的研究已陆续有所报道，并在 2001～2020 年期间得到蓬勃发展，该时间段内 LSPR 相关学术论文的发表数量占 2020 年 7 月之前所有相关论文总量的比值达到了 98.6%。

本章将比较分析 LSPR 光纤结构的制作方法和技术特点，包括光纤布拉格光栅（fiber Bragg grating，FBG）、倾斜光纤布拉格光栅（tilted FBG，TFBG）、长周期光纤光栅（long period fiber grating，LPFG）、D 形光纤、U 形光纤、微纳光纤、PCF、级联光纤和光纤端面（主要表现为 Fabry-Perot 干涉）通过聚合物溶胶分散和浸涂、静电吸附逐层自组装、纳米光刻和分子捕获等方法在光纤结构表面修饰金属纳米粒子。此外，本章还将对生物传感领域的工作进行仔细的比较和总结，涵盖其在生物细胞、化学分子、重金属离子、pH 和气体传感中的应用。

5.3 典型光纤结构及传感探头制作方法

金属纳米粒子表面 LSPR 效应的激发条件包括：特定的光场传输方向和足够强的光场。其中，特定的光场传输方向主要是考虑到需要使光信号的 P 方向偏振光与金属介质表面平行，以实现与金属表面自由电子的耦合共振，可以理解为自由电子在吸收光子能量后产生类似于声波的疏密振荡纵波，造成耦合共振对应波长的光信号衰减；足够强的光场则是为了保证 LSPR 效应的可视化观测，使相应光谱的消光比足够强。一方面，SPR 效应的吸收波段较宽，光信号会发生强烈的衰减，太弱的光信号容易直接被噪声淹没；另一方面，LSPR 效应通常可以借助高倍生物荧光显微镜等可视化手段辅助观测，以通过局域光场分布判断待测物的种类、浓度及空间分布。光纤为光信号的有效传输提供了一种理想的传输路径，在该路径中光信号沿着光纤径向传输，而不受其在空间中大角度弯曲的影响。不同的光纤结构可以通过倏逝场、反射和散射的形式将光信号引导到功能膜中，从而为激发 LSPR 效应提供所需的光强度。近年来，经常报道的光纤结构如图 5.2 所示，包括光栅（FBG、TFBG、LPFG）、微结构（D 形光纤、U 形光纤、微纳光纤）、复合结构（级联光纤、功能纳米材料掺杂聚合物光纤）和反射端（光纤端面、光纤锥、Fabry-Perot 微腔）。

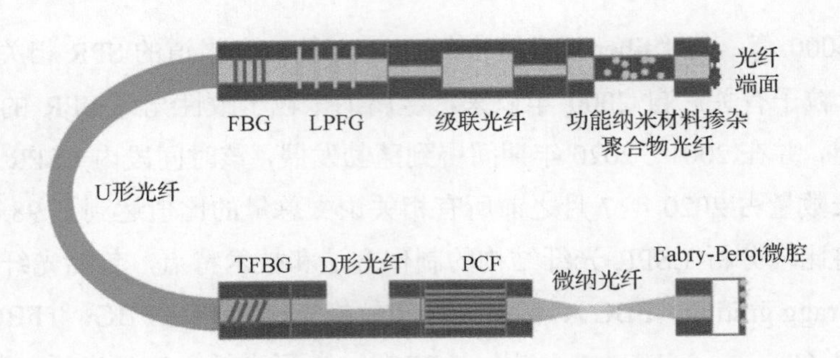

图 5.2　LSPR 光纤传感器常用光纤结构

在上述光纤结构中，FBG、LPFG 等光栅类结构通常是借助敏感材料在被测变量的作用下产生的应力传递到栅型结构而产生弹性变形，来建立光信号与测量参数之间的函数关系。TFBG 同时还可以将光信号反射到光纤包层，通过幻影模式的波形包络反映外界环境折射率变化。光纤微结构狭义指 PCF，广义则包含多芯光纤，以及通过各种微结构加工方法获得的光纤结构，如 D 形光纤、Fabry-Perot 微腔、微纳光纤等。复合结构包含不同类型光纤级联后制作的光纤探头，以及掺杂各种功能纳米材料的聚合物光纤等。工作机理则是基于分光干涉，可通过光纤结构将高阶模态和低阶模态分离，从而产生多模干涉效应。通过不同光纤结构单元将光信号分束，获得可到达结构表面的信号光和结构内部传输的参考光，产生 Mach-Zehnder 干涉等。在这些结构中，敏感材料涂层的等效折射率会对高阶模式或信号光的光学相位产生影响。反射端类的光纤结构多是通过端面镀膜或成腔来构建 Fabry-Perot 微腔。待测环境或者物理量会引起敏感膜厚度、等效折射率，以及干涉腔自身腔长和内部填充流体敏感材料的等效折射率变化，进而通过干涉光谱的相位改变反映出来。

最简单的 LSPR 光纤探头可通过在光纤端面直接涂覆掺杂有金属纳米粒子的聚合物溶胶获得[3]。溶胶涂层被用作 Fabry-Perot 微腔，其中金属纳米粒子会被均匀分散，以降低光信号的散射损耗。虽然这种探头已经被证实可以测量乙醇浓度，但是该探头对不同浓度乙醇的响应差异可能来自聚合物溶胶的气体吸附效应，因为大分子有机聚合物的化学结合位点通常较为丰富，在对多种气体敏感的同时却难以获得高选择性的传感性能。此外，金属纳米粒子难以与外界环境相互作用，其随机分布也会影响干涉光的质量。Liu 等[4]在光纤端面制备了形状可控的金属纳米粒子精细等离子体激元探针，如图 5.3（a）所示，并结合微流控技术实现了 IgG 浓度的非接触测定。相应的生产成本较低，但工艺复杂，包括聚合物溶胶球自组装、肥皂膜涂层、紫外光刻、聚合物去除、磁控溅射等。一般而言，通过更少的步骤就可以完成有序金属纳米粒子阵列的制备，例如，可通过模板法使聚合物纳米粒子球形溶胶在平面结构上形成单层晶体结构，并转移到光纤端面[5]，如图 5.3（b）所示。Polley 等[6]提出了另一种有趣的技术，即将 Au 纳米粒子膜从平板玻璃基底转移到光纤尖端，其中金膜可以在 NaOH 溶液中从平面基底上剥离下来，并通过 3-氨基丙基-三乙氧基硅烷（即硅烷偶联剂 KH-550）的氨基结合在光纤尖端上进行固定。

聚合物凝胶是固体纳米粒子的理想载体和分散剂。它提供了一种制作金属纳米粒子功能膜的简单方法[7]。利用米氏散射理论可有效地分析纳米粒子的材料、尺寸、形貌、聚合分散指数、波长和环境折射率对入射光吸收和散射效果的影响。除了其自身的形态外，由于其尺寸分布在几到几十纳米之间，沉积在光纤上功能膜中的纳米粒子排列将决定其光学特性和传感性能[8]。层层自组装方法为精确控制纳米粒子功能膜的厚度和结构提供了一种简单、灵活、高效的实现途径。各种经表面处理的纳米粒子（金属、金属氧化物、聚合物、发光材料或生物分子）被用于通过静电吸引作用来构建多层敏感修饰膜结构。

类似的多层结构也可以通过原位合成实现，区别在于纳米粒子是否修饰在了预先制备的多层聚合物膜上。借助光化学沉积方法并控制激光辐照时间，Ag 纳米粒子可被快速沉积在光纤端面上，然后插入反应溶液实现测量[9]。这为在光纤端面上沉积纳米粒子提供了一种简单有效的方法。然而，Ag 纳米粒子的随机形貌对光纤探针反射光和传感特性的影响值得进一步研究。聚合物溶胶中 Au 纳米粒子的粒径影响其 SPR 吸收光谱，该光谱通常为与荧光光谱类似的宽吸收光谱（几到几十纳米）。Spasopoulos 等[10]在 U 形光纤上浸涂 Au 纳米粒子溶胶，并用高能激光脉冲（532nm，6～7ns 持续时间，6～10mW/cm^2）对其进行辐照，以通过光热离解改变 Ag 纳米粒子团簇的形态，获得了尖锐的等离子体共振峰，相应的光纤探针结构的示意图如图 5.3（c）所示。激光脉冲光热处理，通过在溶胶和液体环境中设置激光波长、持续时间、强度、脉冲宽度等，可以精确调整 Au 纳米粒子的形态和尺寸[11, 12]。这种方法已经得到实验验证和工程应用，甚至已被证明可以用于修复生物组织[13]。

除了聚合物分散外，金属纳米粒子的自组装还可以通过简单的化学吸附实现，但必须提前对光纤表面进行硅烷化或氨基改性[14]，以提供必要的化学键捕获层或静电吸附层。此外，Ag 纳米粒子与其他类型的金属纳米粒子可以被同时加载，协同作用，以获得更好的传感性能[15]。对于具有特殊微纳结构的 PCF，当 Au 纳米粒子溶液缓慢流过其内部贯通的空芯晶体通道时，可在空芯的内壁制备 SPR 膜，如图 5.3（d）所示。纳米粒子的掺杂和修饰密度取决于已结合和未结合硅烷键的比值[16]。

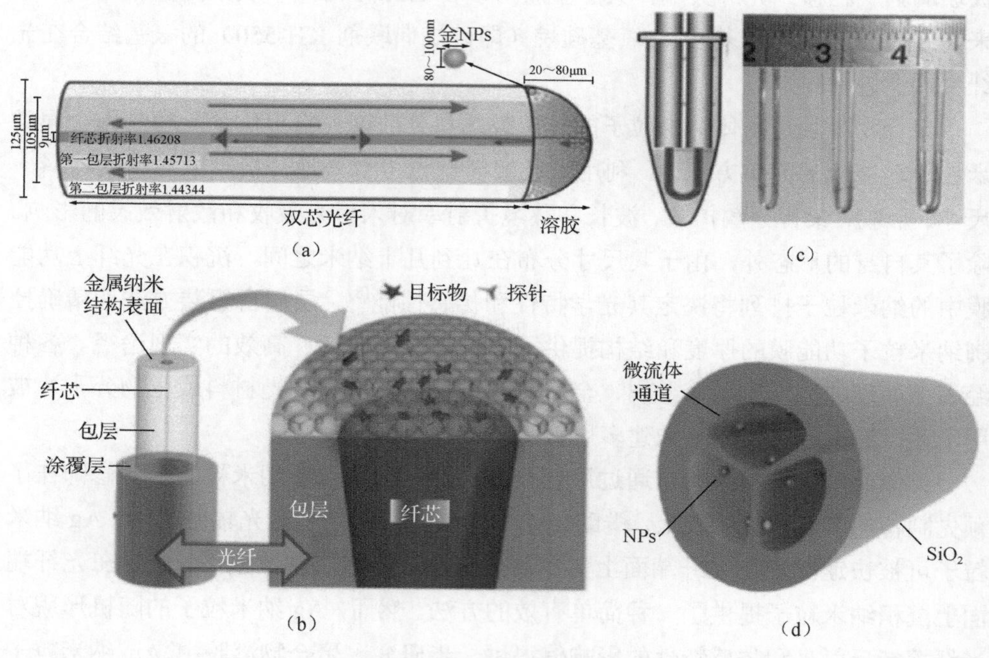

图 5.3　光纤上金属纳米粒子的不同结合方法[4, 5, 10, 16]

正如 Hu 等[17]的工作中所述，PCF 气孔内壁上的纳米粒子功能膜已被证实可以通过氨基改性、堆叠和拉伸技术、高压化学沉积技术、动态低压化学沉积技术等实现。类似地，连续的银金属纳米膜层可以通过银镜反应涂覆在空芯内壁。此外，金属纳米粒子还可以借助石墨烯二维材料改善其 SPR 光学效应和传感性能[18]。作为上下层的 GO 薄膜和 Ag 纳米粒子可以分别采用浸涂法和光化学沉积法制备，从而在光纤端面上获得 GO/Ag 纳米粒子/GO 的“三明治”膜。需要指出的是，探针在使用前必须保持在氮气环境中，以防止 Ag 纳米粒子的氧化。此外，掺杂金属纳米粒子的柔性聚合物材料可被制成可拉伸的传感器装置，常见的相关器件有电子皮肤，但是稳定性和可靠性不高成为其产品化和产业推广应用的巨大障碍[19]。基于金属纳米粒子、柔性聚合物和 SPR 效应的可拉伸柔性光纤传感器有望成为一个新的研究方向，用于探索仿生皮肤、柔性服装和全光监测功能层。未来，此类高性能的传感器有望在高电磁干扰、高温、高湿度等恶劣环境下工作，实现对多种复杂参数或环境的实时监测和智能化感知。

5.4　光纤 LSPR 折射率传感器

Jiang 等[20]很早就提出了一个相对完善的设计方案，用于构建金属纳米粒子光纤 LSPR 传感探头，并在许多类似工作中进行了改进和优化，制作流程如图 5.4 所示。

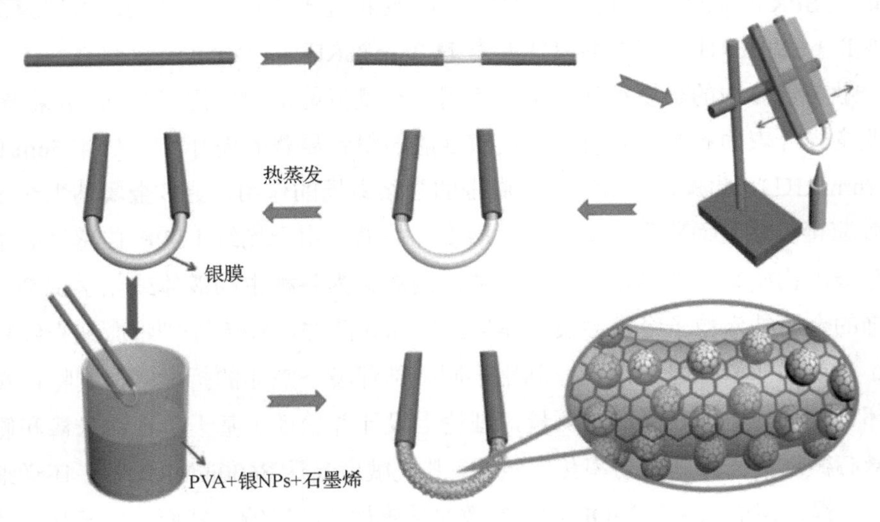

图 5.4　U 形光纤 LSPR 传感探头制作流程[20]

在这种经典结构中，银纳米薄膜的长程表面等离子体共振效应进一步增强了 Ag 纳米粒子的 LSPR，银纳米薄膜被 PVA 均匀分散且固定在纤维表面，并被石墨烯覆盖，以提高能量传递效率并延缓 Ag 纳米粒子的氧化过程。激光诱导沉积和浸涂是将金属纳米粒子修饰到光纤表面的最有效方法[21]。可通过实时监测金属纳米粒子的 SPR 光谱来监控镀膜过程，以获得适当的材料沉积时间。吸收峰的位置和强度由 SPR 的共振条件决定，而光损耗是由折射率差的变化引起的。

金属纳米粒子的 LSPR 效应可由光学倏逝场激发，金属中的自由电子会被激发到膜层表面形成负电荷层，从而使金属纳米粒子的自组装成为可能（类似于静电吸附自组装）[22]。采用倏逝波辅助镀膜技术已经被验证，可以在微纳纤维上沉积并获得一定厚度的金属纳米粒子功能膜。然而，薄膜表面的纳米粒子之间没有化学铰链，导致其结构较为松散，用作液体折射率传感器时容易被损坏。

Tang 等[23]提出了一种双层聚多巴胺夹层 Ag 纳米粒子，其中第一层/内层是具有强黏附力和还原剂的基底，以改进 Ag 纳米粒子的沉积过程，第二层/外层覆盖在 Ag 纳米粒子上，以防止其被氧化并提高灵敏度。缺点是多层膜会使 LSPR 光谱（～300nm）宽度增加，这不利于提高传感器的分辨力。此外，多层静电组装功能膜的层、厚度和成分的累积引发了明显的损耗模式共振现象，严重破坏了 SPR 光谱。但需指出的是，当膜层足够薄时也可能发生这种共振，但它不会影响光谱上 SPR 的强度和分布[24]。实验证明，这种基于损耗模式共振的多层膜探针在 45%RH～90%RH 范围内的灵敏度为 11.2nm/%RH。

分散在液体中的金属纳米粒子也可用于测量折射率的变化，但实验结果表明，通过改变光纤表面修饰，其折射率灵敏度能够得到显著的提升[25]（从 475nm/RIU 到 892nm/RIU）。此外，受微纳光纤周围的强倏逝场的作用，更多金属纳米粒子的 SPR 效应得以激发而获得了更高的灵敏度。然而，由于光纤 LSPR 传感器必须通过接触被测物质来实现测量，并且多数检测对象为各种生物液体或化学试剂，表面修饰的金属纳米粒子经常会被液体样品破坏和清洗。Moś 等[26]将微纳光纤封装在 Au 纳米粒子液晶悬浮液中，利用不同外部环境下液晶的折射率调制特性实现了对环境温度、电场和磁场的测量，理论上设计并验证了基于单银纳米棒和侧面抛光悬芯微结构光纤的折射率传感结构，其灵敏度高达 8600nm/RIU[27]，还详细研究了金、银、铜纳米棒和 MOF 结构参数对传感性能的影响。然而，由于其尺寸非常小且结构精细，这种结构的制造非常困难。相对而言，采用普通光纤熔接机将不同纤芯直径的光纤顺次熔接获得的级联光纤结构显得更加稳定紧凑并可实现对信号光和参考光束的有效分离和合束干涉，但相应的灵敏度通常较低[28]。Bandyopadhyay 等[29]利用长周期光纤光栅拐点附近的相位突变特征光谱获得了超高折射率灵敏度；对长周期光纤光栅双包层结构内光学模式的带宽进行微调，得到了理想的相位匹配光谱曲线。通过观察 Au 纳米粒子沉积过程中的透射光谱，也可实现对该功能膜的有效优化。

一些理论仿真结果表明，Au 纳米球修饰的光纤 LSPR 传感器的灵敏度远高于 Au 纳米立方体和 Au 纳米三角片。这可能源于不同的光纤结构作用和入射光的激发角差异[30]。金属纳米粒子形貌对光纤 SPR 传感器性能的影响需要在未来的研究中特别加以关注和深入分析。经实验验证，Ag 纳米三角片的折射率传感灵敏度比 Ag 纳米球高出 3 倍以上[31]。此外，表面涂覆 GO 对其传感性能影响不大，但能有效防止 Ag 纳米粒子的氧化，使其更牢固地固定在光纤表面。Au 纳米粒子上的多分支锐边已被实验验证可以用作“热点”（即局域的光场增强），以有效增强 SPR 的强度[32]。实验证明，在不同的工作波长范围内，相应的折射率传感灵敏度可以提高 2～3 倍。然而，通过与 Au 纳米球的折射率传感性能比较可知，并未能获得多分支锐边的引入对光学 SPR 效应具备明显影响的证据。在一些工作中，已经证实了具有球形或其他自由形状形态的金属纳米粒子的 LSPR 对纯金属膜的 SPR 效应可以产生显著的影响。Spasopoulos 等[33]结合浸涂和可调谐二极管激光辐照技术，通过实验验证了实时观察消光光谱可以构建光纤折射率传感器，无须严格控制金属纳米粒子的粒度均匀性。在此过程中，可使用激光辐照技术来调节金属纳米粒子的尺寸[34]。另外值得一提的是，金属纳米粒子在光纤表面的覆盖率与传感器的性能并不成正比。Wu 等[35]通过实验和模拟分析得出结论，当 Au 纳米粒子的表面覆盖率为 15.2%时，基于涂层 MMF 的折射率探头具有最高的（饱和）灵敏度。对于不同的纤维结构和金属纳米粒子，表面覆盖率的最优值会有所不同。

表 5.1 比较了不同结构和材料改性光纤 LSPR 折射率传感器的灵敏度和工作范围。

表 5.1　光纤 LSPR 折射率传感器的性能比较

光纤材料及修饰材料	灵敏度	工作范围	参考文献
U 形光纤/PVA/石墨烯/Ag 纳米粒子@Ag 膜	700.3nm/RIU	1.330～1.3657	[20]
U 形光纤/Ag 纳米粒子-石墨烯	1198nm/RIU	1.3657～1.3557	[21]
MMF/Au 纳米粒子	约 987.85nm/RIU	1.328～1.377	[22]
MMF/聚多巴胺-Ag 纳米粒子-聚多巴胺	961nm/RIU	1.33～1.40	[23]
MMF/Au 纳米棒	75.69dB/RIU	1.33～1.408	[24]
微纳光纤锥/Au-Ag 纳米棱镜	900nm/RIU	1.333～1.383	[25]
侧抛 PCF/Ag 纳米棒	8600nm/RIU	1.33～1.40	[26]
MMF-SMF-MMF/Au 纳米粒子	765nm/RIU	1.333～1.365	[27]
LPFG/Au 纳米粒子	约 3928nm/RIU	1.3333～1.3428	[28]
SMF-MMF/Au 纳米粒子-Au 膜	5140nm/RIU	1.32～1.37	[29]

续表

光纤材料及修饰材料	灵敏度	工作范围	参考文献
U 形光纤/Ag 纳米球	342.7nm/RIU	1.3317～1.3640	[30]
U 形光纤/Ag 纳米三角片	1116.8nm/RIU		
MMF/多分支 Au 纳米粒子	3164nm/RIU	1.333～1.393	[31]
MMF/Au 纳米粒子	349.1nm/RIU	1.333～1.403	[32]
D 形光纤/Au 纳米粒子-Au 膜	3074nm/RIU	1.3332～1.3710	[33]
MMF-SMF-MMF/石墨烯-Au-Au@Ag 纳米粒子-PDMS	1591nm/RIU	1.3330～1.4005	[34]
MMF 端/多壁碳纳米管-Pt 纳米粒子	5923nm/RIU	1.3385～1.3585	[35]

理论模拟表明，与纯金纳米膜相比，含有 Au 纳米粒子的复合膜的电场强度增加了 4～10 倍[36]。该增强因子与 Au 纳米粒子的大小成反比，金属纳米粒子与金属薄膜之间的耦合可以增强电场。不同金属颗粒、金属薄膜和功能材料（石墨烯）之间的耦合共振效应可以导致 SPR 共振峰均匀地移动甚至展宽[37]。前者主要是由于材料的介电常数不同，导致折射率不同；后者是由不同材料之间的能量转移引起的，导致电磁散射。实验结果表明，多壁碳纳米管-Pt 纳米粒子复合结构改性光纤的折射率传感灵敏度为 5923nm/RIU，明显高于金纳米膜和多壁碳纳米管/Au 复合膜（相应折射率灵敏度分别为 1863nm/RIU 和 2524nm/RIU）[38]。这项工作还发现，光纤探针的灵敏度会随着 Pt 纳米粒子的掺杂量增加而提升，并且传感器其他的传感性能也更为优越。

5.5 光纤 LSPR 化学传感器

近年来所报道的典型光纤 LSPR 化学传感器可以检测溶液中的化学分子、重金属离子和气体浓度。以下各节将比较不同传感器的优缺点。

5.5.1 化学分子

被测化学分子与光纤结合的有效性，以及相应的拉曼发射效率，将影响最终的检测效果，继而体现在传感器的各项性能参数上。受激发光特性（波长、频率和强度）和金属纳米粒子的尺寸（对应于不同波长的受激荧光）都是此处需要考虑的因素[39]，金属纳米粒子和功能膜的性质决定了光信号的增强效应，以及与化学分子的相互作用效率。通过在金属纳米粒子敏感膜层表面引入一层功能薄膜，有望实现对 LSPR 效应和光纤倏逝场的有效调控或增强。该功能膜层可以通过物理方法（磁控溅射镀膜等）和化学方法（原位生长等）实现，例如，采用原子层沉积技术制备厚度约为 1nm 的保护性铝膜，已被验证可以用于封装 Au 纳米粒子涂层光纤纳米锥探针[40]。实验证明，在 Au 纳米粒子表面引入一层纳米厚度铝膜可以将其拉曼散射强度增加约 2 倍。同时，LSPR 光谱的共振波长或强度的变化主要受待测分子和金属纳米粒子的结合位点限制，在有效工作范围逐渐减小并趋于平坦[41]；采用化学方法可以在光纤表面直接生长 WS_2 薄膜，它一方面可以支持 Au 纳米粒子的生长和均匀分布，另一方面还可有效增强光纤表面的倏逝场强度[42]。

通过将光纤端部浸入氢氟酸溶液蚀刻 4h，可以制备出锋利的光纤尖端[43]。随后使用激光诱导沉积技术，用 Ag 纳米粒子和 pH 敏感分子（4-巯基吡啶）对其进行修饰，就可以通过监测表面增强拉曼散射（surface-enhanced Raman scattering，SERS）来测定溶液中的 pH，灵敏度可以达到 0～$1cm^{-1}$，有望应用于体液或血液中疾病标记物 pH 变化的识别，以此实现对癌细胞或其他病变状态的高效监测。Islam 等[44]采用聚乙二醇溶胶-凝胶分散 Au 纳米树枝状结构和酚酞，并将该混合物修饰在直径为 1012μm 的无芯光纤的侧面，通过实验实现了对 pH 变化的快速检测（0.87s）。

Yin 等[45]将 Ag 纳米粒子修饰在长度为 12～42μm 的 U 形光纤尖端实现了拉曼强度的显著增强，可对 10nM 超低检测极限罗丹明 6G 浓度进行检测。在其工作中，他们分别通过两个 V 形槽固定激发光纤和收集光纤，进而通过两个 V 形槽的相对角度变化来调整激发效率[46]。纳米光纤表面倏逝场和金属纳米粒子的 LSPR 效应的有效结合将罗丹明 6G 的灵敏度提高到了 1.06×10^{6}[47]。采用激光加热引导技术可以实现对 LSPR 效应的定点激发，这个过程中悬浮在溶胶中的激光加热气泡被主动引导并吸附在光纤端面上，以激发 LSPR 效应[48]。与裸光纤相比，引入金属纳米粒子的 LSPR 效应将罗丹明 6G 的拉曼增强因子提高了 140 倍。除 Au 和 Ag 纳米粒子外，其他金属纳米粒子也可用于制造 LSPR 光纤探针。铜纳米粒子可以作为硝酸盐的还原催化剂，硝酸盐被转化为氨并吸附在碳纳米管表面，因此适合于开发高敏感性能的硝酸盐传感探头。Parveen 等[49]根据这一原理制备了硝酸盐光纤探针，它具有高灵敏度（80.62×10^{6}nm/M）、选择性（碳、硫和铁作为干扰对比）、低检测限（4nm）和快速响应（15s）等优异的传感性能。

5.5.2 重金属离子

工业废水中的重金属离子极易在生物体中富集，严重危害人类健康。根据美国环境保护局指南[50]和世界卫生组织标准[51]，饮用水中的 Hg^{2+}离子指标分别为<2nL/L（10nm）和<6nL/L（30nm）。正如 Shukla 等[52]在其工作中所报道的，不同的功能材料具有对不同重金属离子浓度进行检测的能力，其中，低体积比（1∶13）的葡萄糖封端 Ag 纳米粒子对浓度较低的 Hg^{2+}溶液的响应明显，但对于高浓度的 Hg^{2+}溶液，该对应比率为 1∶27。Hg^{2+}/Hg 和 Ag^{+}/Ag 的氧化还原反应改变了葡萄糖 Ag 纳米粒子的大小，导致 Ag-Hg 汞齐的形成。由于强大的化学亲和力[53]，Hg^{2+}在与 Au 纳米粒子结合后将成为类汞齐合金，实验证明了将不同浓度的 Hg^{2+}分散到恒定的 Au 纳米粒子溶液中，还可以监测到对应的颜色变化。这种探针的制作方法可以采用聚烯丙胺盐酸盐和聚丙烯酸-Au 纳米粒子分别作为聚阳离子和聚阴离子组装聚烯丙胺盐酸盐/聚丙烯酸+Au 纳米粒子双层功能膜，完成一次检测的 Hg^{2+}光纤探针可以通过在 HNO_3 溶液中浸泡 1h 完成解离和恢复再生。

结合聚合物分散 Au 纳米粒子和光纤端面浸涂技术，可以为制作重金属离子 SPR 光纤探针提供一种最简单的方法。为了消除环境因素的干扰和保证检测的有效性，重金属传感器的最低检测限至少需要达到 1μM[54]，该指标远远高于饮用水的相应要求。通常，可采用静电逐层自组装方法将聚电解质包括对苯乙烯磺酸钠（带负电层）和聚二甲基二烯丙基氯化铵（带正电层）[55]逐层装配在光纤表面，随着层数的增加，纤芯与包层之间的折射率差会逐渐减小，光谱上的谐振峰也会逐渐消失。但当折射率差接近零时，灵敏度增加到最大值。实验证明，这种 Hg^{2+}探针具有>0.1nm/(μL/L)的高灵敏度，相对之下，这个数值约为未涂覆的 LPFG 的 33.5 倍，约为仅涂覆聚酞菁的 LPFG 的 14.5 倍。Prakashan 等[56]提出了无毒 SiO_2-TiO_2-ZrO_2 三元体系作为掺杂主体材料来分散 Cu@Ag 核壳型纳米粒子，可以实现对 Hg^{2+}浓度的检测。然而，这种 SiO_2-TiO_2-ZrO_2 三元体系除了作为主体掺杂材料，起到类似于聚合物凝胶的作用外，其他的贡献尚不明确。

采用不同的化学基团或生物分子作为重金属离子的指示剂，可以有效提高相应传感器的选择性。—COOH 基团可以与除 As^{2+}、Cd^{2+}和 Hg^{2+}以外的 Pb^{2+}离子相互作用，从而改变 Au 纳米粒子的折射率和介电常数，以及其 SPR 光谱的强度[57]。许多生物活性分子被用作重金属离子的指示剂。荧光、电化学和色度计方法已被用于开发重金属离子传感器。“胸腺嘧啶-Hg^{2+}-胸腺嘧啶碱基对错配”机制在基于DNA-Au纳米粒子的光纤传感器中得到了验证[58]。最低检测限的改善得益于折射率的增大（在Au纳米粒子周围）和近场耦合的增强（Au纳米粒子和DNA连接之间）。将经Au纳米粒子修饰的牛血清白蛋白-壳聚糖涂覆在U形光纤表面，并已通过实验验证它对自来水、污水和土壤中的Hg^{2+}具有良好的选择性，相应的最低检测限可以达到0.1nL/L[59]。将一株野生型细菌 *E. coli* B40作为带负电荷的细胞，装配在聚烯丙胺盐酸盐/对苯乙烯磺酸钠@Au纳米粒子光纤探针上，可用于捕获Hg^{2+}和Cd^{2+}[60]。这个探头对Hg^{2+}和Cd^{2+}的选择性明显高于其他离子（K^+、Na^+、Cu^{2+}、Zn^{2+}、Co^{2+}、Ni^{2+}、Mn^{2+}）。4-巯基吡啶不仅可以紧密结合到Au纳米粒子上，而且还可以通过氮键选择性地捕获水中的吡啶Hg^{2+}，如图5.5所示[61]。在光纤表面的功能膜层通常是由多种材料或结构复合而成，上述光纤探头修饰的多层复合结构为Au薄膜/4-巯基吡啶和Au纳米粒子/4-巯基吡啶，其中Au纳米粒子有效地将Au薄膜表面的电场强度提高了6倍以上。限制在Au纳米粒子和金膜之间的增强电场是纯Au纳米粒子的2～3倍，该增强因子与Au纳米粒子的掺杂量直接相关。

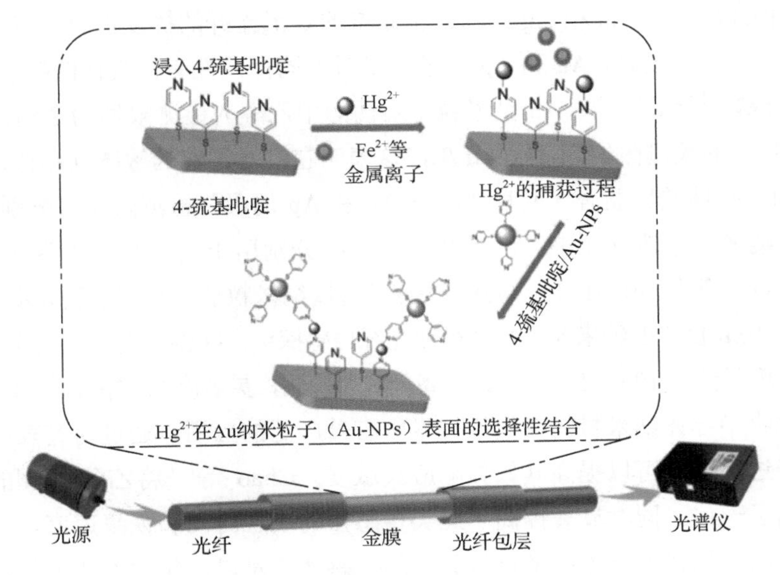

图5.5　LSPR光纤Hg^{2+}传感器的传感机理

重金属离子光纤探针的其他传感性能还可以通过多种方法进行改善，例如：离子印迹技术的引入已被证明，可以在SPR重金属离子检测过程中，为离子提供高选择性空位结合位点[62]；基于多种敏感材料的复合型探头，有望实现对各种重金属离子的浓度的同时测量，在复合型探头的制作过程中需要精细地控制 Au 纳米粒子尺寸、1,1-巯基十一酸干燥温度和各部分的 1,1-巯基十一酸浓度等关键工艺参数。

此外，重金属光纤探针的重复使用性如何还取决于被污染探针上的重金属离子是否可被亚乙基二硝基四乙酸及时地清洗[63]。传感信息的精准解调技术或相关系统，也是光纤重金属传感器产品化的重要保障。2018 年就有一种手持系统被提出，它是使用 FBG 来解调了光纤 Pb^{2+}传感器的波长位置信息[64]。虽然没有涉及金属纳米粒子和 SPR 效应，但也可作为重金属离子光纤传感器开发的重要参考。

5.5.3 气体浓度

不同于光纤的柱形表面，平面基底上光波导的表面平整，更容易被功能材料均匀地修饰。Ag 纳米粒子比 Au 纳米粒子具有更高的活性，Mironenko 等[65]验证了 Ag 纳米粒子对 H_2S 气体的最低检测限为 0.1μL/L，两者之间的差异为 50 倍，随后，他们还验证了 Au 和 Ag 纳米粒子修饰的 U 形光纤的挥发性有机气体传感性能。然而，应注意的是，Au 和 Ag 纳米粒子对不同挥发性有机气体的敏感性不同。正如 Paul 等[66]所报道的，Au 纳米粒子对丙醇中乙醇的检测限约为 3.81μL/L，而 Ag 纳米粒子的检测限约为 11.09μL/L，这表明它们对乙醇的敏感性相似，对甲醇和丙酮的敏感性差异显著（两种情况下 Au 和 Ag 的最低检测限比值分别为 23 和 2.3）。Pt 纳米粒子改性超细光纤锥和 U 形光纤分别用于实现对 NH_3 和 H_2 的传感测量[67]。Gao 等[68]通过在聚合物材料中掺杂金属纳米粒子，采用溶胶分步拉伸方法制备获得 PMMA-Pd 纳米粒子复合微纳光纤传感探头，并将该光纤探头连接到普通 SMF，实现了低于 10mL/L 浓度 H_2 的高分辨力检测，灵敏度为 52pm/(μL/L)。

氧化物半导体纳米材料在气敏技术中有着广泛的应用，通过对其表面的金属纳米粒子进行修饰可以提高其气体响应灵敏度。Chao 等[69]将乙醇/丙酮的最低检测限提高了一倍，同时显著提高了此类传感器的响应时间和恢复速度。目前，已经产品化的氧化物半导体纳米材料类气体传感器均是以电化学方式工作，敏感材料的电导率会随着吸附气体分子的多少而发生变化，同时需要高温加热以维持材料的催化活性。金属纳米粒子的引入有效降低了氧化物半导体材料的工作温度，可实现室温下的气体传感[70]。

以上讨论的光纤 LSPR 传感器的化学传感性能对比见表 5.2。

表 5.2 光纤 LSPR 传感器的化学传感性能对比

光纤结构和修饰材料	测量对象	灵敏度（分辨力）	工作范围	参考文献
纳米光纤锥/Au 纳米粒子	罗丹明 6G	0.1μM	0.1～100μM	[39]
	罗丹明 6G	1μM/L	0.1～100μM/L	[40]
U 形光纤/Au 纳米粒子	汽油	0.1198mV/(μL/L)	0～153.38μL/L	[41]
		0.08244mV/(μL/L)	0～144.09μL/L	
U 形光纤/Au 纳米粒子-WS_2 薄膜	乙醇	6.5mL/L	100～800mL/L	[42]
	NaCl	15mg/g	50～250mg/g	
光纤尖端/Ag 纳米粒子-4-巯基吡啶	pH	0～$1cm^{-1}$	5.01～9.10	[43]
无芯光纤/Au 纳米粒子-酚酞	pH	—	1～12	[44]
双芯光纤端/Au 纳米粒子	罗丹明 B	10μL/L	—	[46]
蛋白纳米光纤/Au 纳米粒子	罗丹明 6G	100μM	100μM～1mM	[47]
MMF 端/Au 纳米粒子	罗丹明 6G	—	50μM～1mM	[48]
无芯光纤/碳纳米管-Cu 纳米粒子	硝酸盐	80.62×10^6nm/M	1μM～5mM	[49]
U 形光纤/葡萄糖-Ag 纳米粒子	Hg^{2+}	2nL/L	0～200nL/L	[52]
MMF/聚丙烯酸-金帽纳米粒子	Hg^{2+}	0.7nL/L	1～20nL/L	[53]
无芯光纤/PVA-Au 纳米粒子	Hg^{2+}	1μM	0～25μM	[54]
LPFG/PE-Au 纳米粒子	Hg^{2+}	0.5μL/L	0.5～10μL/L	[55]
无芯光纤/三元体系-Cu@Ag 纳米粒子	Hg^{2+}	0.01μM	0.01～1000μM	[56]
U 形光纤/草酸-Au 纳米粒子	Pb^{2+}	1.75nL/L	1～20nL/L	[57]
光纤端面/DNA-Au 纳米粒子	Hg^{2+}	0.7nM	1～50nM	[58]
U 形光纤/牛血清白蛋白-Au 纳米粒子	Hg^{2+}	0.1nL/L	0.1～540nL/L	[59]
U 形光纤/Au 纳米粒子-大肠杆菌	Hg^{2+}/Cd^{2+}	0.5nL/L	2～2000nL/L	[60]
无芯光纤/Au 纳米粒子-4-巯基吡啶	Hg^{2+}	8nM	8～100nM	[61]
无芯光纤/Au 纳米粒子-巯基十一酸	Pb^{2+}	800μM（65μL/L）	10～100mM	[63]
平面波导/壳聚糖-Au/Ag 纳米粒子	H_2S	5μL/L	5～300μL/L	[65]
		0.1μL/L	0.1～100μL/L	
U 形光纤/Au（Ag）纳米粒子	甲醇	约 26.46μL/L（2.12μL/L）	0～228.65μL/L	[66]
	丙酮	约 1.00μL/L（0.43μL/L）	0～202.72μL/L	
	乙醇	约 3.53μL/L（3.79μL/L）	0～304.26μL/L	
	丙醇	约 3.81μL/L（11.09μL/L）	0～148.89μL/L	

续表

光纤结构和修饰材料	测量对象	灵敏度（分辨力）	工作范围	参考文献
微纳光纤锥/铂纳米粒子-GO	NH_3	10.2pm/(μL/L)	0～120μL/L	[67]
微纳光纤/钯纳米粒子	H_2	52pm/(μL/L)	2～10mL/L	[68]
金-铂纳米粒子-ZnO	乙醇/丙酮	0.5μL/L	0～100μL/L	[69]
U 形光纤/铂-WO_3 纳米片	H_2	43.5μL/L	0～16mL/L	[70]

5.6 光纤 LSPR 生物传感器

高性能的光纤 LSPR 生物传感器探针可以基于不同的光纤结构进行设计，并采用金属纳米粒子、抗体和标记物进行修饰。近年来报道的此类生物传感器已被证明可以用于检测葡萄糖、蛋白质、氨基酸和核酸。

5.6.1 典型光纤结构和特性

众所周知，SPR 效应最早是通过棱镜结构进行激发，即借助奥托-克雷奇曼（Otto-Kretschmann）棱镜结构的反射角来调制 SPR 耦合共振条件，获得 SPR 角度光谱。通过矩形和D形光纤的平面结构单元也可以实现类似功能[71]。基于微弯效应的U形光纤结构，可将纤芯内部光信号引导到包层甚至光纤表面泄漏出去。细直径的微纳光纤表面激发的倏逝场由周期阵列光调节的光纤光栅产生多次干涉增强，具有模式分解和干涉作用的级联光纤结构等均可以提供光信号与外界环境交互的作用面，相应区域内光信号的有效传输也为SPR效应的激发创造了有利的条件[72]。

为了获得稳定的U形 SMF，可将弯曲后的 SMF 固定在毛细管中，同时通过火焰加热来有效地释放光纤内部预应力，进一步减小光纤的弯曲半径[73]。相对于石英或玻璃材料的 SMF，大直径柔性聚合物光纤大大降低了U形光纤传感器的制造难度和成本，可以满足对光损耗要求较低的低精度测量需要，比如 PMMA 光纤就可以用于制作U形结构，并可通过光纤侧面磨削获得易于镀膜和测量的光学作用平面[74]。

微纳光纤表面强烈的光学倏逝场可以有效提高 SPR 强度，并增强光场与待测环境之间的相互作用[75]。在类似的光纤结构中，需要考虑倏逝场的穿透深度，以及纳米粒子或结构的光散射损耗。采用火焰加热后获得的双锥微纳光纤极为脆弱，在功能材料的清洗、涂层和转移过程中，其最细的腰部位置（数个微米或更细）容易被损坏。一方面，可以直接拉断双锥微纳光纤得到一个单锥微纳光纤结构，其尾端切割平整并涂上功能材料可制成反射型 SPR 探针[76]。另一方面，直径均匀的双锥微纳米纤维的柔韧性会变得更好，一般可以由普通单模纤维经高温熔融拉伸而成。氢氧火焰、电加热和等离子体放电提供了数千摄氏度的高温环境，适合用于加工不同类型的光学微纳米纤维[77]。在熔融拉伸过程中，微/纳光纤的腰椎直径可以由加热温度和拉伸速度精确控制，而椎体区域的长度则取决于拉伸速度和加热模式（火焰范围扫描或单点固定加热）。

聚合物光纤的熔点低、可重构性更好，更易于被加工成锥形光纤[24]。通过动态化学蚀刻 SMF 的未涂覆端，可以获得锥形微纳米纤维[78]，光纤末端被浸入氢氟酸后缓慢提起可以动态控制锥角和锥长度。掺杂有银纳米球和纳米棒的聚合物功能材料在涂覆到光纤表面后，也可以借助动态化学蚀刻方法被去除掉，从而得到微孔结构[79]，实验测量其对三聚氰胺的最低检测限达到 100nM（三聚氰胺摩尔质量为 126.12g/mol），远低于奶粉（1mg/kg）和其他食品的最低含量安全标准（2.5mg/kg）。

对于具有单个共振峰的光纤结构，如 FBG 的反射光或 LPFG 的透射光，由于峰值拐点附近光信号相位会发生突变，当共振峰的波长移动时，可以获得超高灵敏度[80]。光信号也可以通过一些特殊的反射结构到达光纤表面，并与待测环境相互作用，其中最典型的光纤光栅结构为 TFBG，可用于有效控制光信号的输出方向，其纤芯模式具有温度交叉敏感的调节功能，如图 5.6 所示[81]。与长程表面等离子体共振传感器相比，LSPR 传感器的最低检测限和表面增强效应更为明显。贵金属纳米粒子提供了更大的比表面积，增大光信号与分析物之间的有效信息交换。更重要的是，纳米粒子表面可以产生高密度的电磁场和局部光场放大效应，有效地提高对纳米尺寸或间距生物分析物的检测效率[82]。在检测过程中，满足耦合共振条件的激发光子与金属纳米粒子的表面电子共振，从而产生更强且集中的表面局部倏逝场或表面增强拉曼散射效应，并实现极低的最低检测限的单分子纳米探针[83]。级联光纤结构可以将高阶模式的光信号引导到光纤表面，以提高传感性能。

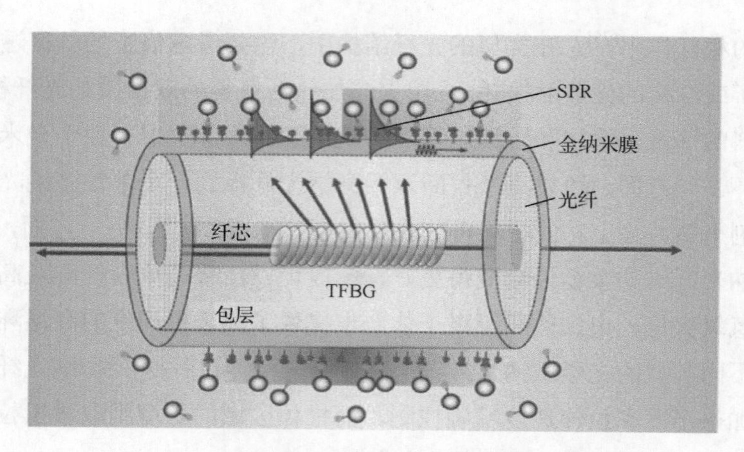

图 5.6　Au 纳米粒子修饰 TFBG 传感器结构示意图[81]

相关实验结果表明，基于 MMF 和 PCF 的级联光纤生物传感器的最低检测限可达到 1nM，并能有效消除环境温度的影响（温度敏感度小于 7.2pm/℃）[84]。多个串联或并联的光纤结构则可以形成传感阵列，有望实现对多参数或多组分样本的同时检测[85]。当采用光纤熔接机连接 PCF 与 MMF 时，PCF 的空气孔通常会产生塌陷。为了降低成本并提高传感探头的重复性，通常采用空芯光纤来取代 PCF，构建级联光纤结构[86]。进一步可以使用化学蚀刻法，以实现对级联复合光纤结构中 SMF、MMF、PCF 等部分的定点腐蚀[87]，随着光纤直径的减小或包层结构的破坏，光信号会泄漏到传感区域。通过构造多个传感区域，可以有效增加传感信号的消光比，但必须严格控制每个传感臂的长度，使其相位改变尽量接近，以形成干涉增强或游标效应[88]。对于多模干涉仪、Mach-Zehnder 干涉仪、Fabry-Perot 干涉仪和其他光纤干涉仪，干涉区长度的明显差异会导致多个干涉谱重叠，增加解调难度，却无法有效增强传感性能。

光纤 SPR 传感器还可借助平面结构上微流控通道进行固定，以获得高度集成的传感芯片[89]。同时，这样的传感器内的被测样品更容易更换，消耗量更少，样品池也更容易清洗。在更为精细的个性化设计方面，聚焦离子束技术已被应用于在光纤端面制备 Au 纳米粒子阵列，并实现了单个 Au 纳米粒子尺寸和形貌的精确控制[90]。然而，高昂的成本和技术难度将成为此类设备商业化的巨大障碍。为了提高光纤表面纳米粒子涂覆的均匀性，可以采用表面自组装方法[91]，相关器件的灵敏度受 SPR 波穿透深度的影响，具体取决于光纤结构、金属纳米粒子和其他敏感层的厚度以及微观结构分布[92]。

5.6.2 金属纳米粒子作用及优化方法

在制作光纤生物传感器时，还应考虑酶的浓度和金属纳米粒子的尺寸，酶浓度过低和金属纳米粒子尺寸过小（<15nm）可能导致生物酶的修饰失败[93]。在光纤 SPR 生物传感器探针中，标记物和金属纳米粒子都有助于实现高灵敏度和低检测限[94]。无论选择性如何，缺少这两个因素中的任何一个都会极大地影响传感性能。功能膜的金属纳米粒子的规模和分布对 SPR 效应会产生重大影响[95]，纳米粒子之间的距离-直径比成为反映 SPR 波耦合强度的有效指标，该比值越小，SPR 强度越高。

金属纳米粒子可以是球形、棒状和随机形状，它们被激发产生 SPR 波信号的特定波长与其形态和大小息息相关。反过来，SPR 波的相关特性也可以被用来评价金属纳米粒子在光纤表面的形态和分布状态。金属纳米粒子也可以通过对一些天然植物进行煅烧直接获得，为光纤 SPR 传感器的开发提供了一种非常有趣的实现方法[96]。然而，在很多工作中，金属纳米粒子功能膜层的一致性较差，对 SPR 光谱质量影响很大。Au 纳米粒子的动态解离吸附过程可用于测量肝素的浓度[97]。由于带负电荷的肝素与聚二烯丙基二甲基氯化铵（poly dimethyl diallyl ammonium chloride，PDDA）修饰表面之间具有较强的键能，取代了光纤表面的 Au 纳米粒子，影响了 SPR 共振的峰值波长。在这项工作中，光纤表面较大尺寸的 Au 纳米粒子变得更加活泼，能够更灵敏地感知待测物质浓度的变化，但响应光纤探针的结构稳定性较差。使用不同尺寸或结构的金属纳米粒子和纳米薄膜可以获得多个 SPR 共振峰，以实现对不同样品的同时分析[98]。一种种子介导生长技术在 2019 年被报道，可以用来调节金属纳米粒子的大小。在 Au 纳米粒子形成过程中，柠檬酸盐离子用于将 Au 纳米粒子种子表面上的金离子还原为 Au^0[99]，通过改变生长时间来调整纳米粒子大小[100]。然而，在一些工作中，Au 纳米粒子的引入并未显著改善光纤探针的传感性能，这可能是因为设计的结构无法有效改变 SPR 效应的共振条件[101]，即待测参数环境与金属材料之间被其他介质隔离，不参与 SPR 效应的产生。因此，在 LSPR 光纤传感探头的设计过程中，光纤自身的结构、功能材料的性能以及纳米粒子的形态或结构都是需要考虑的因素。

金属纳米粒子也可以在具有特定结构的材料表面进行修饰，然后再修饰到光纤结构上。石墨烯为纳米粒子提供了理想的二维平面基底和结合位点[102]。也可以将多层二维平面石墨烯堆叠成三维功能膜层结构[103]，但是需要注意适当的层数可以提高传感器的灵敏度，而过多的层数会阻碍待测物和光信号的有效作用。与二维 Au 纳米粒子功能膜相比，ZnO 纳米线和金纳米粒子的三维结构显示出了更好的 SPR 激发效率和传感性能，这是因为 ZnO 通过捕获光信号降低了光损耗，并通过电场增强效应提高了 LSPR 的激发效率[104]。

2-氨基乙硫醇和对巯基苯硼酸修饰的 Au 纳米粒子光纤传感器在测量尿液中的血糖时，显示出了低检测限和高选择性[105]。在复杂组分的选择性检测能力方面，Shrivastav 等[106]采用分子印迹技术构建具有特定形态的表面等离子激元光学结构，并用于准确分析分析物的物种和组分，基于导电聚合物或纳米粒子的分子印迹技术可用于在金属纳米粒子功能层表面构建选择性极好的识别位点。一些有机聚合物可以实现对金属纳米粒子 LSPR 效应的调控，如在溶胶中所掺杂的 Ag 纳米粒子和壳聚糖的比例决定了分析物与光之间的信息转换效率，溶胶的光聚合时间和浸渍时间则会改变功能膜的厚度[107]。此外，金属纳米粒子溶胶中的葡萄糖浓度、液体混合和检测方法可能会损坏被测物质，因此需要对样品进行预处理[108]。分子印迹技术已被用于构建聚合物、溶胶和微纳米粒子中的特征结构，以实现特定分子的选择性识别和浓度分析[109]。分子印迹技术、SPR 和 LSPR 技术在光纤传感器中的应用可参考 Gupta 等[110]在 2016 年发表的综述论文。

金属纳米粒子的 LSPR 和纳米薄膜的长程表面等离子体共振的结合也成为提高 SPR 光纤传感器性能的有效方法[111]，为新型光纤生化传感器的结构设计提供了更丰富的研究内容。作为功能膜，苯硼酸-Au 纳米粒子首次被用于区分核糖核酸（ribonucleic acid，RNA）和 DNA，借助金属纳米粒子 SPR 效应，显示出了对生物分子优异的选择性能[112]。一些金属合金，如 CuS 纳米粒子也表现出 SPR 效应，并用于研制 LSPR 生物传感器[113]。此外，金属材料的光热效应已被实验验证，并展现出了在光热诊断和治疗方面的巨大潜力。因为高阶模式的光功率随分析物的浓度而变化，使得 SPR 共振峰的强度产生线性变化[114]。因此，对于基于 SPR 效应和光学干涉仪结构的生化传感探头，可以通过解调波长位置或功率变化来获得待测物相关信息，而解调方法必须有针对性地参考传感器标定过程中光谱特征参数的变化规律。

5.7 纳米粒子掺杂聚合物微纳光纤器件

近年来，掺杂功能性纳米粒子的聚合物纳米光纤表现出一些新颖的光学性质，在生化成像和传感器领域发挥了重要作用。使用掺杂贵金属纳米粒子的聚合物材料，能够制备基于 SPR 的光纤传感器[115]。如图 5.7（a）所示，将钨探针插入对苯乙烯磺酸钠-金纳米棒/PAM 溶液中后提拉，采用物理拉伸法来制作聚合物纳米光纤。通过种子药物方法合成金纳米棒（详细过程在文献[115]的支撑材料中），再涂上对苯乙烯磺酸钠并充分搅拌后，将 1mL 对苯乙烯磺酸钠-金纳米棒溶液溶解在无聚合的 38mg PAM 溶液中。然后用钨探针蘸一滴溶液，从 PAM 溶液中拉伸聚合物非晶态纳米光纤。

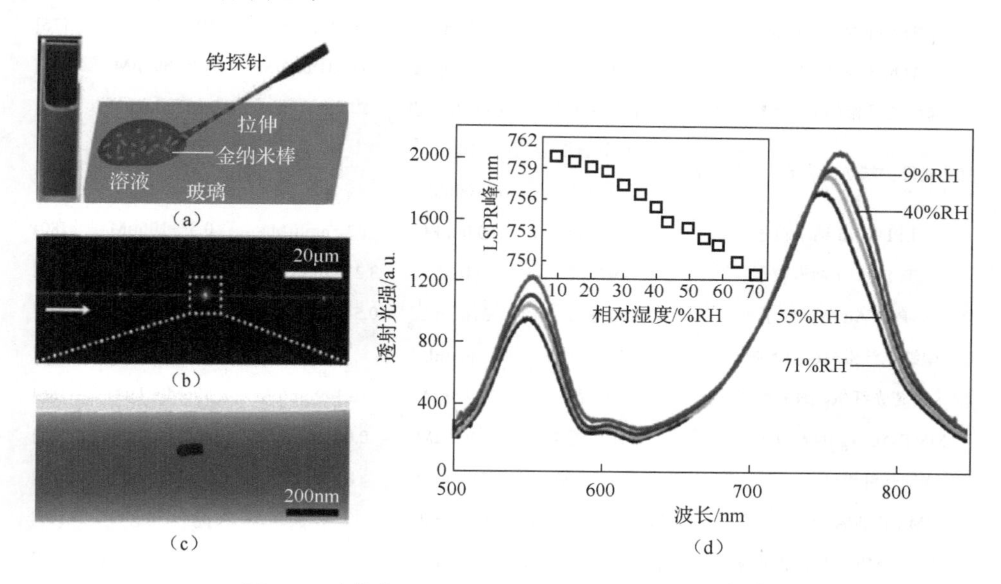

图 5.7 功能化 PAM 微纳光纤及湿度传感性能[115]

图 5.7（b）、（c）显示了在白光激发下，单个金纳米棒嵌入直径为 350nm 的波导 PAM 纳米光纤中的光学显微镜照片，白色箭头指示光的传播方向，观察到 PAM 纳米光纤中单个金纳米棒的 LSPR 效应。浙江大学童利民教授课题组的 Wang 等[116]和 Li 等[117]在 PAM 纳米光纤中纵向掺杂单个金纳米棒，将光子能量转换为 SPR 振动能量，转换率超过 70%，并实现了响应时间为 110ms、最低功率为 500pW 的湿

度传感器。图 5.7（d）为暴露在不同相对湿度空气中的金纳米棒散射光谱，插图显示了 LSPR 峰值与环境空气相对湿度的关系，湿度响应范围为 10%RH～70%RH，LSPR 共振波长变化范围是 747～762nm。

表 5.3 比较了相关探头的典型结构和传感特性，后续还将讨论金属纳米粒子的 LSPR 作用和优化方法。

表 5.3　基于不同光纤结构和敏感修饰材料的 LSPR 生物传感器的性能比较

光纤结构及修饰材料	传感对象	探测极限	灵敏度	工作范围	参考文献
平整光纤端面/Ag 纳米粒子	葡萄糖	4.42mg/dL	—	0～500mg/dL	[71]
U 形光纤/Au 纳米粒子-葡萄糖氧化酶	葡萄糖	0.16mg/dL	2.899nm/(mg/dL)	0.1～0.5mg/dL	[73]
PMMA-U 形光纤/Ag 纳米粒子	多巴胺	0.16μM	—	0～50μM	[74]
微纳光纤锥/SiO_2-Au 纳米粒子	链霉亲和素	271pM	—	2.5nM～1.33μM	[75]
微纳光纤锥/Au 纳米粒子	胆固醇	53.1nM	0.125%/mM	10nM～1μM	[76]
微纳光纤锥/Au 纳米粒子	尿酸	175.89μM	0.0131nm/μM	10～800μM	[77]
微纳光纤锥/Au 纳米粒子	牛血清蛋白	0.3263mg/dL	约 25μA/mM	0.05～0.2mM	[24]
空芯光纤尖端/Ag 纳米片+纳米棒	亚甲基蓝	10fM	—	—	[79]
	三聚氰胺	100nM			
LPFG/Au 纳米粒子	草甘膦	0.02μM	3.5nm/μM	0.5～100μM	[80]
TFBG/Au 纳米粒子	凝血酶	1nM	3.21×10^{7}dB/mol	1～33.75nM	[81]
PCF/Au 纳米粒子	免疫球蛋白	37ng/mL	0.54pm/(ng/mL)	1～30μg/mL	[84]
微纳光纤锥/Au 纳米粒子	三酰甘油酯	1pg/mL	—	0pg～1ng/mL	[85]
空芯光纤/Ag 纳米粒子	胆固醇	25.5nM	16.149nm/μM	50nM～1μM	[86]
MMF/Au-Ag 纳米粒子-GO	L-半胱氨酸	126.6μM	0.0012nm/μM	50μM～1mM	[87]
微纳光纤锥/Au 纳米粒子	抗坏血酸	51.94μM	8.3nm/mM	10μM～1mM	[88]
MMF 端/Au 纳米粒子	前列腺特异抗原	124fg/mL	—	1pg～10μg/mL	[89]
MMF/SMF 端/Au 纳米粒子	前列腺特异抗原	0.1pg/mL	—	0.1～100pg/mL	[90]
LPFG/SiO_2-Au 纳米粒子	免疫球蛋白	15pg/mm^2	11nm/(ng/mm^2)	15μg～1mg/mL	[91]
无芯光纤/Ag 纳米粒子	半胱氨酸	0.0077μM	—	0～100μM	[94]
MMF/PS-b-P4VP-Au 纳米粒子	免疫球蛋白	0.3nM	38pm/(ng/cm^2)	6.7～66.7nM	[95]
无芯光纤/Au 纳米棒	赭曲霉毒素	12.0pM	—	10pM～100nM	[2]
MMF/PVA-Ag 纳米粒子-GO	多巴胺	0.2μM	—	0.2～80μM	[96]
无芯光纤/PDDA-Au 纳米粒子	肝素钠	0.0257ng/mL	1nm/(ng/mL)	0.1ng～1μg/mL	[97]

续表

光纤结构及修饰材料	传感对象	探测极限	灵敏度	工作范围	参考文献
MMF-PCF/纳米粒子-GO	免疫球蛋白	15ng/mL	约 13.6μm/RIU	1～40μg/mL	[98]
MMF 端/Au 纳米粒子	甲状腺球蛋白	0.19pg/mL	—	1pg/mL～10ng/mL	[99]
微纳光纤锥/GO-Au 纳米粒子	尿酸	259μM	8.9pm/μM	10～800μM	[101]
U 形 MMF/石墨烯-Au 纳米粒子	DNA	0.1nM	1.25μm/RIU	0.1～100nM	[103]
光纤端面/Au 纳米粒子	前列腺特异抗原	2.06pg/mL	35V/RIU	0.01pg/mL～1ng/mL	[104]
ZnO 纳米线-Au 纳米粒子	前列腺特异抗原	0.51pg/mL	60V/RIU		
无芯光纤/Au 纳米粒子	葡萄糖	80nM	约 1.44nm/nM	0.01～30mM	[105]
无芯光纤/Ag 纳米粒子	红霉素	1.62nM	205nm/μM	0～100μM	[106]
MMF/Ag 纳米粒子	三氯乙酸	10μM	0.587nm/μM	40～100μM	[107]
无芯光纤/Au 纳米粒子-SnO_2	多巴胺	0.031μM	—	0～100μM	[109]
无芯光纤/Ag 纳米粒子-GO	胆固醇	1.131mM	5.068nm/mM	0～10mM	[111]
无芯光纤/苯硼酸-Au 纳米粒子	微 RNA	0.27pM	—	10pM～10μM	[112]
U 形光纤/GO-CuS 纳米粒子	微 RNA	0.0156aM	0.62nm/aM	0.1aM～10pM	[113]
MMF/Au 纳米粒子	牛磺酸	53μM	0.0190AU/mM	0～1mM	[114]

与上述结构类似，近年来也报道了许多其他 SPR 光纤传感器。表 5.4 列出了一些掺杂贵金属纳米粒子的聚合物微纳光纤传感器的特性，这些传感器具有一些典型特征。相关工作表明，掺杂金属纳米粒子的聚合物（PAM、PMMA、PVA、PVP 和 PC）纳米光纤已广泛用于测量湿度（快速的响应时间、高分辨力和灵敏度）、生物层厚度、生物溶液浓度（抗体、SARS 病毒和 H_2O_2）和液体折射率（灵敏度高达 13750nm/RIU）。

表 5.4　掺杂贵金属纳米粒子的聚合物微纳光纤传感器特性

材料	传感器特性	灵敏度（传感器范围）	参考文献
PAM	湿度	0.07dB/%RH，分辨力 1%RH，响应时间为 110ms（9%RH～71%RH）	[116]、[117]
	湿度	0.1nm/%RH（38%RH～78%RH）	[118]
PMMA	生物层厚度	5.868nm/%RH（88%RH～98%RH）20.3nm/nm	[119]
	湿度	33.6pm/%RH（30%RH～90%RH）	[120]
	抗体检测	—	[121]
	SARS 病毒浓度	极低浓度（约 1pg/mL）	[122]
PVA	H_2O_2 浓度	10^{-8}～10^{-1}M	[123]
PVP	涂覆的纳米 TiO_2 光纤	—	[124]
PC	折射率	13750nm/RIU	[125]

微纳粒子掺杂的聚合物微纳光纤易于制备，受到广泛研究。同时，聚合物材料透光率在 90%以上，可用作光波导。为了制备某些特种光纤，可以将增益材料和其他纳米粒子掺杂进光纤中。然而，一些缺点也限制了聚合物微纳光纤的发展，例如，聚合物的熔点太低，仅在特定波长（可见光范围）处有较高的透光率，对周围环境要求高（耐腐蚀性差）。在之前的研究中，我们曾提出一些特殊的石英微光纤结构，且有金属微纳粒子的修饰，它们不仅在可见光和近红外波长范围内具有高透光率，而且还具有耐高温和耐化学腐蚀的特点。尽管如此，为了使金属纳米粒子在石英微纳光纤结构中均匀分布，还应改进相应的制备方法。

图 5.8 中比较了金属纳米粒子 LSPR 光纤传感器、等离子体器件及其他类型光纤传感器的性能。

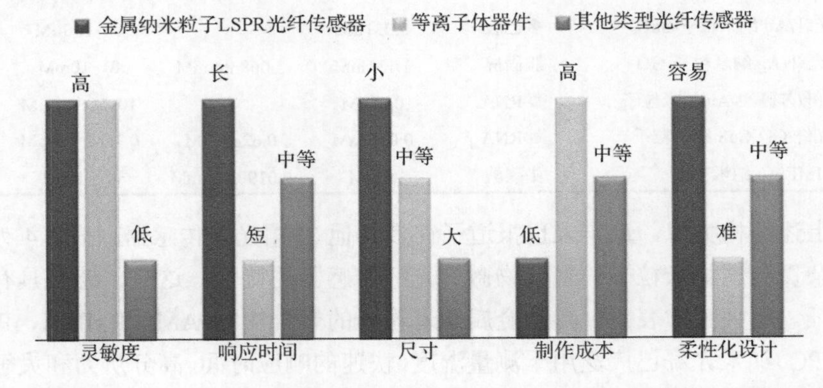

图 5.8　金属纳米粒子 LSPR 光纤传感器、等离子体器件及其他类型光纤传感器性能对比

根据近年来相关工作的特点和性能分析，比较了三种技术在灵敏度、响应时间、尺寸、制造成本和柔性化设计方面的相对优势。总体而言，LSPR 光纤传感器和等离子体器件是基于金属纳米结构制造的，与其他类型光纤传感器相比具有超高的灵敏度。光纤支持高效率的光学传输效果，可以获得更快的响应速度，当然这也取决于具体器件的大小。通过在光纤的端面或侧面制备 SPR 微结构，可以使 LSPR 光纤传感器变得更加紧凑。由于等离子体器件必须采用聚焦离子束或电子束光刻进行个性化设计和制造，阻碍了其商业化应用。LSPR 光纤传感器或其他类型光纤传感器均为独立可移动的单元器件，具备与平面芯片或器件集成的潜力。

LSPR 光纤传感探头的可重复性制造依然难以保障，需要在未来取得突破，可适当参考等离子体器件的设计和集成方法，以便未来通过波导耦合或溶胶封装技术将其与平面器件集成以设计性能优异、结构紧凑的全光器件[126, 127]。未来还有望将其开发成传感器阵列和更加实用的传感器，类似于等离子体器件芯片[128, 129]。在基于金属纳米粒子 LSPR 光纤探针的设计和制造过程中，应关注金属纳米粒子的尺寸和均匀性、辅助功能材料的特性和改性方法以及光纤结构的设计和优化等关键问题。这些问题如果不能得到较好地解决，将难以突破低重复性瓶颈，并限制其广泛的商业推广和产品化应用。新的纳米材料和纳米制造技术也将不断为这种探针的精细设计和性能优化提供更多可能。作为一种典型的生化传感器，其响应时间和恢复效果也需要特别加以关注，例如，如何提高 LSPR 效应与待测分子之间的相互作用效率？如何在测量后快速将金属纳米粒子从污染状态恢复，从而提高其使用寿命并降低成本？

受传统光纤传感器应用的启发，除了用于环境污染、医疗援助和生物分子识别的微型生化传感探头外，LSPR 传感器的应用还可以扩展到桥梁、水坝和智能城市的结构健康监测。然而，目前基于金属纳米粒子的 LSPR 传感器仍局限于实验室环境中新型生化探针的开发阶段。这主要是由于生产重复性差、个体性能差异大、长期工作不稳定、使用寿命短。金属纳米粒子的制备工艺和改性方法、金属纳米结构的精确设计以及光纤结构的巧妙设计将是推动相关实用 LSPR 传感器发展的重要研究方向。

5.8 本章小结

本章讨论了金属纳米粒子 LSPR 光纤探针的研究进展。这种光纤探针的制备方法包括聚合物掺杂分散金属纳米粒子、纳米光刻构建金属纳米结构、浸涂薄膜法、静电逐层自组装法和分子印迹法。基于上述技术，还可以通过改变金属纳米粒子功能膜的结构、调制纳米粒子的尺寸，或者借助低维材料辅助增强、荧光材料修饰和分子标记的定向敏化，来显著改善 LSPR 效应。通常，可在 U 形光纤、D 形光纤、微纳光纤、光纤光栅、级联光纤结构和聚合物光纤上修饰金属纳米粒子功能膜，用于开发不同类型的紧凑、微小型光纤探针，以测量折射率、重金属离子、pH、气体、核酸和病毒分子。借助于具有特殊激发波长的不同金属纳米粒子功能膜，以及在不同光学原理下工作的各种光纤结构，有望实现对不同气体及液体待测物组分和浓度的同时测量。

参 考 文 献

[1] Li J, Wang H R, Li Z, et al. Preparation and application of metal nanoparticals elaborated fiber sensors[J]. Sensors, 2020, 20(18): 5155.

[2] Lee B, Park J H, Byun J Y, et al. An optical fiber-based LSPR aptasensor for simple and rapid *in-situ* detection of ochratoxin A[J]. Biosensors and Bioelectronics, 2018, 102: 504-509.

[3] Muri H I, Bano A, Hjelme D R. A single-point, multiparameter, fiber optic sensor based on a combination of interferometry and LSPR[J]. Journal of Lightwave Technology, 2018, 36(4): 1159-1167.

[4] Liu Y, Guang J Y, Liu C, et al. Simple and low-cost plasmonic fiber-optic probe as SERS and biosensing platform[J]. Advanced Optical Materials, 2019, 7(19): 1900337.

[5] Pisco M, Galeotti F, Quero G, et al. Nanosphere lithography for optical fiber tip nanoprobes[J]. Light: Science & Applications, 2017, 6(5): e16229.

[6] Polley N, Basak S, Hass R, et al. Fiber optic plasmonic sensors: Providing sensitive biosensor platforms with minimal lab equipment[J]. Biosensors and Bioelectronics, 2019, 132: 368-374.

[7] Muri H I, Hjelme D R. LSPR coupling and distribution of interparticle distances between nanoparticles in hydrogel on optical fiber end face[J]. Sensors, 2017, 17(12): 2723.

[8] Rivero P J, Goicoechea J, Arregui F J. Layer-by-layer nano-assembly: A powerful tool for optical fiber sensing applications[J]. Sensors, 2019, 19(3): 683.

[9] Liu T, Wang W Q, Liu F, et al. Photochemical deposition fabricated highly sensitive localized surface plasmon resonance based optical fiber sensor[J]. Optics Communications, 2018, 427: 301-305.

[10] Spasopoulos D, Kaziannis S, Karantzalis A E, et al. Tailored aggregate-free Au nanoparticle decorations with sharp plasmonic peaks on a U-type optical fiber sensor by nanosecond laser irradiation[J]. Plasmonics, 2017, 12(3): 535-543.

[11] Qayyum H, Ali R, Rehman Z U, et al. Synthesis of silver and gold nanoparticles by pulsed laser ablation for nanoparticle enhanced laser-induced breakdown spectroscopy[J]. Journal of Laser Applications, 2019, 31(2): 022014.

[12] Lin S K, Cheng W T. Fabrication and characterization of colloidal silver nanoparticle via photochemical synthesis[J]. Materials Letters, 2020, 261: 127077.

[13] Menazea A A, Ahmed M K. Wound healing activity of chitosan/polyvinyl alcohol embedded by gold nanoparticles prepared by nanosecond laser ablation[J]. Journal of Molecular Structure, 2020, 1217: 128401.

[14] Ran Y, Strobbia P, Cupil-Garcia V, et al. Fiber-optrode SERS probes using plasmonic silver-coated gold nanostars[J]. Sensors and Actuators B: Chemical, 2019, 287: 95-101.
[15] Danny C G, Subrahmanyam A, Sai V V R. Development of plasmonic U-bent plastic optical fiber probes for surface enhanced Raman scattering based biosensing[J]. Journal of Raman Spectroscopy, 2018, 49(10): 1607-1616.
[16] Doherty B, Csáki A, Thiele M, et al. Nanoparticle functionalised small-core suspended-core fibre: A novel platform for efficient sensing[J]. Biomedical Optics Express, 2017, 8(2): 790-799.
[17] Hu D J J, Ho H P. Recent advances in plasmonic photonic crystal fibers: Design, fabrication and applications[J]. Advances in Optics and Photonics, 2017, 9(2): 257-314.
[18] Gao S S, Shang S B, Liu X Y, et al. An optical fiber SERS sensor based on GO/AgNPs/rGO sandwich structure hybrid films[J]. RSC Advances, 2016, 6(85): 81750-81756.
[19] Li J, Wang L J, Wang X Z, et al. Highly conductive PVA/Ag coating by aqueous *in situ* reduction and its stretchable structure for strain sensor[J]. ACS Applied Materials & Interfaces, 2020, 12(1): 1427-1435.
[20] Jiang S Z, Li Z, Zhang C, et al. A novel U-bent plastic optical fibre local surface plasmon resonance sensor based on a graphene and silver nanoparticle hybrid structure[J]. Journal of Physics D: Applied Physics, 2017, 50(16): 165105.
[21] Zhang C, Li Z, Jiang S Z, et al. U-bent fiber optic SPR sensor based on graphene/AgNPs[J]. Sensors and Actuators B: Chemical, 2017, 251: 127-133.
[22] Minz R A, Pal S S, Sinha R K, et al. Plasmonic coating on chemically treated optical fiber probe in the presence of evanescent wave: A novel approach for designing sensitive plasmonic sensor[J]. Plasmonics, 2016, 11(2): 653-658.
[23] Tang Y W, Yuan H, Chen J P, et al. Polydopamine-assisted fabrication of stable silver nanoparticles on optical fiber for enhanced plasmonic sensing[J]. Photonic Sensors, 2020, 10(2): 97-104.
[24] Urrutia A, Goicoechea J, Rivero P J, et al. Optical fiber sensors based on gold nanorods embedded in polymeric thin films[J]. Sensors and Actuators B: Chemical, 2018, 255: 2105-2112.
[25] Wieduwilt T, Zeisberger M, Thiele M, et al. Gold-reinforced silver nanoprisms on optical fiber tapers: A new base for high precision sensing[J]. APL Photonics, 2016, 1(6): 066102.
[26] Moś J E, Korec J, Stasiewicz K A, et al. Research on optical properties of tapered optical fibers with liquid crystal cladding doped with gold nanoparticles[J]. Crystals, 2019, 9(6): 306.
[27] Guo Y, Song B B, Huang W, et al. LSPR sensor employing side-polished suspend-core microstructured optical fiber with a silver nanorod[J]. IEEE Sensors Journal, 2018, 19(3): 956-961.

[28] García J A, Monzón-Hernández D, Manríquez J, et al. One step method to attach gold nanoparticles onto the surface of an optical fiber used for refractive index sensing[J]. Optical Materials, 2016, 51: 208-212.

[29] Bandyopadhyay S, Basumallick N, Bysakh S, et al. Design of turn around point long period fiber grating sensor with Au-nanoparticle self monolayer[J]. Optics and Laser Technology, 2018, 102: 254-261.

[30] Liu C L, Gao Y, Gao Y C, et al. Enhanced sensitivity of fiber SPR sensor by metal nanoparticle[J]. Sensor Review, 2020, 40(3): 355-361.

[31] Song H, Zhang H X, Sun Z, et al. Triangular silver nanoparticle U-bent fiber sensor based on localized surface plasmon resonance[J]. AIP Advances, 2019, 9(8): 085307.

[32] Miliutina E, Kalachyova Y, Postnikov P, et al. Enhancement of surface plasmon fiber sensor sensitivity through the grafting of gold nanoparticles[J]. Photonic Sensors, 2020, 10(2): 105-112.

[33] Spasopoulos D, Kaziannis S, Danakas S, et al. LSPR based optical fiber sensors treated with nanosecond laser irradiation for refractive index sensing[J]. Sensors and Actuators B: Chemical, 2018, 256: 359-366.

[34] Dash S P, Patnaik S K, Tripathy S K. Investigation of a low cost tapered plastic fiber optic biosensor based on manipulation of colloidal gold nanoparticles[J]. Optics Communications, 2019, 437: 388-391.

[35] Wu W T, Chen C H, Chiang C Y, et al. Effect of surface coverage of gold nanoparticles on the refractive index sensitivity in fiber-optic nanoplasmonic sensing[J]. Sensors, 2018, 18(6): 1759.

[36] Niu L Y, Wang Q, Jing J Y, et al. Sensitivity enhanced D-type large-core fiber SPR sensor based on Gold nanoparticle/Au film co-modification[J]. Optics Communications, 2019, 450: 287-295.

[37] Huang Q, Wang Y, Zhu W J, et al. Graphene-gold-Au@ Ag NPs-PDMS films coated fiber optic for refractive index and temperature sensing[J]. IEEE Photonics Technology Letters, 2019, 31(15): 1205-1208.

[38] Jiang X, Wang Q. Refractive index sensitivity enhancement of optical fiber SPR sensor utilizing layer of MWCNT/PtNPs composite[J]. Optical Fiber Technology, 2019, 51: 118-124.

[39] Zhang J, Chen S M, Gong T C, et al. Tapered fiber probe modified by Ag nanoparticles for SERS detection[J]. Plasmonics, 2016, 11(3): 743-751.

[40] Xu W J, Chen Z Y, Chen N, et al. SERS taper-fiber nanoprobe modified by gold nanoparticles wrapped with ultrathin alumina film by atomic layer deposition[J]. Sensors, 2017, 17(3): 467.

[41] Paul D, Dutta S, Biswas R. LSPR enhanced gasoline sensing with a U-bent optical fiber[J]. Journal of Physics D: Applied Physics, 2016, 49(30): 305104.

[42] Zhang S Z, Zhao Y F, Zhang C, et al. *In-situ* growth of AuNPs on WS2@ U-bent optical fiber for evanescent wave absorption sensor[J]. Applied Surface Science, 2018, 441: 1072-1078.

[43] Wang J Q, Geng Y J, Shen Y T, et al. SERS-active fiber tip for intracellular and extracellular pH sensing in living single cells[J]. Sensors and Actuators B: Chemical, 2019, 290: 527-534.

[44] Islam S, Bakhtiar H, Aziz M, et al. Optically active phenolphthalein encapsulated gold nanodendrites for fiber optic pH sensing[J]. Applied Surface Science, 2019, 485: 323-331.

[45] Yin Z, Geng Y F, Li X J, et al. Sensitivity-enhanced U-shaped fiber SERS probe with photoreduced silver nanoparticles[J]. IEEE Photonics Journal, 2016, 8(3): 1-7.

[46] Zhou H W, Liu J S, Liu H T, et al. Compact dual-fiber surface-enhanced Raman scattering sensor with monolayer gold nanoparticles self-assembled on optical fiber[J]. Applied Optics, 2018, 57(27): 7931-7937.

[47] Turasan H, Cakmak M, Kokini J. Fabrication of zein-based electrospun nanofiber decorated with gold nanoparticles as a SERS platform[J]. Journal of Materials Science, 2019, 54(12): 8872-8891.

[48] Sánchez-Solís A, Karim F, Alam M S, et al. Print metallic nanoparticles on a fiber probe for 1064-nm surface-enhanced Raman scattering[J]. Optics Letters, 2019, 44(20): 4997-5000.

[49] Parveen S, Pathak A, Gupta B D. Fiber optic SPR nanosensor based on synergistic effects of CNT/Cu-nanoparticles composite for ultratrace sensing of nitrate[J]. Sensors and Actuators B: Chemical, 2017, 246: 910-919.

[50] Li F, Wang J, Lai Y M, et al. Ultrasensitive and selective detection of copper (II) and mercury (II) ions by dye-coded silver nanoparticle-based SERS probes[J]. Biosensors and Bioelectronics, 2013, 39(1): 82-87.

[51] Su D Y, Yang X, Xia Q D, et al. Folic acid functionalized silver nanoparticles with sensitivity and selectivity colorimetric and fluorescent detection for Hg^{2+} and efficient catalysis[J]. Nanotechnology, 2014, 25(35): 355702.

[52] Shukla G M, Punjabi N, Kundu T, et al. Optimization of plasmonic U-shaped optical fiber sensor for mercury ions detection using glucose capped silver nanoparticles[J]. IEEE Sensors Journal, 2019, 19(9): 3224-3231.

[53] Martínez-Hernández M E, Goicoechea J, Arregui F J. Hg^{2+} optical fiber sensor based on LSPR generated by gold nanoparticles embedded in LBL nano-assembled coatings[J]. Sensors, 2019, 19(22): 4906.

[54] Raj D R, Prasanth S, Vineeshkumar T V, et al. Surface plasmon resonance based fiber optic sensor for mercury detection using gold nanoparticles PVA hybrid[J]. Optics Communications, 2016, 367: 102-107.

[55] Tan S Y, Lee S C, Okazaki T, et al. Detection of mercury (II) ions in water by polyelectrolyte-gold nanoparticles coated long period fiber grating sensor[J]. Optics Communications, 2018, 419: 18-24.

[56] Prakashan V P, George G, Sanu M S, et al. Investigations on SPR induced Cu@ Ag core shell doped SiO_2-TiO_2-ZrO_2 fiber optic sensor for mercury detection[J]. Applied Surface Science, 2020, 507: 144957.

[57] Boruah B S, Biswas R. Localized surface plasmon resonance based U-shaped optical fiber probe for the detection of Pb^{2+} in aqueous medium[J]. Sensors and Actuators B: Chemical, 2018, 276: 89-94.

[58] Jia S, Bian C, Sun J Z, et al. A wavelength-modulated localized surface plasmon resonance (LSPR) optical fiber sensor for sensitive detection of mercury (II) ion by gold nanoparticles-DNA conjugates[J]. Biosensors and Bioelectronics, 2018, 114: 15-21.

[59] Sadani K, Nag P, Mukherji S. LSPR based optical fiber sensor with chitosan capped gold nanoparticles on BSA for trace detection of Hg (II) in water, soil and food samples[J]. Biosensors and Bioelectronics, 2019, 134: 90-96.

[60] Halkare P, Punjabi N, Wangchuk J, et al. Bacteria functionalized gold nanoparticle matrix based fiber-optic sensor for monitoring heavy metal pollution in water[J]. Sensors and Actuators B: Chemical, 2019, 281: 643-651.

[61] Yuan H Z, Ji W, Chu S W, et al. Mercaptopyridine-functionalized gold nanoparticles for fiber-optic surface plasmon resonance Hg^{2+} sensing[J]. ACS Sensors, 2019, 4(3): 704-710.

[62] Shrivastav A M, Gupta B D. Ion-imprinted nanoparticles for the concurrent estimation of Pb (II) and Cu (II) ions over a two channel surface plasmon resonance-based fiber optic platform[J]. Journal of Biomedical Optics, 2018, 23(1): 017001.

[63] Dhara P, Kumar R, Binetti L, et al. Optical fiber-based heavy metal detection using the localized surface plasmon resonance technique[J]. IEEE Sensors Journal, 2019, 19(19): 8720-8726.

[64] Yap S H K, Chien Y H, Tan R, et al. An advanced hand-held microfiber-based sensor for ultrasensitive lead ion detection[J]. ACS Sensors, 2018, 3(12): 2506-2512.

[65] Mironenko A Y, Sergeev A A, Nazirov A E, et al. H_2S optical waveguide gas sensors based on chitosan/Au and chitosan/Ag nanocomposites[J]. Sensors and Actuators B: Chemical, 2016, 225: 348-353.

[66] Paul D, Dutta S, Saha D, et al. LSPR based Ultra-sensitive low cost U-bent optical fiber for volatile liquid sensing[J]. Sensors and Actuators B: Chemical, 2017, 250: 198-207.

[67] Yu C B, Wu Y, Liu X L, et al. Miniature fiber-optic NH_3 gas sensor based on Pt nanoparticle-incorporated graphene oxide[J]. Sensors and Actuators B: Chemical, 2017, 244: 107-113.

[68] Gao N, Mu Z Z, Li J. Palladium nanoparticles doped polymer microfiber functioned as a hydrogen probe[J]. International Journal of Hydrogen Energy, 2019, 44(26): 14085-14091.

[69] Chao J F, Chen Y H, Xing S M, et al. Facile fabrication of ZnO/C nanoporous fibers and ZnO hollow spheres for high performance gas sensor[J]. Sensors and Actuators B: Chemical, 2019, 298: 126927.

[70] Zhong X X, Yang M H, Huang C J, et al. Water photolysis effect on the long-term stability of a fiber optic hydrogen sensor with Pt/WO_3[J]. Scientific Reports, 2016, 6(1): 39160.

[71] Li W W, Sun C Y, Yu S L, et al. Flattened fiber-optic ATR sensor enhanced by silver nanoparticles for glucose measurement[J]. Biomedical Microdevices, 2018, 20(4): 1-9.

[72] Arcas A S, Dutra F S, Allil R C S B, et al. Surface plasmon resonance and bending loss-based U-shaped plastic optical fiber biosensors[J]. Sensors, 2018, 18(2): 648.

[73] Chen K C, Li Y L, Wu C W, et al. Glucose sensor using U-shaped optical fiber probe with gold nanoparticles and glucose oxidase[J]. Sensors, 2018, 18(4): 1217.

[74] Raj D R, Prasanth S, Sudarsanakumar C. Development of LSPR-based optical fiber dopamine sensor using L-tyrosine-capped silver nanoparticles and its nonlinear optical properties[J]. Plasmonics, 2017, 12(4): 1227-1234.

[75] Urrutia A, Bojan K, Marques L, et al. Novel highly sensitive protein sensors based on tapered optical fibres modified with Au-based nanocoatings[J]. Journal of Sensors, 2016, 2016: 8129387.

[76] Kumar S, Kaushik B K, Singh R, et al. LSPR-based cholesterol biosensor using a tapered optical fiber structure[J]. Biomedical Optics Express, 2019, 10(5): 2150-2160.

[77] Singh L, Zhu G, Singh R, et al. Gold nanoparticles and uricase functionalized tapered fiber sensor for uric acid detection[J]. IEEE Sensors Journal, 2019, 20(1): 219-226.

[78] Cao J, Zhao D, Mao Q H. A highly reproducible and sensitive fiber SERS probe fabricated by direct synthesis of closely packed AgNPs on the silanized fiber taper[J]. Analyst, 2017, 142(4): 596-602.

[79] Li L, Deng S X, Wang H, et al. A SERS fiber probe fabricated by layer-by-layer assembly of silver sphere nanoparticles and nanorods with a greatly enhanced sensitivity for remote sensing[J]. Nanotechnology, 2019, 30(25): 255503.

[80] Heidemann B R, Chiamenti I, Oliveira M M, et al. Functionalized long period grating: Plasmonic fiber sensor applied to the detection of glyphosate in water[J]. Journal of Lightwave Technology, 2018, 36(4): 863-870.

[81] Lao J J, Han L Z, Wu Z, et al. Gold nanoparticle-functionalized surface plasmon resonance optical fiber biosensor: *In situ* detection of thrombin with 1 nM detection limit[J]. Journal of Lightwave Technology, 2019, 37(11): 2748-2755.

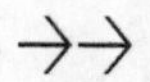

[82] Chen H M, Zhao L, Chen D Q, et al. Stabilization of gold nanoparticles on glass surface with polydopamine thin film for reliable LSPR sensing[J]. Journal of Colloid and Interface Science, 2015, 460: 258-263.

[83] Mayer K M, Hafner J H. Localized surface plasmon resonance sensors[J]. Chemical Reviews, 2011, 111(6): 3828-3857.

[84] Wang B T, Wang Q. Sensitivity-enhanced optical fiber biosensor based on coupling effect between SPR and LSPR[J]. IEEE Sensors Journal, 2018, 18(20): 8303-8310.

[85] Li K W, Zhou W C, Zeng S W. Optical micro/nanofiber-based localized surface plasmon resonance biosensors: Fiber diameter dependence[J]. Sensors, 2018, 18(10): 3295.

[86] Kumar S, Singh R, Kaushik B K, et al. LSPR-based cholesterol biosensor using hollow core fiber structure[J]. IEEE Sensors Journal, 2019, 19(17): 7399-7406.

[87] Singh L, Singh R, Zhang B, et al. Localized surface plasmon resonance based hetero-core optical fiber sensor structure for the detection of *L*-cysteine[J]. IEEE Transactions on Nanotechnology, 2020, 19: 201-208.

[88] Zhu G, Agrawal N, Singh R, et al. A novel periodically tapered structure-based gold nanoparticles and graphene oxide-Immobilized optical fiber sensor to detect ascorbic acid[J]. Optics and Laser Technology, 2020, 127: 106156.

[89] Kim H M, Park J H, Jeong D H, et al. Real-time detection of prostate-specific antigens using a highly reliable fiber-optic localized surface plasmon resonance sensor combined with micro fluidic channel[J]. Sensors and Actuators B: Chemical, 2018, 273: 891-898.

[90] Kim H M, Uh M, Jeong D H, et al. Localized surface plasmon resonance biosensor using nanopatterned gold particles on the surface of an optical fiber[J]. Sensors and Actuators B: Chemical, 2019, 280: 183-191.

[91] Liu L L, Marques L, Correia R, et al. Highly sensitive label-free antibody detection using a long period fibre grating sensor[J]. Sensors and Actuators B: Chemical, 2018, 271: 24-32.

[92] Bharadwaj R, Mukherji Suparna, Mukherji Soumyo. Probing the localized surface plasmon field of a gold nanoparticle-based fibre optic biosensor[J]. Plasmonics, 2016, 11(3): 753-761.

[93] Baliyan A, Usha S P, Gupta B D, et al. Localized surface plasmon resonance-based fiber-optic sensor for the detection of triacylglycerides using silver nanoparticles[J]. Journal of Biomedical Optics, 2017, 22(10): 107001.

[94] Raj D R, Sudarsanakumar C. Surface plasmon resonance based fiber optic sensor for the detection of cysteine using diosmin capped silver nanoparticles[J]. Sensors and Actuators A: Physical, 2017, 253: 41-48.

[95] Lu M D, Zhu H, Bazuin C G, et al. Polymer-templated gold nanoparticles on optical fibers for enhanced-sensitivity localized surface plasmon resonance biosensors[J]. ACS Sensors, 2019, 4(3): 613-622.

[96] Raj D R, Prasanth S, Vineeshkumar T V, et al. Surface plasmon resonance based fiber optic dopamine sensor using green synthesized silver nanoparticles[J]. Sensors and Actuators B: Chemical, 2016, 224: 600-606.

[97] Yuan H Z, Ji W, Chu S W, et al. Au nanoparticles as label-free competitive reporters for sensitivity enhanced fiber-optic SPR heparin sensor[J]. Biosensors and Bioelectronics, 2020, 154: 112039.

[98] Wang Q, Wang X Z, Song H, et al. A dual channel self-compensation optical fiber biosensor based on coupling of surface plasmon polariton[J]. Optics and Laser Technology, 2020, 124: 106002.

[99] Kim H M, Jeong D H, Lee H Y, et al. Improved stability of gold nanoparticles on the optical fiber and their application to refractive index sensor based on localized surface plasmon resonance[J]. Optics and Laser Technology, 2019, 114: 171-178.

[100] Loyez M, Ribaut C, Caucheteur C, et al. Functionalized gold electroless-plated optical fiber gratings for reliable surface biosensing[J]. Sensors and Actuators B: Chemical, 2019, 280: 54-61.

[101] Singh L, Singh R, Zhang B, et al. LSPR based uric acid sensor using graphene oxide and gold nanoparticles functionalized tapered fiber[J]. Optical Fiber Technology, 2019, 53: 102043.

[102] Nayak J K, Parhi P, Jha R. Experimental and theoretical studies on localized surface plasmon resonance based fiber optic sensor using graphene oxide coated silver nanoparticles[J]. Journal of Physics D: Applied Physics, 2016, 49(28): 285101.

[103] Li C, Li Z, Li S L, et al. LSPR optical fiber biosensor based on a 3D composite structure of gold nanoparticles and multilayer graphene films[J]. Optics Express, 2020, 28(5): 6071-6083.

[104] Kim H M, Park J H, Lee S K. Fiber optic sensor based on ZnO nanowires decorated by Au nanoparticles for improved plasmonic biosensor[J]. Scientific Reports, 2019, 9(1): 1-9.

[105] Yuan H Z, Ji W, Chu S W, et al. Fiber-optic surface plasmon resonance glucose sensor enhanced with phenylboronic acid modified Au nanoparticles[J]. Biosensors and Bioelectronics, 2018, 117: 637-643.

[106] Shrivastav A M, Usha S P, Gupta B D. Highly sensitive and selective erythromycin nanosensor employing fiber optic SPR/ERY imprinted nanostructure: Application in milk and honey[J]. Biosensors and Bioelectronics, 2017, 90: 516-524.

[107] Semwal V, Shrivastav A M, Gupta B D. Surface plasmon resonance based fiber optic trichloroacetic acid sensor utilizing layer of silver nanoparticles and chitosan doped hydrogel[J]. Nanotechnology, 2017, 28(6): 065503.

[108] Cepeda-Pérez E, Moreno-Hernández C, Luke T L, et al. Reusable fiber taper sensor based on the metastability of gold nanoparticles[J]. Materials Research Express, 2018, 6(2): 026207.

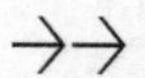

[109] Sharma S, Gupta B D. Surface plasmon resonance based highly selective fiber optic dopamine sensor fabricated using molecular imprinted GNP/SnO_2 nanocomposite[J]. Journal of Lightwave Technology, 2018, 36(24): 5956-5962.

[110] Gupta B D, Shrivastav A M, Usha S P. Surface plasmon resonance-based fiber optic sensors utilizing molecular imprinting[J]. Sensors, 2016, 16(9): 1381.

[111] Semwal V, Gupta B D. LSPR- and SPR-based fiber-optic cholesterol sensor using immobilization of cholesterol oxidase over silver nanoparticles coated graphene oxide nanosheets[J]. IEEE Sensors Journal, 2017, 18(3): 1039-1046.

[112] Qian S Y, Lin M, Ji W, et al. Boronic acid functionalized Au nanoparticles for selective microRNA signal amplification in fiber-optic surface plasmon resonance sensing system[J]. ACS Sensors, 2018, 3(5): 929-935.

[113] Huang Y Y, Chen P W, Liang H, et al. Nucleic acid hybridization on a plasmonic nanointerface of optical microfiber enables ultrahigh-sensitive detection and potential photothermal therapy[J]. Biosensors and Bioelectronics, 2020, 156: 112147.

[114] Sharma P, Semwal V, Gupta B D. A highly selective LSPR biosensor for the detection of taurine realized on optical fiber substrate and gold nanoparticles[J]. Optical Fiber Technology, 2019, 52: 101962.

[115] Lu X, Zhao Y, Wang C. Fabrication of PbS nanoparticles in polymer-fiber matrices by electrospinning[J]. Advanced Materials, 2005, 17(20): 2485-2488.

[116] Wang P, Zhang L, Xia Y N, et al. Polymer nanofibers embedded with aligned gold nanorods: A new platform for plasmonic studies and optical sensing[J]. Nano Letters, 2012, 12(6): 3145-3150.

[117] Li Z, Wang P, Tong L M, et al. Gold nanorod-facilitated localized heating of droplets in microfluidic chips[J]. Optics Express, 2013, 21: 1281-1286.

[118] Yao J, Zhu T, Duan D W, et al. Nanocomposite polyacrylamide based open cavity fiber Fabry-Perot humidity sensor[J]. Applied Optics, 2012, 51(31): 7643-7647.

[119] Markos C, Yuan W, Vlachos K, et al. Label-free biosensing with high sensitivity in dual-core microstructured polymer optical fibers[J]. Optics Express, 2011, 19(8): 7790-7798.

[120] Zhang W, Webb D J, Peng G D. Investigation into time response of polymer fiber Bragg grating based humidity sensors[J]. Joural of Lightwave Technology, 2012, 30: 1090-1096.

[121] Jensen J, Hoiby P, Emiliyanov G, et al. Selective detection of antibodies in microstructured polymer optical fibers[J]. Optics Express, 2005, 13: 5883-5889.

[122] Huang J C, Chang Y F, Chen K H, et al. Detection of severe acute respiratory syndrome (SARS) coronavirus nucleocapsid protein in human serum using a localized surface plasmon coupled fluorescence fiber-optic biosensor[J]. Biosensensors and Bioelectronics, 2009, 25: 320-325.

[123] Bhatia P, Yadav P, Gupta B D, Surface plasmon resonance based fiber optic hydrogen peroxide sensor using polymer embedded nanoparticles[J]. Sensors and Actuators B: Chemical, 2013, 182: 330-335.

[124] Kim G M, Lee S M, Michler G H, et al. Nanostructured pure anatase titania tubes replicated from electrospun polymer fiber templates by atomic layer deposition[J]. Chemical Materials, 2008, 20: 3085-3091.

[125] Gauvreau B, Hassani A, Fehri M F, et al. Photonic bandgap fiber-based surface plasmon resonance sensors[J]. Optics Express, 2007, 15: 11413-11426.

[126] Fang Y H, Wen K H, Li Z F, et al. Multiple Fano resonances based on end-coupled semi-ring rectangular resonator[J]. IEEE Photonics Journal, 2019, 11(4): 1-8.

[127] Zhang L, Pan J, Zhang Z, et al. Ultrasensitive skin-like wearable optical sensors based on glass micro/nanofibers[J]. Opto-Electronic Advances, 2020, 3(3): 190022.

[128] Li Z F, Wen K H, Fang Y H, et al. Refractive index sensing research on multi-Fano-based plasmonic MDM Resonant system with water-based dielectric[J]. IEEE Journal of Quantum Electronics, 2020, 56(3): 1-7.

[129] Chen Q, Liang L, Zheng Q L, et al. On-chip readout plasmonic mid-IR gas sensor[J]. Opto-Electronic Advances, 2020, 3(7): 190040.

6 微结构光纤气体传感器

6.1 概　述

在近年来工业自动化的发展趋势中，气体传感器扮演着重要的角色。空芯微结构光纤以其独特的结构和优异的性能，成为气体传感器的一种常用材料。本章根据传感原理，将空芯微结构光纤气体传感器分为干涉型和吸收型两种。特别地，为了研制结构紧凑、低功耗和本质安全的激光吸收光谱气体检测系统，PCF 气体检测技术受到广泛关注。本章将对近年来相关工作进行分析，以期为研制易燃易爆危险气体检测仪器提供参考。首先，通过对 PCF 的结构参数优化，可将 90%以上光场模式束缚在纤芯附近，从而将气体检测的相对灵敏度提升到 60%以上，限制损耗降低到 10^{-8}dB/m。对于光学模式的调控依赖于纤芯微结构参数和包层光子晶体空气孔的阵列排布的优化，以期获得更高的相对检测灵敏度和更低的光学损耗；接着，针对端面反射型、光纤光栅波长调制型和不同光纤复合型的气体检测技术进行了分析。端面反射型结构最为简单，然而难以保证气体分子的高效交换。结合 Bragg 光栅和长周期光栅等特种光纤结构可以构建光学谐振腔，以有效增强光信号与气体分子的吸收光程。结合不同类型光纤和气体敏感材料的复合光纤结构气体探头的设计，极大地优化了气体传感的选择性和灵敏度等特性。通过延长光纤至 1m 以上，或采用环形嵌入方式可有效增加光程，可获得纳升级的检测限。并且，掺铒光纤的引入可有效补偿光纤环内的光学损耗。最后，分析了多孔环形和柚子形等大空芯直径 PCF 的气体检测性能和未来研究方向。针对 PCF 气体激光光谱吸收检测技术，未来需要在性能优化、系统集成和环境适应性方面开展研究工作，从而为冶金、化工等行业的危险气体实时监测仪器的研制提供技术保障。本章将分别介绍和讨论相应的原理和结构，重点介绍近 10 年来国内外报道的空芯微结构光纤气体传感器的研究进展和关键性能，比较和讨论它们的优缺点，以及它们的未来发展前景。

近年来，气体传感器已广泛应用于冶金、化工、石油、钢铁、矿业、市政、环保、家居、航空航天等各个领域，成为传感器技术领域的热门话题，受到广泛关注[1, 2]。工业自动化和人工智能的发展迫切需要在检测气体浓度和成分（如挥发性有机化合物）方面进行技术改进，以便对气体泄漏和爆炸进行预警[3-5]。气体传感器的工作机理包括电化学、接触燃烧、光学光谱、化学吸收等[6-8]。其中，基于光谱的气体传感器具有本质安全、灵敏度高、检测限低、选择性好等特点。它们通常用于高温、易燃和易爆的极端环境中，目前已见的应用主要在空间环境气体遥测、发动机燃烧气体监测等。然而，由于结构复杂、体积大、成本高等缺点，阻碍了微型化的光谱气体传感系统研发，难以装备集成到可移动装备实现在线监测，光纤器件的引入为紧凑型光谱气体传感装备的研发提供了一条可能的技术途径。

光信号通过光纤传输，并在不同光纤结构构建的传感区域中感知周围环境的变化信息。光纤具有抗电磁干扰、低损耗、耐腐蚀和长距离工作等优点，在开发高性能气体传感器方面具有巨大潜力[9-11]。各种特殊光纤结构中的干扰效应和共振增强效应可以有效提高气体传感性能[12,13]。借助各种新型功能纳米材料的高比表面积和表面修饰，可以获得对不同气体分子的高选择性和高灵敏度探测[14, 15]。基于朗伯-比尔（Lambert-Beer）定律，气体吸收强度可通过精细设计的多次反射腔型得到有效增强，空芯结构光纤恰恰可以用作微型气体吸收池[16]。空芯微结构光纤除了用作气体传输和检测通道外，还可以通过灵活调节结构参数实现出色的选择性和高灵敏度检测，已成为探索光纤气体传感器的最佳选择之一[17]。

通常，狭义的空芯微结构光纤可以等同于 PCF，是近 20 年发展起来的。在 1996 年和 1998 年，Knight 等[18, 19]在巴斯大学分别开发出第一个 PCF 和光子带隙型 PCF。根据不同导光机制，PCF 分为全内反射型 PCF［图 6.1（a）］[18]和光子带隙型 PCF［图 6.1（b）］[19]。

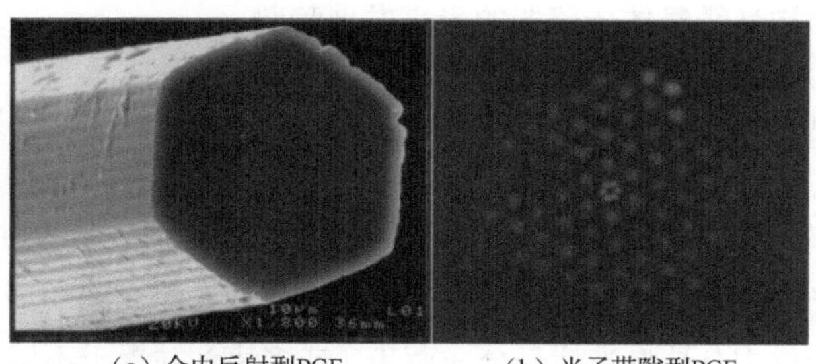

（a）全内反射型PCF　　（b）光子带隙型PCF

图 6.1　全内反射型 PCF 和光子带隙型 PCF 横截面图

全内反射型 PCF 的典型结构特点是中心区域不存在空气孔，用作纤芯；外围则是以放射形或套环形排列的周期性空气孔，用作包层。由于全内反射型 PCF 的纤芯是固体材料，因此也可称为固体芯 PCF。其缺陷区域与周围周期性孔隙区域之间存在等效折射率差，可等效为传统光纤的全反射结构。尽管其导光机理（称为改进型全内反射）类似于普通阶梯形光纤，但通过合理设计，它仍然可以实现所有 $\beta < kn$ 的单模传输[20]。光子带隙型 PCF 在核心部分引入空气孔缺陷，并在空气孔周围环绕多层周期空气孔（二维光子晶体）结构作为包层，形成光子晶体带隙，只允许狭窄导通带隙内的光子通过。导光机理通常可以理解为局域谐振器。通过调整二维光子晶体的单元结构（空气孔直径、间距和光纤壁厚），可以将工作在特定波长光波限制在核心区域[21]。与传统光纤相比，由于其独特的结构，空芯 PCF 还具有无截止波长、低色散、高双折射、大模场面积、低非线性效应、大设计自由度、低菲涅耳反射、低弯曲损耗等特点[22-25]。

本节所讨论的空芯微结构光纤则是泛指具有空芯空气通道的各种微纳结构形式的光纤，包括空芯 PCF、带气孔的实心 PCF、单空芯光纤（硅毛细管）和在光纤中制造的空气腔，而不仅仅局限于带中心气孔的 PCF。

6.2　空芯微结构光纤气体传感器

本节将主要介绍空芯微结构光纤作为气体传感器的一些应用及 2010～2021 年期间的研究进展。本节根据传感机理，介绍和讨论了干涉型空芯微结构光纤气体传感器的典型结构和应用，吸收式气体传感器的设计和改进；分析了空芯微结构光纤气体传感器研制中目前存在的问题，提出了具有指导意义的研究建议；最后展望了空芯微结构光纤气体传感器的未来发展趋势。

6.2.1　干涉型传感器

当相同频率、相同方向和固定相位差多个光波相遇时，会发生光学干涉，由于同一相位中光强叠加，感光元件上会出现明暗条纹（即光强的周期性分布）[26]。典型的光学干涉仪中，是将光信号分成两束（或多束）并置于不同的工作环境下，通过控制信号光路和参考光路之间的光程差来产生干涉效应，适用于探索干涉仪型光学传感器[27]。这里，光程是指光在真空中传播的等效距离，它是光信号途径路径上的介质等效折射率 n 与光在介质中传播距离 L 的乘积。介质的折射率，在光学理论中也称为等效折射率，受材料类型、密度、浓度、温度等许多因素的影响。气体的等效折射率会随环境温度、压力和浓度等变化[28, 29]。当两条干涉路径放置在同一环境中时，可以忽略环境影响。因此，对于具有恒定长度的介质，可以确定干涉光谱与折射率之间的关系。通过校准被测变量与干涉光谱特征波长移动量之间的拟合关系，来获得气体浓度信息。传统的干涉仪包括 Mach-Zehnder 干涉仪、Fabry-Perot 干涉仪、迈克耳孙（Michelson）干涉仪、Sagnac 干涉仪等，已广泛应用于各种类型的光学传感器[30-33]。随着机械加工技术的进步和光电集成技术的发展，其精度和灵敏度不断提高。但相应的空间光学结构复杂、价格昂贵、体积庞大等明显缺点，极大地限制了其使用范围。相对而言，各种光纤干涉型传感探头结构紧凑、设计灵活、成本低廉，已广泛用于测量温度、湿度和应变等物理参数[34, 35]，气体、液体和离子浓度等化学参数[36, 37]，病毒、核酸和蛋白质等生物分子参数[38, 39]。

空芯微结构光纤气体传感器是在 2009 年出现的一种新型光纤结构。基于干涉型传感原理，空芯微结构光纤主要用于开发温度传感器、湿度传感器和压力传感器。直到 2009 年，关于气体传感器的相关研究才被报道。2009 年，Villatoro 等[40]结合 SMF 和 PCF 设计了 Fabry-Perot 干涉型的气体传感器结构，并将其放置在充满挥发性有机物气体的气室中。当 LED 光源发出的光在两种光纤熔接接头附近传播时，光纤包层中会激发出一个高阶光模，与此同时，低阶光模沿着芯层中的 PCF 传输，这两种模式传播到熔合接头位置产生模式间干涉。该实验验证了利用 PCF 内光学干涉效应检测气体浓度的可行性。然而，它的响应时间和检测限并不理想。

2016 年，Yang 等[41]将光子带隙型 PCF 和 SMF 结合，用于测量气体浓度和组分［图 6.2（a)］。SMF 和光子带隙型 PCF 熔接区的两个反射面可以形成一个简单的 Fabry-Perot 干涉仪。入射光在第一反射面上分为反射光和透射光两部分，透射光在被第二反射面反射之后，返回到第一反射面与反射光干涉。两路光信号之间产生的相位差会受 Fabry-Perot 干涉仪腔长和腔内气体浓度的影响。当腔长固定时，在光谱仪中观察到光谱相位位移［图 6.2（d)］，与气体浓度直接相关。

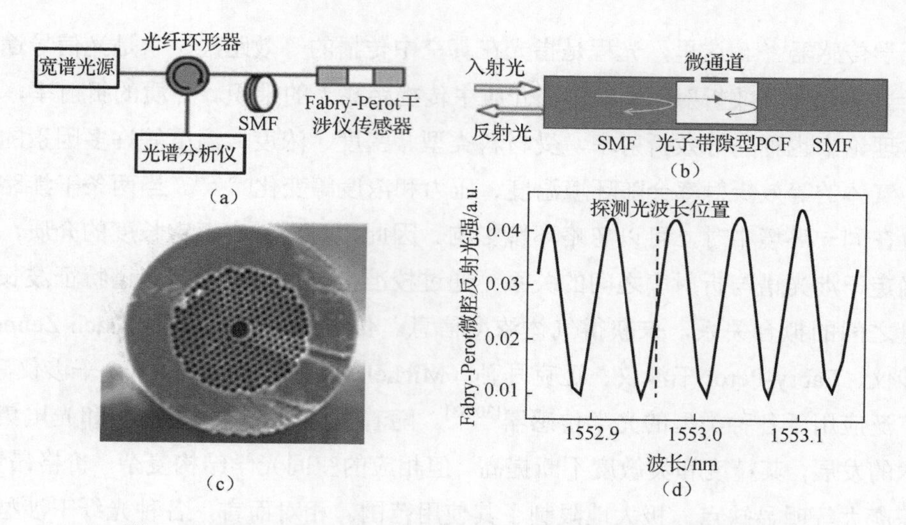

图 6.2　Fabry-Perot 干涉仪传感系统、构成部件及反射光谱图[41]

为了加快气体交换时间，采用 800nm 的飞秒激光，在 PCF 的中间部位制备了两个微通道。这种激光处理技术对光信号的传输损耗影响微乎其微。为了便于观察光谱移动，一般需要在干涉光谱上选择特定的峰值或谷值作为工作特征波长，并记录其移动量。对于产品化的干涉仪，需要采用单波长激光器，通过解调强度信息来获得相位变化信息。图 6.2（d）中，将工作波长固定在干涉光谱的正交点（拐点）附近，以获得最大灵敏度。在随后的实验中，长度 2cm 的 PCF 表现出的传感性能可与长约 10m 的 PCF 所构建的 Mach-Zehnder 干涉仪相媲美。然而，作为一种独立的气体传感器，其信噪比仍然太低。此外，该结构采用飞秒激光加工，制造成本较高，技术难度较大。

为了提高信噪比，可以对 SMF 的端面做斜角切割或研磨，以有效消除背向反射光的影响，该方法由 Couny 等[42]在 2007 年提出，通过斜 8° 的角度切割来减少菲涅耳反射，后来作为典型的消反光纤，在各种光纤系统中被广泛应用。

游标效应最初应用于长度测量（游标卡尺），然后被引入光学领域，可通过分析相位差相近的多个干涉光谱重叠，来构建“光学游标卡尺”。具体的，是通过重叠光谱产生轮廓包络，解调其中心波长移动量获得待测信息变化。用于构建游标效应的气体检测干涉仪，是由两个腔长差别不大的气室（传感腔和辅助腔）级联拼接形成的光纤结构。这两个腔可以对干涉光进行联合调制，形成不同周期的多个干涉光谱包络，通过微分计算分析，大大提高了传感器的灵敏度。Quan 等[43]

在采用空芯微结构光纤检测气体时，引入了游标效应，设计了 SMF、石英毛细管和 PCF 级联结构［图 6.3（a）］，在不同种类光纤的熔接面形成三个反射镜。通过选择适当长度的石英毛细管和 PCF，两个干涉腔产生多个干涉包络，从而形成游标效应［图 6.3（d）］，折射率灵敏度约为 3×10^4nm/RIU（注：作者并未在这个工作中测试具体的气体，只是通过折射率变化响应提出了将其用于气体传感的可能性）。

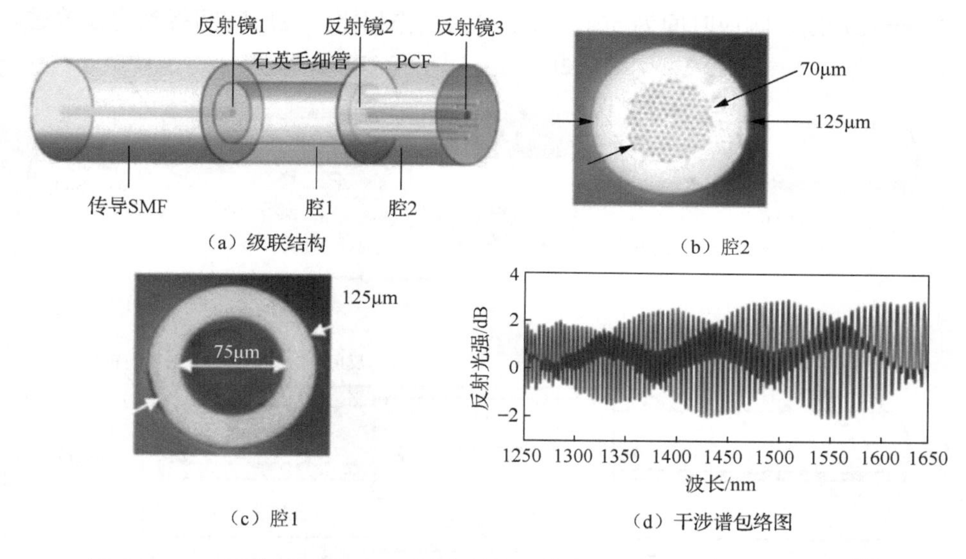

图 6.3　PCF 级联 Fabry-Perot 干涉仪结构及其光学游标效应干涉谱包络图[43]

在级联 Fabry-Perot 干涉仪上，应用游标效应可显著提高传感探头的灵敏度（约为单个 Fabry-Perot 干涉仪的 10 倍），而无须设计太复杂的 Fabry-Perot 干涉仪结构。然而，游标效应是两条干涉条纹叠加形成的包络，需要复杂的解调过程才能获得目标值。在级联 Fabry-Perot 干涉仪结构中，除了满足两个腔的光程差相似但不相等的条件外，也要求对光纤结构进行精细的设计，使其满足“基于强度变化的光谱包络具有干涉条纹特征”和“干涉条纹具有稳定性”等条件。另外，解调过程中反射光强的表达式更为复杂，必要的频域转换、信号分析解调算法及硬件，以及产品化应用等方面，还有很多需要开展的工作。

气体传感器的灵敏度还可以采用涂覆敏感材料的方法来提高，结合敏感材料和游标效应来检测气体浓度的方案被陆续提出。Li 等[44]按顺序拼接 SMF、空芯光纤（362.92μm）和大模场光纤（231.77μm）［图 6.4（a）］，制作了级联 Fabry-Perot

干涉仪。同时，他们在空芯光纤和大模场光纤的外层涂上 Pt 掺杂的 WO_3/SiO_2 粉末，以在 H_2 环境中利用 H_2 分子与 WO_3 作用提供局部加热点，并借助材料的热膨胀效应和热光效应来改变干涉腔长度。该工作中获得的 H_2 传感灵敏度为 -1.01nm/%。与其他 H_2 传感器相比，除了响应时间较慢，在检测灵敏度和结构紧凑性方面均有明显提升。Zhao 等[45]采用总长度约 1mm 的类似光纤结构，借助 PDMS 敏感涂层来测量异丙醇浓度［图 6.4（b）］，在 0～500μL/L 范围内的灵敏度为 20pm/(μL/L)，响应时间为 50s。与以前的工作相比，响应时间得到明显改进。

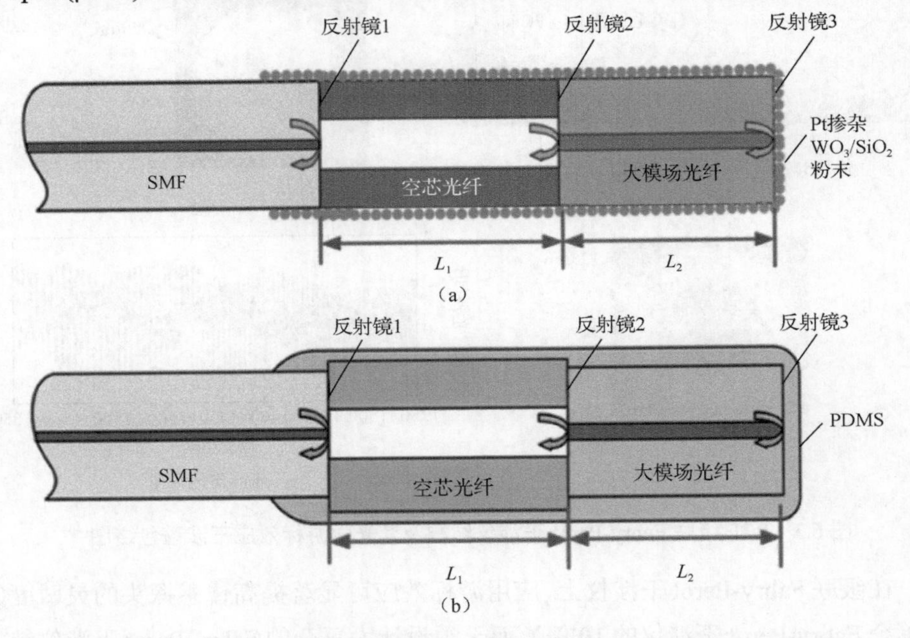

图 6.4 Pt 掺杂 WO_3/SiO_2 粉末[44]和 PDMS[45]涂覆级联 Fabry-Perot 干涉仪结构

除了游标效应和敏感材料涂层外，还可以通过光纤结构的精细设计来进一步优化气体传感性能。Zhang 等[46]将 SMF、光子带隙型 PCF 和 PCF 级联熔接，并对 PCF 的自由端面进行倒角处理，以降低后向反射光干扰。通过控制光子带隙型 PCF 的长度，验证了灵敏度与腔长的正比例依赖关系，在 1.00～1.03 的有效折射率范围内，使用长度为 24.9mm 的光子带隙型 PCF 获得了约 5×10^4μm/RIU 的超高气体检测灵敏度。该工作中，气体是通过 PCF 的空气孔进入气室，而无须在光纤中预先加工微通道，因此降低了传感器的制作难度。Flannery 等[47]在 PCF 的端面上制备了一种介电亚表面结构，增加光学反射率的同时还允许气体分子通过，有效提高了气室内透射光信号的品质因子。虽然精细度较低，但这项工作为开发新型 Fabry-Perot 干涉仪结构提供了有益参考。Li 等[48]在 2018 年开展的工作中为相关研究开辟了一个新思路，使用空芯光纤、PDMS 和 Pt 掺杂 WO_3/SiO_2 粉末设计了一种双 C 形 Fabry-Perot 干涉仪（图 6.5）。首先，将熔接在 SMF 一端的空芯光纤插入 PDMS 液体中，在光纤向上提拉过程中，由于毛细吸附作用，在薄膜两侧形成了两个气隙，即双 C 形结构。然后，在结构外表面 PDMS 膜上包覆 Pt 掺杂 WO_3/SiO_2 粉末并烘烤交联，将其牢固地固定。当环境中 H_2 浓度发生变化时，由于氧化还原反应，PDMS 体积增大，腔长减小，引起反射光谱的相移，从而达到检测 H_2 浓度的目的。在 0～10mL/L 的工作范围内，灵敏度为−151.4nm/(mL/L)，响应时间为 23s。与以往的 H_2 传感器相比，其传感性能有了很大的提高，还丰富了空芯光纤在 Fabry-Perot 干涉仪结构中的应用。

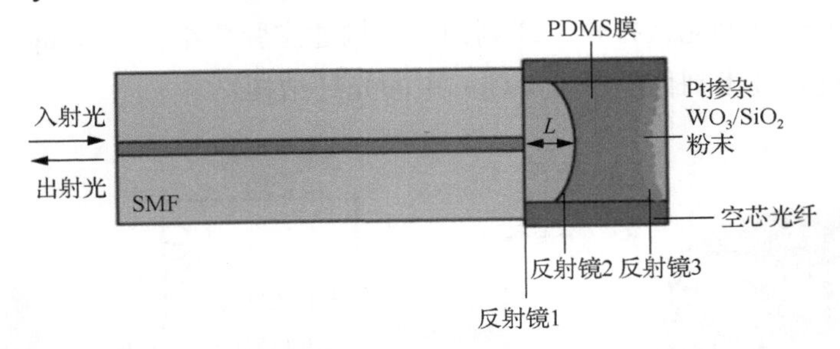

图 6.5　双 C 形 Fabry-Perot 干涉仪原理图[48]

敏感材料的引入是进一步提高传感探头灵敏度的主要途径之一，气体敏感材料的多样性，也有效拓展了相关传感探头的应用领域。但是，敏感材料的传感性能通常取决于材料纯度、材料微观形貌、工作温度等许多因素，难以保证可靠性、稳定性、可重复、可量化的增敏效果。现有的敏感膜层涂膜技术，大多为手工涂膜或简单的旋涂，无法在传感器的非平面型表面上，精确地控制功能膜的厚度均匀性和一致性。敏感材料分子表面相似的化学键可能对其他环境因素敏感，例如，常用的金属氧化物材料一般对同一类型气体均有明显响应，选择性不够高。此外，一些材料在测量和使用过程中容易受到污染，从而影响测量结果。上述因素将影响光纤探针的稳定性、再现性和选择性。

除 Fabry-Perot 干涉仪外，其他类型的干涉仪也可用于光学干涉型气体传感检测，如 Mach-Zehnder 干涉仪。2017 年，Feng 等[49]将一段空芯 PCF 熔接在两段 SMF 中间，空芯 PCF 在熔接区域附近的气孔塌陷区可以激发高阶光学模式，用于实现模式干涉效应，构建 Mach-Zehnder 干涉仪。在空芯 PCF 外表面，通过浸渍和烧结工艺涂覆一层石墨烯，以提高对硫化氢的敏感性能，实验验证，在 0～45μL/L 的测量范围内具有良好的线性传感性能，对应灵敏度约为 31pm/(μL/L)。2019 年，Ahmed 等[50]在 SMF 的中间插入一段 PCF 并将其封装在 V 形管中，构建了一个 Mach-Zehnder 干涉仪。它在室温和大气压下，对 CO_2 的检测灵敏度为 43pm/(mL/L)，有望用于地下或水环境中 CO_2 浓度的实时监测。此外，基于 Sagnac 干涉仪、Michelson 干涉仪等其他干涉仪形式的全光纤结构也正在被更多的学者研究，但相关工作较为零散，并且传感器综合性能与 Fabry-Perot 干涉仪差距较大，在此不作赘述。

在基于空芯微结构光纤的气体传感器的研制中，逐渐引入了各种类型的特种光纤。除了在空气微孔结构中引导气体外，许多气体传感器则是通过微纳米加工技术在光纤上进行抛光（打开）或刻蚀，来构建空腔微结构。Wang 等[51]通过叠拉法和侧面抛光技术制作了图 6.6（a）中的光纤结构。

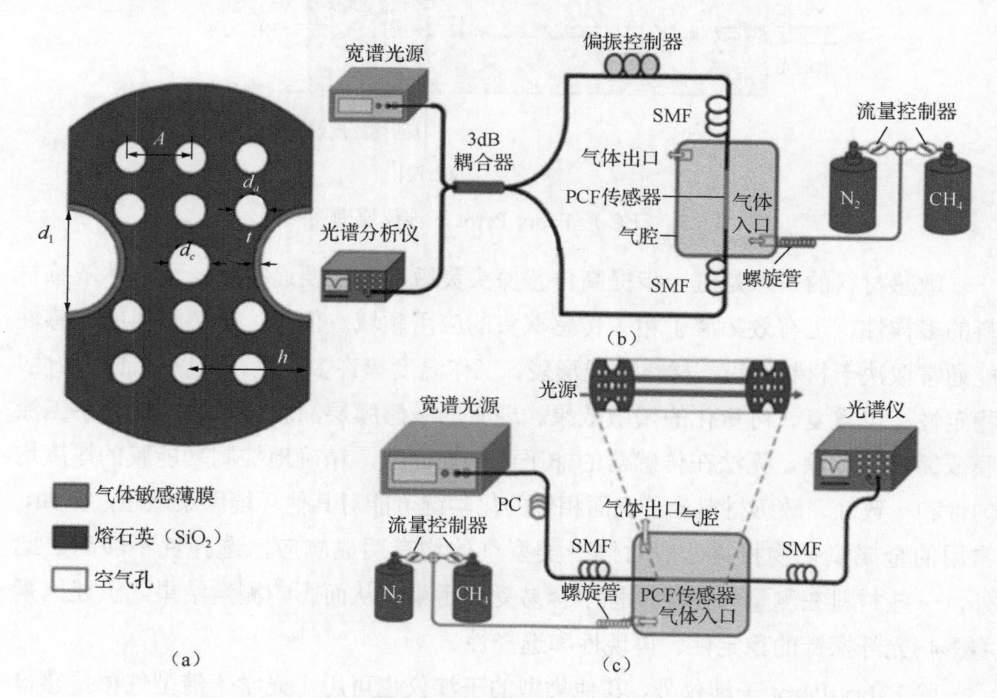

图 6.6　双芯 PCF 结构示意图及气体传感实验装置[51, 52]

在该光纤水平方向上的两个超大孔，被打磨成两个 D 形横截面。随后，采用两步填充技术和浸涂技术，在D形表面覆盖甲烷敏感膜，以提高灵敏度。最后，基于相位双折射和群双折射效应的实验分析，得到了气体响应灵敏度与工作波长的依赖关系。使用 Sagnac 干涉仪［图 6.6（b）］，实验证明了一种平均灵敏度为133.6nm/(mL/L)的紧凑型甲烷传感器。Liu 等[52]则是将上述D形截面 PCF 接入SMF，通过两个独立的大空气孔，实现模式干涉效应［图 6.6（c）］，用于甲烷浓度检测，灵敏度和最低检测限分别为46nm/(mL/L)和435μL/L。这两个相互关联的工作为如何通过单根光纤构建紧凑型多光路干涉系统，以代替多根光纤的复合结构，提供了合理可行的技术方案。在一根空芯微结构光纤中，可以制作具有内部流通或半开放的气体流通孔道，并可与敏感材料结合，进一步提高气敏性能。带有大孔的侧面抛光 PCF 可能会让读者感到困惑，但两个 SMF 之间熔接的这段PCF，同时充当了 Fabry-Perot 干涉仪和气体检测通道，可以被等同于基于空气微孔光子晶体结构的引导机制光纤。

目前，对于干涉型空芯微结构光纤气体传感器，尽管相关工作并不多，但全光纤传感器技术已经相当成熟。表 6.1 比较了不同干涉型空芯微结构光纤气体传感器的传感性能。

表 6.1　干涉型空芯微结构光纤气体传感性能比较

检测对象	光纤结构	测量范围	灵敏度（分辨力）	响应时间	参考文献
挥发性有机气体	SMF-PCF	0～0.9mmol	1pmol	3～7min	[40]
折射率	SMF-空芯光纤-PCF	1.00277～1.00372	约 3×10^4nm/RIU	—	[43]
H_2	PCF-LAMF+Pt-WO_3/SiO_2	0～24mL/L	−104pm/(mL/L)	约 80s	[44]
异丙醇	PCF-LAMF+PDMS	0～500μL/L	20pm/(μL/L)	约 50s	[45]
折射率	光子带隙型 PCF-空芯光纤	1.000～1.030	约 5×10^4μm/RIU	—	[46]
H_2	空芯光纤/Pt-WO_3/SiO_2	0～10mL/L	−1.514nm/(mL/L)	23s	[48]
硫化氢	空芯光纤+石墨烯涂覆	0～45μL/L	1.336nm/(mL/L)	约 60s	[49]
甲烷	D 形 PCF	0～35mL/L	1.336nm/(mL/L)	—	[51]

此外，许多用于传感其他参数的光纤传感结构被频繁地报道，有望在今后应用于气体传感，例如，Michelson 干涉仪、Sagnac 干涉仪，以及上面提到但未举例说明的一些其他结构，我们在此也简单地加以讨论。Duan 等[53]提出了将 SMF于空芯光纤中芯错位熔接，来实现温度检测；Liu 等[54]提出了包含两段空芯光纤的错位熔接级联 Fabry-Perot 干涉仪光纤结构，并将其用于温度和压力检测。错位

量的合理控制可以用来构建空腔型的检测气室。Huang 等[55]巧妙地利用空芯石英管和 SMF 构建了 Fabry-Perot 干涉仪和 Mach-Zehnder 干涉仪，进而构建了新型的复合干涉仪传感装置，同时测量温度和应力，有效地解决了交叉灵敏问题。Lee 等[56]在空芯纤维的上下对称位置打开了两个微通道，以加速传感腔中气体/液体的交换速率，有效缩短了响应时间。在 SMF-PCF-SMF 组成的 Mach-Zehnder 干涉仪结构中，Gao 等[57]通过多次电弧放电调节熔接圆锥体形貌，增强了对高阶光学模式的激发效率，提高了探头对温度灵敏度。类似于上述研究工作，均极大地丰富了未来空芯微结构光纤气体传感器的设计方案和研究内容。

近年来，基于空芯微结构光纤的全光纤干涉型气体传感器得到了迅速发展，但也存在一些不足，主要表现为选择性有待提升。除了上述双腔级联 Fabry-Perot 干涉仪中实现三干涉光束外，还出现了双腔级联 Fabry-Perot 干涉仪和分离式双 Fabry-Perot 干涉仪传感结构（非气敏）内的四光束干涉。而基于游标效应的双 Sagnac 干涉仪和双 Mach-Zehnder 干涉仪传感系统的相关研究也是对 Fabry-Perot 干涉型光纤结构的重要参考和技术补充。敏感材料的选择和应用方面的研究，仍然需要进一步的探索。气敏金属氧化物半导体薄膜材料目前主要应用于电化学领域，同时多数材料受限于最佳催化活性的较高工作温度（200～500℃），ZnO 纳米材料等在常温条件下工作的可能性也被一些工作验证。此类材料在光纤气体传感方面是否有更好的性能，特别是是否有可能应用于空芯微结构光纤？典型环境补偿方法能否实现对空芯微结构光纤气体传感系统的性能优化，以及是否需要新型的补偿方法或光纤结构？用于检测其他环境变量的空芯微结构光纤传感器是否对气体传感器的设计提供有效的指导意义？以上问题都依赖于进一步深入的实验和理论研究。总之，不可否认的是，基于空芯微结构光纤的干涉型气体传感系统在商业应用中具有很大的潜力和可能性。

6.2.2 吸收型传感器

尽管基于空芯微结构光纤的干涉传感器结构紧凑，制造工艺简单，但如果没有超高选择性的敏感材料，它们只能感知外部环境的变化，无法准确分析气体成分。低选择性将它们的应用限制在了传感物理量的检测，如温度、湿度和应变等。这也是它们仍然无法在光学类气体传感器领域占据主导地位的主要原因。目前，光学气体传感器的工作机理主要依靠气体分子对特定波长光信号的选择性吸收，即分析吸收光谱。基本测量原理是 Lambert-Beer 定律[58]：

$$I_{out}=I_{in}e^{-\alpha CL} \tag{6.1}$$

式中，I_{out} 和 I_{in} 分别是出射光强和入射光强；α 是气体的光谱吸收系数；C 是相对气体浓度；L 是气室的长度。I_{out}、I_{in} 和 α 三个参数都与光源波长有关。

每个气体分子都有其特定的吸收光谱和光强变化曲线，通过光谱分析可以识别气体类型和浓度[59]。目前，常用的气体吸收光谱检测技术有直接吸收光谱技术和波长调制光谱技术。直接吸收光谱技术将 HITRAN 数据库中待测气体的吸收截面卷积为线性函数，乘以光程、压力和温度的比率，最后拟合测量结果获得气体浓度。在实际测量中易受压力、温度等噪声的影响[60]。波长调制光谱技术是可调谐半导体激光吸收光谱（tunable diode laser absorption spectroscopy，TDLAS）系统的核心技术。通过在二极管激光器上加载频率快速变化的锯齿波和正弦调制信号，让激光频率在被测气体的吸收峰附近进行扫描，并以 1～100kHz 的频率进行调制。通过锁相放大器分析二次谐波信号，可获得气体浓度[61]。该技术中，高频选择特性可以有效减少外部噪声影响，获得更高的检测灵敏度和精度，但技术难度更大，设备更复杂。

由于其原理简单、选择性高、应用前景好，吸收光谱气体传感器的研究工作受到前沿学术人员和工业应用领域的广泛关。吸收光谱气体传感器的设计需要解决两个问题：如何使被测气体进入气室，加快响应时间，涉及高效交换、快速取样、杂质滤除等；如何提高传感器灵敏度，涉及长光程吸收池、光学谐振增强、高频激光调制等。

尽管空芯微结构光纤独特结构起到了气室的作用，但其外部包裹的聚合物涂层和包层阻止了气体进入光纤。常用的方法之一是利用飞秒激光在空芯微结构光纤侧壁上加工微小的气体交换孔道。Hoo 等[62]实现了在 7cm 光纤上刻蚀了 7 个微通道，同时优化制造工艺，大大降低了激光脉冲能量，缩短了光学显微镜的工作距离。他们结合光电探测器、低通滤波器和锁相［图 6.7（a)］系统，验证了对甲烷气体浓度的优异检测性能，响应时间被缩短到 3s。

Lehmann 等[63]发现，对涂层（丙烯酸酯）进行钻孔的相关技术不但工艺过程复杂，而且涂层材料的热扩散极易造成热量积累，破坏 PCF 的内部空气微孔。他们在钻孔之前完全去除丙烯酸酯涂层，同时优化了钻孔质量、可靠性和加工速度，制作完成的穿孔 PCF 结构如图 6.7（b）所示。最后，采用白光光谱干涉法，验证了对甲烷浓度检测的重复性和鲁棒性。虽然采用飞秒激光制作的微通道光纤结构性能优异，但对仪器设备和人员专业水平的要求仍然较高。2013 年，Kassani 等[64]通过拉制商用石英玻璃管制备了 C 形光纤（图 6.8）。

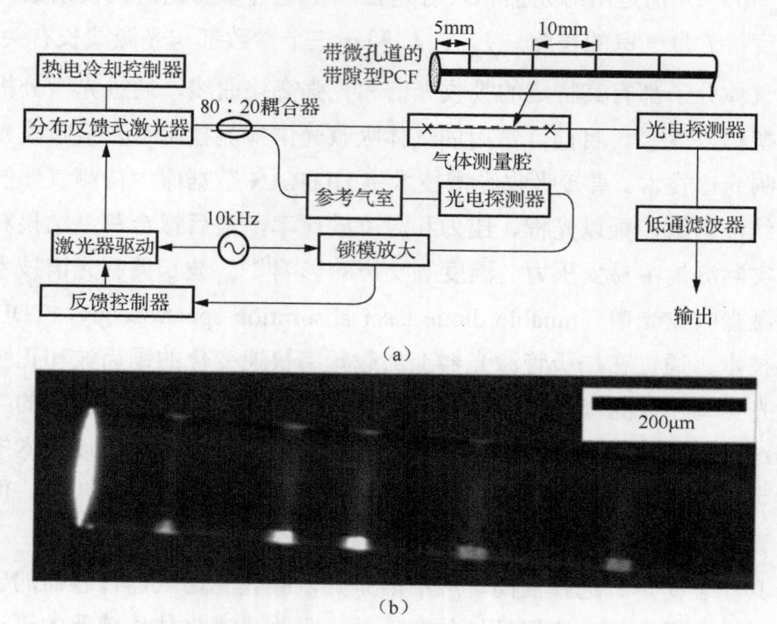

图 6.7 甲烷气体检测装置示意图[62]及穿孔光纤的 SEM 图像[63]

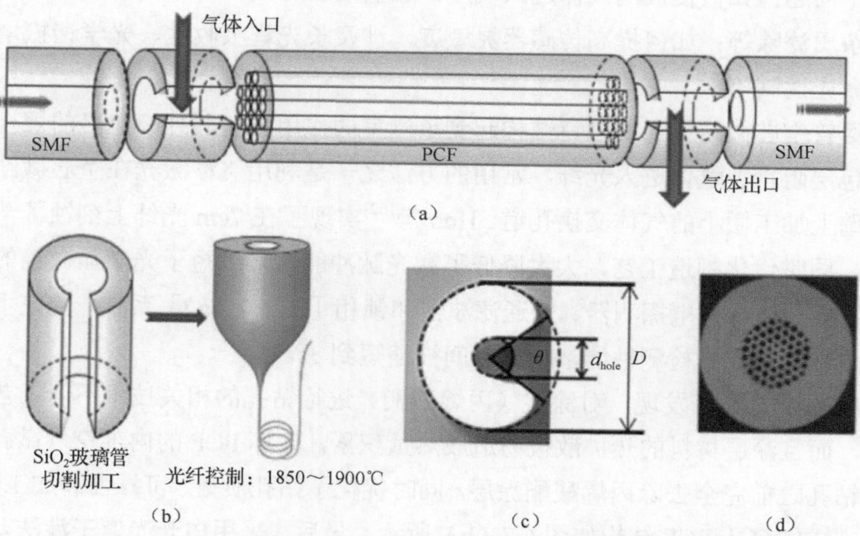

图 6.8 C 形光纤和 PCF、SMF 复合传感器结构的制作过程及界面形貌[64]

他们将相似直径（约 120μm）光纤熔接在 PCF 和 SMF 之间，作为气体的输入/输出接口，大大缩短了气体检测时间，动态响应比普通光纤快四倍。

同时，在机械强度允许的情况下，对 C 形光纤（小于 60μm）的熔接长度和 PCF 的熔接参数进行了优化，有效降低了插入损耗。总体而言，该方法具有一定的创新性，但制造工艺复杂。Tang 等[65]采用机械拼接的方法将两段 PCF 固定在 V 形槽中，Hu 等[66]进一步使用 V 形槽，完成对 SMF、PCF 和 MMF 的机械组装和封装，如图 6.9 所示。

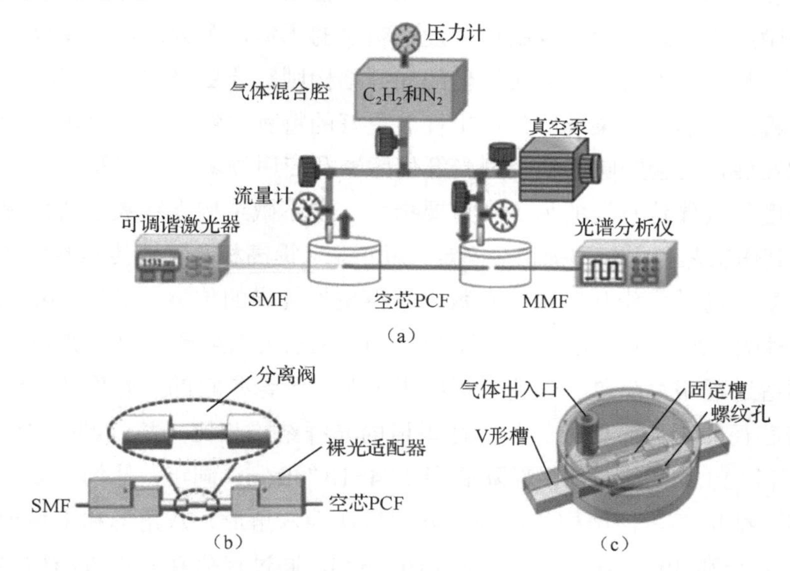

图 6.9　SMF-PCF-MMF 气体测量光路的拼接部件和封装部件结构[66]

调整光纤端面空隙的宽度，使发射光纤的光束宽度与接收光纤的纤芯相匹配，获得最佳的光学耦合效率。此外，He 等[67]采用陶瓷套圈和陶瓷匹配套，实现了 PCF 和 SMF 间的光学耦合。同时参考前人研究工作，考虑到响应时间和传输损耗问题，选择最佳间隙尺寸为 0.1mm，将单次耦合损耗降低到了 2.6dB。表 6.2 中比较了不同进气结构的性能。

表 6.2　进气结构性能对比

进气结构	损耗	复杂程度	设备要求	参考文献
微通道	<0.1dB	中等	较高	[63]
拉锥光纤	—	复杂	中等	[64]
机械熔接	约 2.6dB	简单	较低	[67]

从表 6.2 可以看出，虽然飞秒激光加工的微孔结构效果好、损耗低，但对设备的依赖性和对操作者熟练程度的要求相对较高。基于光纤熔接机或胶水连接组装的物理拼接方法非常方便，例如，上述工作中提到的V形槽和陶瓷套筒都非常容易获得。虽然，该方法会引入一定的附加损耗，但仍在可接受范围内。然而，需要特别指出，插入套圈和随后固定光纤需要一定的实验技巧，否则连接及耦合损耗可能会大大增加，因此需要实验人员经历更多时间和精力的多次尝试，来总结、掌握和获得相关实验过程的必要技能和经验性结论。与上述两种进气方式相比，新型微结构光纤的设计及制作并没有明显的优势，多数工作也仅仅停留在理论模拟和计算分析阶段。实际实用化的光纤结构则需要更好的设计优化和更复杂的工艺过程。当然，如果能够生产出性能更好的特种光纤，不仅会进一步推动气体传感的发展，还会影响其他类型光纤传感器及应用领域的协同发展。

灵敏度是气体传感器的另一个重要指标。空芯微结构光纤吸收式传感器的传感机理、制作工艺和内部结构相对固定。近年来，提高相关气体传感器灵敏度的研究主要集中在通过优化几何结构参数来获得更加优异的传感性能。Morshed 等[68]设计了一种两个缺陷环包层的光子带隙型 PCF。内层为六角形，外层为圆形［图 6.10（a）］，制造过程相对简单。理论分析结果表明，无论是它的灵敏度还是约束损耗都会随着芯径的增大而增大。与以往报道的光纤结构相比，将 PCF 的灵敏度从 7.12%提高到 13.94%，限制损耗降低到 2.74×10^{-4}dB/m。同年，他们又提出了一种三层缺陷环结构[69]。该结构从内到外分别呈现为六角形、八角形和十角形，分别由 6 个、16 个和 30 个圆孔组成［图 6.10（b）］。通过优化孔间距等结构参数，进一步将相对灵敏度提高到了 20.10%，但限制损耗略微有所增加，为 1.09×10^{-3}dB/m。随后，如图 6.10（c）所示的 PCF 结构被设计出来，对应的核心部分从大孔变为由 7 个小孔组成的六角形微观结构[70]。通常，通过增大芯部孔径或减小气孔间距，都能有效提高纤维芯的相对灵敏度。研究结果表明，该光纤结构在 1330nm 处吸收线，对甲烷和氟化氢的相对灵敏度为 42.27%，限制损耗为 7.78×10^{-6}dB/m，具有广阔的应用前景。Kassani 等[71]改进了原始的掺锗环缺陷 PCF，使用一根较大的毛细管和几根较小的毛细管，通过堆叠和拉伸技术研制出悬挂环芯 PCF［图 6.10（d）］。光通过围绕大芯孔的环形孔传播，因此芯中的填充介质（气体）与光信号有更大程度的重叠，相对灵敏度是传统 PCF 的 5 倍。Yao 等[72]将空芯负曲率光纤引入气体检测，在纤芯周围排布了 8 个非接触毛细管，形成无节点包层结构，并提供自由的纤芯边界，以有效消除插入损耗。同时，通过波长调制技术在长度为 85cm

的光纤内，实现了对 0.4μL/L 浓度 CO 的极限检测。但在他们的实验中，还是使用空间光学结构将光束耦合到光纤中，未来有必要采用全光纤、更紧凑的光路系统。

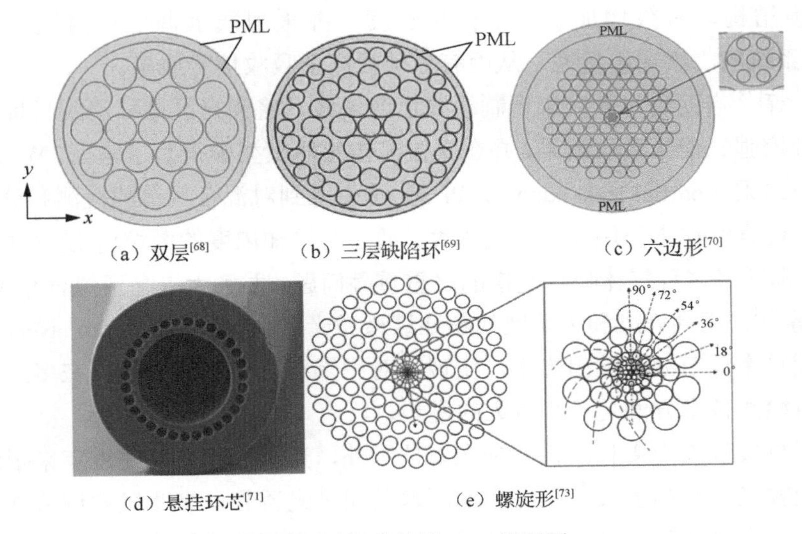

（a）双层[68]　（b）三层缺陷环[69]　（c）六边形[70]

（d）悬挂环芯[71]　（e）螺旋形[73]

图 6.10　各种结构 PCF 界面图

Rabee 等[73]提出了一种具有螺旋包层孔隙的空芯光纤。将 10 个螺旋臂设计在芯部的六角孔周围，每个螺旋臂均匀分布 7 个不同直径的孔［图 6.10（e）］。从有限元分析可以看出，这种结构可以将极化模式有效地限制在多孔芯区域。当光通过结构复杂的空气孔时，与气体介质的相互作用效率更高，对应的相对灵敏度也更高，最高可达 72.04%。对于大多数光纤传感器，一般需要设计特殊结构将光信号泄漏到光纤外部，实现与待测环境信息的交换，对应的光损耗将比用于通信领域的光纤元件要严重得多。例如，图 6.10 中提出的包层具有大空气孔的实心 PCF 不能支持高效导光，硅玻璃管或空芯光纤也存在类似情况。因此，尽管气体对光信号的吸收效率正比于气体吸收池的长度，但是为了保证光信号的传输效率和测量结果的准确性，在研制气体传感器时也必须严格控制空芯微结构光纤的长度。Tan 等[74]在空芯光纤的两个端面上涂覆了交替电介质层作为两个反射镜，使用整个 PCF 截面形成谐振腔，大大增强光与空气介质之间的相互作用（6.75cm 谐振腔内的有效光程长度可以叠加到 5.5m），将乙炔检测限降低到了 7.5μL/L 以下。

除了上述进气方法和光纤结构的优化外，还有许多其他参数会对空芯光纤的气体传感性能产生影响。Yang 等[75]详细讨论了发射模式、光纤长度、波长调制和熔接参数对气体吸收效率提高的贡献。Wei 等[76]从理论上分析了环形光纤波导的长度、孔径、弯曲半径、系统噪声、光源发散角和气体吸收强度之间的依赖关系。此外，与吸收光谱相关的算法改进，近年来也逐渐受到关注。Wang 等[77]使用光纤环形镜结构，有效增加了光学作用长度，并采用残余调幅对消技术来改善 TDLAS 系统的二次谐波特性，从而有效地提高了吸收信号质量。

Wu 等[78]借助慢光效应来调制模式色散曲线，将慢光区域移动到目标气体的吸收线处增强光信号吸收效果，并在氨检测传感器模型中得到了验证。Wang 等[79]将偏最小二乘（partial least square，PLS）法引入到对混合气体的检测和分析中，并计算了混合气体中丙烷和丁烷的浓度。通过对已知浓度的丙烷/丁烷气体进行比较分析，消除了多种气体吸收光谱的严重重叠问题，并大大提高了拟合相关系数。Adamu 等[80]使用高亮度和大带宽的超连续谱激光器（supercontinuum laser，SCL），通过泵浦功率调节激光输出光谱，实现了对甲烷和氨的在线测量，在多组分气体实时分析检测技术方面是一个巨大的进步。

除了直接吸收光谱和波长调制光谱技术外，光子光热光谱是近年来报道的一种新的吸收光谱检测手段[81-83]。基本原理是通过光诱导，来激发和调节样品气体的热状态，当气体分子吸收输入光后会被激发到更高的能量状态，然后通过分子碰撞回到初始状态。在此过程中，气体的折射率将随温度变化。在实际应用中，通常使用 Sagnac 环路，通过测量顺、逆时针环路之间泵浦光的相位差来确定气体浓度。值得一提的是，Zhao 等[84]开展了在激光光子光热光谱气体检测方面的工作，他们将设计的反谐振空芯光纤与光子光热光谱相结合，最终实现了皮升（万亿分之一升）水平的乙炔检测。由于光纤的工作带宽和大容量，可以支持从可见光到红外光的宽波长范围的光信号同时传输，有望通过一个光纤系统实现对多组分气体的同时监测、信息分析和远距离信号传输。表 6.3 中总结了干涉型和吸收型空芯光纤气体传感器的主要结构形式和特点。

表 6.3　空芯光纤气体传感器的主要结构形式和特点

类型	结构形式	特点描述	参考文献
干涉型	单 Fabry-Perot 干涉仪	光纤端面构建单个干涉空腔	[41]
	级联 Fabry-Perot 干涉仪	不同长度干涉腔级联构建游标效应光谱	[43]
	敏感膜 Fabry-Perot 干涉仪	通过结构或敏感材料换能机理改变腔长	[48]
	Mach-Zehnder 干涉仪	基于光纤结构设计实现模间干涉或分路干涉	[49]
	Sagnac 干涉仪	环形腔多次吸收形成相位叠加效应	[51]
	微通道加工	飞秒激光在光纤侧壁开孔实现气体交换	[41]

续表

类型	结构形式	特点描述	参考文献
吸收型	空芯光纤纤内吸收	“光流”通道和气体吸收池合二为一	[64]
	熔接光纤纤外吸收	光场泄漏至光纤表面被待测气体吸收	[66]
	新型微结构	光纤参数理论优化，增加面积，减小损耗	[73]

空芯微结构光纤气体传感器可划分为干涉型和吸收型两种，随着相关研究工作的陆续报道和深入开展，这两种类型的技术原理和特性已经非常清晰。干涉型气体传感器最大的优点是系统简单，结构紧凑。使用级联干涉仪结构构建的游标效应，可以将检测灵敏度（精度）提高一到两个数量级，但光谱包络的解调技术较为复杂，可能会成为实用化道路上的一大障碍。同时，干涉相位是由周围环境的等效折射率决定的，传感探头会受到更多其他因素的影响（如温度、压力、应力），导致选择性和稳定性差。

虽然，通过引入对不同气体分子敏感的膜层材料可以有效增强选择性，但在实际气体环境中测量时，受限于敏感材料的结构和形貌，其选择性能差异较大。相比之下，与气体分子的化学键和极性直接相关，对应于特定波长位置的特征吸收峰是唯一确定的，因此吸收型气体传感器在选择性和稳定性方面具有明显的优势。然而，传感系统往往比较复杂，限制了其实际应用（如 TDLAS 系统中包含可调谐激光器、空间结构的气体吸收池等）。为了获得更好的传感性能，必须对数据分析和算法优化给予足够的重视（TDLAS 系统中需要通过吸收光谱的二次谐波信号解析来获取气体浓度信息）。综上所述，基于空芯微结构光纤的干涉型气体传感器在未来还有很大的改进空间，需要加强理论层面设计到实验验证的衔接，同时加快相关器件的产品化进程。同时，吸收式气体传感器将严重依赖于硬件设备（激光设备、光纤）和算法的升级。

近年来的研究表明，基于空芯微结构光纤的气体传感器具有优异的性能。光纤内的空气孔洞为增强光与气体介质之间的相互作用提供了天然的气体吸收池，与传统光纤相比性能独特。近年来，基于空芯微结构光纤的气体传感器技术更加成熟。此外，还引入了特殊光纤和优化算法，以进一步提高传感性能。在信息时代，结构紧凑、易于与平面芯片集成、作为光波导的高性能空芯微结构光纤气体传感器具有广阔的发展前景。但是，在后续的研究中仍存在许多不足和需要克服的问题。

在最初的研究阶段，相关研究的首要目标主要集中在采用创新结构和新材料来提高传感性能（特别是灵敏度或分辨力），但增加了生产成本和生产难度，只适合实验室实验研究，无法量产。此外，在一些复杂的工业条件、日常生活和特殊环境中，其结构和光路过于复杂和脆弱。因此，在后续的研究中，优化制造工艺，降低生产成本将成为必然趋势。由于目前光通信技术相对成熟，相关材料应用广泛，如果能在此基础上实现光纤传感，将更容易推广，成本更低，兼容性更高。还应关注整个传感器电路的集成和封装，为其商业应用铺平道路。

尽管空芯微结构光纤气体传感器具有许多传统气体传感器的优点，但它仍然只能监测特定位点的气体浓度。对于干涉型气体传感器而言，外界环境（如压力、温度和应力）对实验结果的影响仍然不容忽视。如何解决交叉灵敏度问题，实现气体浓度的多点组网、分布式测量将是未来研究的一大难题。针对这一难题，一些学者提出了一些想法。Duan 等[53]通过巧妙地组合空芯石英管和 SMF，提出了 Fabry-Perot 干涉仪和 Mach-Zehnder 干涉仪组合传感装置，并同时测量了温度和应力，无交叉灵敏度。Wang 等[79]将 PLS 引入混合气体的检测和分析中，成功地消除了丙烷和丁烷吸收光谱的重叠。在后续的研究中，有望为解决多参数测量和交叉灵敏度问题提供借鉴。

作为传感器，良好的传感性能仍然至关重要。光纤技术自身的发展对整体的传感系统集成及应用起着至关重要的作用。灵敏度更高、传输带宽更大、结构更完善的特种光纤仍然是研究重点之一。此外，空间光学、具有其他光纤结构的气体传感器以及基于空芯微结构光纤的其他传感器的发展可为这一研究领域提供更多参考，也应予以重视。硬件设备的发展也可能影响传感性能，如激光设备、切割设备和焊接拼接器的优化。最后，涂层材料对传感探头的影响不可忽略。目前，光纤常用的涂层材料仍然相对有限。金属氧化物气敏薄膜在电化学气体传感器领域有着广泛的应用，但在常温条件工作的光学类气体传感器方面的应用极少。

6.3 PCF 激光光谱气体检测技术

本节将从 PCF 结构参数的优化设计出发，综述近年来基于不同 PCF 结构的气体激光光谱吸收检测技术的发展，其中包括如何通过 PCF 结构参数的优化提高气体检测相对灵敏度和降低光传输损耗；如何利用 PCF 设计端面反射型、光栅波长调制型和复合型光纤探头；如何借助大长度及大孔径 PCF 提高气体分子与光信号的作用效率等。

6.3.1 PCF 激光光谱气体检测技术发展

冶金化工、煤矿、石油化工领域中，对易燃易爆危险气体预混测试、环境实时监测、浓度控制及早期预警对生产安全和生命财产保障至关重要[85]。低功耗、结构紧凑、本质安全、高性能的气体传感技术在工业生产过程监测和环境污染治理方面需求极为迫切。石英音叉和声表面波的声光光谱技术、半导体纳米材料的催化吸收和阻抗变化、材料增敏微机电系统和纳机电系统、光子晶体微腔和光纤传感技术在气体探测方面均表现出了优异的性能和产品化的潜力[86-88]。特别是基于激光光谱检测、光纤传感等光学技术，更有利于在易燃易爆、高温有害等苛刻环境条件下实现对气体的原位、实时和组网监测[89]。激光光谱吸收技术除了可用于近海海面、大气环境、工况空间等大尺寸区域内气体浓度的遥感探测，还可实现对特定位置气体浓度和组分的原位检测和分析[90]。通过光纤传导和收集激光信号，能极大地简化气体光谱检测系统[91]。PCF 具备周期性空气孔洞，在高效传输光信号的同时，也为气体激光光谱吸收检测提供了天然气池，可以基于吸收光谱、拉曼光谱、光热光谱、声光光谱等机理实现气体探测[92]。Lambert-Beer 定律常用于描述气体分子光谱吸收，当空气孔充满气体时，其等效折射率增大，纤芯和包层的折射率差减小，光场将进入包层空气孔中与气体作用，有效增大气体分子光谱吸收的作用面积，使光谱吸收强度变化更为明显[93]。因此，可以获得检测灵敏度的显著提升[94]。

类似于平面光子晶体结构的色散结构或介质，PCF 内部可以产生慢光效应，通过光信号的群速度减慢来增加光与气体分子的作用距离，实现等效作用光程的延长，以提高气体检测的灵敏度[95]。2019 年，THz-PCF 被提出用于实现对氰化氢浓度的检测，并通过理论模型计算在 1239.9GHz 频率处观察到了明显的吸收窗口，检测限可以达到 2μL/L[96]。引入表面等离子激元结构可有效提高 PCF 传感器的灵敏度，如在其空气孔内壁选择性涂覆金属膜和填充微纳米金属线，以及端面和侧面制作金属纳米膜和微纳结构等[97]。气体分子受拉曼散射效应激光激发产生的拉曼散射可以直接反映气体压力和浓度的变化信息，同时具备在强度和频移等多维度实现对不同种类气体检测的潜力[98]。PCF 可以实现对其内部灌注液体的光学泵浦和荧光信号高效收集，有望用于研制低功耗生物荧光检测芯片[99]。Jochum 等[100]利用 PCF 的拉曼光谱增强效应，同时监测成熟水果散发的 O_2、CO_2、NH_3 和 C_2H_4 气体，实现对水果贮存状态的实时监测及腐烂预警功能。四种气体的拉曼吸收光谱位置可明显区分，对比样品气体，其检测误差小于 3%。PCF 一方面可以利用其内部气孔构建光学、气体、流体通道，用于研制“纤内”一体化传感探头，或者与其他类型光纤熔接构建多功能紧凑型光纤结构；另一方面，也可以被加工成 D 形表面、长周期光栅、双锥形微纳光纤，融合其他光纤结构与 PCF 特点，开发新型的光学器件[101]。

6.3.2 PCF 结构参数优化

如图 6.11 所示，PCF 的包层气孔可以是六边形、圆形、椭圆形等结构，分布形式可以为均匀分布、辐射分布、螺旋形分布等。根据纤芯内部结构差异可以初步将 PCF 分为高折射率反射型的普通 PCF，原理类似传统光纤，光信号在中心纤芯内全反射传输；折射率导引型 PCF，又称光子带隙型 PCF，它利用光子带隙效应，

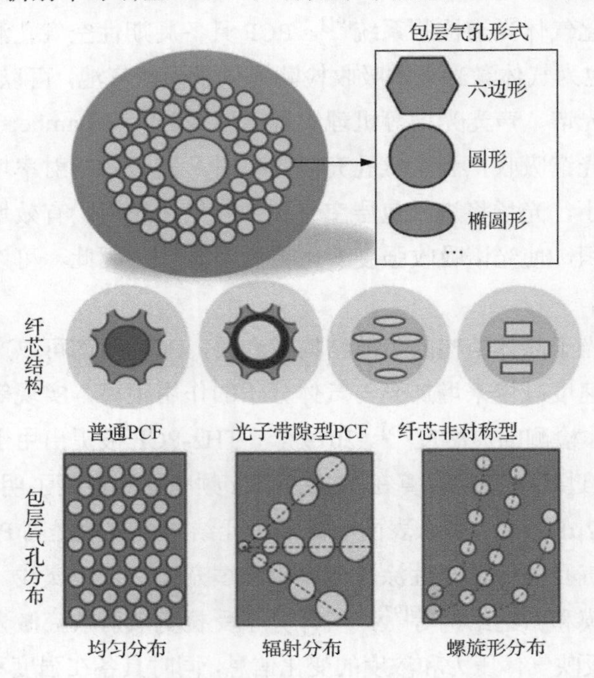

图 6.11 PCF 的纤芯，包层气孔结构及分布形式示意图

将光场局限在低折射率的空芯纤芯内传输。此外，还可以将纤芯结构设计为非对称型，以实现对光信号的非线性调控。在对 PCF 结构参数进行优化时，要根据不同的光纤类型和包层结构分布形式进行精细调控，以检验不同参数下的光学模场分布效果。

6.3.2.1 普通 PCF 结构参数优化

PCF 气体传感探头的性能讨论主要集中在 PCF 关键几何结构参数的优化上，目标一方面是提升气体检测的相对灵敏度[102]：光纤内光学模式与气体分子有效作用面积和整个模场截面的面积比，单位为%。另一方面是改善孔径对光信号的限制损耗[103]：表征 PCF 包层对光场的限制能力，用光场经过单位长度 PCF 后的功率损失，单位为 dB/m。然而，跨越微米尺度的超精细纳米结构 PCF 的设计大多也只存在于理论仿真阶段。在对 PCF 的几何结构参数进行设计和优化的过程中，最简单的方式是改变纤芯及其周围不同级次环形结构上的空气孔直径或周期，PCF 纤芯的几何结构及占空比的优化，可以有效提升气体检测的相对灵敏度[70, 104]。

根据紧密排列环形、六边蜂巢形、八角形、十角形等单一构型或者多种构型混合，可以构建结构规则、中心对称的光子晶体结构。它们也更容易通过采用传统堆栈-拉伸技术直接获得[68]。采用八角阵列结构 PCF，气体检测相对灵敏度从 5.09%提高到了 9.33%，限制损耗也降低到了 10^{-4}dB/m 量级[105]。Morshed 等[106]在针对 CH_4 和 HF 气体传感特性分析的 PCF 仿真模型中，将限制损耗降低到 10^{-8}dB/m 量级。

将 PCF 的包层部分设计成螺旋结构，可以表现出更显著的模式限制作用，有效减小光纤结构对光学模式的限制损耗[107, 108]。在此基础上，可通过调节内部光子晶体单元形状和分布获得高双折射，拓展工作波长范围，提高气体检测的相对灵敏度。通过在环形 PCF 结构中引入数层螺旋形多空区域围绕纤芯，理论计算在 1.3μm 处获得了高达 75.75%的相对灵敏度，对应的有效模面积为 2.45μm^2，工作波长可以覆盖 0.9～1.3μm[109]。但是，该 PCF 空气孔的结构参数必须严格控制，其直径在 50nm 范围的差异将导致相对灵敏度在 10%的范围内变化，其他的影响因素还包括孔洞周期、螺旋环结构层数、光波波长及偏振特性。

最近，Paul 等[110]通过仿真建模计算，首次在普通 PCF 的周期性结构中引入准晶体结构，有效抑制非线性光学效应，降低传输损耗（10^{-6}dB/m 量级），获得了高质量的单模传输（范围 1～1.8μm）和高相对灵敏度（64.69%）的气体传感效果。除了传统圆形截面纤芯结构以外，纤芯部分还被设计成三个矩形平面堆栈型结构。这三个平面的相对位置和角度的变化会直接影响不同偏振方向光信号的模场光斑。该结构在 1.3～2.2μm 波长范围内表现出完美的线性响应，对应的相对灵敏度为 48.26%[111]。

6.3.2.2 光子带隙型 PCF 结构参数优化

光子带隙型 PCF 借助内部空气孔周期晶体来传导光学信号，其中 94%～95%的传输光被束缚在纤芯内，总的模式空气重叠比率高达 98%～99%，可以作为一种绝佳的气体光谱吸收池。例如，可以在其空芯光纤内灌注乙炔气体后熔接到 SMF 上，用于构建紧凑型的参考样品池[112]。可通过优化光子带隙型 PCF 的结构参数来提升 CO 检测过程中纤芯内的光场传输效率（90%）[113]。

光子带隙型 PCF 对激光光源的波长有严格要求，必须落入其带隙范围，才能保证将 70%～90%的光学模场功率局限在空芯光纤内，以实现与气体分子的高效作用[114]。最近，Arman 等[115]采用 COMSOL Multiphysics 设计了光子带隙型 PCF，当空芯光纤直径从 5.3μm 增大到 5.8μm 过程中，仿真获得其最高相对灵敏度为 96.53%，对应的光场模式分布也显示出了最低的限制损耗。类似于经典保偏光纤对不同偏振方向光信号的调节作用，也可以在光子带隙型 PCF 结构内部引入椭圆形孔来增强双折射效应。椭圆孔的快轴、慢轴、周期和结构分布会影响 x、y 方向偏振光的模场分布。结构参数优化后非对称型椭圆孔的最高相对灵敏度为 53.07%，明显高于对称型椭圆孔（约 48%）和正六边形圆孔结构（约 42%）[116]。

除了纤芯形状以外，光子带隙型 PCF 气体检测的相对灵敏度和限制损耗与高折射率 GeO_2-SiO_2 纤芯环和围绕其周围的第一环空芯孔的结构参数息息相关。在光子带隙型 PCF 结构中引入掺 Ge 缺陷环结构，可以借助其绝热模式转换特性极大地降低与 SMF 间的熔接损耗（0.22dB）[117]。大直径的空芯孔可以有效提高相对灵敏度，降低限制损耗。通过将第一环空芯孔的形状由圆形变为六边形，可将更多光学能量束缚在纤芯环和第一环空芯孔内传播，并验证甲烷在 1.33μm 波长位置的光谱吸收效率增加了 3 倍（从 3.25%到 13.23%），限制损耗降低了 1/265[118]。

针对以上研究工作中所应用的空芯微结构光纤的典型结构特点，这里对比分析了其相对灵敏度、限制损耗和中心波长，如表 6.4 所示。

表 6.4 不同结构 PCF 的光学特性对比

纤芯结构	相对灵敏度/%	限制损耗/（dB/m）	中心波长/μm	参考文献
单气孔	76	约 1.14×10^{-3}	1.5	[103]
多孔微结构	42.27	约 4.78×10^{-6}	1.33	[70]
双环孔	13.94	2.74×10^{-4}	1.5	[68]
环形孔	9.33	6.8×10^{-4}	1.5	[105]
悬挂圆环	27.58	约 1.77×10^{-8}	1.33	[106]
微结构空气孔+螺旋环包层	57.61	7.53×10^{-3}	1.33	[107]
	55.1	7.23×10^{-3}	1.33	[108]
	75.75	—	1.3	[109]
准晶体结构	64.69	4.38×10^{-6}	1.55	[110]
矩形堆栈	48.26	1.26×10^{-5}	1.33	[111]
三角分布纤芯	91.7	—	1.567	[113]
空芯圆孔带隙型	86	—	1.65	[114]
	96.57	—	1.55	[115]
椭圆孔阵列	53.07	3.21×10^{-6}	1.33	[116]
空芯高折射环	5.09	1.25	1.5	[117]
	13.23	3.77×10^{-6}	1.33	[118]

从近年来的相关研究进展，以及相应光纤结构光学性能对比可以看出，普通 PCF 的相对灵敏度提高程度有限，并且大多数光信号截面被实心的光纤纤芯覆盖，应用于实际气体传感时难以得到理想的传感灵敏度。尽管有部分工作通过对其包层多层晶体孔的结构进行调制，获得了 75.75%的相对灵敏度增强，然而也对 PCF 提出了更为苛刻的要求；光子带隙型 PCF 的纤芯为空芯型，相关结构的最高相对灵敏度最高可以达到 96.57%，个性化设计的纤芯结构形式也被提出，对结构参数的精细化程度要求更高，实验和理论计算的偏差需要深入论证。

6.3.3 表面吸收型 PCF 气体传感器

基于 PCF 设计的气体激光光谱吸收传感探头，可大致分为端面反射型、光纤侧面吸收等的表面吸收型，如图 6.12 所示。

本节将重点讨论最简单的干涉型 PCF 气体检测技术，一类是反射型结构，将一段 PCF 熔接在普通光纤尾端的 Fabry-Perot 反射腔结构，其端面通常需要涂覆反射膜［图 6.12（a）］；另一类为透射型结构，将一段 PCF 熔接在两段普通光纤中间［图 6.12（b）］，可以借助 FBG，也被称作一维光子晶体结构［图 6.12（c）］、LPFG［图 6.12（d）］或双锥形 PCF 的倏逝场［图 6.12（e）］实现气体检测功能。

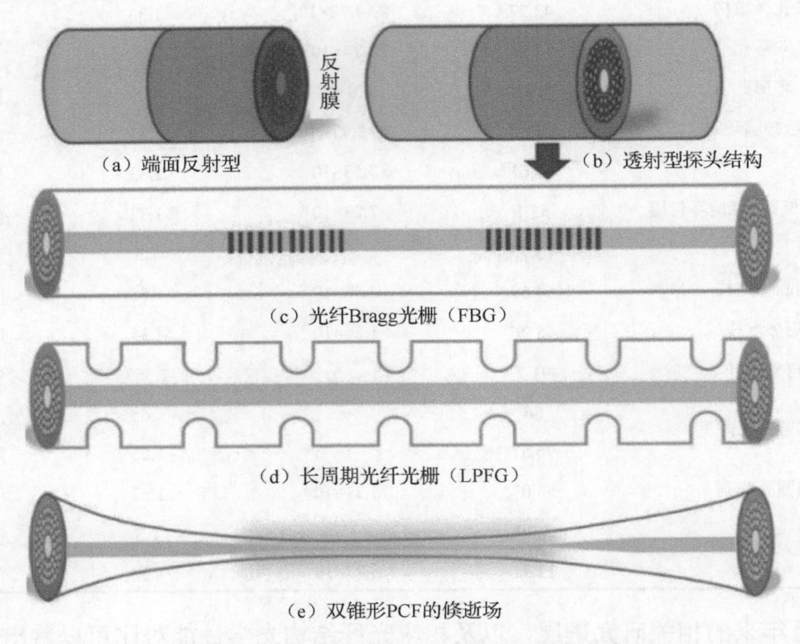

图 6.12　用于气体表面吸收型传感器的不同 PCF 结构

6.3.3.1　端面反射干涉型气体探头

气体分子光谱吸收过程中，光谱吸收强度主要依靠观测特定波长位置激光功率的衰减强度，实现对气体浓度的标定，结合一次谐波和二次谐波的谐波检测技术可以有效消除部分噪声干扰[119]，降低检测误差，但仍然难以摆脱强度检测方法的弊端，检测精度提高程度有限。当分布反馈式（distributed feedback，DFB）光源使用正弦波形调制时，由 Lambert-Beer 定律可以推导出，气体分子光谱吸收强度的二次谐波分量正比于气体浓度。因此，可以在二次谐波分量的强度幅值达到最大时，确定 DFB 激光器的最佳调制频率[120]。同时，该过程往往伴随局部温度、密度和压力变化，可构建干涉型气体吸收池。通过干涉光谱的相位变化信息，实现对气体浓度检测，有效消除激光功率不稳定及环境因素影响引入的背景噪声。最简单的干涉型结构是将一小段 PCF 熔接到 SMF 端面，构成反射型气体探头，气体可以通过进入开放的光子晶体空气孔与光信号作用[121]。实验表明，它对气体检测能力可以接近纳摩尔量级[40]，可实现对纳升级挥发性有机物气体的快速检测（<20s）[122]。基于光谱吸收原理，PCF 气体探头的灵敏度一般与占空比成正比，但是干涉型 PCF 结构中的多模干涉一般是由基模和二阶模产生，高阶模式的损耗极大，因此结构的优化设计中占空比又不宜过大。反射型 PCF 的端面反射可以通过熔接其他实心光纤[123]或者涂覆反射膜层进行设计，某些气体敏感材料可以充当反射膜层或者膜层掺杂材料，以实现对气体的选择性检测。

6.3.3.2 光栅波长调制型气体探头

PCF 气体吸收池可以借助微纳加工和镀膜工艺进行设计和制作。不同气体对应的吸收波长除了由特定的激光器提供，也可以通过在空芯光纤结构内部刻蚀特定周期的 FBG，以得到特定波长位置的光谱增强，实现对纤芯传输基模光信号的波长调控，同时借助高阶模式传输特性及二者间的多模干涉效应，可实现多参数信息的同时感知，以提高探头的选择性[124]；同时，FBG 可以充当光反射镜的作用，可以用于构建气体分子吸收谐振腔，有效提高气体检测的灵敏度[125]。Yan 等[126]结合 FBG 和 PCF-FBG 结构构建了谐振腔型气体吸收光谱检测探头，实现了对乙炔气体的检测，灵敏度为 2.2×10^{-3}dB/(mL/L)（表示气体浓度每增加 1mL/L 对光功率的吸收损耗会增加 2.2×10^{-3}dB）。SMF 和 PCF 纤芯上需要采用准分子激光器和掩模版，来刻蚀相同周期的 FBG 结构。

PCF 用 CO_2 激光器热熔法制备 LPFG，气体通过熔接在 PCF 和 SMF 间空芯毛细管上的孔进入 PCF，实现对 0～10MPa 气体压力的检测[127]。Zheng 等[128]采用 CO_2 激光器在 PCF 纤芯上刻蚀 LPFG 来消除纤芯模式，将更多激光能量分离到包层空气孔中，增加激光与气体分子的作用面积，同时在 PCF 端面镀银膜，与长周期光栅一起形成气体吸收腔，进一步提高了气体光谱吸收的作用距离。上述结构引入到掺铒光纤环激光器中后，将氨气检测灵敏度提高到了 17.3nW/(μL/L)。该工作中气体吸收池的设计方法将为微小、紧凑的一体化纤上气体探头研制提供借鉴。单亚锋等[129]首次在实验室环境搭建了实用化的分布式 PCF-LPFG 瓦斯气体传感系统。工作中使用的 PCF-LPFG 可以有效增强 PCF 探头的温度稳定性，提高检测精度，测试结果误差低于 10%。

6.3.3.3 复合结构

通过加热熔融拉锥或与其他类型光纤间熔接技术，可以设计多种新型的多光纤复合结构，类似设计可以归纳为级联光纤结构，除了需要对 PCF 自身结构参数进行优化外，还须考虑熔接光纤类型、结构、涂覆膜层的材料、封装方式等[130]。熔融拉锥技术可用于制作双锥形微米 PCF，作为一种开放型光纤探头，它可以借助光学倏逝场，实现对外界环境的感知，并且可通过石墨烯、金属纳米粒子修饰进行增敏。经过高温熔融拉锥处理后，PCF 的空气孔会塌陷，光纤内部的光信号会以倏逝场的形式逸出到光纤表面。通过将双锥形 PCF 与 SMF 连接并修饰上石墨烯涂层，Feng 等[49]研究了 H_2S 气体浓度从 0 到 45μL/L 变化过程中透射光谱的相位移动规律，得到的灵敏度为 0.03143nm/(μL/L)。然而，此结构中的光子晶体结构完全塌陷，不能合理地利用其内部孔洞结构传导气体分子和束缚光场。

PCF 与 SMF 熔接构建微型 Mach-Zehnder 干涉仪，依靠 PCF 两端熔接点凸锥结构实现光信号的分离和合束，通过纤芯基模与包层高阶模式干涉得到干涉光谱。PCF 表面涂覆的金属纳米粒子和石墨烯功能膜层，与气体作用后的折射率改变量作用于包层高阶模式影响干涉光谱相位，以实现对气体浓度的检测[131]。实验结果表明，对 H_2S 浓度检测限可以达到 3.85μL/L[132]。表面吸收型 PCF 气体传感性能比较见表 6.5。

表 6.5 表面吸收型 PCF 气体传感性能比较

光纤种类及结构		测量气体	灵敏度（分辨力）	工作范围	参考文献
微结构光纤端面反射型	无熔接对准耦合	乙炔	0.2mL/L	0～5mL/L	[119]
		CH_4	—	0～50mL/L	[120]
	单端熔接反射	挥发性有机气体	约 10^{-10}～10^{-7}mol	—	[40]
		乙醇 甲醇丙酮	约 10^{-2}pm/(μL/L)	5～25mL/L 2～16mL/L	[122]
		H_2	25pm/(mL/L)	0～50mL/L	[123]
光栅波长调制	PCF 纤芯刻蚀 FBG 型	CH_4	146mL/L	0～200mol/L	[124]
	空芯光纤-FBG	CH_4	26μL/L	0～5mL/L	[125]
	PCF-FBG	乙炔	2.2×10^3dB/(mL/L)	0～100mL/L	[126]
	PCF 刻蚀 LPFG	空气	1.68nm/MPa	0～10MPa	[127]
	PCF-FBG 及银膜	NH_4	17.3nW/(μL/L)	0～400μL/L	[128]

续表

光纤种类及结构		测量气体	灵敏度（分辨力）	工作范围	参考文献
复合结构	级联光纤	H_2S	7.3pm/(μL/L)	0～30μL/L	[130]
			约 0.04nm/(μL/L)	0～60μL/L	[131]
	石墨烯涂覆 PCF 锥	H_2S	约 0.03nm/(μL/L)	0～45μL/L	[49]
			8.5pm/(μL/L)	0～80μL/L	[132]
	毛细管+PCF	空气	30899nm/RIU	1.00277～1.00372	[43]

通过将两个不同臂长的光纤干涉仪串联熔接，可以获得周期不同、叠加在一起的干涉光谱，进而借助游标效应分析二者差异，极大地提高光纤传感器的灵敏度。这种紧凑稳定的 PCF 熔接光纤结构已被证明具有极高的折射率传感灵敏度（>30000nm/RIU）[43]，也为未来低检测限光纤气体传感器的研制提供了借鉴。

近年来的相关研究表明，将 PCF 熔接在普通 SMF 端面，或者采用机械结构实现 PCF 和普通 SMF 的低损耗耦合，设计了一种极为简易的气体传感探头，它的优点是无须对光纤进行侧壁开孔，大大降低了工艺难度，然而却引入了结构不稳定、气体分子难以自由逸出等弊端。光栅结构的引入，可以在 PCF 内部构建光学谐振腔，极大地提高气体吸收效率和检测灵敏度，但是光栅的制作必须依赖 CO_2 和飞秒激光等高精密的加工技术。复合型光纤结构主要是借助不同类型光纤结构和气体敏感材料的特点，将多种光纤结构级联以构建高效率的气体光谱吸收腔，通过气体敏感材料涂覆提高气体检测灵敏度和选择性，为 PCF 型气体探头的灵活设计提供了重要的技术实现途径。该类结构的精细化设计主要依赖于光纤探头设计过程中对各种类型光纤结构参数，以及对修饰材料特性和膜层结构的精确控制。

6.3.4 长光程气体检测系统设计

在长光程气体检测技术 PCF 结构研究中，主要需要考虑气体分子的交换效率问题，以缩短检测时间。常用的光纤结构如图 6.13 所示。

其中，可以直接采用超长的 PCF 实现多种气体的填充和测量，但是需要在如图 6.13（a）所示的大长度 PCF 上多个位置打孔，或如图 6.13（b）中将多段 PCF 串联。此外，还可以通过图 6.13（c）的大空气孔结构来加快气体分子在光纤内的扩散速度，包括圆孔阵列形、柚子形和单孔空芯毛细管形空芯微结构光纤。

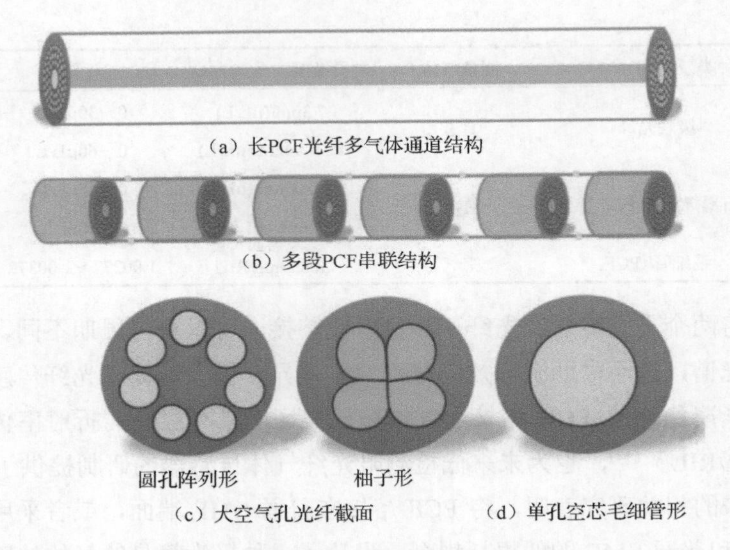

图 6.13 长光程气体检测技术 PCF 结构

6.3.4.1 大长度光纤气体吸收池

基于空芯光纤或者 PCF 的透射型一体化光纤气体探头的设计中，需要借助飞秒激光器或者 CO_2 激光器在光纤侧壁加工气体交换孔。PCF 被验证可以在 0.1s 的时间内实现对约 8.7μL/L 低浓度 CH_4 气体的快速响应。如果对检测速度要求不高，该检测下限可以降低到 1.4μL/L，对应的平均响应时间为 10s。该工作中，通过在一段长的光子带隙光纤打孔或者将多段短光子带隙光纤耦合串联以加快气体扩散速度[67]。Lehmann 等[63]在其工作中详细描述了如何采用飞秒激光在光子带隙光纤上加工微孔以构建气体进出通道，其中需要注意飞秒激光的带宽、功率、作用时间，以及光纤的固定、位置调节和透射功率的实时监测等。Hoo 等[133]最早提出了采用周期开窗 PCF 串联结构，可以在约 1min 内实现对浓度小于 6μL/L 乙炔气体的快速检测，然而，实际结构的制作和传感器设计过程中，还必须解决 PCF 与 SMF 的低损耗熔接、PCF 开窗加工精度、开窗孔的气体扩散膜设计等关键技术问题。

结构开放的 C 形光纤可以被直接熔接在 SMF 和 PCF 之间充当气体交换通道，从而有效提高此种探头的结构稳定性和制作重复性。Kassani 等[64]通过实验证明，采用悬挂环芯 PCF 对乙炔气体检测灵敏度是传统 PCF 的 4 倍。并且，气体检测的响应时间和测量分辨力也得到显著增加，悬挂环内的圆形空气孔表现出最佳的检测性能。当其形状变为椭圆形时，实验测得对浓度约为 5mL/L 乙炔气体的响应时间为 18.3min，略低于圆形结构的 16.4min[71]。

采用 785nm 的激发光和一段 30cm 长的 PCF，通过分析拉曼光谱变化可以实现对多种气体浓度的有效检测，0.4mL/L 浓度的 CO_2 和甲苯均可以被有效探测[134]。这种方式提供了一种最简单的气体探头（仅是一段 PCF）和更接近可见光波长的气体传感技术。但是拉曼光谱分析技术极大地拉高了该器件的成本，阻碍了其在低成本原位气体监测方面的应用。

大长度光纤传感系统的设计中，多种附加因素的引入将严重影响光谱信号的信噪比。首先，长程 PCF 加工的多个气体交换通道，或者多段 PCF 探头串联结构的设计将极大地削弱光信号强度。在不同光纤熔接位置引入的光学耦合功率损耗方面，冯巧玲等[135]通过将 5m 长的 PCF 与 SMF 熔接设计了低压填充氨气参考气体吸收池，得到的功率损耗低于<3.5dB。王海宾等[136]设计了 20m 长的 PCF 低压 CO_2 气体腔，通过 SMF 熔接和大数值孔径的 MMF 接收信号光，有效地将功率损耗降低到了约 3.5dB。

其次，仅仅采用 PCF 气体光纤探头与传统的空间光路集成的光学系统存在多个光学耦合部件，极易受到环境气体扰动影响，需要借助系统的全光纤化设计来优化传感系统的性能。Jaworski 等[137]首次将 1m 长的七孔 PCF（单孔直径约为 55μm）引入 TDLAS 系统代替传统笨重的光学吸收池，实现了对 CH_4 和 CO_2 的同时检测，对应的光谱吸收峰位置分别为 3.334μm 和 1.574μm，实验测得的检测下限分别为 24nL/L 和 144μL/L。该工作中详细分析和讨论了 PCF 用于气体检测的多模干涉效应和气体吸收光程过短等问题。

6.3.4.2 探头嵌入式光纤环吸收气池

Zhang 等[138]最早在 2004 年采用掺铒光纤环激光器，搭建光纤相干光谱气体传感器，来代替传统的激光光谱吸收空间光路系统。该环形结构内还可以引入 Fabry-Perot 滤波器和 FBG、PCF 来有效提高气体与激光作用距离。实验结果表明，该结构的气体吸收灵敏度相对于单程腔可提高 91 倍。相对单波长工作模式，双波长掺铒光纤环激光器经实验验证可以将乙炔检测的灵敏度增加 6.44 倍，得到了 10.42μV 的检测下限[139]。Sagnac 环滤波被首次应用到环形光纤激光系统中，用于串联多个 PCF 探头实现多点探测功能。基于干涉光谱的模式补偿效应，实现了在

1532.83nm 和 1534.10nm 处对浓度为 10mL/L 乙炔的激光吸收光谱的实时监测，对应的探测灵敏度分别为 398μV 和 1905μV[140]。引入 Sagnac 及光纤环反射镜等环形结构，极大地增加气体分子的等效吸收光程，在保证气体传感性能的同时，简化了全光纤气体激光光谱吸收系统。并且，掺铒光纤则进一步保证了环形结构内的光信号强度，补偿长距离光纤传输的损耗。

6.3.4.3 大空气孔光纤气体传感器

PCF 内部空气孔过小和长度过长，均会降低气体分子扩散速度。陆维佳等[141]结合理论分析和实验检测，对比了自由扩散和压差作用下 CH_4 气体的响应时间，进一步完善了相关理论模型。PCF 气体检测系统的设计还需要考虑所使用激光器的光束发散角、输出功率，以及光纤结构设计及光学性能优化等问题。

大孔径气体传输和检测通道，更有利于提升气体实时监测过程中的交换速率。Gui 等[142]选用空芯直径和周围六孔直径分别为 33μm 和 73μm 的柚子形 PCF，采用飞秒激光贯穿光纤侧壁到外围的六个孔洞，分别构建了六条独立的气体传输通道。实验结果表明，该探头可以在 15s 内实现对 0～50mL/L 乙炔气体的实时监测，单位气体浓度变化所引起特征波长的光功率变化率为 2.27×10^{-3}dB/(μL/L)；进一步，通过空分复用技术和 8 个光电开关，实现了 5 个位点不同浓度气体的分布式检测系统设计，并验证了其可行性。类似的微结构光纤可称为笼目（kagome）型结构，也在其他工作中被多次应用[143]。Yao 等[72]将单环 8 毛细管阵列微结构光纤引入 TDLAS 系统实现了 CO 的高灵敏度检测，相应的检测时间被缩短到 5s 以内。然而，以上系统的实质仍为独立、并列工作的单点气体探头的简单集成，多个单头实际是无法同时工作。最近，Zhao 等[84]采用类似的 7 毛细管阵列微结构光纤，完成了全光纤乙炔传感系统的设计和验证。Hansel 等[144]也提出了全光纤集成的氨气传感系统，将光电探测器、光源和集成电路通过各种光学耦合器和复用器连接起来，为全光纤 TDLAS 系统的设计提供了借鉴。

针对大空气孔光纤气体传感器的设计及系统集成，需要通过单光纤多通道融合和多光谱分析技术来研制更为紧凑的高性能、一体化分布式气体探头，例如，在多个通道的不同位置加工气体交换通道，以及选择性地在不同气体通道的内壁进行材料修饰，来获得实际意义的多种气体或多种浓度气体的分布式监测。

6.4 本 章 小 结

本章介绍了基于空芯微结构光纤的气体传感器的原理、结构、性能、应用及研究进展。一般来说，基于空芯微结构光纤的气体传感器系统本质安全，使用寿命长。与电化学传感器相比，它更适合于易燃易爆气体的检测。它的低传输损耗、高检测精度等性能都比传统光纤优越。根据工作机理，本章主要介绍了两种典型的气体传感器：干涉型和吸收型。干涉型传感器光路简单，对设备要求低。创新结构大大提高了灵敏度和检出限。然而，交叉灵敏度难以消除，无法实现气体成分检测。近年来，基于吸收技术的气体传感器技术日趋成熟，检测结果更加准确可靠。特殊光纤的引入和各种参数的优化有助于提高传感性能。然而，特殊光纤需要昂贵的设备和复杂的数据处理或分析方法。不成熟的集成和封装技术也成为其在工业生产、日常生活、市政环保、航空航天等领域进一步应用的主要障碍。

PCF 可以作为光流体通道，实现对光场模式的高效束缚，同时 PCF 的空气孔结构也方便了气体的流动，是未来紧凑型、集成化气体激光光谱检测传感器的主要研究分支。本章综述了近年来 PCF 气体检测技术的相关研究进展，主要从 PCF 自身结构参数优化（晶体结构、尺寸及分布形式）、PCF 气体传感探头设计（检测原理、探头结构、光学模式调控）和整体气体检测系统优化（系统噪声、应用环境、分布式传感）等角度进行分析和讨论。在 PCF 结构或探头设计角度，需要综合考虑光纤弯曲曲率、长度、内径、待测气体浓度、光源发散角及光场能量分布等对检测效果的影响。在系统层面，对 PCF 类气体传感器的优化，还应考虑光电器件零点漂移对传感性能的影响，多探头差分检测可以有效消除温度、湿度等非其他环境因素的干扰，提高检测结果精确度。未来有望采用毫米级和 125μm 的变径光纤，实现大孔径 PCF 与普通 SMF 的熔接，以构建光纤一体化气体探头。PCF 气体激光光谱检测技术未来仍然需要依赖理论层面的结构设计优化，确保纤芯光场模式>90%束缚传输；实验方面的传感性能优化，包括将其相对灵敏度提高到>60%，提高对多组分气体的选择性检测；同时，检测系统角度需要考虑进一步提高气体交换效率，以获得<10s 的响应速度，满足对气体实时监测需求；此外，气体检测系统的全光纤化设计至关重要，特别是在与常规 125μm 直径 SMF 间的

熔接基础上，搭建全光纤监测网络；在检测信号的有效提取方面，需要结合谐波探测技术、干涉光谱相位解调技术和差分结构设计来有效消除环境噪声的干扰。

参 考 文 献

[1] Chintoanu M, Ghita A, Aciu A, et al. Methane and carbon monoxide gas detection system based on semiconductor sensor[C]. IEEE International Conference on Automation, Quality and Testing, Robotics. IEEE, 2006: 208-211.

[2] Papkovsky D B, Dmitriev R I. Biological detection by optical oxygen sensing[J]. Chemical Society Reviews, 2013, 42(22): 8700-8732.

[3] Yamazoe N. Toward innovations of gas sensor technology[J]. Sensors and Actuators B: Chemical, 2005, 108(1-2): 2-14.

[4] Yamazoe N, Shimanoe K. New perspectives of gas sensor technology[J]. Sensors and Actuators B: Chemical, 2009, 138(1): 100-107.

[5] Schürmann G, Schäfer K, Jahn C, et al. The impact of NO_x, CO and VOC emissions on the air quality of Zurich airport[J]. Atmospheric Environment, 2007, 41(1): 103-118.

[6] Toniolo R, Bortolomeazzi R, Svigelj R, et al. Use of an electrochemical room temperature ionic liquid-based microprobe for measurements in gaseous atmospheres[J]. Sensors and Actuators B: Chemical, 2017, 240: 239-247.

[7] Gao D N, Zhang C X, Wang S, et al. Catalytic activity of Pd/Al_2O_3 toward the combustion of methane[J]. Catalysis Communications, 2008, 9(15): 2583-2587.

[8] Park H J, Kim J, Choi N J, et al. Nonstoichiometric Co-rich $ZnCo_2O_4$ hollow nanospheres for high performance formaldehyde detection at ppb levels[J]. ACS Applied Materials & Interfaces, 2016, 8(5): 3233-3240.

[9] Mohebati A, King T A. Remote detection of gases by diode laser spectroscopy[J]. Journal of Modern Optics, 1988, 35(3): 319-324.

[10] Castrellon J, Paez G, Strojnik M. Remote temperature sensor employing erbium-doped silica fiber[J]. Infrared Physics & Technology, 2002, 43(3-5): 219-222.

[11] Sabri N, Aljunid S A, Salim M S, et al. Toward optical sensors: Review and applications[C]. Journal of Physics: Conference Series. IOP Publishing, 2013: 012064.

[12] Dubé W P, Brown S S, Osthoff H D, et al. Aircraft instrument for simultaneous, *in situ* measurement of NO_3 and N_2O_5 via pulsed cavity ring-down spectroscopy[J]. Review of Scientific Instruments, 2006, 77(3): 034101.

[13] Silva S, Frazao O. Ring-down technique using fiber-based linear cavity for remote sensing[J]. IEEE Sensors Letters, 2018, 2(3): 1-4.

[14] Hassani A, Skorobogatiy M. Design of the microstructured optical fiber-based surface plasmon resonance sensors with enhanced microfluidics[J]. Optics Express, 2006, 14(24): 11616-11621.

[15] Li J, Fan R, Hu H F, et al. Hydrogen sensing performance of silica microfiber elaborated with Pd nanoparticles[J]. Materials Letters, 2018, 212: 211-213.

[16] Wu D K C, Kuhlmey B T, Eggleton B J. Ultrasensitive photonic crystal fiber refractive index sensor[J]. Optics Letters, 2009, 34(3): 322-324.

[17] Zhang Y, Shi J J. Photonic band modulation in a two-dimensional photonic crystal with a one-dimensional periodic dielectric background[J]. Communications in Theoretical Physics, 2008, 49(3): 747.

[18] Knight J C, Birks T A, Russell P S J, et al. All-silica single-mode optical fiber with photonic crystal cladding[J]. Optics Letters, 1996, 21(19): 1547-1549.

[19] Knight J C, Broeng J, Birks T A, et al. Photonic band gap guidance in optical fibers[J]. Science, 1998, 282(5393): 1476-1478.

[20] Markos C, Travers J C, Abdolvand A, et al. Hybrid photonic-crystal fiber[J]. Reviews of Modern Physics, 2017, 89(4): 045003.

[21] Pottage J M, Bird D M, Hedley T D, et al. Robust photonic band gaps for hollow core guidance in PCF made from high index glass[J]. Optics Express, 2003, 11(22): 2854-2861.

[22] Birks T A, Knight J C, Russell P S J. Endlessly single-mode photonic crystal fiber[J]. Optics Letters, 1997, 22(13): 961-963.

[23] Mogilevtsev D, Birks T A, Russell P S J. Group-velocity dispersion in photonic crystal fibers[J]. Optics Letters, 1998, 23(21): 1662-1664.

[24] Février S, Viale P, Gérôme F, et al. Very large effective area singlemode photonic bandgap fibre[J]. Electronics Letters, 2003, 39(17): 1240-1242.

[25] Chen M Y, Yu R J, Zhao A P. Polarization properties of rectangular lattice photonic crystal fibers[J]. Optics Communications, 2004, 241(4-6): 365-370.

[26] Santarsiero M, Gori F. Spectral changes in a Young interference pattern[J]. Physics Letters A, 1992, 167(2): 123-128.

[27] Zhang Y B, Wang N, Li X Y, et al. An interferential fiber-optic sensor and its demodulation scheme[C]. Symposium on Photonics and Optoelectronics. IEEE, 2012: 1-3.

[28] Wu C, Fu H Y, Qureshi K K, et al. High-pressure and high-temperature characteristics of a Fabry-Perot interferometer based on photonic crystal fiber[J]. Optics Letters, 2011, 36(3): 412-414.

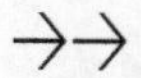

[29] Jedrzejewska-Szczerska M, Bogdanowicz R, Gnyba M, et al. Fiber-optic temperature sensor using low-coherence interferometry[J]. The European Physical Journal Special Topics, 2008, 154(1): 107-111.
[30] Dattner Y, Yadid-Pecht O. Analysis of the effective refractive index of silicon waveguides through the constructive and destructive interference in a Mach-Zehnder interferometer[J]. IEEE Photonics Journal, 2011, 3(6): 1123-1132.
[31] Niciejewski R J, Killeen T L, Turnbull M. Ground-based Fabry-Perot interferometry of the terrestrial nightglow with a bare charge-coupled device: Remote field site deployment[J]. Optical Engineering, 1994, 33(2): 457-465.
[32] Koskinen V, Fonsen J, Kauppinen J, et al. Extremely sensitive trace gas analysis with modern photoacoustic spectroscopy[J]. Vibrational Spectroscopy, 2006, 42(2): 239-242.
[33] Hokmabadi M P, Schumer A, Christodoulides D N, et al. Non-Hermitian ring laser gyroscopes with enhanced Sagnac sensitivity[J]. Nature, 2019, 576(7785): 70-74.
[34] Wang Y, Li Y H, Liao C R, et al. High-temperature sensing using miniaturized fiber in-line Mach-Zehnder interferometer[J]. IEEE Photonics Technology Letters, 2009, 22(1): 39-41.
[35] Tian Z, Yam S S H. In-line abrupt taper optical fiber Mach-Zehnder interferometric strain sensor[J]. IEEE Photonics Technology Letters, 2008, 21(3): 161-163.
[36] Mulrooney J, Clifford J, Fitzpatrick C, et al. Detection of carbon dioxide emissions from a diesel engine using a mid-infrared optical fibre based sensor[J]. Sensors and Actuators A: Physical, 2007, 136(1): 104-110.
[37] Sharma N, Gupta B D. Fabrication and characterization of a fiber-optic pH sensor for the pH range 2 to 13[J]. Fiber and Integrated Optics, 2004, 23(4): 327-335.
[38] Wang J J, Chen L, Kwan S, et al. Resonant grating filters as refractive index sensors for chemical and biological detections[J]. Journal of Vacuum Science & Technology B: Microelectronics and Nanometer Structures Processing, Measurement, and Phenomena, 2005, 23(6): 3006-3010.
[39] DeLisa M P, Zhang Z, Shiloach M, et al. Evanescent wave long-period fiber bragg grating as an immobilized antibody biosensor[J]. Analytical Chemistry, 2000, 72(13): 2895-2900.
[40] Villatoro J, Kreuzer M P, Jha R, et al. Photonic crystal fiber interferometer for chemical vapor detection with high sensitivity[J]. Optics Express, 2009, 17(3): 1447-1453.
[41] Yang F, Tan Y Z, Jin W, et al. Hollow-core fiber Fabry-Perot photothermal gas sensor[J]. Optics Letters, 2016, 41(13): 3025-3028.
[42] Couny F, Benabid F, Light P S. Reduction of Fresnel back-reflection at splice interface between hollow core PCF and single-mode fiber[J]. IEEE Photonics Technology Letters, 2007, 19(13): 1020-1022.

[43] Quan M R, Tian J J, Yao Y. Ultra-high sensitivity Fabry-Perot interferometer gas refractive index fiber sensor based on photonic crystal fiber and vernier effect[J]. Optics Letters, 2015, 40(21): 4891-4894.

[44] Li Y N, Zhao C L, Xu B, et al. Optical cascaded Fabry-Perot interferometer hydrogen sensor based on vernier effect[J]. Optics Communications, 2018, 414: 166-171.

[45] Zhao C L, Han F, Li Y N, et al. Volatile organic compound sensor based on PDMS coated Fabry-Perot interferometer with vernier effect[J]. IEEE Sensors Journal, 2019, 19(12): 4443-4450.

[46] Zhang Z, He J, Du B, et al. Highly sensitive gas refractive index sensor based on hollow-core photonic bandgap fiber[J]. Optics Express, 2019, 27(21): 29649-29658.

[47] Flannery J, Al Maruf R, Yoon T, et al. Fabry-Pérot cavity formed with dielectric metasurfaces in a hollow-core fiber[J]. ACS Photonics, 2018, 5(2): 337-341.

[48] Li Y N, Shen W M, Zhao C L, et al. Optical hydrogen sensor based on PDMS-formed double-C type cavities with embedded Pt-loaded WO_3/SiO_2[J]. Sensors and Actuators B: Chemical, 2018, 276: 23-30.

[49] Feng X, Feng W L, Tao C Y, et al. Hydrogen sulfide gas sensor based on graphene-coated tapered photonic crystal fiber interferometer[J]. Sensors and Actuators B: Chemical, 2017, 247: 540-545.

[50] Ahmed F, Ahsani V, Nazeri K, et al. Monitoring of carbon dioxide using hollow-core photonic crystal fiber Mach-Zehnder interferometer[J]. Sensors, 2019, 19(15): 3357.

[51] Wang H R, Zhang W, Chen C C, et al. A new methane sensor based on compound film-coated photonic crystal fiber and Sagnac interferometer with higher sensitivity[J]. Results in Physics, 2019, 15: 102817.

[52] Liu H, Wang H R, Chen C C, et al. High sensitive methane sensor based on twin-core photonic crystal fiber with compound film-coated side-holes[J]. Optical and Quantum Electronics, 2020, 52(2): 81.

[53] Duan D W, Rao Y J, Xu L C, et al. In-fiber Fabry-Perot and Mach-Zehnder interferometers based on hollow optical fiber fabricated by arc fusion splicing with small lateral offsets[J]. Optics Communications, 2011, 284(22): 5311-5314.

[54] Liu Y G, Wang Y X, Yang D Q, et al. Hollow-core fiber-based all-fiber FPI sensor for simultaneous measurement of air pressure and temperature[J]. IEEE Sensors Journal, 2019, 19(23): 11236-11241.

[55] Huang B S, Xiong S S, Chen Z S, et al. In-fiber Mach-Zehnder interferometer exploiting a micro-cavity for strain and temperature simultaneous measurement[J]. IEEE Sensors Journal, 2019, 19(14): 5632-5638.

[56] Lee C L, Lu Y, Chen C H, et al. Microhole-pair hollow core fiber Fabry-Perot interferometer micromachining by a femtosecond laser[J]. Sensors and Actuators A: Physical, 2020, 302: 111798.

[57] Gao P, Gao Y P, Li M Y, et al. All-fiber Mach-Zehnder interferometer with dual-waist PCF structure for highly sensitive refractive index sensing[J]. Applied Physics B, 2019, 125(6): 1-5.

[58] Beer A. Bestimmung der absorption des rothen lichts in farbigen flussigkeiten[J]. Annal Physik, 1852, 162: 78-88.

[59] Tittel F K, Richter D, Fried A. Mid-infrared laser applications in spectroscopy[J]. Solid-State Mid-Infrared Laser Sources, 2003, 89: 458-529.

[60] Gordon I E, Rothman L S, Hill C, et al. The HITRAN2016 molecular spectroscopic database[J]. Journal of Quantitative Spectroscopy and Radiative Transfer, 2017, 203: 3-69.

[61] Schilt S, Thevenaz L, Robert P. Wavelength modulation spectroscopy: Combined frequency and intensity laser modulation[J]. Applied Optics, 2003, 42(33): 6728-6738.

[62] Hoo Y L, Liu S, Ho H L, et al. Fast response microstructured optical fiber methane sensor with multiple side-openings[J]. IEEE Photonics Technology Letters, 2010, 22(5): 296-298.

[63] Lehmann H, Bartelt H, Willsch R, et al. In-line gas sensor based on a photonic bandgap fiber with laser-drilled lateral microchannels[J]. IEEE Sensors Journal, 2011, 11(11): 2926-2931.

[64] Kassani S H, Park J, Jung Y, et al. Fast response in-line gas sensor using C-type fiber and Ge-doped ring defect photonic crystal fiber[J]. Optics Express, 2013, 21(12): 14074-14083.

[65] Tang D L, He S, Dai B, et al. Detection H_2S mixed with natural gas using hollow-core photonic bandgap fiber[J]. Optik, 2014, 125(11): 2547-2549.

[66] Hu H F, Zhao Y, Zhang Y N, et al. Characterization of infrared gas sensors employing hollow-core photonic crystal fibers[J]. Instrumentation Science & Technology, 2016, 44(5): 495-503.

[67] He Q X, Dang P P, Liu Z W, et al. TDLAS-WMS based near-infrared methane sensor system using hollow-core photonic crystal fiber as gas-chamber[J]. Optical and Quantum Electronics, 2017, 49(3): 115.

[68] Morshed M, Asaduzzaman S, Arif M F H, et al. Proposal of simple gas sensor based on micro structure optical fiber[C]. International Conference on Electrical Engineering and Information Communication Technology (ICEEICT). IEEE, 2015: 1-5.

[69] Morshed M, Arif M F H, Asaduzzaman S, et al. Design and characterization of photonic crystal fiber for sensing applications[J]. European Scientific Journal, 2015, 11(12): 228-235.

[70] Morshed M, Hassan M I, Roy T K, et al. Microstructure core photonic crystal fiber for gas sensing applications[J]. Applied Optics, 2015, 54(29): 8637-8643.

[71] Kassani S H, Khazaeinezhad R, Jung Y, et al. Suspended ring-core photonic crystal fiber gas sensor with high sensitivity and fast response[J]. IEEE Photonics Journal, 2015, 7(1): 1-9.

[72] Yao C Y, Xiao L M, Gao S F, et al. Sub-ppm CO detection in a sub-meter-long hollow-core negative curvature fiber using absorption spectroscopy at 2.3 μm[J]. Sensors and Actuators B: Chemical, 2020, 303: 127238.

[73] Rabee A S H, Hameed M F O, Heikal A M, et al. Highly sensitive photonic crystal fiber gas sensor[J]. Optik, 2019, 188: 78-86.

[74] Tan Y Z, Jin W, Yang F, et al. High finesse hollow-core fiber resonating cavity for high sensitivity gas sensing application[C]. 25th Optical Fiber Sensors Conference (OFS). IEEE, 2017: 1-5.

[75] Yang F, Jin W, Lin Y C, et al. Hollow-core microstructured optical fiber gas sensors[J]. Journal of Lightwave Technology, 2017, 35(16): 3413-3424.

[76] Wei J Y, Wei Y Q, Zhu X S, et al. Miniaturization of hollow waveguide cell for spectroscopic gas sensing[J]. Sensors and Actuators B: Chemical, 2017, 243: 254-261.

[77] Wang F P, Chang J, Wang Q, et al. TDLAS gas sensing system utilizing fiber reflector based round-trip structure: Double absorption path-length, residual amplitude modulation removal[J]. Sensors and Actuators A: Physical, 2017, 259: 152-159.

[78] Wu Z F, Zheng C T, Liu Z W, et al. Investigation of a slow-light enhanced near-infrared absorption spectroscopic gas sensor, based on hollow-core photonic band-gap fiber[J]. Sensors, 2018, 18(7): 2192.

[79] Wang Y, Wei Y B, Liu T Y, et al. TDLAS detection of propane/butane gas mixture by using reference gas absorption cells and partial least square approach[J]. IEEE Sensors Journal, 2018, 18(20): 8587-8596.

[80] Adamu A I, Dasa M K, Bang O, et al. Multispecies continuous gas detection with supercontinuum laser at telecommunication wavelength[J]. IEEE Sensors Journal, 2020, 20(18): 10591-10597.

[81] Lin Y C, Jin W, Yang F, et al. Performance optimization of hollow-core fiber photothermal gas sensors[J]. Optics Letters, 2017, 42(22): 4712-4715.

[82] Zhao Y, Jin W, Lin Y C, et al. All-fiber gas sensor with intracavity photothermal spectroscopy[J]. Optics Letters, 2018, 43(7): 1566-1569.

[83] Lin Y C, Jin W, Yang F, et al. Pulsed photothermal interferometry for high sensitivity gas detection with hollow-core photonic bandgap fibre[C]. 25th Optical Fiber Sensors Conference (OFS). IEEE, 2017: 1-4.

[84] Zhao P C, Zhao Y, Bao H L, et al. Mode-phase-difference photothermal spectroscopy for gas detection with an anti-resonant hollow-core optical fiber[J]. Nature Communications, 2020, 11(1): 847.

[85] 胡洋，尹尚先，朱建芳，等. 矿井瓦斯/空气预混气体爆燃的激光纹影测试系统设计[J]. 光学精密工程, 2019, 27(5): 1045-1051.

[86] Nazemi H, Joseph A, Park J, et al. Advanced micro-and nano gas sensor technology: A review[J]. Sensors, 2019, 19(6): 1285.

[87] Qin X, Feng W L, Yang X Z, et al. Molybdenum sulfide/citric acid composite membrane-coated long period fiber grating sensor for measuring trace hydrogen sulfide gas[J]. Sensors and Actuators B: Chemical, 2018, 272: 60-68.

[88] Li J, Yan H, Dang H T, et al. Structure design and application of hollow core microstructured optical fiber gas sensor: A review[J]. Optics and Laser Technology, 2021, 135: 106658.

[89] 王书涛，王昌冰，潘钊，等. 光学技术在气体浓度检测中的应用[J]. 光电工程，2017, 44(9): 862-871.

[90] 李明星，陈兵，阮俊，等. 近海大尺度区域二氧化碳的激光在线探测技术[J]. 光学精密工程, 2020, 28(7): 1424-1432.

[91] 穆青青，刘晓波，刘伟. 多层 Au-Pd 核壳纳米颗粒膜增敏的光纤氢气传感器[J]. 光学精密工程, 2019, 27(8): 1681-1687.

[92] Yu R W, Chen Y X, Shui L L, et al. Hollow-core photonic crystal fiber gas sensing[J]. Sensors, 2020, 20(10): 2996.

[93] 阴亚芳，周圆，杨祎，等. 基于光子晶体光纤的气体传感系统设计与实现[J]. 半导体光电, 2015, 36(5): 811-814.

[94] Olyaee S, Naraghi A. Design and optimization of index-guiding photonic crystal fiber gas sensor[J]. Photonic Sensors, 2013, 3(2): 131-136.

[95] Ebnali-Heidari M, Koohi-Kamali F, Ebnali-Heidari A, et al. Designing tunable microstructure spectroscopic gas sensor using optofluidic hollow-core photonic crystal fiber[J]. IEEE Journal of Quantum Electronics, 2014, 50(12): 1-8.

[96] Qin J Y, Zhu B, Du Y, et al. Terahertz detection of toxic gas using a photonic crystal fiber[J]. Optical Fiber Technology, 2019, 52: 101990.

[97] Rifat A A, Ahmed R, Yetisen A K, et al. Photonic crystal fiber based plasmonic sensors[J]. Sensors and Actuators B: Chemical, 2017, 243: 311-325.

[98] 刘盼，张天舒，范广强，等. 气体受激拉曼散射系统的分析与优化[J]. 光学精密工程, 2019, 27(12): 2509-2516.

[99] Konorov S O, Zheltikov A M, Scalora M. Photonic-crystal fiber as a multifunctional optical sensor and sample collector[J]. Optics Express, 2005, 13(9): 3454-3459.

[100] Jochum T, Rahal L, Suckert R J, et al. All-in-one: A versatile gas sensor based on fiber enhanced Raman spectroscopy for monitoring postharvest fruit conservation and ripening[J]. Analyst, 2016, 141(6): 2023-2029.

[101] De M, Gangopadhyay T K, Singh V K. Prospects of photonic crystal fiber for analyte sensing applications: An overview[J]. Measurement Science and Technology, 2020, 31(4): 042001.

[102] Wang Q, Wu D, Bai L, et al. Improved sensitivity of a photonic crystal fiber evanescent-wave gas sensor[J]. Instrumentation Science & Technology, 2013, 41(2): 202-211.

[103] Islam M I, Ahmed K, Sen S, et al. Design and optimization of photonic crystal fiber based sensor for gas condensate and air pollution monitoring[J]. Photonic Sensors, 2017, 7(3): 234-245.

[104] 顾雯雯, 赵建林, 崔莉, 等. 光子晶体光纤气体传感灵敏度的有限差分法分析[J]. 光子学报, 2007, 36(1): 94-98.

[105] Naraghi A, Olyaee S, Najibi A, et al. Photonic crystal fiber gas sensor for using in optical network protection systems[C]. Proceedings of the 2013 18th European Conference on Network and Optical Communications & 2013 8th Conference on Optical Cabling and Infrastructure (NOC-OC&I). IEEE, 2013: 175-180.

[106] Morshed M, Hasan M I, Razaak S M A. Enhancement of the sensitivity of gas sensor based on microstructure optical fiber[J]. Photonic Sensors, 2015, 5(4): 312-320.

[107] Islam I, Paul B K, Ahmed K, et al. Highly birefringent single mode spiral shape photonic crystal fiber based sensor for gas sensing applications[J]. Sensing and Bio-Sensing Research, 2017, 14: 30-38.

[108] Islam M I, Ahmed K, Asadizzaman S, et al. Design of single mode spiral photonic crystal fiber for gas sensing applications[J]. Sensing and Bio-Sensing Research, 2017, 13: 55-62.

[109] Nizar S M, Caroline B E, Krishnan P. Photonic crystal fiber sensor for the detection of hazardous gases[J]. Microsystem Technologies, 2022, 28(9): 2023-2035.

[110] Paul B K, Ahmed K, Dhasarathan V, et al. Investigation of gas sensor based on differential optical absorption spectroscopy using photonic crystal fiber[J]. Alexandria Engineering Journal, 2020, 59(6): 5045-5052.

[111] Paul B K, Rajesh E, Asaduzzaman S, et al. Design and analysis of slotted core photonic crystal fiber for gas sensing application[J]. Results in Physics, 2018, 11: 643-650.

[112] Austin E, van Brakel A, Petrovich M N, et al. Fibre optical sensor for C_2H_2 gas using gas-filled photonic bandgap fibre reference cell[J]. Sensors and Actuators B: Chemical, 2009, 139(1): 30-34.

[113] 唐娅荔, 杨伯君. 用于CO传感的空芯带隙型光子晶体光纤的研究[J]. 半导体光电, 2010, 31(4): 648-651.

[114] 程同蕾, 李曙光, 周桂耀, 等. 空芯光子晶体光纤纤芯中的功率分数及其带隙特性[J]. 中国激光, 2007, 34(2): 249-254.

[115] Arman H, Olyaee S. Improving the sensitivity of the HC-PBF based gas sensor by optimization of core size and mode interference suppression[J]. Optical and Quantum Electronics, 2020, 52(9): 1-10.

[116] Asaduzanman S, Ahmed K. Proposal of a gas sensor with high sensitivity, birefringence and nonlinearity for air pollution monitoring[J]. Sensing and Bio-Sensing Research, 2016, 10: 20-26.

[117] Park J, Lee S, Kim S, et al. Enhancement of chemical sensing capability in a photonic crystal fiber with a hollow high index ring defect at the center[J]. Optics Express, 2011, 19(3): 1921-1929.

[118] Olyaee S, Naraghi A, Ahmadi V. High sensitivity evanescent-field gas sensor based on modified photonic crystal fiber for gas condensate and air pollution monitoring[J]. Optik, 2014, 125(1): 596-600.

[119] 钱晓龙，张亚男，彭慧杰，等. 基于空芯光子晶体光纤的反射式气体传感器[J]. 东北大学学报：自然科学版, 2017, 38(12): 1673-1676.

[120] Choudhary R, Singh A, Bhatnagar R. Hollow core photonic crystal fiber based methane gas sensor[C]. International Conference on Fibre Optics and Photonics. Optical Society of America, 2016: W3A.75.

[121] 侯建平，宁韬，盖双龙，等. 基于光子晶体光纤模间干涉的折射率测量灵敏度分析[J]. 物理学报, 2010 (7): 4732-4737.

[122] 于永芹，欧召芳，李学金，等. 基于悬芯光子晶体光纤内反射型的挥发性有机物的传感特性研究[J]. 中国科技论文, 2015, 10(17): 2018-2021.

[123] Zhou F, Qiu S J, Luo W, et al. An all-fiber reflective hydrogen sensor based on a photonic crystal fiber in-line interferometer[J]. IEEE Sensors Journal, 2013, 14(4): 1133-1136.

[124] 潘崇麟，惠小强，张涪梅. 用光子晶体光纤光栅实现温度，应力和气体浓度的同时传感[J]. 应用光学, 2013, 34(2): 374-380.

[125] 石立超，张巍，金杰，等. 中红外空心 Bragg 光纤的制备及在气体传感中的应用[J]. 物理学报, 2012, 61(5): 235-241.

[126] Yan G F, Zhang A, Ma G Y, et al. Fiber-optic acetylene gas sensor based on microstructured optical fiber Bragg gratings[J]. IEEE Photonics Technology Letters, 2011, 23(21): 1588-1590.

[127] Zhong X Y, Wang Y P, Liao C R, et al. Temperature-insensitivity gas pressure sensor based on inflated long period fiber grating inscribed in photonic crystal fiber[J]. Optics Letters, 2015, 40(8): 1791-1794.

[128] Zheng S J, Ghandehari M, Ou J P. Photonic crystal fiber long-period grating absorption gas sensor based on a tunable erbium-doped fiber ring laser[J]. Sensors and Actuators B: Chemical, 2016, 223: 324-332.

[129] 单亚锋，孙朋，徐耀松. 基于 PCF 的气体传感技术在瓦斯监测中的应用[J]. 传感器与微系统, 2013, 32(8): 142-145.

[130] 刘敏，冯德玖，冯文林. 基于无芯-多模-无芯光纤结构的硫化氢气体传感性质研究[J]. 光学学报, 2019, 39(10): 1006007.

[131] 冯序, 杨晓占, 黄国家, 等. 基于铜离子沉积石墨烯涂层锥形光子晶体光纤的硫化氢传感器[J]. 光子学报, 2017, 46(9): 0923002.

[132] 黄国家, 彭志清, 杨晓占, 等. 基于纳米铜/石墨烯包覆光子晶体光纤的硫化氢气体传感性能研究[J]. 光子学报, 2019, 48(3): 306001.

[133] Hoo Y L, Jin W, Shi C, et al. Design and modeling of a photonic crystal fiber gas sensor[J]. Applied Optics, 2003, 42(18): 3509-3515.

[134] Yang X, Chang A S P, Chen B, et al. High sensitivity gas sensing by Raman spectroscopy in photonic crystal fiber[J]. Sensors and Actuators B: Chemical, 2013, 176: 64-68.

[135] 冯巧玲, 姜萌, 王学锋, 等. 基于空芯光子晶体光纤气体参考腔的高灵敏度氨气检测[J]. 中国激光, 2016, 43(3): 0305001.

[136] 王海宾, 刘晔, 王进祖, 等. 光纤型空芯光子晶体光纤低压 CO_2 气体腔的制备[J]. 光学学报, 2013, 33(7): 0706007.

[137] Jaworski P, Kozill P, Krzempek K, et al. Antiresonant hollow-core fiber-based dual gas sensor for detection of methane and carbon dioxide in the near-and mid-infrared regions[J]. Sensors, 2020, 20(14): 3813.

[138] Zhang Y, Zhang M, Jin W, et al. Investigation of erbium-doped fiber laser intra-cavity absorption sensor for gas detection[J]. Optics Communications, 2004, 232: 295-301.

[139] Yang X C, Duan L C, Zhang H W, et al. Highly sensitive dual-wavelength fiber ring laser sensor for the low concentration gas detection[J]. Sensors and Actuators B: Chemical, 2019, 296: 126637.

[140] Zhang H W, Duan L C, Shi W, et al. Dual-point automatic switching intracavity-absorption photonic crystal fiber gas sensor based on mode competition[J]. Sensors and Actuators B: Chemical, 2017, 247: 124-128.

[141] 陆维佳, 周佳琦, 赵华新, 等. 波导式气体吸收池时间响应特性[J]. 光电工程, 2012, 39(4): 114-120.

[142] Gui X, Li Z Y, Wang H H, et al. Research on distributed gas detection based on hollow-core photonic crystal fiber[J]. Sensors & Transducers, 2014, 174(7): 14-20.

[143] Krempek K, Abramski K, Nikodem M. Kagome hollow core fiber-based mid-infrared dispersion spectroscopy of methane at sub-ppm levels[J]. Sensors, 2019, 19(15): 3352.

[144] Hansel A, Adamu A I, Markos C, et al. Integrated ammonia sensor using a telecom photonic integrated circuit and a hollow core fiber[J]. Photonics, 2020, 7(4): 93.

7 微纳光纤器件设计案例

7.1 概　述

微纳光纤的制作、结构设计和器件功能化，可以结合理论建模和实验验证去深入探究。然而，微纳光纤及器件的典型特点为超大的长度-直径比，很难通过理论建模手段去做前期的分析。目前，相关理论建模主要针对周期性结构和小比例缩放模仿，很难实现真正意义上的全模型仿真。因此，针对微纳光纤器件的研究，主要依靠丰富的实践动手经验和活跃的融合创新思维。而在实验研究方面，精细化微纳光纤结构设计必须依赖飞秒激光加工、微纳刻蚀加工等昂贵设备，对于经费受限的小课题组而言难以实施。

作者早期的研究主要集中在新型 SPR 结构设计及光学特性，开展了针对金属纳米结构光学特性的仿真[1, 2]、空腔型棱镜内壁激发 SPR 效应[3, 4]、空芯微纳光纤内光学特性[5]及金属微球表面 SPR 激发[6, 7]、金属纳米粒子掺杂性微纳光纤[8]等的初步研究。后续在相关微纳光纤结构设计及光学特性研究的基础上，开展了针对相关结构传感特性的初步探究[9, 10]，例如将纳米金球掺杂的 SiO_2 微纳光纤用于测量葡萄糖浓度[11]，将微米金球和微米银球掺杂的 SiO_2 微纳光纤用于折射率传感[12-14]。在上述相关研究中，对于微纳光纤的制作，主要采用本生灯来完成，并且由于操作人员经验和技术水平差异，所设计的微纳光纤传感器的重复性难以保证，但相应成果也为微纳光纤器件的低成本设计方法及实验提供了有益参考。除了传统的金属微纳米粒子和 SiO_2 微纳光纤外，也开展了针对其他功能纳米材料，特别是聚合物微纳光纤的相关研究[15-17]。聚合物微纳光纤的制作主要是基于聚合物材料本身的熔点较低（一般为 300℃左右），使用普通的酒精灯就可以将其熔融，将硬质材料的细棒探针插入其中即可拉制出数微米直径的聚合物微纳光纤。聚合物在加入有机溶剂三氯甲烷或丙酮后也可以被溶解达到溶胶状态，进而掺杂进其他功能性纳米材料或激光染料等，用于制作功能化的聚合物微纳光纤。

自 2016 年开始，课题组借助多功能光纤拉锥机和光纤熔接机等设备，逐步保障了微纳光纤制作的可重复性，同时利用新型纳米材料、电化学传感器以及一些先进的光学技术[18-21]，有效提高了所设计的典型微纳光纤传感器的性能。将光纤熔接机的工作模式调整为手动熔接，通过控制夹持光纤两侧电机的上下移动可以使光纤的纤芯错位，得到错位熔接光纤结构[22]；熔接过程中控制电极前后移动则分别可以得到微纳光纤锥和 S 形弯曲微纳光纤锥结构；将光纤端面放置在电弧放电区域，通过控制放电强度和次数，可以得到尺寸可调控的微米球形结构[23]。多功能光纤熔接机则是制作直径均匀的超长微纳光纤或光纤耦合器的有力工具，多根微纳光纤平行排列，可以用于设计高性能的微型 Mach-Zehnder 干涉仪[24]；沿着光纤径向，也可以加工多锥级联的准分布式光纤传感网络[25]；超长微纳光纤可以借助光学显微镜辅助的微纳操作系统，被加工成不同的环形谐振器，用于开发芯片式的传感器[26]。近年来，课题组陆续开展了相关的研究工作[27-29]，主要是采用手工打结的方式获得微纳光纤结形环，并通过聚合物材料的封装来实现其对外界环境温度及作用在封装膜片上压力的实时监测[30, 31]。在微环结构的设计及制作过程中，受环形结构差异和微纳光纤尺寸均匀性的影响，微纳光纤结形环可以表现出不同于均匀环形结构的光谱特点[32, 33]。进一步减小微纳光纤的直径可以获得更小尺寸和更敏感的微纳光纤结形环传感器[34]，但是使用一般的多功能光纤拉锥机难以实现。

结构紧凑的 Fabry-Perot 干涉仪的传感特性可靠，可以使用光纤熔接机和高精密三维光纤调节架来精确控制 Fabry-Perot 微腔的腔长。近年来，课题组的硕士研究生杨俊彤、王雁南和孟杰，以及本科生方正同、李周兵和范嘉璇等同学也结合微纳光纤和石英毛细管，设计了透射型和反射型的微纳光纤 Fabry-Perot 传感探头，并将其用于温度和应力传感[35-41]，探头的设计方法及相关性能分析可以参照本章相关内容。在光纤传感器的设计过程中，光纤熔接机的使用最为频繁，常用于对不同种类光纤的熔接，来获得级联型的复合光纤结构[42]。此类光纤结构的制作重复性高，并可以方便地涂覆各种新型的功能纳米材料，来优化传感器的灵敏度和选择性等性能[43]。课题组最近通过在 SMF-无芯光纤-SMF 级联光纤表面修饰 MoS_2 纳米片[44, 45]和 ZnO 纳米片[46]，在常温下验证了其对甲酸和乙醇的敏感特性，为半导体纳米材料的电化学气体传感器提供了有力补充[47]。以上提到的聚合物微纳光纤也一直是课题组的主要研究方向，为常温气体传感器的研制提供了重要参考，课题组前期的工作主要由研究生陈飞和高宁等同学完成。他们将对 H_2 选择性好的 Pb 纳米材料掺杂到聚合物 PMMA 中，分别通过在 SiO_2 微纳光纤锥表面涂覆[48]和 PMMA 微纳光纤内部掺杂[49-51]等方式，实现了对<10mL/L 浓度 H_2 的实时监测。除此之外，在光纤气体传感器中，具备多孔结构的微结构光纤也一直是重点研究对象，课题组在 2020～2022 年期间依托国家重点研发计划项目也开展了相关的研究工作，主要由硕士生闫浩同学完成，相关器件的特点分析已经在第 6 章中进行了介绍和讨论，详情可以参照相关综述论文（见文献[52]和文献[53]）。

综上，本章从课题组 2014～2022 年在微纳光纤传感技术领域的实验经历和经验总结出发，针对微纳光纤锥、微纳光纤回音壁耦合共振系统、聚合物微纳光纤功能化等不同种类的微纳光纤设计，特别是介绍和分析低成本实验及其结果，并讨论相关器件的发展现状和未来趋势。

7.2 微纳光纤锥制作及器件化

7.2.1 本生灯熔融拉伸双锥形微纳光纤折射率传感器

7.2.1.1 微纳光纤锥形参数的确定

双锥形微纳光纤是光纤领域一种非常重要的基础结构。其制作工艺是将光纤加热熔融后将其两端向相反方向拉伸，形成双锥形结构。近年来，熔融拉锥工艺的发展日臻完善，已经成为制作光纤器件的基本技术手段。双锥形微纳光纤也应用到了很多方面，成为光纤传感器技术的热点研究方向。当被加热的光纤段软化后，光纤直径在两端拉伸力作用下，其加热中心区的腰部直径逐渐减小，如图 7.1 所示，这是熔融光纤受轴向拉伸的一种变形。

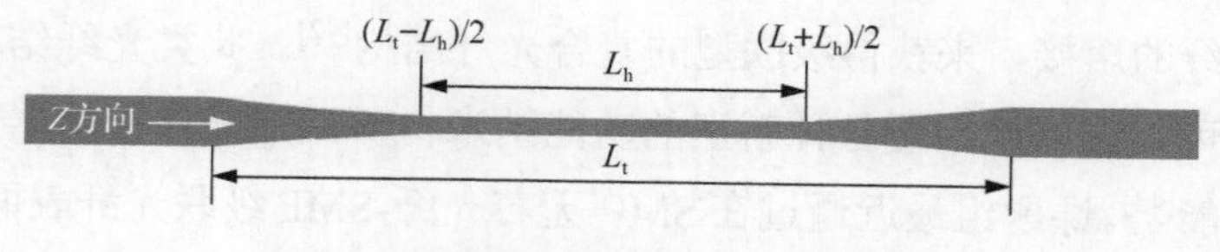

图 7.1　双锥形微纳光纤锥区结构示意图

一般认为，光纤在高温熔融状态下的流变行为服从牛顿流体规律。理论与实验研究表明，拉伸速度、时间、温度等工艺参数将影响双锥光纤的成形。通常，锥腰处的温度最高，直径最小。在相同温度下，拉伸长度越长，锥腰直径就越小。在相同拉伸速度和时间下，温度越高，锥腰直径就越小。对双锥光纤成形过程的解释一般会涉及材料熔融后的黏度问题，光纤黏度是一个很重要但又很难直接测量的量。而且，黏度与光纤的组成成分及结构有关系，这更增加了流变过程分析的复杂性，有必要建立一个既符合黏度变化物理规律又避开黏度这一物理量的模型。温度分布 $T(z)$ 对双锥光纤的成形起十分关键的作用。进一步研究双锥光纤成形基本原理可以发现，只要融锥温度分布 $T(z)$ 不变，成形后的光纤直径 d 分布函数形式也不变，导致双锥光纤形成抛物线形、高斯型、指数型、梯形等分布的本质是不同的融锥温度分布 $T(z)$。由于拉伸速度慢，拉伸速度对双锥光纤的成形影响不大。尽管温度分布是不均匀的，但是，对于任一峰值融锥温度 T_p（由光学高温计监测），可以引入加热器有效加热区长度 L_0 的概念。光纤在有效加热区长度之外，温度较低，即黏度很大，不软化。在有效加热区长度之内的光纤最后形成双锥形结构。根据体积不变，可以得出下列方程：

$$\pi\left(\frac{d_0}{2}\right)^2 L_0=\int_0^{L_t}\pi\left[\frac{d(z)}{2}\right]^2 \mathrm{d}z \tag{7.1}$$

式中，d_0 为光纤初始直径；$d(z)$ 为双锥光纤位于 z 处的直径；L_t 为双锥长度。实验测量表明，$d(z)$ 比较符合高斯分布，

$$d(z)=\begin{cases} d_0\mathrm{e}^{-\pi z^2/(2L_0^2)}, & 0\leqslant z<\dfrac{L_t-L_h}{2} \\ d_0\mathrm{e}^{-\pi(L_0+L_e-L_h)^2/(8L_0^2)}, & \dfrac{L_t-L_h}{2}\leqslant z<\dfrac{L_t+L_h}{2} \\ d_0\mathrm{e}^{-\pi(z-0.5L_0-0.5L_e-0.5L_h)^2/(2L_0^2)}, & \dfrac{L_t+L_h}{2}\leqslant z\leqslant L_t \end{cases} \tag{7.2}$$

设双锥光纤的几何分布为高斯函数形式，经推导可得双锥几何分布为三个实验易测的工艺参数 L_0、L_h、L_e，分别为加热器有效加热区长度、加热器有效等温加热区长度和拉伸长度。式（7.2）就是双锥光纤结构参数等效模拟结果，等效模拟结果既遵循基本的物理规律，又十分简单，并与研制工艺参数相联系，因此十分实用。

由式（7.2）可以看出，在锥区部分的最小直径为

$$d = d_0 e^{-\pi(L_0 + L_e - L_h)^2/(8L_0^2)} \tag{7.3}$$

利用双锥光纤光学特性等效模拟方法，对双锥光纤的光学特性进行详细的分析。计算所选参数如下：光纤纤芯直径为 10μm，光纤包层直径为 125μm，包层折射率为 1.46。加热器有效加热区长度 L_0 可以通过调整本生灯火焰与光纤的相对位置来控制，加热器有效等温加热区长度 L_h 与拉伸长度 L_e 有以下关系：

$$L_h = 0.1 + 0.1L_e \tag{7.4}$$

因此，通过控制拉伸长度和加热器有效等温加热长度就可以得到理想尺寸的双锥形微纳光纤。

7.2.1.2　双锥形微纳光纤简易制备及折射率传感性能

在火焰上加热拉制光纤的方法是将光纤置于火焰上方，将光纤一端固定，拉伸光纤另一端，使其在火焰上方延长形成光纤锥。在我们早期的实验中，使用的加热源主要为本生灯。本生灯是化学家本生为装备海德堡大学化学实验室而发明的加热器具，使用煤气为燃料。在本生灯发明前，所用煤气灯的火焰很明亮，但温度不高，是煤气燃烧不完全造成的。本生将其改进为先让煤气和空气在灯内充分混合，从而使煤气燃烧完全，得到高温火焰。火焰分三层：内层为水蒸气、CO、H_2、CO_2 和 N_2、O_2 的混合物，温度约 300℃，称为焰心；中层煤气开始燃烧，但燃烧不完全，火焰呈淡蓝色，温度约 500℃，称还原焰；外层煤气燃烧完全，火焰呈淡紫色，温度可达 800～900℃，称为氧化焰，此处的温度最高，故加热时主要利用氧化焰。

本生灯是化学实验室常用的中高温加热工具。因其操作温度较酒精灯高，故灯具的材质必须使用较耐热的金属。由于它的燃料在室温时是气态，要特别注意使用安全。使用前必须检查所有开关确保其是处于关闭的状态，才能打开总开关。目前，市场上已经出现以丁烷气体为燃料的电子打火式本生灯，手持或座式，操作愈加简便，也脱离了煤气源的限制。加之丁烷的优异燃烧性质，温度可以达到 1100～1200℃，纯 O_2 气氛下可能达到 1300℃左右，用途也由实验室扩展至更广的方面。课题组使用的是台式实验室火焰喷灯 D200，价格在数百元。它以丁烷为燃料，最高工作温度 1300℃，单次充气的使用时间为 60min。可以直接购买气体

打火机充气的罐装充气瓶，充气时注意须待本生灯关闭冷却后充气，充气结束后需要静置一段时间后再使用，以避免危险事故的发生。

通过控制拉伸长度和拉伸速度，可以得到需要直径和长度的双锥形微纳光纤。但是，手动拉伸需要合理控制拉伸力度，在将光纤移动到火焰加热区域前需要适当给光纤径向施加预应力，因为一般本生灯在加热熔融光纤需要让热量积累数秒，随着光纤达到烧熔状态预应力自然释放，光纤就会被自然拉伸，继续施加拉伸力使熔融区域光纤持续延长，就可以得到双锥形微纳光纤。在此过程中，需要注意选择火焰加热区域，外侧蓝色火焰的温度较高，内部黄色火焰的温度偏低；还需要注意双手拉伸速度的平滑过渡和力度控制，避免施力过快拉断光纤。对于经验不足的研究人员，此过程可能耗费较长时间去适应。为了保证微纳光纤制作的重复性和稳定性，可以借助固定基座和一维电机导轨，自主搭建微纳光纤拉锥系统。

利用普通标准 SMF 拉制微纳光纤，分为以下四步：第一步，利用剥线钳剥除标准 SMF 的外围涂覆层，长度在 1～2cm；第二步，利用擦镜纸蘸取些许乙醇，擦拭干净去除涂覆层的部分裸露光纤，为熔融拉伸做准备；第三步，将预制 SMF 横跨在本生灯火焰上加热，火焰尺寸大约为高度 2cm、宽度 1cm；第四步，在加热过程中来回移动本生灯使得去除涂覆层部分受热均匀，待加热部分至熔融状态，向两侧拉伸光纤，直至得到所需直径的光纤锥。在拉伸过程中，可以结合步进电机和手动拉制的方法，如图 7.2（a）所示，通过控制步进电机速度的大小，左右匀速地移动火焰，来制备不同直径且直径均匀的微纳光纤，电机速度一般控制在大约 100μm/s。利用这种方法制作的微纳光纤直径大概为 20μm。如图 7.2（b）所示，利用自调制拉伸法在本生灯下对微纳光纤拉伸，可得到直径在 2μm 到十几微米之间不同的微纳光纤。

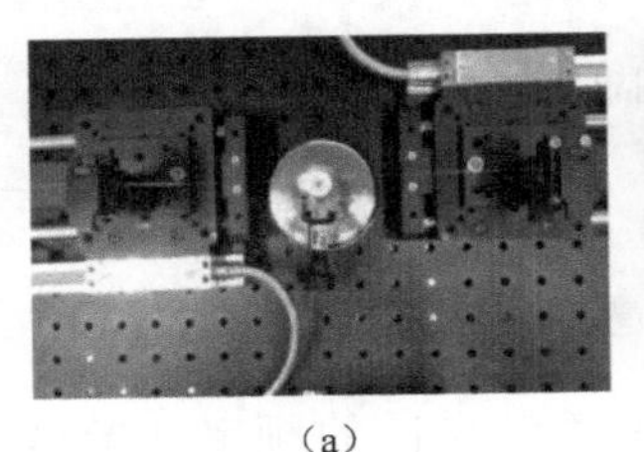
（a）

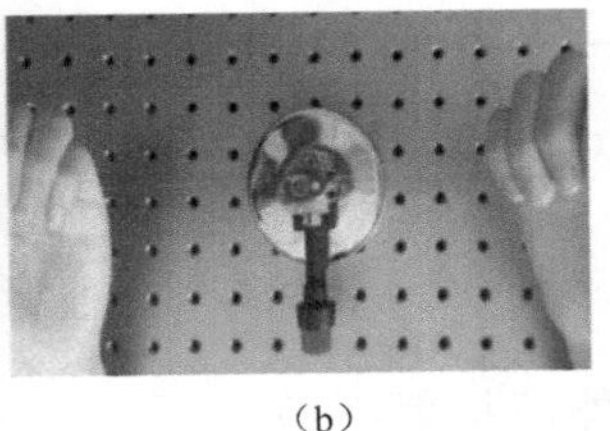
（b）

图 7.2　微纳光纤制备实验图

按照上述微纳光纤拉制方法，拉制出了直径均匀的微纳光纤，相应的光学显微镜照片见图 7.3。

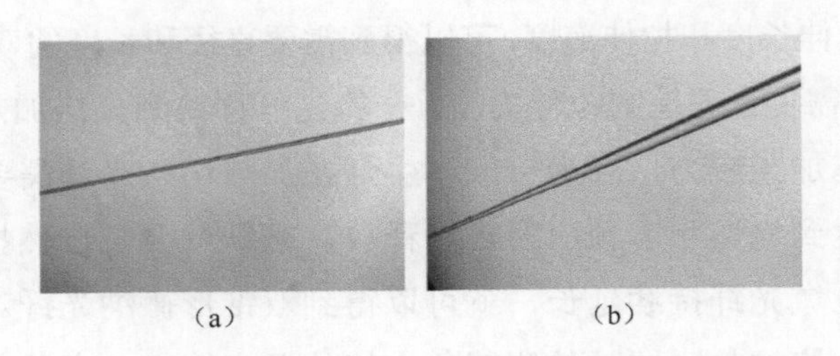

图 7.3　微纳光纤锥结构照片

图 7.3（a）中微纳光纤直径为 2.04μm、长度为 5.2cm，图 7.3（b）为微纳光纤直径均匀区域与过渡锥区的光学显微镜照片，可以看出，在微纳光纤向标准 SMF 的过渡区，其过渡相对缓慢，过渡长度在 100μm 左右且直径均匀变化，表面光滑，此时光纤纤芯中传输的基模并不会激发高阶模式，所以这种情况下可以忽略耦合损耗。在实验中，制备了直径 2～8μm、表面光滑、质量均匀的微纳光纤。

双锥形微纳光纤传感器的折射率传感检测系统如图 7.4 所示。其中，采用波长为 1530～1580nm 的宽谱光源产生入射光。入射光在经过 3dB 耦合器后，分成功率相同的两束光：一束经过双锥形微纳光纤结构进入光谱仪，记录相应的透射光谱；另一束直接被光谱分析仪接收，作为参考信号。这样，对比光谱分析仪接收到的两束光的光谱，就可以得出双锥形微纳光纤结构的光谱特性，也就是锥形光纤区域的光谱吸收特性。在双锥形微纳光纤结构周围，倏逝场强度会随着直径的减小而明显增加，对其周围环境的折射率变化极为敏感。

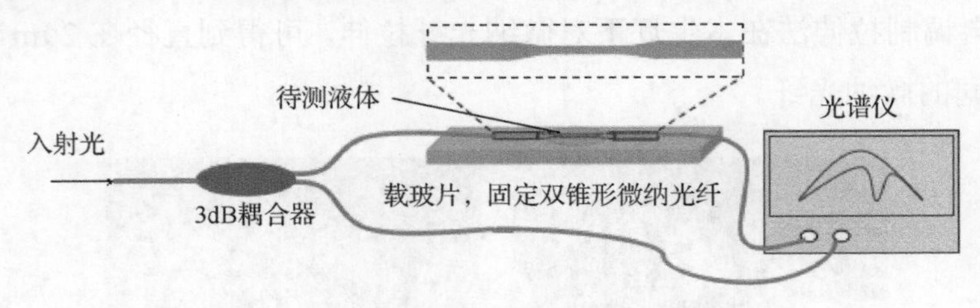

图 7.4　折射率传感检测系统示意图

当传感区外部折射率改变后，相应透射光谱的频率（等效为多模干涉或 Mach-Zehnder 干涉）和强度（折射率差减小，损耗增加）也随之改变。因此，可以建立传感锥区外部折射率与透射光谱的关系，通过测量透射光谱的变化，可以得到锥形区域周围环境的折射率。双锥形微纳光纤一般可以固定在载玻片或 MgF_2 基底上，如果是固定在载玻片上，需要注意不能让微纳光纤的腰椎区域接触基底材料，造成光信号的泄漏。可以采用紫外固化胶等在非锥形区域选择多点固定微纳光纤结构，对于锥形区域光纤的固定则应采用低折射率（折射率小于光纤材料）的紫外固化胶，防止倏逝场泄漏。将双锥形微纳光纤液体浓度传感器的锥区浸泡到不同浓度 NaCl 溶液，观察透射光谱图，如图 7.5 所示。

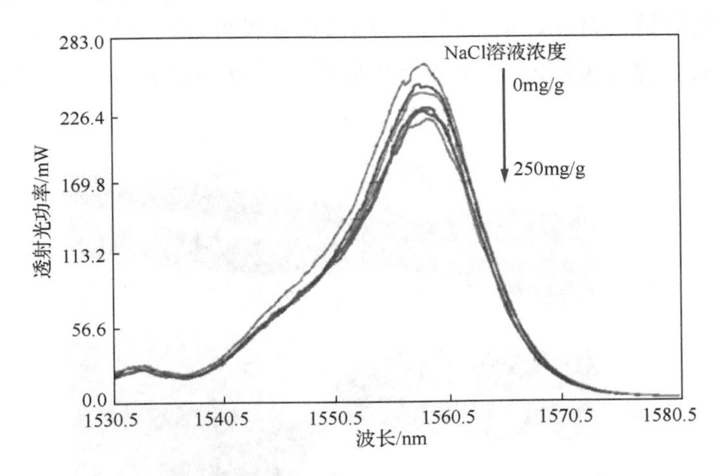

图 7.5　46μm 微纳光纤的透射光功率随 NaCl 溶液浓度变化趋势

图中，对应透射光谱从上到下分别对应浓度为 0mg/g、50mg/g、100mg/g、150mg/g、200mg/g、250mg/g。可以清楚看出，随着锥区外部液体浓度增大，液体的折射率增大，越来越多的光泄漏到包层中，透射光谱的功率随之降低。相应的透射光功率强度的传感特性拟合结果表明，透射光功率峰值与 NaCl 溶液浓度呈现线性变化关系。从光谱峰值功率变化趋势的数据来看，浓度每增大 50mg/g，功率降低量约为输入功率的 1.73%。根据实验测得数据，可以近似计算出透射光功率与 NaCl 溶液浓度的线性关系。线性关系近似为 $y = 254 - 1.4x$ ，其中 y 为透射光功率（mW）， x 为 NaCl 溶液浓度（mg/g）。

7.2.2　光纤熔接机制作 S 形光纤锥温度传感器

对于低成本微纳光纤的制备，还可以采用可编程的光纤熔接机实现。采用熔接机拉制光纤锥，具有非常多的优点，制备流程简单，工艺参数也更容易摸索。熔接机可以有效提高锥形微纳光纤制作的自动化程度，易于控制操作，可重复性较好，加工时间短。同时能够设置具体的参数，制作出不同尺寸和形状的双锥。由于熔接机的放电电极尺寸较小，通常仅为几微米，因此对光纤的热作用区域较小，一般不超过 10μm，所以制备的光纤锥的锥长度大概仅为 1～2mm，一般最长不超过 5mm，可以采用光纤熔接机在单根标准 SMF 上制作小而短的微纳光纤锥或者多锥级联结构。以下结合课题组工作，介绍如何采用熔接机作为加热源拉制 S 形光纤锥。首先，需要用光纤熔接机并设置好拉锥程序；然后，切换到手动模式，对去掉涂覆层的 SMF 进行电弧放电即可得到锥形结构，如图 7.6（a）所示。

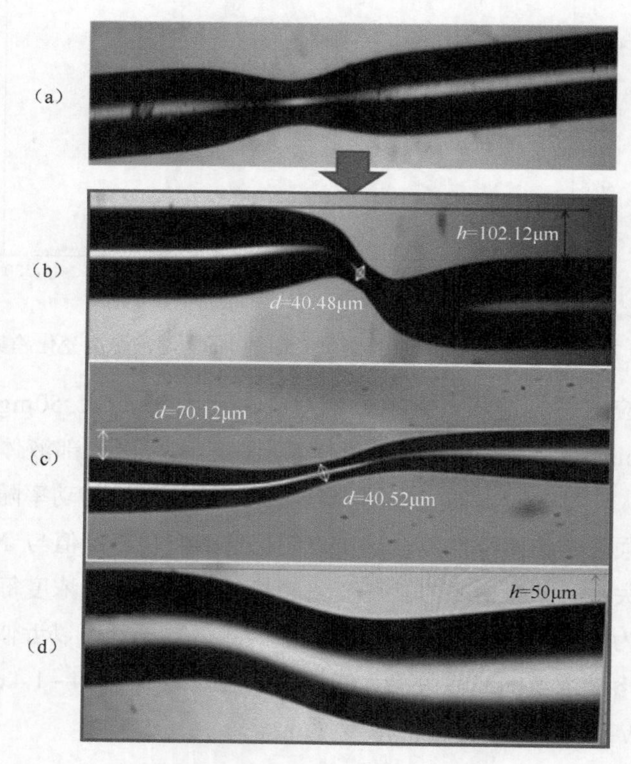

图 7.6　光学显微镜下电弧放电得到的不同尺寸 S 形光纤锥

若需要改变锥腰直径，有两种方式，一是可以多次电弧放电，二是可以在预设程序中改变放电强度，以及 Z 轴缩进距离和退回距离。然后，需要在垂直方向上改变马达的位置，使锥形结构被拉制成S形光纤锥结构，通常改变的是“ALN_X”变量来使两个马达在垂直方向上发生错位。而控制S形光纤锥的偏离距离 h，则需要选择对应的脉冲，脉冲变化范围是1098～3514Hz，变化规律并不均匀，需要经过多次实验找到每个范围内脉冲对应的形状及参数，如图7.6（b）所示的S形光纤锥形所设置的脉冲为3514Hz，此时的锥腰直径为40.48μm，S形光纤锥的偏离距离 h 为102.12μm，非常易断；如图7.6（c）所示的S形光纤锥，所设置的脉冲为1098Hz，此时的锥腰直径为40.52μm，S形光纤锥的偏离距离 h 为70.12μm，但是S形光纤锥的弯曲方向发生了相反的变化；S形光纤锥的传感性能是由锥体参数（锥腰直径、偏离距离、锥长度等）决定的。而锥体的形状和尺寸主要由熔接机的参数设置来控制；通过反复改变放电脉冲，得到了后续实验使用的优化后S形光纤锥，如图7.6（d）所示，此时锥长度为360μm，偏离距离 h 为50μm。

实际上的熔融拉锥过程相当复杂，不可控制的因素很多，锥形光纤的制作重复性比较差，而且熔接机的各个参数的设置不是独立存在，而是相互影响的。各个拉锥参数必须相互匹配，才能获得性能良好且对温度敏感的锥形光纤。通过多次的实验探究，并分析各个拉锥参数对锥形光纤结构尺寸及其性能的影响，可以得到一个重复性较好且对温度灵敏的S形光纤锥结构。S形光纤锥结构分为3个部分：原始标准光纤（未拉伸区域）、2个锥形过渡区（渐缩区1和渐扩区2）和1个锥腰区域（拉细的均匀区域）。在过渡区，光纤直径沿径向逐渐减小或者逐渐增大，形成两个圆锥形过渡区域，包层和纤芯的比例基本保持不变。S形光纤锥的腰区直径最小，这也是S形光纤锥最敏感的部分。

为了使光信号在到达S形光纤锥之前就进入光纤包层，以有效拓展传感区域的长度，我们在S形光纤锥的前端又使用了光纤错位熔接技术，通过引入错位光纤结构来提高光纤传感器的灵敏度。错位-S形光纤锥制作过程中所用的基本实验设备有古河S178熔接机、光纤切割刀、双口剥皮钳。首先进行SMF的错位熔接，用光纤米勒钳去除要熔接两段SMF的涂覆层，为了提高成功率，需要将一段光纤去掉3cm左右的涂覆层，以便于之后在错位相隔2cm处进行S形光纤锥拉锥。然后，用光纤切割刀将光纤端面切平，用蘸有乙醇的擦镜纸把光纤表层的有机物擦拭干净，接下来用熔接机的自动模式进行熔接操作：放置好完成切割的光纤，小心地压上光纤夹板和光纤夹具。最后，根据光纤切割长度设置光纤在压板中的位置，关上防风罩，选择好预先设置好的程序按熔接键就可以自动完成熔接，接着熔接机显示屏上会显示出熔接损耗值，合格即算完成熔接。其中，错位熔接时熔接机参数设置为：开始强度和结束强度均为 100bit（即熔接过程中放电强度不变），预熔时间 160ms，Z 轴退回开始时间 300ms，Z 轴推进距离 180μm。

接下来在距离错位结构 2cm 处进行 SMF 的拉锥。首先，S 形光纤锥是把剥除涂覆层的裸 SMF 经过高温加热处理，然后将其纤芯和包层同时拉细。利用熔接机进行锥形光纤的制作，在进行光纤拉锥之前，需要将熔接机的两个夹具进行校准，使其保持在一条直线上。具体的校准方法为：用光纤切刀切取两段已经除去涂覆层的光纤，使其端面保持平坦，对这两段光纤用自带的熔接程序进行熔接，熔接后即完成对夹具的校准。在距离错位结构 2cm 处，利用擦镜纸蘸乙醇轻轻擦拭以清洁光纤，消除表面附着的灰尘等杂质。将该位置对准熔接机尖端放电处，放置在熔接机夹具槽内预对准并保持拉直，扣紧夹具，关好熔接机放电保护舱盖，用熔接机压板将光纤的尾端轻轻压住、固定，进行手动放电；光纤的中间区域被熔接机内两个电极的电弧放电加热，通过设置首次和再次放电强度、首次和再次放电时间、Z 轴推进距离和退回距离等重要参数来控制锥体的形状和尺寸。最后，就可以得到不同锥腰直径和锥长度的锥形光纤。其中，S 形光纤锥熔接时，熔接机参数设置为：首次放电强度 180bit，首次放电时间 2000ms，再次放电时间 2000ms，Z 轴退回开始时间 300ms，Z 轴退回距离 200μm，Z 轴推进距离 180μm。在光学显微镜下观测的锥长度为 360.12μm，锥腰直径为 55μm，这样就制备出了错位-S 形光纤锥结构。

不封装的错位-S 形光纤锥结构不易保存，易被破坏。利用封装技术不仅能够保护结构使传感器更加稳定坚固，而且还能够利用封装液体与封装材料受热性质发生改变提高温度传感的灵敏度。将光纤结构封装在一段石英毛细管内，同时灌注 80mg/dL 浓度的甘油，通过甘油自身折射率的温度调制特性来构建高灵敏度温度传感探头，传感器实物及光谱见图 7.7。

图 7.7（a）是封装后的错位-S 形光纤锥温度探头。图 7.7（b）是封装后的探头干涉光谱图，干涉现象明显。搭建的基于错位-S 形光纤锥结构的 Mach-Zehnder 干涉仪温度传感特性实验装置如图 7.8 所示。实验系统主要包括宽带光源、传感探头、光谱分析仪、盛有水溶液的容器和温度计、夹持器等。其中，传感探头是

错位-S形光纤锥，用作温度传感区域，宽带光源提供一束稳定的入射光，光谱分析仪记录经过传感区域后的透射光谱，热电偶温度计用于测量校准温度，避免环境温度扰动引起测量误差。

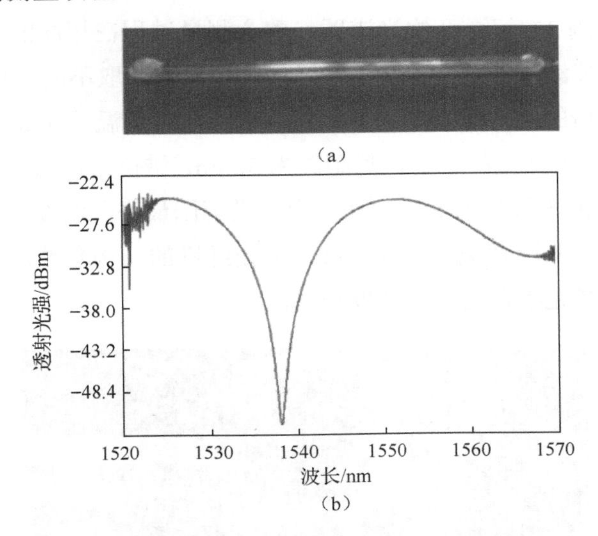

图 7.7 封装后的传感器实物图与干涉光谱图

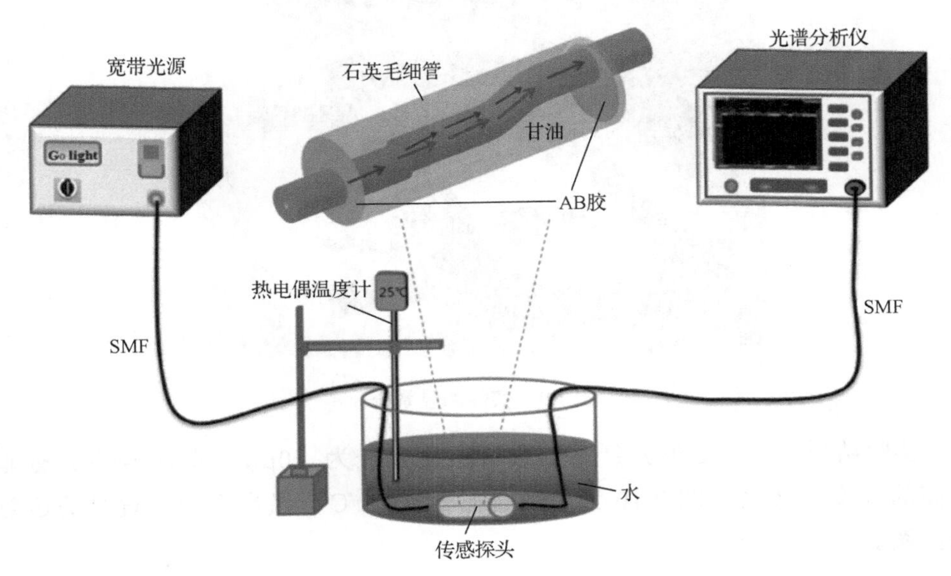

图 7.8 温度传感特性实验装置示意图

将传感探头的一端与 SMF 跳线熔接，跳线的一端连接到宽带光源，传感探头的另一端也与 SMF 跳线熔接，跳线的另一端连接到光谱分析仪。将传感探头固定在载玻片上并置于实验水槽中，因为晃动会对传感器的干涉现象产生干扰，本实验采取降温测温实验。首先将沸水倒入水槽中，并采用隔热泡沫隔热，使散热速度降低，然后每隔 2℃记录一次光谱图。整个测量过程在相同的实验室环境下进行，最终得到干涉波谷波长与待测溶液温度的关系，获取不同结构参数的错位-S 形光纤锥和封装后的结构对温度的灵敏度响应，实际测温系统如图 7.9 所示。当错位距离为 3μm，S 形光纤锥的偏离距离为 50μm，错位熔接与 S 形区域间的距离为 2cm 时，得到的干涉光谱对比度和自由光谱范围最好，温度传感灵敏度最高。在此基础上，通过实验数据进一步优化 S 形光纤锥的结构参数。实验表明，S 形光纤锥的锥腰直径越小，温度灵敏度越高。

图 7.9　实际测温系统

实验结果表明，S 形光纤锥的最优锥腰直径为 50μm，此时探头具有非常高的温度灵敏度。图 7.10 为对应传感器在 20℃恒温水浴中放置时的透射光谱图。

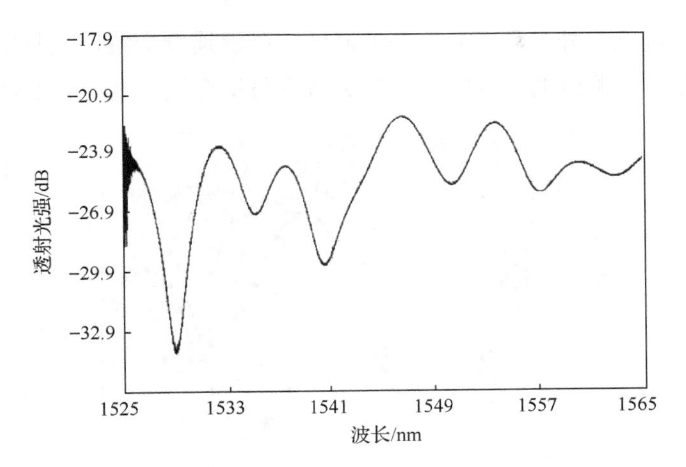

图 7.10　20℃恒温水浴时 S 形光纤锥温度探头的透射光谱

但是，由于客观温度测量条件和光源谱宽的限制，不能够测量到超宽光谱，导致计算灵敏度的检测峰是不一样的，其灵敏度最高可达到-12.250nm/℃，随着温度增高，干涉谷向短波方向移动，如图 7.11 所示。该传感器的灵敏度极高，可以应用到一些需要在一定范围内使用且需要高灵敏度测温的场合。由于沸水与室温熵值大，用于实验测温的设备保温效果一般，所以降温变化速度非常快，在 71℃左右测温只能取得两组数据计算灵敏度。

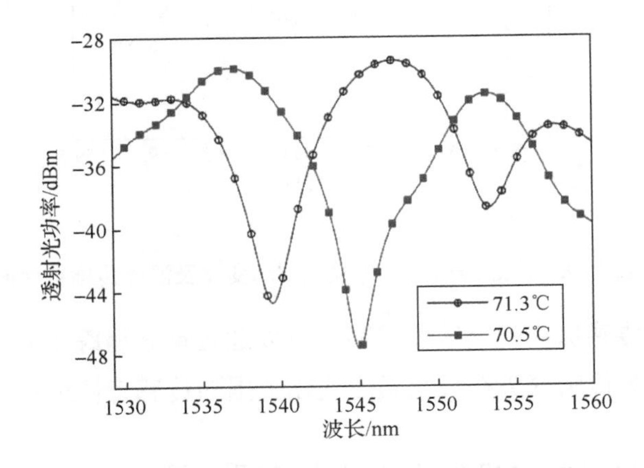

图 7.11　温度变化时的光谱响应

图 7.12 为 58℃附近透射光谱随温度波动变化及温度传感特性曲线，此时灵敏度为-8.379nm/℃，拟合线性度为 0.9860。将该探头放入自主搭建的简易测温装置，

随着水的温度降低与外界环境温度熵值降低，降温速度变慢，从数据分析可以得到，较低温度段检测到的干涉峰、谷的灵敏度与拟合线性度均有下降的趋势。

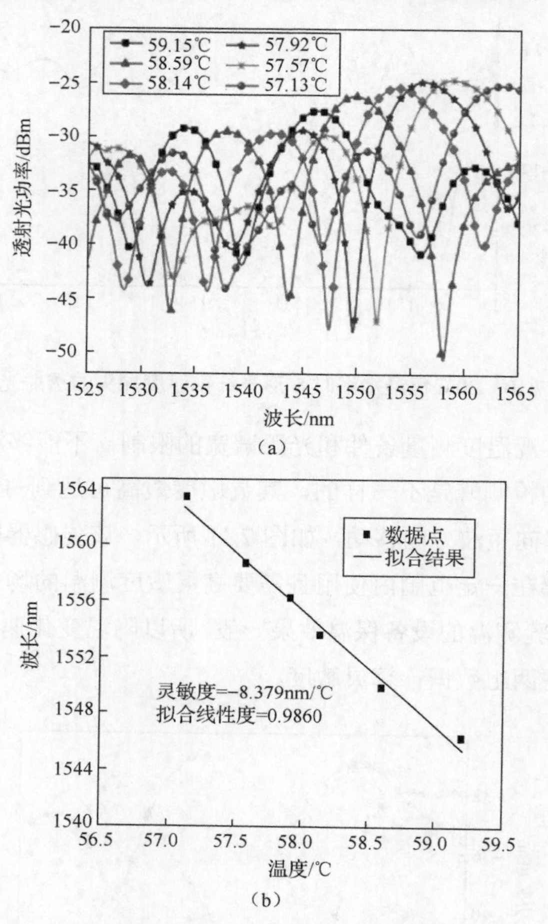

图 7.12 58℃附近透射光谱随温度波动变化及温度传感特性曲线

针对该温度传感探头的灵敏度较高，可以通过动态追踪不同的特征谷波长位置的相对变化量对传感探头在较宽温度变化范围的传感特性进行综合标定。

7.2.3 多功能光纤拉锥机制作微纳光纤耦合器

本节主要讲述如何制作微纳光纤 Mach-Zehnder 干涉仪，两种结构分别是双微纳光纤耦合结构和单微纳光纤结构。过程大致为先预处理普通 SMF，接着通过

IPCS-5000-ST 拉锥机拉制微纳光纤，得到三种直径范围的光纤，分别是 5μm 以下、5～10μm 和 20μm 以上，分别用于两种微纳光纤 Mach-Zehnder 干涉仪结构。一种是将 10μm 以下作为传感臂，20μm 以上作为参考臂，在两根微纳光纤的两侧尾端互相耦合，其中一端作为分光节点，另一端作为合光节点，来构建双微纳光纤耦合的 Mach-Zehnder 干涉仪结构；另一种，是将 5μm 以下极细的微纳光纤单根直接用作 Mach-Zehnder 干涉仪结构，相应的信号臂和参考臂分别为微纳光纤外部环境（等效为包层，支持倏逝波形式的高阶模式传输）和微纳光纤自身（等效为纤芯，支持低阶模式传输）。

7.2.3.1　光纤预处理及熔融拉锥参数设置

预处理对象为普通 SMF，可大致分为三个步骤，即截取光纤、剥除涂覆层和清理光纤。

第一步是截取光纤。在整卷的 SMF 中选取自己实验所需要的长度的光纤，用剥线钳截取，一般选取长度为 40cm，以方便在多功能光纤拉锥机上固定，及后续在两端连接光纤跳线。另外，需要在拉锥前去除光纤两端 20mm 左右的涂覆层，以方便拉锥完成后的连接跳线。这是因为经过火焰加热拉锥后，经过火焰加热后的微纳光纤区域较为脆弱，应尽量避免后续应力拉扯或弯折。当然，如果光纤熔融拉锥的工艺参数已经较为成熟，也可以在拉锥操作前就将两端光纤跳线头提前熔接。第二步是剥除所截取光纤的涂覆层。将熔融拉锥处理区聚合物涂覆层去除掉，避免拉锥过程污染光纤表面。同时，考虑到光纤涂覆层剥除后的包层外径约为 125μm，需要匹配光纤夹具以稳固地固定光纤。实验中，需要根据设备参数选择合适的处理区光纤长度，IPCS-5000-ST 型号的拉锥机的夹具最小间距为 30mm，加热用火头在 10mm 左右，所以选择剥除 20mm 长度的涂覆层最为合适。第三步是清理光纤。虽然剥线钳去除了涂覆层，但是涂覆层可能呈粉末状粘连在光纤包层上，这些粉末不仅影响拉锥的质量，导致光纤不均匀，还有可能被火头直接点燃。可以在实验室的条件下，选择使用专业擦镜纸蘸取无水乙醇，在去除涂覆层的部分反复来回擦拭，以达到洁净的目的。IPCS-5000-SMT 型拉锥机如图 7.13 所示，购买于加拿大 Idealphotonics 公司，最大拉伸距离可达 55mm。

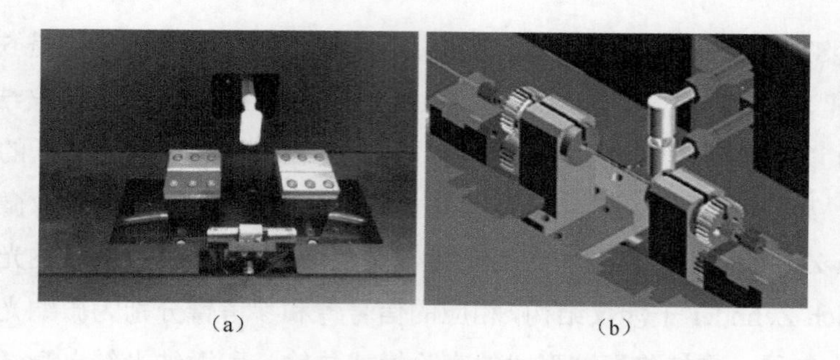

（a） （b）

图 7.13 IPCS-5000-SMT 型拉锥机的火焰头及光纤固定座

图 7.14 是拉锥机的电脑控制程序面板。

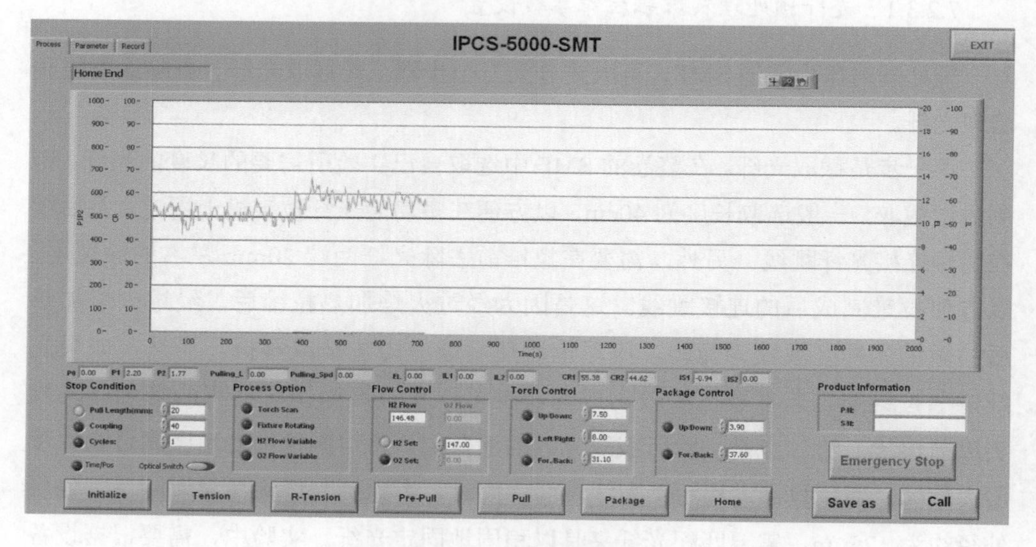

图 7.14 控制程序面板

在左下角的“Stop Condition”的三个选项“Pull Length”“Coupling”“Cycles”中选择停止条件。合理选择“Pull Length”，可以控制拉伸结束后的微纳光纤直径，而在旁边的“Process Option”中，选择“Torch Scan”可使拉锥区域更长，但相应地关闭“Torch Scan”功能，则能得到更细和更短的微纳光纤锥。同时，拉伸速度也是影响拉锥光纤直径的重要因素，在图 7.15 的程序参数设置界面，速度设置按拉伸长度可分为三个阶段，将拉伸 0～4mm 的速度设置为 0.04mm/s，4～8mm 的速度设置为 0.12mm/s，大于 8mm 的速度设置为 2.10mm/s。

首先准备好预处理的光纤，接着依次打开拉锥机后部开关、计算机电源、H_2

和 O_2 阀门，调节好气体压力。下一步双击计算机桌面上的“Coupler”进入控制系统主界面。点击左上角第二个“Parameter”进入熔融拉锥参数设置界面，对拉锥速度、范围等相关参数进行设置。接下来点击“Confirm”按钮保存预设数据并切换至“Process”界面。

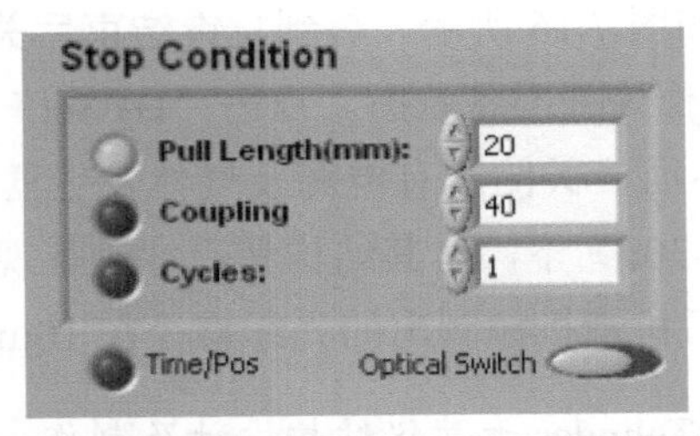

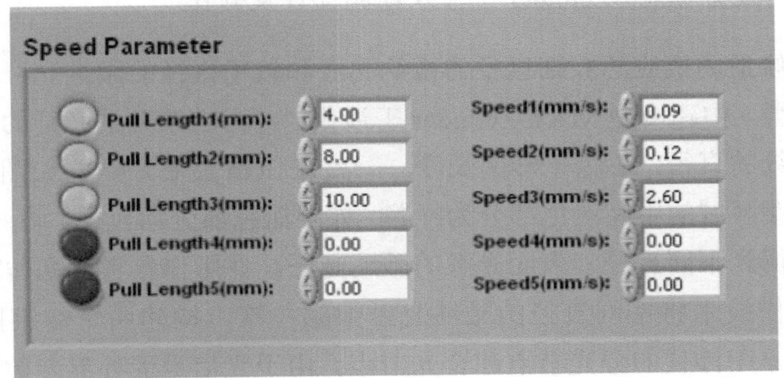

图 7.15　程序参数设置

选择相应的程序，点击“Initialize”使拉锥机进入预备状态。点击“H_2 Set”按钮，使绿灯亮起，打开 H_2 发生器以及散热器如图 7.16 所示，再用点火器将气体点燃，此时加热火头已准备就绪。

图 7.16　H_2 发生器和散热器

接下来再打开真空开关，把之前预处理过的光纤放在夹具上，由于夹具间的V形槽需要容纳两根光纤才能锁紧，因此实验台上常备两根未去除涂覆层的光纤，分别放置在两个夹具上配合夹紧所需拉锥的光纤。完成放置后即可点击“Pull”键开始拉制器件，为了避免外界环境，例如风对火焰的干扰，应使用半密封的透明盒子盖住拉锥部位，如图 7.16 所示。待到拉锥结束后关闭真空按钮取下器件，点击“Home”使机器复位恢复准备状态。点击“H_2 Set”关闭气体。整个过程完成后点击“Exit”退出界面，关闭所有电源及气体发生器。将拉制完成的光纤放于蔡康光学显微镜（CK-300）下，对其结构和尺寸进行观察和测量。经过多次实验，可以保证修改参数后拉锥机拉制出的光纤直径在 10μm 以下。

7.2.3.2 微型 Mach-Zehnder 干涉仪结构设计及制作

将具备倏逝场效应的较细直径的微纳光纤和较粗直径的微纳光纤分别作为传感臂和参考臂，构建微型 Mach-Zehnder 干涉仪，a_1 为较细微纳光纤的直径，a_2 为较粗微纳光纤的直径，L 为干涉区长度，一般在 3cm 左右，结构如图 7.17 所示，图中锥形过渡区域的中间浅色部分为纤芯，外层深色部分为包层。将两根 SMF 分别加热拉伸得到不同直径、表面光滑的微纳光纤，并用作参考臂和传感臂，以光纤耦合器制作技术将不同直径的微纳光纤熔融拉锥，构建两个熔锥区，即形成 Mach-Zehnder 干涉仪的分光节点和合光节点。由于光信号受外界参数影响，经过传感臂时光程发生变化，不再等于参考臂的光程，因此两臂之间产生光程差。最后，两个干涉臂的光信号又重新耦合，进入尾端光纤中形成 Mach-Zehnder 干涉。

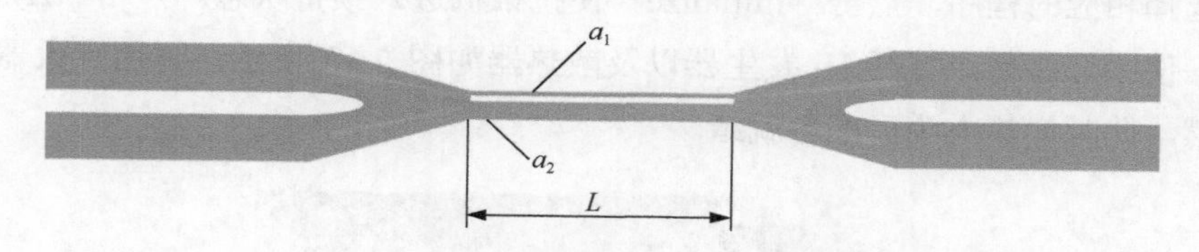

图 7.17 双微纳光纤耦合结构示意图

首先，准备好已经拉制好的 10μm 以下的较细微纳光纤和 20～40μm 的较粗微纳光纤。在去除涂覆层时，应保证拉制完成后的这两根光纤去除涂覆层部分的长度相近，即较粗微纳光纤多去除约 2cm 的涂覆层。较粗微纳光纤对齐并拢靠在一起后，先将靠拢的左端放在火头正下方，由于实验室所用光纤的包层直径为 125μm，耦合器分光比为 50∶50 时对应的拉伸长度为 5～15mm，而在锥长度较短时熔融会不充分，所以在实验中拉伸长度均采用 15mm。倘若左耦合点拉制成功，则将右端并拢重复之前的步骤，倘若未能成功耦合便需尝试继续重复一次拉伸 15mm，直到拉制耦合成功为止。在拉制过程中，微纳光纤的直径极细，容易断裂，因此这个过程需要大量重复和精细的实验操作。

拉制成功后，需将整个光纤结构从拉锥机上转移至载玻片上，该过程应先握住两端，轻轻地、平稳地移动至两块载玻片拼接在一起的长载玻片上。可以用胶带或胶水将未去除涂覆层的部分光纤固定在载玻片两端，并于光学显微镜下观察结构和测量参数。拉制的双微纳光纤耦合结构的光学显微镜照片如图 7.18 所示。

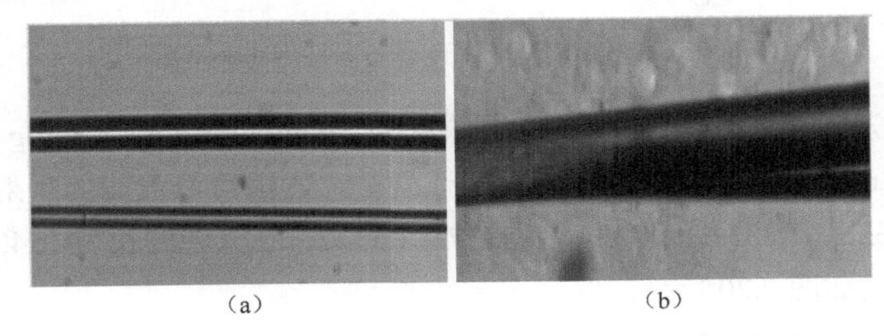

（a）　　　　（b）

图 7.18　双微纳光纤耦合结构光学显微镜照片

图 7.18（a）是较粗微纳光纤参考臂和较细微纳光纤传感臂的对比照片；图 7.18（b）是双微纳光纤耦合区内光纤互相交叠的照片。对于单根大长度的微纳光纤熔融拉伸，可以在对光纤进行预处理后，通过三种方法来获得较细直径的微纳光纤。

第一种方法是减慢拉伸速度，即加长火头对光纤中间加热的时间，但这种方法在实施过程中，光纤熔融拉锥区在快速变细后极易被烧断。

第二种方法是在光纤夹具固定的前提下，尽可能地加长拉伸距离到 40mm 以上，通过一次熔融拉伸得到超长的微纳光纤。但是，这个方法拉制的微纳光纤长度较大，并且存在超长的锥形过渡区，在转移到载玻片的过程中极易断裂，不易操作。

第三种方法是短距离重复拉伸，每次拉伸完成后释放光纤让夹具复位后再重新固定，经过反复多次拉伸不断缩小加热区光纤直径。实验过程发现，两次拉伸便能将直径缩小到 5μm 以下，这种方式拉出的光纤较为均匀，重复性较好，且长度适中，便于后续操作，也不是极易断裂。单次拉伸距离 16mm 时，连续两次拉伸能得到 4μm 直径微纳光纤；单次拉伸距离 20mm 时，连续两次拉伸能得到 2μm 直径微纳光纤，对应的光学显微镜照片见图 7.19。

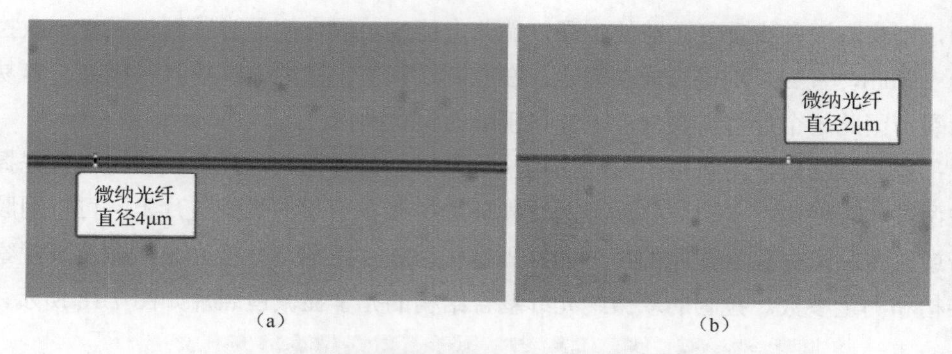

（a）　　　　（b）

图 7.19　单根微纳光纤锥结构光学显微镜照片

当微纳光纤直径为 4μm 时，选取浓度为 2mg/g、4mg/g、6mg/g、8mg/g、10mg/g、12mg/g 的六组 NaCl 溶液进行测量，六组溶液对应的折射率分别为 1.3322、1.3326、1.3331、1.3334、1.3337、1.3342，在光源波长为 1540～1560nm 时的输出光谱如图 7.20 所示。

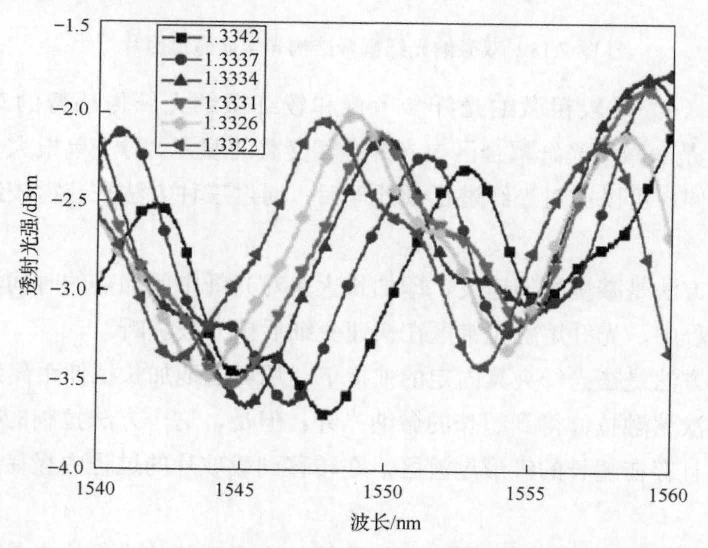

图 7.20　直径 4μm 微纳光纤的折射率响应光谱变化

可以发现，当 NaCl 溶液浓度改变时，输出光谱发生红移，移动量与折射率的变化量直接相关，即溶液折射率变化影响干涉光谱中谐振峰对应的波长。随着溶液折射率的增大，谐振波长发生红移。取光源波长为 1548～1554nm 间光功率的峰值作为特征峰，对应波长作为参考点，折射率 1.3342、1.3337、1.3334、1.3331、1.3326、1.3322 所对应的特征波长分别为 1552.75nm、1551.45nm、1550.04nm、

1548.70nm、1548.97nm、1547.89nm，通过实验数据散点的线性拟合可以得到传感特性曲线，灵敏度为2346nm/RIU。

当微纳光纤直径为2μm时，选取浓度为2mg/g、4mg/g、6mg/g、8mg/g、10mg/g、12mg/g的六组NaCl溶液进行测量，六组溶液在光源波长为1535～1560nm时的输出光谱如图7.21所示。

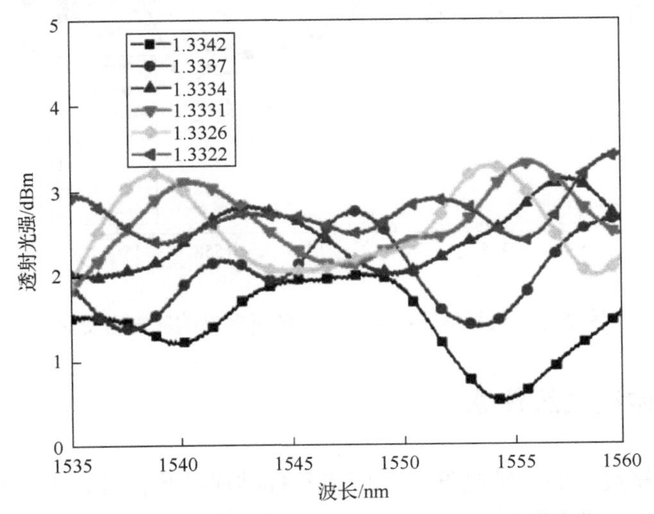

图7.21 直径2μm微纳光纤的折射率响应光谱变化

可以发现，当NaCl溶液浓度改变时，光谱同样随折射率红移。取光源波长为1538～1554nm间的特征峰对应波长作为参考点，通过拟合曲线可得灵敏度为7645nm/RIU。

对于复合型的双微纳光纤Mach-Zehnder干涉仪结构，当较粗微纳光纤参考臂直径为35μm，较细微纳光纤传感臂直径为8μm时，实验测试了其折射率传感性能。将溶液稀释，使其折射率由1.3522逐步降低至1.3381，输出光谱如图7.22所示。

观察1550～1562nm间的波谷可发现，随着折射率的减小，波谷向长波方向移动，即红移。以折射率为1.3381对应的特征波谷作为参考点，取点后得到折射率从高到低依次红移的波长为0nm、0.46nm、1.08nm、1.64nm、2.49nm、4.58nm、5.75nm，对应的灵敏度为408nm/RIU。粗细微纳光纤组合的Mach-Zehnder干涉仪结构的灵敏度较低，相应的测量范围较大，可与单根微纳光纤结构分别用于不同的场合，各有各的优缺点，单根微纳光纤结构测量低折射率高精度，但无法测量高折射率；而双微纳光纤耦合结构能测量高浓度但是灵敏度不高。

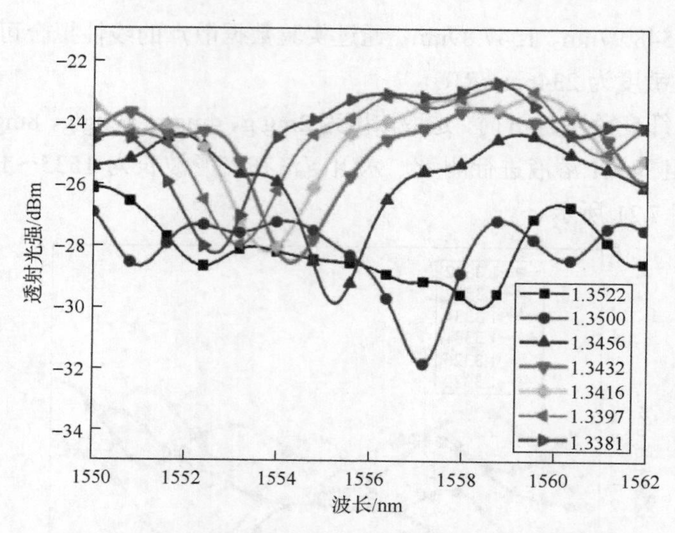

图 7.22 双微纳光纤耦合结构的折射率响应光谱变化

7.2.4 结形微纳光纤传感器

制备好所需尺寸的微纳光纤后，可将其打结成结形微环，即 MKR，图 7.23 为 MKR 制备过程示意图。总共分为三步，首先将拉制好的直径均匀的微纳光纤的一端弯曲成圆形，如图 7.23（a）所示，微纳光纤的两段由于静电力和范德瓦耳斯力自然地搭接在一起；然后，如图 7.23（b）所示，保持微纳光纤一端不动，另一端从环中反向穿过，类似于穿针引线，这样自然在耦合位置形成结形；最后，如图 7.23（c）所示，将微纳光纤两端向两端水平拉伸直至需要的微环直径。

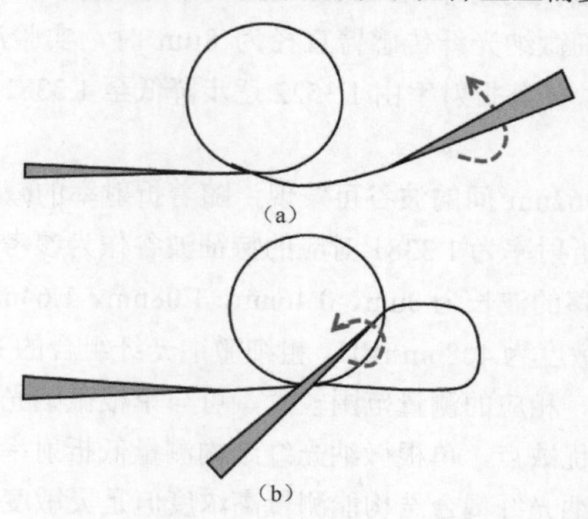

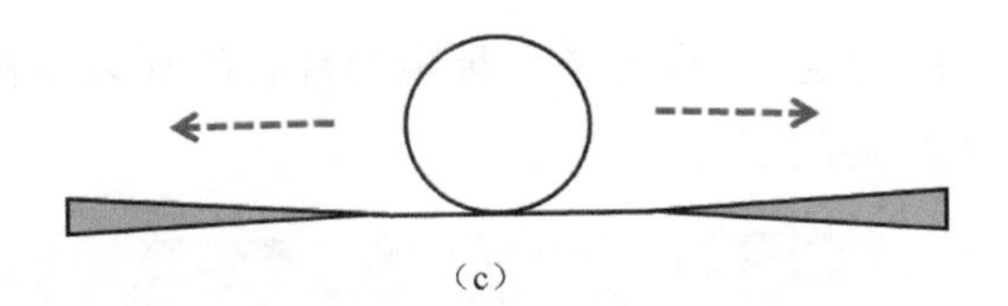

（c）

图 7.23 MKR 制备过程示意图

MKR 制备过程中有以下注意事项：第一，由于微纳光纤的尺寸极小，易受空气流动的影响，实验过程中要保持空气流动很小；第二，微纳光纤拉制过程中，由于其直径较小，肉眼观察费力，利用黑色背景可以提高对比度，因此一般将其主视角和俯视角背景布置为黑色；第三，由于微纳光纤的静电力和范德瓦耳斯力，使得其极易吸附微小粒子，如灰尘等，所以拉制过程中尽可能保证环境清洁度，MKR 制备完毕，立即封装来减少污染，进而减少光传输损耗。该工作的 MKR 制备方法有以下两点创新：第一点，在整个 MKR 制备过程中需要在本生灯火焰上方 1cm 处进行，利用火焰热度来保证微纳光纤的柔软性和清洁度，且利于肉眼观察；第二点，由于在整个制备过程中并未将拉制好的微纳光纤进行切割、耦合搭接的过程，减小了耦合损耗，提高了微环的品质因子，使得光传输更稳定，增强微环结构的稳定性。

图 7.24 为 MKR 结构耦合区及通光照片。可以看出，微环可以保持很好的环形结构，并且耦合区清晰的麻花状结构提高了 MKR 微环的耦合效率，增强了其结构稳定性。可以看出，有一部分光在光纤表面传输，在微环部分实现了稳定的倏逝场耦合，且通光稳定。然后需要将 MKR 封装在 PDMS 中，未固化的 PDMS 为透明状黏稠液体，它是由道康宁 SYLGARD184 硅橡胶的基本组分和固化剂按照质量比 10∶1 混合搅拌后得到的。

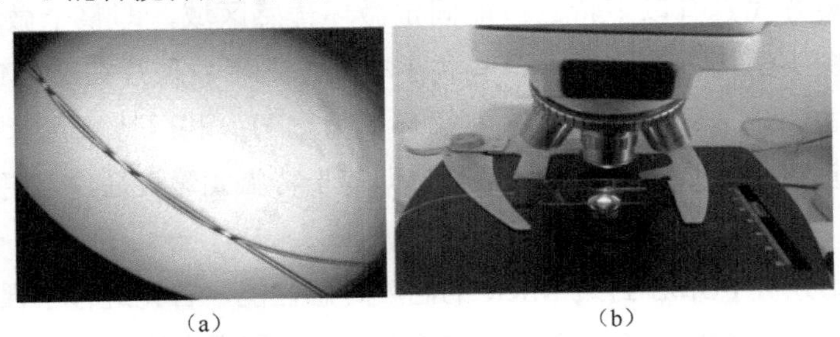

（a） （b）

图 7.24 MKR 结形耦合区及通光照片

在设计传感探头的封装结构时，考虑到需要测量横向载荷，而且尽量减小探头的尺寸，保证探头的稳定性，设计了一种矩形片状的封装结构。图 7.25 是 PDMS 封装 MKR 传感探头结构的示意图。

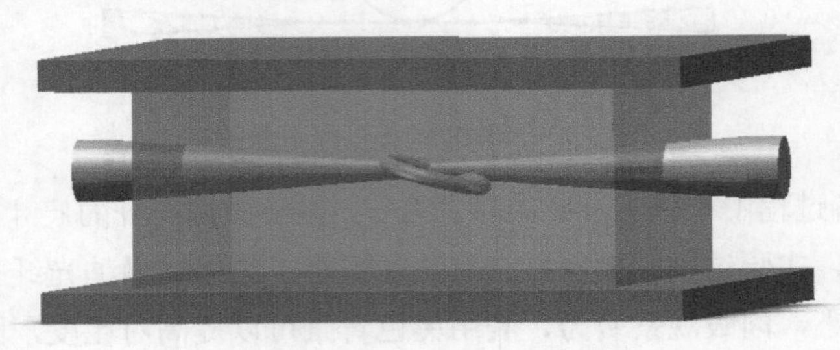

图 7.25　PDMS 封装 MKR 传感探头结构示意图

首先将制备好的微纳光纤谐振器放在矩形载玻片上，然后将配备好的一定量的 PDMS 均匀地涂在传感探头上，使其覆盖整个载玻片，接着利用另外一片相同材质、尺寸的载玻片盖在传感探头上，形成类似于三明治的结构。利用恒温箱固化后，形成稳定的透明状结构。可以清晰地看出，MKR 在封装后结构完好，在通光过程中，可以明显看出耦合区仍保持很好的耦合效率，纤芯内外较小的折射率差导致存在一定的光传输损耗。

由于在两个载玻片边缘夹住光纤的部分容易受到剪切应力的影响，光纤比较容易折断，所以采用聚氟龙管对光纤进行保护。特氟龙是一种人工合成的高分子材料，化学性能稳定，不被酸碱腐蚀，几乎不与所有溶剂反应，除此之外还具有抗高温、弹性好的优点。在微环应变传感实验中，采用和温度传感探头一样的结构，为了减小特氟龙管与负载之间相互作用力的影响，除去温度传感探头中的特氟龙管结构，进行对应变传感的实验探索。

这种封装方式具有以下特点：能固定微环传感区域，即整个微环覆盖的面积；片状的探头结构方便应用于一些狭小空间，采用载玻片在 PDMS 外保护利于横向载荷的测量，同时保证 MKR 微环受力均匀；利用特氟龙管引出微环两端光纤，保证 PDMS 封装厚度的一致性，即等于特氟龙管直径，方便后续对比实验的开展。

为了对比分析 PDMS 封装 MKR 的温度传感性能，首先进行了裸 MKR 的温度传感实验。在裸 MKR 的温度传感实验中，首先利用火焰拉伸法制备了直径均匀的微纳光纤，然后采用第 3 章介绍的 MKR 制备方法，制备了微纳光纤直径为 4.7μm、微环直径为 4.5mm 的 MKR，将微环两端用紫外固化胶固定在载玻片上，利用对应波长的紫外光照射紫外固化胶时，在紫外光作用下能快速产生自由基或自由离子，形成基础树脂和活性单体聚合交联的网络结构，实验中用紫外灯固化 20min 达到粘连效果。利用熔接机将微环两端分别与标准 SMF 进行低损耗熔接，把 MKR 传感探头一端连接到宽带光源，一端连接到光谱分析仪上。将传感探头 MKR 放入恒温箱中，设置温度为 20℃，手动调控温度选取 6 个温度数据点，以 10℃为单位逐渐升高到 70℃。保存每个温度点下数据和输出光谱，对数据进行整合，绘制不同温度下的输出光谱如图 7.26 所示。

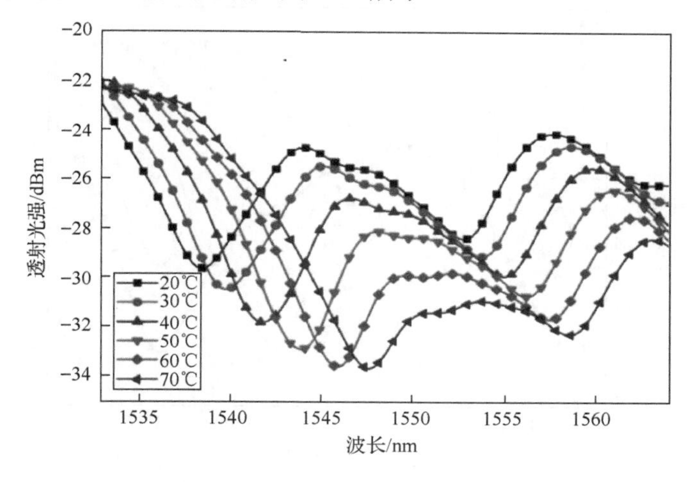

图 7.26 温度在 20～70℃升温过程中的输出光谱图

由图 7.26 可知，取 1538.57nm 处的谐振波长，随着温度的升高，谐振波长发生红移，这是由于 SiO_2 的热光系数和热膨胀系数的作用，当温度发生变化时，导致 MKR 等效折射率和环长发生改变，反映在输出光谱上为谐振波长的漂移。SiO_2 热光系数 $\alpha_s = 1.1\times10^{-5}$℃$^{-1}$，热膨胀系数 $\beta_s = 5.5\times10^{-7}$℃$^{-1}$，相对来说，热光系数超出热膨胀系数两个数量级，所以热光系数对微环温度传感的影响远大于热膨胀系数对微环温度传感的影响。图 7.26 中，在温度变化一定时，对第一个谐振谷的温度和谐振波长数据点进行采样线性拟合。当温度从 20℃到 70℃升高时，谐振波长从 1538.57nm 增加到 1547.67nm，温度每变化 1℃，谐振波长变化 187pm，即温度灵敏度为 187pm/℃，温度分辨力为 0.11℃。调研国内外微纳光纤谐振器的温度传感研究，这一实验结果对于目前关于裸微纳光纤谐振器的温度传感研究来说在性能指标上是相符的，为了提高 MKR 温度传感的灵敏度和稳定性，实验中选用 PDMS 对 MKR 进行封装，接着进行温度的传感实验探索。

当微纳光纤的直径固定时，MKR 微环周长越大，响应速度越快；环周长越小，相应自由光谱范围越大，分辨力越高。这里首先制作了微纳光纤直径为 10.26μm、微环直径为 4.5mm 的 MKR，在温度 24～38℃进行升温和降温测量。实验室的环境温度为室温，设置恒温箱的温度由 24℃变化到 38℃（温度过高会对光纤的涂覆层造成一定影响），每隔 2℃记录一次实验数据，温度 24～38℃范围内结形微环传感器输出光谱如图 7.27 所示。

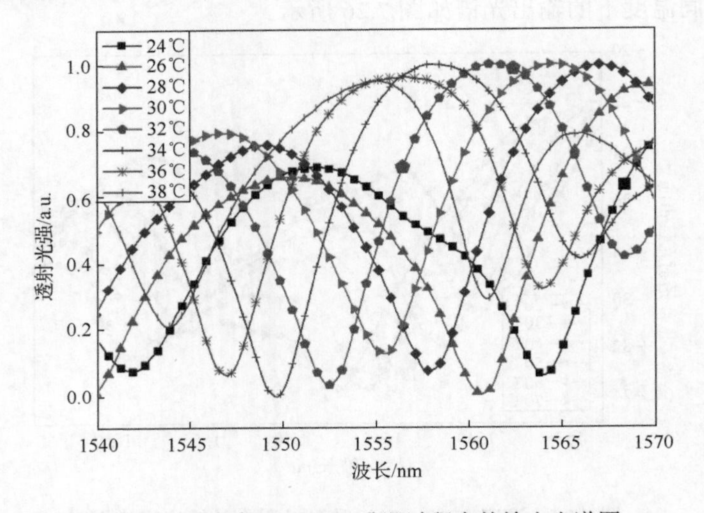

图 7.27　温度在 24～38℃升温过程中的输出光谱图

随着温度每 2℃的升高，输出光谱中谐振波长向短波长方向移动，即蓝移，由图 7.27 可以看出自由光谱范围为 22.2nm，且在温度从 24℃升高到 38℃过程中光谱正好移动一个自由光谱范围，将此一个自由光谱范围内每个温度对应谐振波长进行线性拟合，24℃到 38℃升温过程中，谐振波长从 1563.91nm 移动到 1543.89nm，且每变化 1℃，谐振波长漂移 1.43nm，进而传感灵敏度为 1.43nm/℃。

对微纳光纤直径 7.2μm、微环直径 4mm 的 PDMS 封装 MKR 进行了应变测量实验，利用数字式推拉力计（SH-500）提供待测横向载荷，在 10.0～50.2N，以 5N 左右的力为单位递增，得出如图 7.28 所示的输出光谱图。由图 7.28 可知，随着横向载荷的增加，谐振波长发生红移，并且，随着横向载荷的增加，自由光谱范围 FSR 即两个谐振谷之间的波长差逐渐变小。

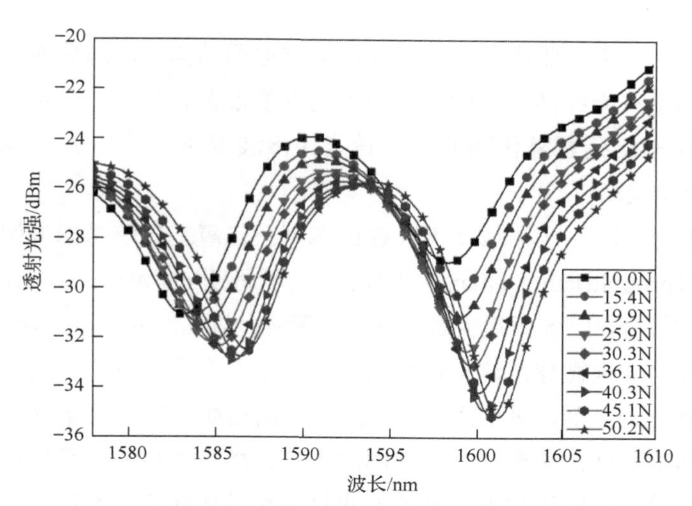

图 7.28 横向载荷逐渐增加过程中的输出光谱图

由相关理论可知，环长增大导致自由光谱范围 FSR 变小，说明随着横向载荷的增加 MKR 环长逐渐变大。经过对图 7.28 两个谐振谷的移动数据点进行拟合，发现随着横向载荷的增加，出现两段不同的响应过程，在 10～50.2N，两个波谷的响应灵敏度分别为 91pm/N 和 71pm/N，第一个波谷的灵敏度高于第二个波谷，这是由于当横向载荷增加时，自由光谱范围变小，导致两个谐振波长处的偏移量不同。第一个谐振波长计算分析表明，1N 力作用下产生的应变为 0.232%，对应的应变响应灵敏度为每微应力谐振波长移动 0.039pm。实验中，由于 PDMS 材料本身有一定的拉伸极限，且拉伸极限与 PDMS 封装膜层的厚度有关；由于 MKR 的自由光谱范围有限，横向载荷测量范围也受到了限制。

7.3 微纳光纤回音壁耦合共振系统设计

7.3.1 微纳光纤-微球回音壁耦合共振系统

早期对球微腔的研究是从小液滴开始的。掺杂罗丹明染料的乙醇液滴流入几微米直径的小孔，在几千赫兹高频振动作用下从空中落下，受表面张力作用形成球形，可暂时作为球腔使用。液滴型的球微腔易挥发、形状不易控制、寿命期短，故应用受到限制。固态光学球微腔的制备主要有以下几种方式。

（1）高温熔融冷却法：将光纤的包层去除，用氢氧火焰或激光的高温将光纤锥的一端熔融，在表面张力作用下形成较标准球形结构，冷却后便是一个带光纤柄的微球。由于有光纤柄，对微球的操纵也方便很多。另外一种实现方法是，将掺杂一定配比稀土元素氧化物的石英粉末经微波等离子体加热炉熔融后下降冷凝，获得石英微球。

（2）溶胶-凝胶法：以掺罗丹明 6G 的苯基三乙氧基硅烷微球为例。将丙基三乙氧基硅烷（propyltriethoxysilane，PTES）与罗丹明 6G 混合，用盐酸溶液水解，并进行搅动和聚合，1～5 天后得到 PTES 低聚物；将其注入氨水溶液中进行搅动，形成的微粒便是介电微球。这样得到的微球中很多含有空洞，需要以不同密度的酒石酸钾溶液作为溶剂，采用离心技术从中分离出质量较好的微球。

（3）晶体研磨法：主要针对各种同向生长、熔点较高的多晶体块状材料，通过研磨机、砂轮、砂纸等物理研磨的方式将块状晶体加工成半球形、球形、盘形或环形结构，以产生可支持回音壁耦合共振模式产生的微腔。

以上三种方法中，溶胶-凝胶法可以适用于无机物或有机物，但是微球尺寸的均匀性和球形质量有待提高。晶体研磨法适用于难以熔融的晶体物质，但所得到的球较大。

由于本生灯的温度只能使 SMF 加热变软，不能达到熔融成球的温度，所以用光纤熔接机来制备微球腔，其原理同为高温熔融冷却法，用熔接机瞬间放电产生的高温将光纤熔融。具体制备步骤如图 7.29（a）所示，用光纤锥熔融法来制作微

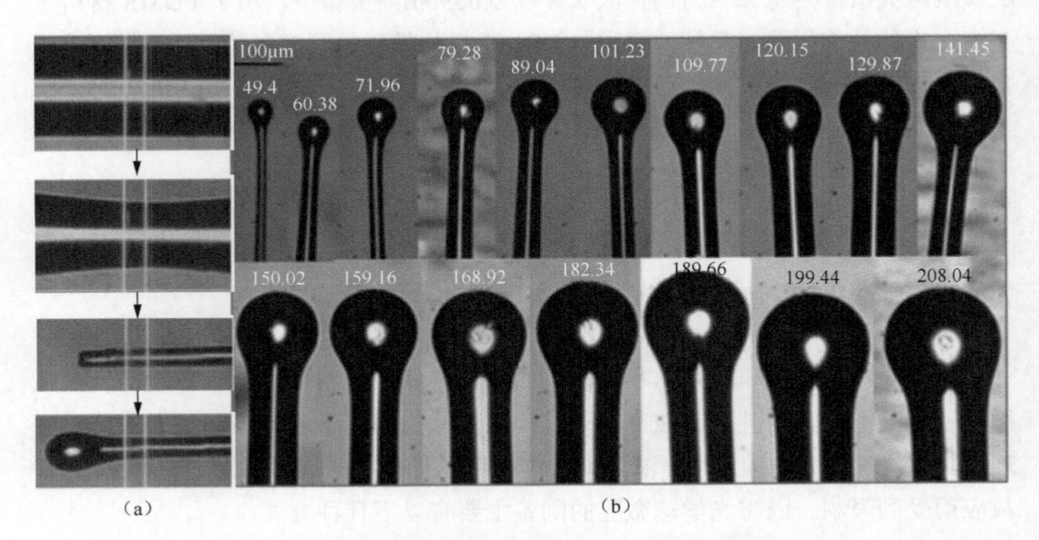

（a）　　　　（b）

图 7.29　SMF 端面熔融微球制作流程及制作效果展示

球腔，首先将普通 SMF 熔融拉断，得到两段光纤锥；然后取一段光纤锥固定，设置手动熔接程序；最后，控制光纤锥移动到电极放电区，通过合理控制放电时间和放电量大小，得到不同直径的微球，对应的光学显微镜照片见图 7.29（b），其中标注的数字为微球直径，单位为μm。

通过微纳光纤侧面搭接耦合的方式，可以将光信号耦合进微球的圆形界面，以激发回音壁耦合共振模式。影响回音壁耦合共振波长的两个因素为模式等效折射率 n_{eff} 和微球半径 R 。模式等效折射率 n_{eff} 的影响因素有很多，比如环境的温度、折射率以及微球的形状等。可以根据谐振波长的改变来测量温度、折射率、应力等参数。

为了将微纳光纤的倏逝场耦合进球形截面，需要让二者靠近并调整相对位置，最后用低折射率紫外固化胶进行固定。图 7.30 为直径约 3μm 微纳光纤与直径约 72μm 微球耦合结构搭接，在光学显微镜明场［图 7.30（a）、（b）］和暗场［图 7.30（c）、（d）］成像。图 7.30（c）、（d）显示了将波长 632.8nm 的激光导入该结构后的效果图，光信号可以被耦合进微球中发生谐振。

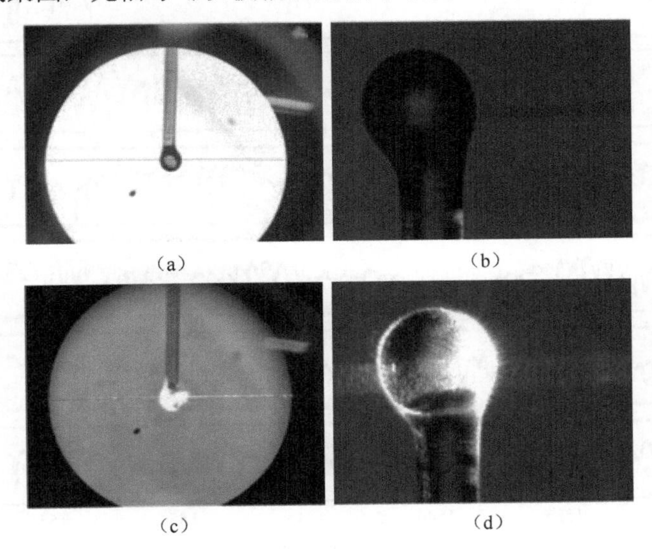

（a）　（b）　（c）　（d）

图 7.30　微纳光纤-微球耦合结构的明场和暗场成像

这里需要注意的是，由于实验设备的限制，制作出的微球很多时候并不是完美的球体。但对于回音壁耦合共振模式的耦合激发，主要针对在激发截面的圆周内光信号沿圆周界面的全反射传输和干涉。微球沿光纤径向的非球形结构差异不会对实验结果产生影响。为了研究回音壁耦合共振模式对微纤维-微球系统透射光谱的影响，基于一根直径约为 3μm 的微纳光纤和不同直径的微球腔，构建了耦合系统，相应的透射光谱如图 7.31 所示。所有光强均归一化为[0,1]的区间，因为该实验在对透射光谱做比对时，只涉及相对强度，可忽略总体功率波动和耦合效率的影响。实验中的 SMF 端面熔融微球直径在 49.4～208.04μm，相应的光学显微镜照片和直径已在图 7.31 中标记。当直径较大的微球与微纳光纤耦合时，观察到更密集的共振峰和更小的自由光谱范围（654.9～98.5pm），这与理论一致。

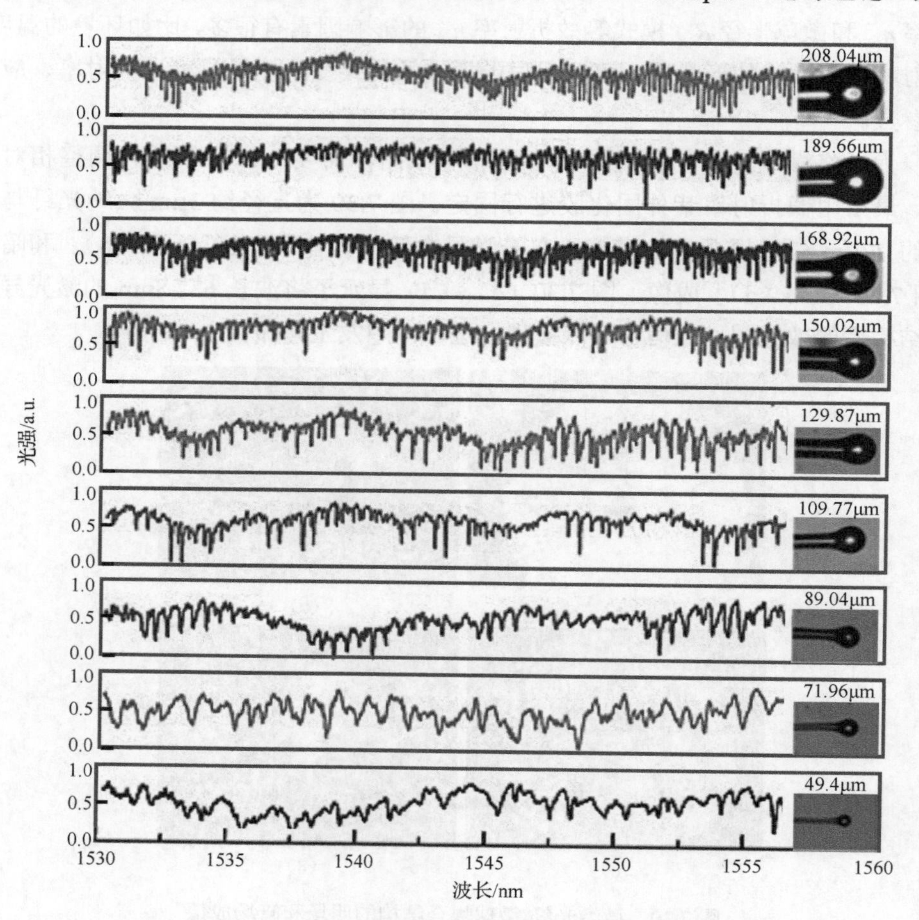

图 7.31　不同直径微纳光纤-微球系统的透射光谱对比

7.3.2　空芯微纳光纤-微球耦合系统

对于球形结构回音壁耦合共振效应的激发，还可以通过空芯微纳光纤来实现。

该部分工作主要基于李晋攻读博士研究生阶段，在 2012～2013 年间开展的部分实验工作，详细内容可以参考他发表在 *Nanoscale*（《纳米尺度》）、*Optics Express*（《光学快讯》）、*Optics Letters*（《光学快报》）、*Applied Physics Letters*（《应用物理快报》）、*Europhysics Letters*（《欧洲物理快报》）、*Optics Communications*（《光学通信》）等期刊上的相关论文，以及他的博士毕业论文。实验所用的空芯微纳光纤由一段石英毛细管制作，该石英毛细管结构示意图如图 7.32（a）所示。

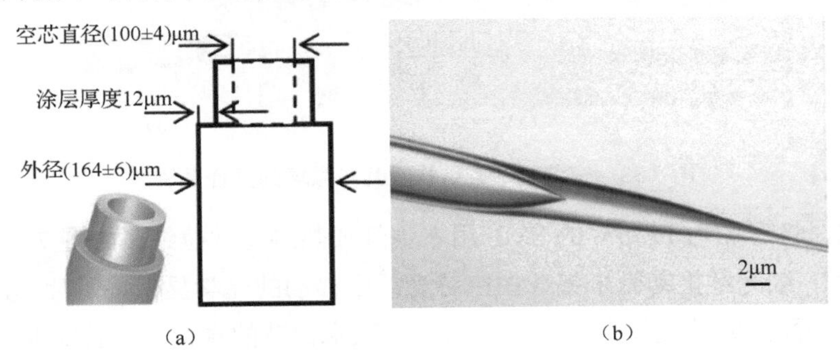

图 7.32 石英毛细管的结构示意图及空芯光纤锥显微图

石英毛细管的空芯直径为(100±4)μm、外径为(164±6)μm，包覆层为标准聚酰亚胺涂层，厚度为 12μm，耐温可达到 350℃。在空芯微纳光纤锥制作过程中，需要用高温火焰熔化光纤有机涂层并使光纤软化。普通的酒精灯火焰温度分布不均，并且不稳定，因此实验中采用本生灯来完成相应的操作。首先，用本生灯将石英毛细管的涂覆层去掉。通过控制本生灯火焰温度的大小和拉制光纤时的速度大小，可以得到不同直径的空芯光纤。在进一步的拉伸过程中，由于沿着光纤径向的拉伸力不同，特别是空芯光纤径向温度分布从火焰中心向外逐渐衰减，因此最终在加热部分可以得到空芯光纤锥，如图 7.32（b）所示。图 7.33（a）中的微纳光纤锥，其直波导部分的外径为 5.8μm，空芯直径（内径）为 5.2μm。同时，在空芯光纤锥的制备过程中，通过控制本生灯的火焰温度、光纤拉伸速度，可以灵活地调控锥长度和锥度比大小。

下一步是将合适直径的微球灌注到空芯微纳光纤锥内，可以选择直径小的微米银球（直径约为 2.3μm）。在光学显微镜下，精确地操控数微米的颗粒非常困难。为了控制微米银球在空芯光纤中的精确位置，实验中用标准 SMF 拉制成直径为 2.5μm 推杆，推动微米银球在空芯光纤锥内移动，如图 7.33（b）～（d）所示。

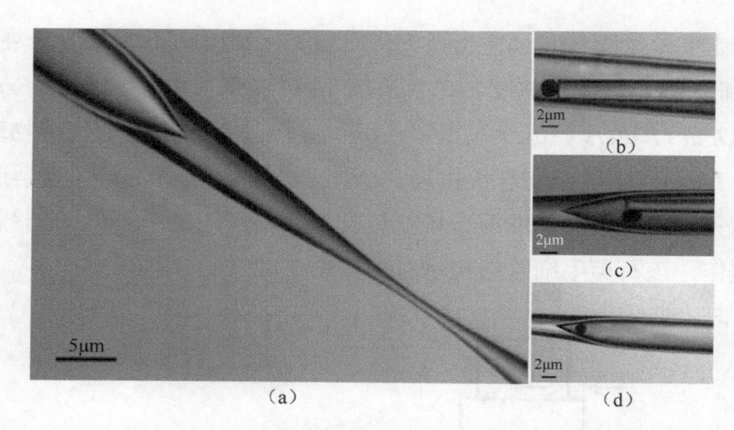

图 7.33　空芯光纤锥结构及其与微球的复合系统

首先，将直径为 125μm 的 SMF 用本生灯加热融化并拉细。如图 7.33（b）所示，用 SMF 细光纤推动微米银球在空芯光纤中移动的光学显微镜照片，其中拉细后的光纤端面部分的直径为 2.5μm，略大于微米银球的直径，并且能非常容易地插入空芯光纤中。继续推动微米银球至空芯光纤锥附近，如图 7.33（c）所示。最后将微米银球放置在空芯光纤锥的锥尖处，并撤出 SMF 细光纤，如图 7.33（d）所示。从图 7.34 的透射光谱可以看到，随着微米银球在空芯光纤内移动，相应透射光谱的变化非常明显。

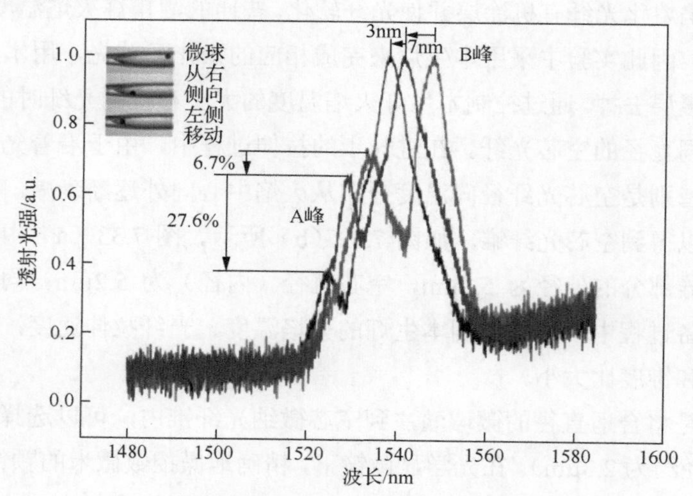

图 7.34　微米银球处于不同位置时的透射光谱

在实验中，采用 1530～1560nm 的宽带光源作为入射光，并且用光谱仪在出射端口测量输出光谱。该光谱仪为 Anritsu CMA5000 网络分析仪，搭载的光谱仪模块为 OSA400，探测范围 1250～1650nm，探测精度 50pm。对比分析微米银球处于空芯光纤锥中不同位置时的透射光谱可以发现，在微米银球进入空芯光纤并到达锥度比附近的过程中，位于 1525nm 附近的"A 峰"的强度衰减非常明显，光纤锥附近的透射峰值强度相对于直波导处透射峰值的强度降低了 6.7%，而在光纤锥附近的透射峰值强度变化更为明显，强度衰减为 27.6%。光在银球表面产生的 SPR 效应与空芯光纤锥附近的微腔效应共同作用，使"A 峰"的强度明显衰减。同时，"A 峰"和"B 峰"都有明显的蓝移，这是因为微米银球表面的 SPR 效应会在其表面产生倏逝场，对入射光有一定的束缚和调制作用，导致空芯光纤锥的"B 峰"的共振波长分别移动了 7nm 和 3nm，分别对应了微米银球从直波导处移动到锥形空气腔附近，以及进一步移动到锥形腔中心位置的两个阶段。

采用类似的操作方法，可以将功能化的微球直接填充到空芯微纳光纤内，完成对球体的固定。如图 7.35 所示，将直径约为 6μm 的罗丹明 B 激光染料掺杂的微球放置在空芯微纳光纤内，以实现结构形式固定的回音壁耦合共振系统。

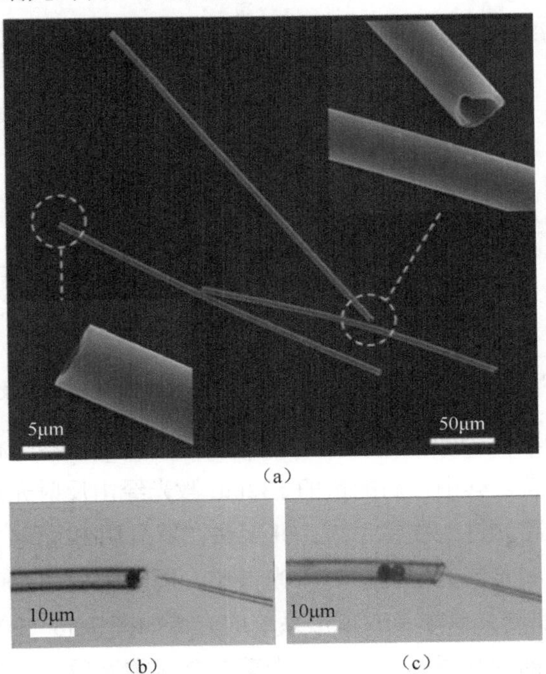

图 7.35 空芯微纳光纤及其与微球复合结构的 SEM 图像

此处所用的空芯微纳光纤同样是采用本生灯直接熔融拉制，只是在熔融拉伸过程中需要等待熔融区域软化熔融后快速拉伸，才能得到内外管壁直径均匀的空芯微纳光纤。通过陶瓷切割刀或笔形玻璃刀，将该光纤切断成不同长度，从中选取出所需的直径和长度的空芯微纳光纤以备使用。在其中灌注微球时，需要将空芯微纳光纤放置在光学显微镜的视野下，将微纳光纤锥的尾端固定在三维光纤调节架上，通过前后移动 SMF 锥探针细微地调节，完成微球的选取、推送和灌注的操作。在此过程中，需要注意用于推送微球的光纤锥端面的锥度比应该足够大，以保证其具有足够的硬度。端面部分的微纳光纤如果过长和过细，应该切除掉，以防在操作过程中吸附在 MgF_2 基底上，对实验操作产生困扰。对于激光染料微球内荧光或激光信号的激发，通常采用如图 7.36 所示的显微激发及观测装置。

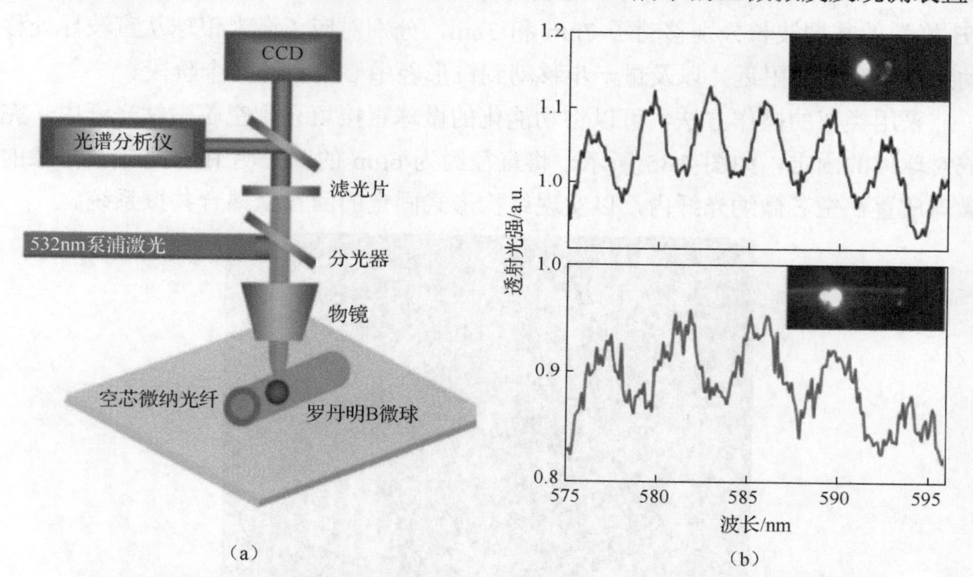

图 7.36　罗丹明 B 掺杂微球回音壁耦合共振效应的激发装置及光谱对比

在针对激光染料掺杂的聚合物微纳光纤开发微型激光器的相关研究中，也同样可以使用该套装置。其中，高能量的 532nm 激光经由反射光路（光学显微镜系统的反射光照明光路）进入物镜系统，并聚焦在罗丹明 B 微球上，激发出的荧光信号经由物镜准直和泵浦光过滤后进入光谱仪，同时结构形貌可以通过目镜系统的 CCD 进行实时观测。单球及双球形系统的光谱如图 7.36（b）所示，均可以观察到明显的回音壁耦合共振模式，并且当第二个球靠近后，光谱上会产生模式分裂现象，在单个光谱共振峰上观测到多个分离的回音壁耦合共振模式。

当泵浦光被聚焦在微球中心到石英毛细管管壁之间的 P1、P2、P3、P4、

P5 五个不同截面上时，会对激发效率产生明显影响，如图 7.37 所示。此时，影响回音壁耦合共振模式激发效率的主要因素包括：不同聚焦平面上激发光的穿透深度、微球的光学透射率及所激发光学模式平面的环径长度等光学及结构参数。

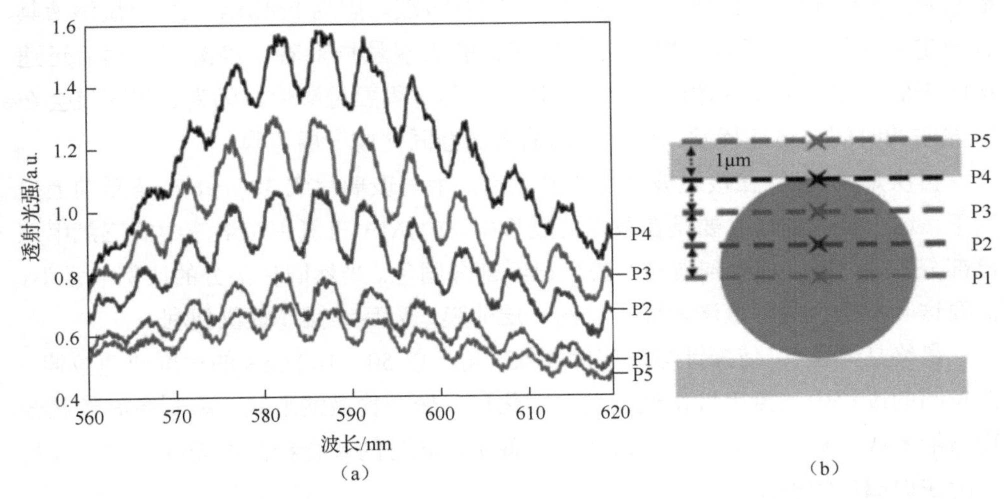

图 7.37　泵浦光聚焦到微球不同截面时光谱对比和聚焦截面位置示意图

7.4　聚合物微纳光纤制备及功能化

7.4.1　PMMA 微纳光纤制备及折射率传感特性

本节选用 PMMA 作为聚合物微纳光纤的制备材料。图 7.38 为 PMMA 微纳光纤制备过程示意图，共分为备、蘸、提、拉四步。

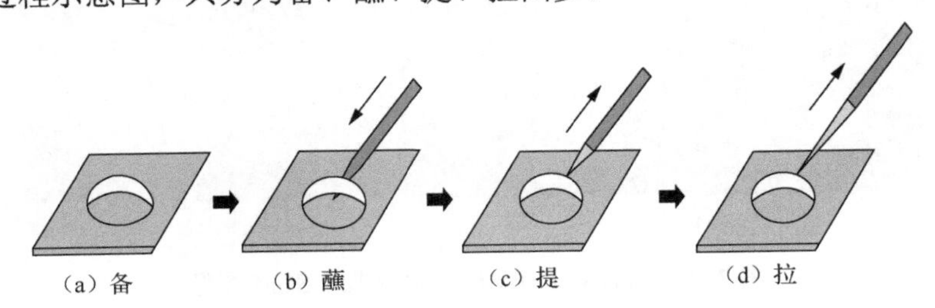

图 7.38　PMMA 微纳光纤的制备过程示意图

首先是“备”：即准备的意思。用分析天平秤取 100mg 的 PMMA 放入锥形瓶中，再在锥形瓶中滴入 1mL 的三氯甲烷溶液。将其放在磁力搅拌机上搅拌 0.5～1h，待充分溶解后得到无色透明黏稠溶液。

其次是“蘸”：用尖端直径大小在几十微米甚至几百纳米的质地比较硬的探针蘸取微量 PMMA 和有机溶剂三氯甲烷的混合溶液。因为 PMMA 三氯甲烷溶液具有一定的黏稠性，所以蘸取后会在钨探针的尖端悬挂附着一滴溶液，然后迅速接触表面洁净的玻璃片边沿。一定要注意转移过程要足够快，因为三氯甲烷会在 5s 左右的时间内迅速挥发，此时液滴的表面会固化成一层薄膜。

再次是“提”：在接触玻璃片边沿之后，手与玻璃片成 30°～60°角斜向上提一下。这一步的作用主要是在蘸取的过程中，PMMA 三氯甲烷溶液中的三氯甲烷已部分挥发，可以观察到液滴的表面已经部分固化。当然固化部分的比例非常小，需要这一步操作去除液滴表面固化的一层薄膜，为后续操作提供便利。

最终是“拉”：使探针与玻璃片成 45°角，以 50～100cm/s 的速度快速拉伸，在拉制的过程中三氯甲烷快速挥发，固化形成聚合物微纳米线。将制备好的聚合物微纳米线放在一个洁净的玻璃片表面备用，此时的聚合物微纳光纤会非常容易吸附在玻璃片的表面。

PMMA 微纳光纤的直径大小，主要是由 PMMA 三氯甲烷溶液的黏度和制备过程的提拉速度决定。通常情况下，控制提拉速度对直径的影响更加明显，实验中也都是通过控制提拉速度的大小来调节直径。图 7.39 为 PMMA 微纳光纤的 SEM 图像。可以发现，利用物理拉伸法制备的 PMMA 微纳光纤，直径大小均匀且表面光滑，适合作为光波导。

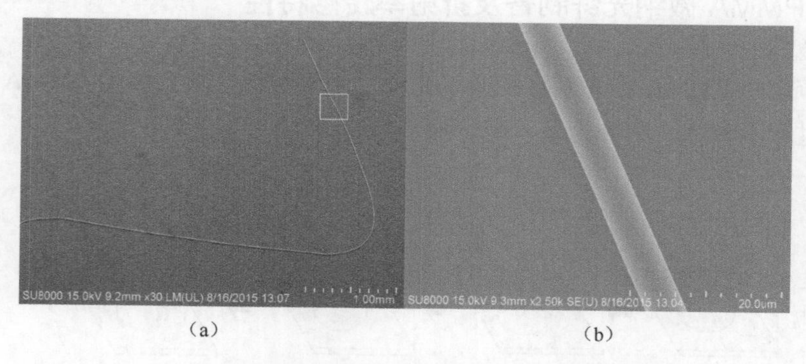

(a)　　(b)

图 7.39　直径 6μm PMMA 微纳光纤 SEM 图像

在对复合光纤系统的耦合效率和光学损耗等光学特性进行研究之前，一般会首先测试 PMMA 微纳光纤与 SMF 锥间能否有效地传输光信号。图 7.40 是 PMMA

微纳光纤通光实验的系统结构图。光源为经济实用的 He-Ne 激光器，光功率 10mW，输出波长 650nm，并用可见光功率计来检测透射光强。

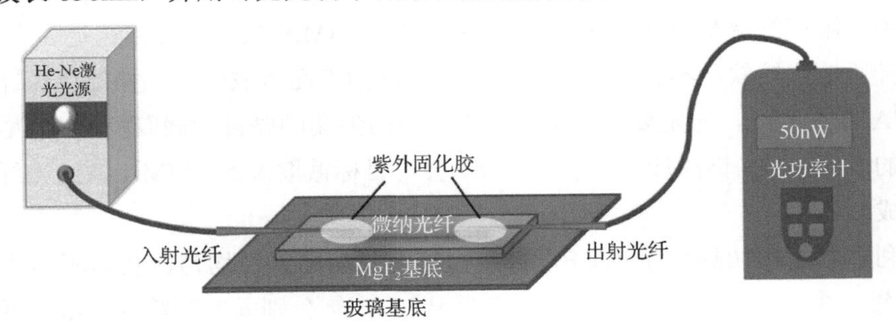

图 7.40　PMMA 微纳光纤通光实验的系统结构图

如图 7.41（a）所示，利用 SMF 锥的倏逝波耦合方式将光导入到 PMMA 微纳光纤。在 PMMA 微纳光纤的另一端，可以清楚地看见一个红光亮点，表明了 PMMA 微纳光纤是可以导光的。当利用另外一根 SMF 锥，同样采用倏逝波耦合的方式，将光导出 PMMA 微纳光纤。图 7.41（b）为红光在 PMMA 微纳光纤上传导效果的光学显微镜照片。用可见光功率计来检测透射光的功率，一般透射功率在 40～50nW，由此可以计算出单端倏逝波的耦合效率在 7%左右。由于在 PMMA 微纳光纤的两端使用了 SMF 锥来导入与导出光信号，所以光的透射率比较低。

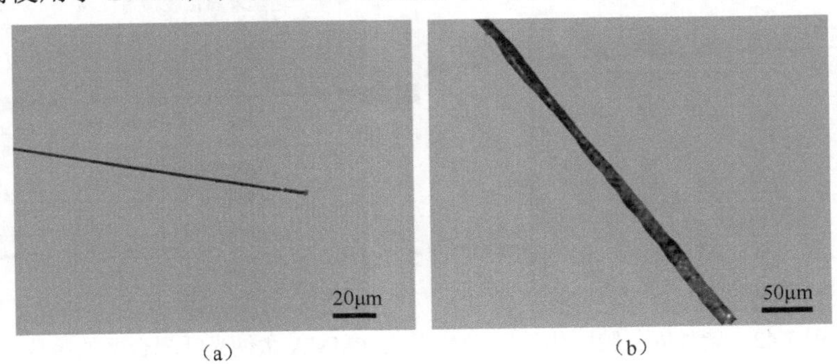

图 7.41　直径 2.5μm 和 10μm PMMA 微纳光纤通光照片

利用尖端直径在 50μm 的钨探针截取一段 PMMA 微纳光纤，截取的长度在几百微米左右。将截取好的一条 PMMA 微米线转移到 MgF_2 基底上（折射率为 1.38，可以减小光的损耗）。具体的截取过程如下：将钨探针固定在三维调整架上，用另外一个三维调整架夹持固定自制 SMF 锥探针，尖端直径在 20μm 左右。将普通 SMF 的外部涂覆去除然后利用本生灯火焰加热并拉伸 SMF，直至断开，就可以得到 SMF 锥探针结构。制作比较方便，得到的 SMF 锥的尾部较长，为了得到所需的探针端面直径，可以利用钨探针在其锥形区域的合适位置进行切割。在截取的过程中，用三维调整架操控 SMF 锥探针按住 PMMA 微纳光纤，这是因为 SMF 锥探针质地比较软，不会对 PMMA 微纳光纤的表面造成破坏。操控钨探针切割 PMMA 微纳光纤，一定要注意不要将钨探针的尖端触碰目标截取段 PMMA 微纳光纤的表面，因为钨探针质地非常坚硬，会对目标截取段的 PMMA 微纳光纤的表面造成破坏。

利用本生灯加热普通 SMF，直接拉制而成端面直径均匀、较粗不易变形的 SMF 锥，尖端直径在 12μm 左右。将两根 SMF 锥分别固定在精密三维光纤调整平台（精度为 0.1μm）上，通过调节精密三维光纤调整平台来调节放置于基底上的 SMF 锥与 PMMA 微纳光纤的相对位置。让 SMF 锥缓慢靠近，并借助范德瓦耳斯力与 PMMA 微纳光纤紧密贴合，其重叠长度约几十微米，图 7.42（a）为 SMF 锥与 PMMA 微纳光纤耦合区光学显微镜照片。为了防止外界干扰，同时提高整个复合光纤结构的稳定性，在结构的制备过程中使用低损耗的光学紫外固化胶来固定耦合区。

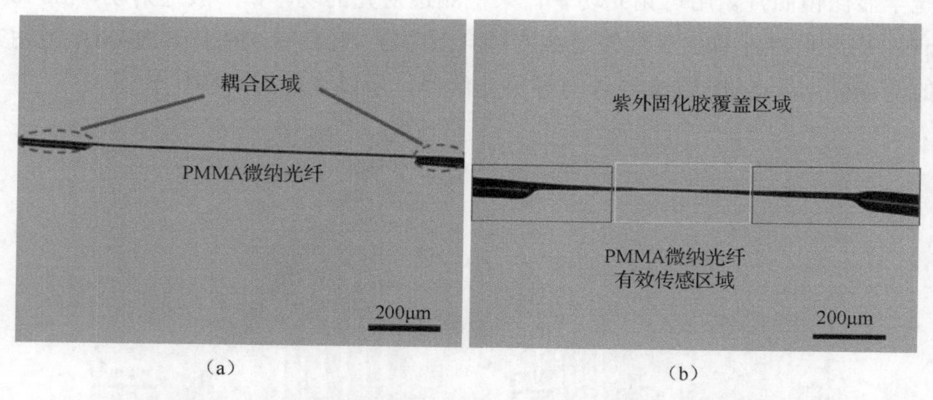

图 7.42　紫外固化胶固化前后 SMF 锥与 PMMA 微纳光纤耦合区的照片

在玻璃片表面滴一滴紫外固化胶，然后将剔除涂覆层的 SMF 浸入到胶中，附着一小滴紫外固化胶，小心地将 SMF 锥移动 MgF_2 基底的边沿处（SMF 锥与基底的接触点位置），紫外固化胶就会沿着光纤流动至耦合区。在紫外固化胶的流动过程中，时刻通过光学显微镜观察耦合区的情况。当紫外固化胶快要接近耦合区时，用紫外手电筒提前照射，使紫外固化胶固化后只覆盖耦合区部分，防止紫外固化胶覆盖 PMMA 微纳光纤表面。当然，这个时间提前量的把握取决于紫外固化胶黏稠度、耦合区长度等因素。固化后的紫外固化胶折射率大约是 1.38，需要注意的是紫外固化胶不能滴入太多，否则会引发严重的光散射损耗。这个折射率值和 PMMA 折射率（1.49）相比较小，可满足光的全内反射条件，所以适合用于包裹和固定微纳光纤，避免光信号泄漏。实验中使用的紫外手电筒是日本 JAXMAN 生产的 365nm 紫光手电筒，功率 780mW，固化过程在 15～20min。紫外固化胶固化后耦合区的光学显微镜照片如图 7.42（b）所示。

PMMA 微纳光纤在不同浓度 NaCl 溶液环境下的透射光谱，如图 7.43（a）所示。图 7.43（b）为图 7.43（a）的透射光谱经过等值滤波算法处理之后的虚线方框中曲线的局部放大图。

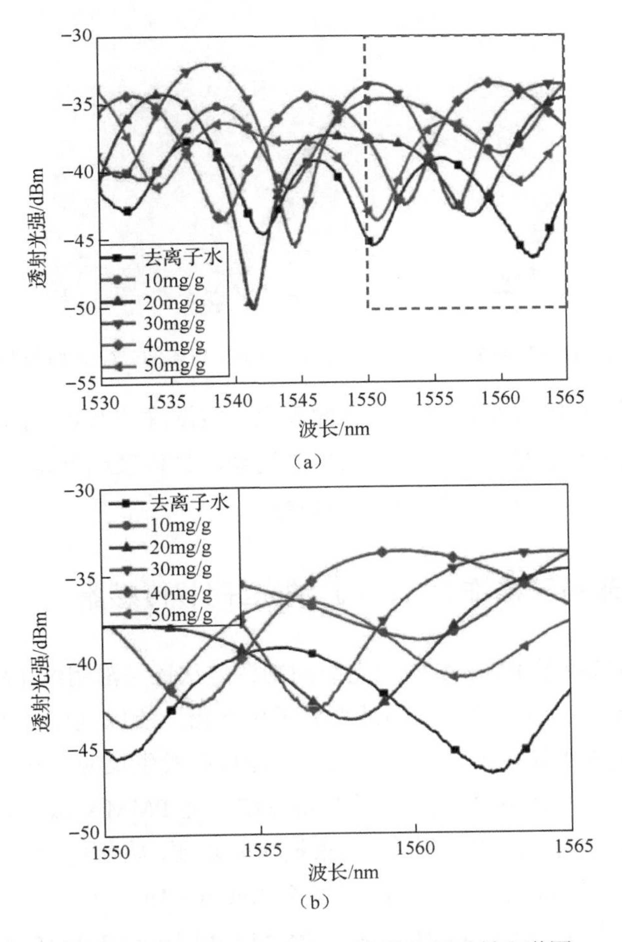

图 7.43　直径 6.6μm PMMA 微纳光纤透射光谱图

由图 7.43（b）可知，当折射率从 1.3333 变化到 1.3403 时，波谷波长从 1.563μm 移动到 1.553μm，当 NaCl 溶液的质量分数为 5%时，此时已经超过一个周期，所以透射光谱波谷波长与待测溶液为去离子水时的波谷波长相近。通过线性拟合可得到，PMMA 微纳光纤折射率传感灵敏度为 1490nm/RIU，具有良好的线性和稳定性。图 7.43（a）中的透射光谱并不是非常平滑，而是有一些谐振毛刺，主要原因是 PMMA 微纳光纤对外界环境扰动非常敏感。PMMA 微纳光纤长时间浸泡于一定浓度的 NaCl 溶液之后，在其表面会有 NaCl 晶体析出，如图 7.44 所示。

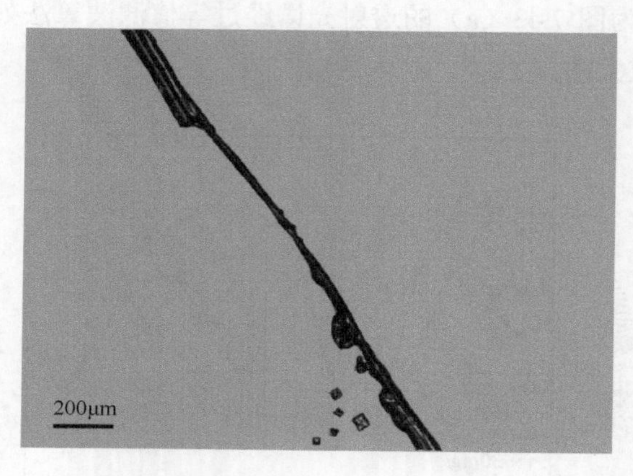

图 7.44　PMMA 微纳光纤表面附着 NaCl 晶体的光学显微镜照片

用注射器向 PMMA 微纳光纤的表面滴上一定浓度的 NaCl 溶液后，溶液会沿着 PMMA 微纳光纤四处流动，从而产生微扰动，具体表现就是透射光谱不稳定，需要静待几分钟之后透射光谱才能趋于稳定。

7.4.2　Pd 纳米粒子修饰 PMMA 微纳光纤 H_2 传感器

掺杂 Pd 纳米粒子 PMMA 微纳光纤的制备方法还是沿用纯 PMMA 微纳光纤对应的物理拉伸法。由于聚合物都是大分子化合物，所以气体分子可以透过分子间的多孔结构进入到光纤内部，与里面的功能材料发生反应，从而实现传感。掺杂 Pd 纳米粒子的 PMMA 微纳光纤的制备方法与纯 PMMA 微纳光纤相比，唯一的不同之处就是在制备前的准备阶段。根据实验需要，将相应量的 Pd 纳米粒子放入 PMMA 三氯甲烷溶液中，然后磁力搅拌 30min～1h 左右，使其分散均匀，从而尽量避免粒子发生团聚。将 100mg 的 PMMA 和 1mg 的 Pd 纳米粒子加入 5mL

三氯甲烷溶液，使用物理拉伸法可以获得直径 17μm 的 Pd 纳米粒子掺杂 PMMA 微纳光纤，SEM 图像如图 7.45 所示。

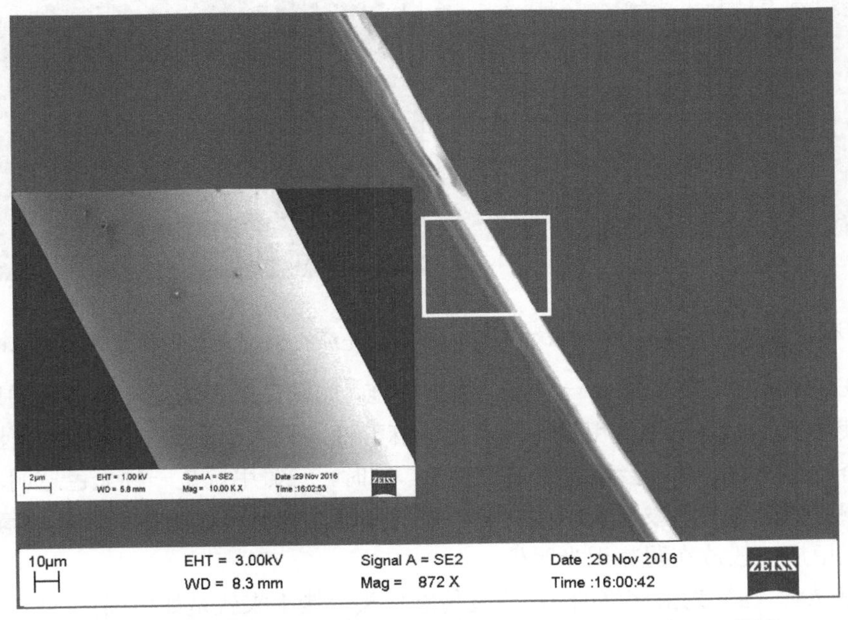

图 7.45　直径 17μm 的 Pd 纳米粒子掺杂 PMMA 微纳光纤 SEM 图像

从图 7.45 中可以看出，Pd 纳米粒子掺杂的 PMMA 微纳光纤粗细大体一致，表面质量也比较好。图 7.46（a）为 17μm 的 Pd 纳米粒子掺杂 PMMA 微纳光纤的 SEM 暗场图像。可以清晰地观察到，光纤表面有比较明显的颗粒状物质，为了验证该颗粒状物质是掺杂的 Pd 纳米粒子，对颗粒状物质所在区域的化学成分进行表征。图 7.46（b）是对图 7.46（a）方框区域的 X 射线能谱，用于分析其化学成分。

结果表明，该区域主要包括 Pd、C、O 三种元素成分，Pd 元素的含量最高，可以确认 PMMA 微纳光纤表面的白色亮点即 Pd 纳米粒子，但是 PMMA 微纳光纤表面的白色亮点数量并不多，这是因为大多数的 Pd 纳米粒子隐藏在 PMMA 微纳光纤内部。但是，这也不影响后续的 H_2 浓度传感实验，因为 PMMA 是一种高分子聚合物，气体分子可以透过分子间空隙与里面掺杂的 Pd 纳米粒子发生反应。后续的实验也证明，是否掺杂 Pd 纳米粒子对 H_2 浓度传感性能影响明显。Pd 纳米粒子掺杂 PMMA 微纳光纤的直径，主要与三氯甲烷混合溶液的黏稠度有关，除此之外，还与微纳光纤的拉制速度有关。通常情况下，黏稠度越低、拉制速度越快，微纳光纤的直径越小，最小可以达到纳米级别。

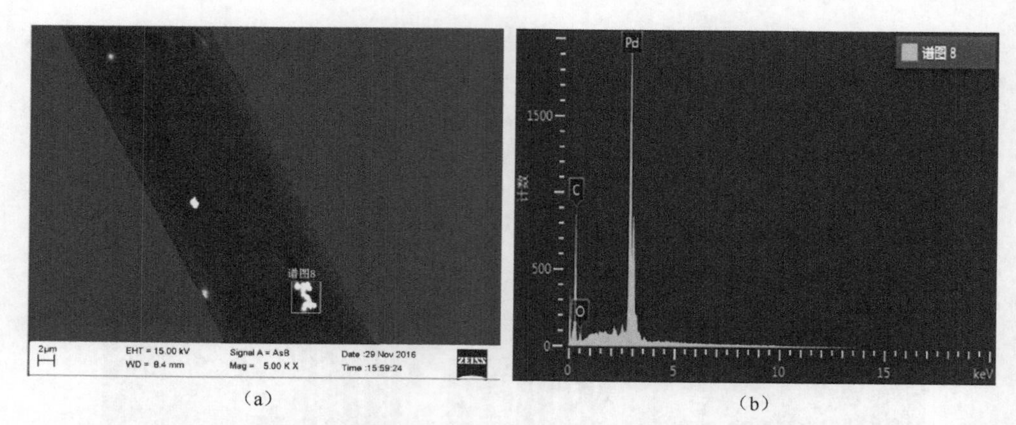

（a） （b）

图 7.46　直径 17μm 掺杂 Pd 纳米粒子 PMMA 微纳光纤的 SEM 暗场图像及 X 射线能谱图

在做实验时，需要采取一些安全保护措施，如戴口罩和保证实验环境通风等。此处使用到有机溶剂三氯甲烷，有一定的麻醉性，吸入少量的三氯甲烷会使人产生兴奋的感觉，严重时会有致癌的可能性。同时，三氯甲烷是一种无色透明液体，当在阳光照射下与氧发生作用，会分解生成剧毒的光气（碳酰氯）和氯化氢，所以三氯甲烷一般放在阴凉无光照处。

图 7.47（a）为搭接好的 H_2 浓度传感探头。接下来就是如何固定 SMF 锥与 Pd 纳米粒子掺杂 PMMA 微纳光纤耦合区的问题。实验中，同样利用紫外固化胶来固定耦合区，具体的操作方法见图 7.42 的相关说明，这里不再赘述。固化好之后的 H_2 浓度传感探头，如图 7.47（b）所示。

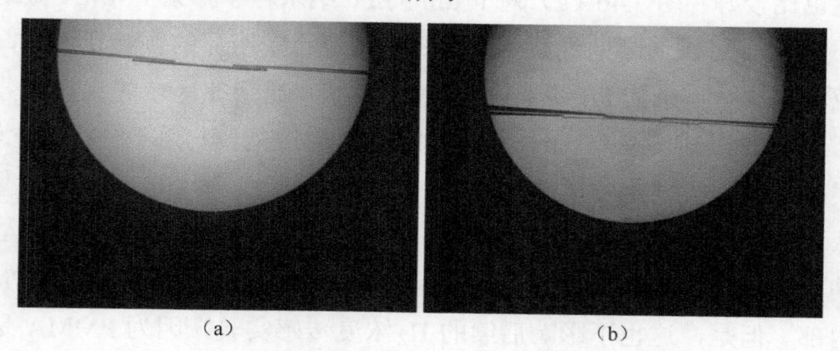

（a） （b）

图 7.47　搭接好和紫外固化胶固化后的 H_2 浓度传感探头照片

固化好之后，需要检测该传感探头是否导光，因为在固化的过程中，很有可能会破坏耦合区的结构。可以使用功率为 10mW 的红光笔作为检测光源，并将 SMF 锥的自由端接入红光笔；另外一根 SMF 锥的自由端连接光功率计，检测透射光的光功率。图 7.48 为 H_2 浓度传感探头通光实验实物图。相关实验结果表明，一般透射光的光功率在 40nW 以上光谱仪才能够检测到，所以当透射光的光功率在 40nW 以上时，才可以使用该传感探头进行下一步的 H_2 浓度测试实验。当然透射光的功率越大，光谱仪检测到透射光谱的信噪比和稳定性就越高。

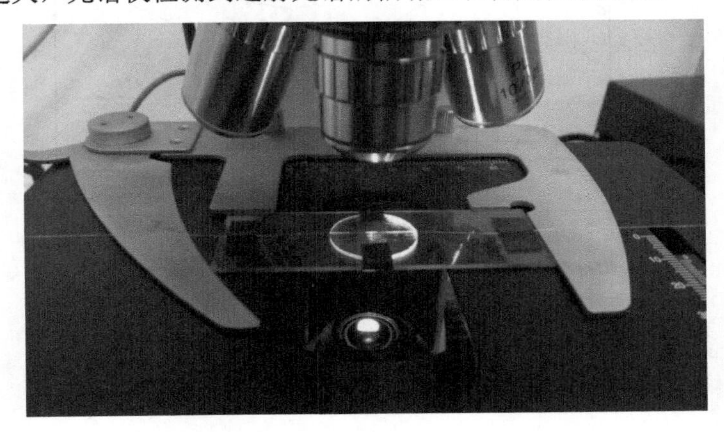

图 7.48　H_2 浓度传感探头通光实验实物图

掺杂 Pd 纳米粒子 PMMA 微纳光纤的直径为 32μm，实验得到其在 5 组不同 H_2 浓度氛围的透射光谱，如图 7.49（a）所示。图 7.49（b）为图 7.49（a）中虚线框内透射光谱的局部放大图，该透射光谱具有较好的稳定性。计算结果表明，灵敏度为 6.5×10^{-5}nm/(μL/L)，根据光谱仪的分辨力为 0.02nm 可得，该 H_2 浓度传感探头的 H_2 浓度分辨力为 307.69μL/L，具有较好的线性和稳定性。

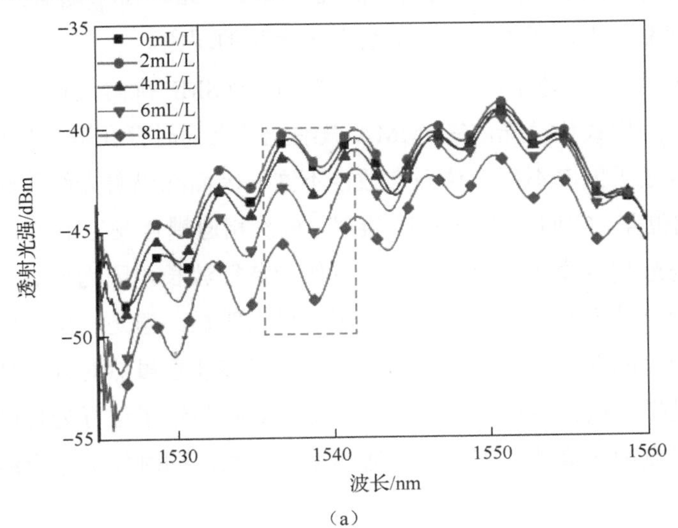

（a）

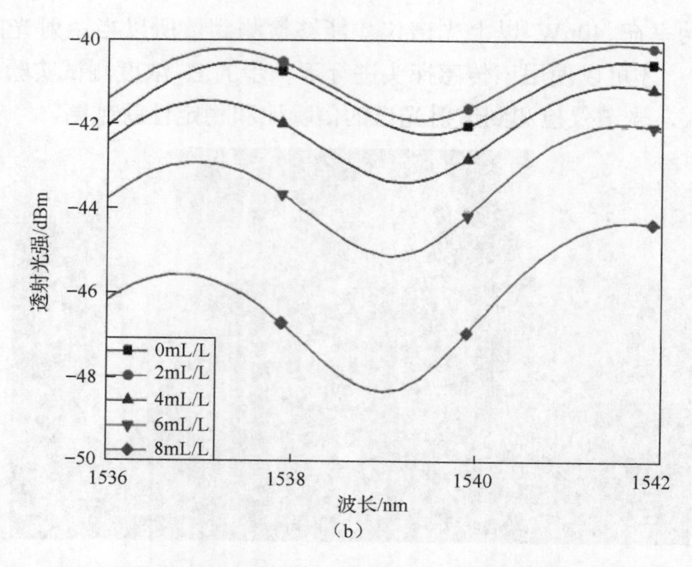

（b）

图 7.49　直径 32μm 的 Pd 纳米粒子掺杂 PMMA 微纳光纤 H_2 响应透射光谱

对于这种 H_2 传感探头，随着 H_2 浓度的增加，其透射光谱发生蓝移，可以认为 PMMA 微纳光纤外界环境的等效折射率在逐渐增大，而 H_2 分子会透过光纤表面与其中掺杂的 Pd 纳米粒子发生可逆化学反应生成 PdH_x。其他研究工作表明，随着 H_2 浓度的增大，生成的 PdH_x 折射率逐渐减小，等价于掺杂 Pd 纳米粒子 PMMA 微纳光纤的折射率随着 H_2 浓度的增大而逐渐减小。此时 Δn_{eff} 随着外界环境 H_2 浓度的增加而逐渐变小，所以透射光谱会发生蓝移的现象。

透射光谱是一种典型的干涉光谱，主要是因为 SMF 锥附近存在由基模光信号激发产生的高阶模式传输光，在 PMMA 微纳光纤上同时存在多个传导模式。由于各阶导模的等效折射率不同，传播常数也不同，因而在沿着光纤传输一定距离之后，将产生相位差，它们在达到 SMF 锥时，再次相遇耦合发生干涉。一般情况下，会选择基模与最高阶模式对应的干涉波谷作为特征波长，因为最高阶模式最靠近外界环境，受到外界气体折射率变化的影响最为明显。但是，由于实验操作系统误差和随机误差的存在，基模与最高阶模式的干涉波谷虽然对外界环境变化的响应灵敏，但是拟合线性度并不是很好。因此，对实验结果进行处理时需要根据微纳光纤结构特点和光谱特征来选取合适的特征波长，同时保证拟合线性度良好、灵敏度高。

7.5　Fabry-Perot 微腔光纤温度传感器

7.5.1　熔融微球端面 Fabry-Perot 微腔光纤温度传感器

本节将设计一种结构紧凑的光纤温度传感探头，它是将微纳光纤锥插入具有熔融微球端面的空芯光纤中，并填入温度敏感高分子聚合物材料 PDMS。其中，微纳光纤锥的端面和空芯光纤的熔融内端构成了 Fabry-Perot 微腔的两个反射面，两端面间距离为 Fabry-Perot 微腔的腔长。当温度变化时，PDMS 的热膨胀效应占主导作用，Fabry-Perot 微腔的腔长会在其膨胀作用下变大，根据干涉仪原理可知干涉相位和特征波长将会改变，最后通过相位解调法绘制出温度响应曲线，达到温度检测的目的。

7.5.1.1　温度敏感材料 PDMS 制作

该探头的设计中，采用了 PDMS 作为温度敏感材料。由于固化后的 PDMS 是杨氏模量较小，透明度高的弹性体，可以同时起到稳定和保护结构的作用。实验中选用的是道康宁 SYLGARD184 硅橡胶，由基本组分和固化剂两部分组成，实物如图 7.50 所示。具体的制备过程如下。

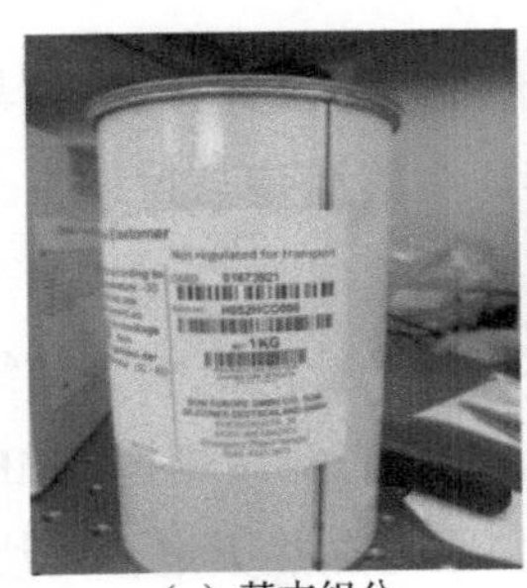
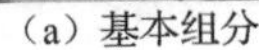
（a）基本组分

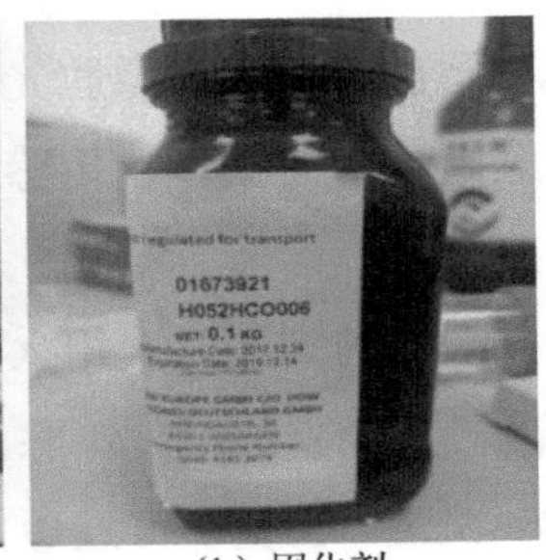

（b）固化剂

图 7.50　PDMS 组成成分

第一步：利用天平称重，将基本组分与固化剂按 10∶1 质量比混合，采用玻璃棒进行顺时针和逆时针交替搅拌，将二者混合均匀。第二步：利用磁力搅拌器搅拌混合剂 10min，使二者混合更加均匀，同时排出一部分气泡。第三步：可以采用抽真空方式排除剩余气泡，根据实际混合剂中气泡量，处理时间从15min到2h不等。本实验每次配置的PDMS量较小，主要采用静置方式，等待大部分气泡自动排出（静置时间约为1h）。第四步：根据不同的实验过程，可选择在室温下24h固化或80℃环境中1h快速固化。

PDMS作为光学材料具有以下优点：杨氏模量较小，具有很好的弹性，且能紧密贴住传感结构，保护探头并增加其稳定性；固化后的物化性能稳定，不发生物化反应；各个方向的性能均匀性好，折射率分布均匀；绝缘性能较好，击穿电压大于20kV/mm，体积电阻大于1015Ω·cm，使用寿命长，成本低、制备容易。PDMS与SiO_2的物理特性对比如表7.1所示。

表7.1　PDMS与SiO_2物理特性对比表

材料	热膨胀系数/（10^{-6}℃$^{-1}$）	杨氏模量/MPa	泊松比	折射率
PDMS	310	0.75	0.45	1.4～1.43
SiO_2	0.55	72000	0.16	1.46

由表7.1可知，PDMS的热膨胀系数远大于SiO_2。当温度升高时，PDMS会受热膨胀从而使Fabry-Perot微腔的腔长发生变化，进而使干涉波长发生移动。通过建立波长移动量与温度变化量的物理关系，实现对温度变化的检测。

7.5.1.2　传感器制备及封装

具有熔融微球端面Fabry-Perot微腔光纤温度传感器的制备与封装主要分为微纳光纤锥制作、熔融微球端面制作、传感探头的组装与封装三个主要步骤，总体制作流程如图7.51所示。

第一步：微纳光纤锥的制作。采用火焰加热拉伸法制备微纳光纤。将普通标准SMF制成微纳光纤锥，具体步骤如下：利用光纤钳剥掉SMF外的涂覆层，露出的SMF长度在4～5cm。长度不可过短，因为加热火焰会灼烧涂覆层造成SMF受热不均，影响拉制效果；利用擦镜纸蘸取些许乙醇，擦拭SMF去掉涂覆层部分，乙醇易挥发带走细小灰尘，为拉伸做准备；打开拉锥机（型号IPCS-5000-ST）的真空泵，将清洁后的SMF固定在电动位移平台中央，盖好安全玻璃罩；设置拉锥机参数（如加热方式、平台位移速度等）。拉锥机的火焰是采用高纯H_2与O_2作为燃料，可以获得2500～3000℃的高温，当SMF在高温加热下达到熔融状态时，

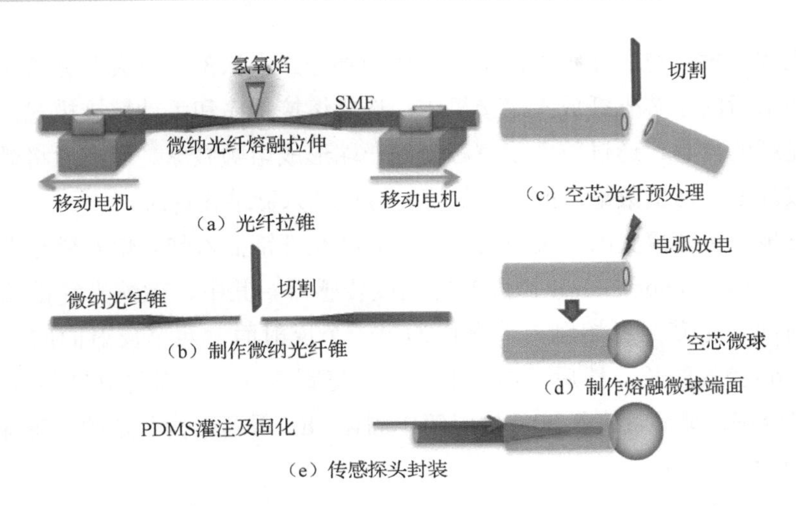

图 7.51　熔融微球端面 Fabry-Perot 微腔光纤温度传感器制作过程

两个电动位移平台向相反的方向移动；取出拉制后的微纳光纤，用切割刀在其中间处切割，得到端面平整的微纳光纤锥。

通过调整 H_2/O_2 混合比例和火焰扫描速度，可在加热区获得直径均匀的微纳光纤。通过控制拉伸速度可以很容易地获得不同直径的微纳光纤锥。拉锥机拉锥时与拉锥结束后分别如图 7.52（a）、（b）所示。在拉锥前将 SMF 通入激光，可以清晰地看出，随着光纤直径的减小，光纤的倏逝场增强，模场面积的增大提高了干涉模式与环境的重叠积分，因此会使微纳光纤对外界环境的变化更灵敏。

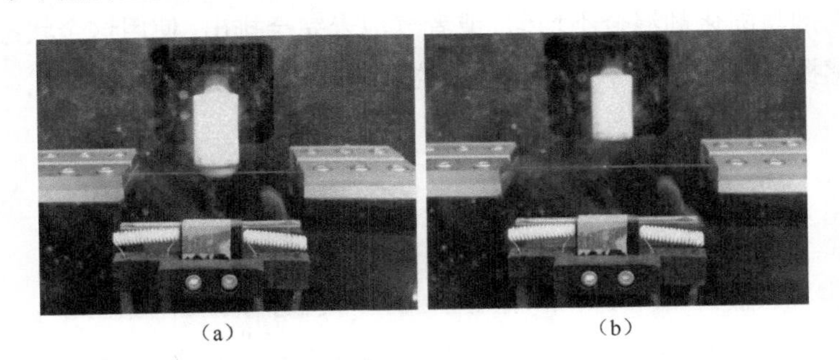

图 7.52　火焰加热拉伸法制备微纳光纤的实验照片

第二步：熔融微球端面的制作。由于需要采用熔接机对空芯光纤进行熔融处理，空芯光纤的尺寸受限于熔接机，选取的尺寸为外径 162μm、内径 100μm。将空芯光纤制成熔融微球端面分为以下步骤：利用本生灯火焰加热涂覆层（聚酰亚胺，熔点 350℃）。加热时间不可过长，否则空芯光纤易发生断裂；利用擦镜纸蘸取些许乙醇，擦拭空芯光纤外涂覆层灼烧的部分。去涂覆层后会看见透明空芯光纤；将清洁后的空芯光纤放入熔接机中，选择熔接程序和手动熔接模式；手动调节空芯光纤的位置，通过放电使空芯光纤一端形成熔融微球。取出后将微球端固定在载玻片上，切出数毫米的合适长度，方便插入微纳光纤锥。

第三步：传感探头的组装与封装。将微纳光纤锥插入带有熔融微球端面的空芯光纤中，得到 Fabry-Perot 微腔光纤温度传感器。其中，微纳光纤锥端面作为一个反射面，空芯光纤熔融内端面作为另一个反射面，两个反射面的距离就是 Fabry-Perot 腔的腔长。然后，通过毛细作用将制备好的未固化 PDMS 溶胶填充至空芯光纤中。最后，放入 80℃恒温箱中固化 1h，得到结构稳定的传感探头，如图 7.53 所示。

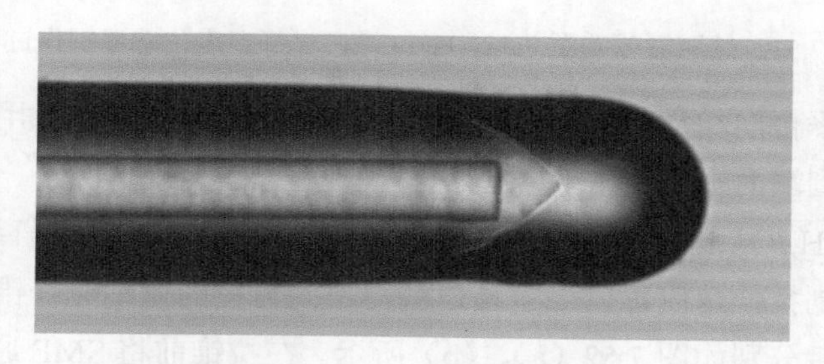

图 7.53　熔融微球端面 Fabry-Perot 微腔光纤温度传感器光学显微镜照片

实验过程中，固化后的 PDMS 可能会出现不同的缺陷，如图 7.54 所示。这是因为有时主剂与固化剂混合不均匀，或者气泡未完全排出，使用这个状态的 PDMS 去封装传感探头就会产生一些意料之外的结构缺陷。

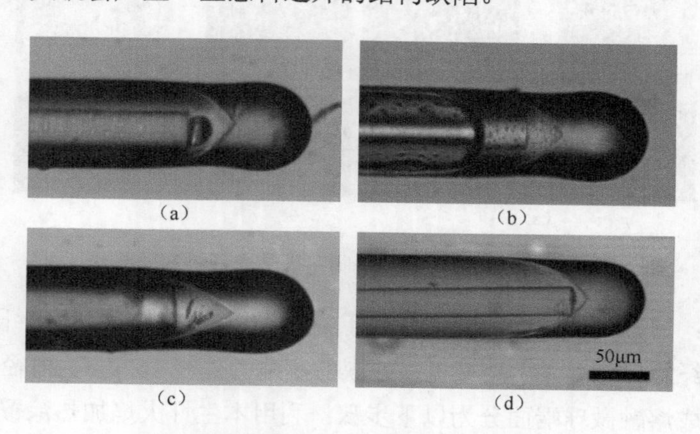

图 7.54　PDMS 固化后的各种典型缺陷

在传感探头封装前，Fabry-Perot 微腔的腔长可以灵活地进行调控。通过安装在光学显微镜上的图像显示系统，根据反射光谱的实时变化调整结构内微纳光纤与空芯光纤锥的相对位置，对其结构参数进行优化，获得所需的光学特性，以满足实际应用需求（如工作范围、灵敏度、传感器尺寸等）。通过分析 FSR 及其消光比（即峰值最大功率与谱中最小功率之比），选择合适的腔长范围，制作了四组 Fabry-Perot 微腔的传感结构，腔长分别为 61μm、128μm、181μm、227μm，微纳光纤锥直径为 36μm，它们的显微图像与光谱图如图 7.55 所示。

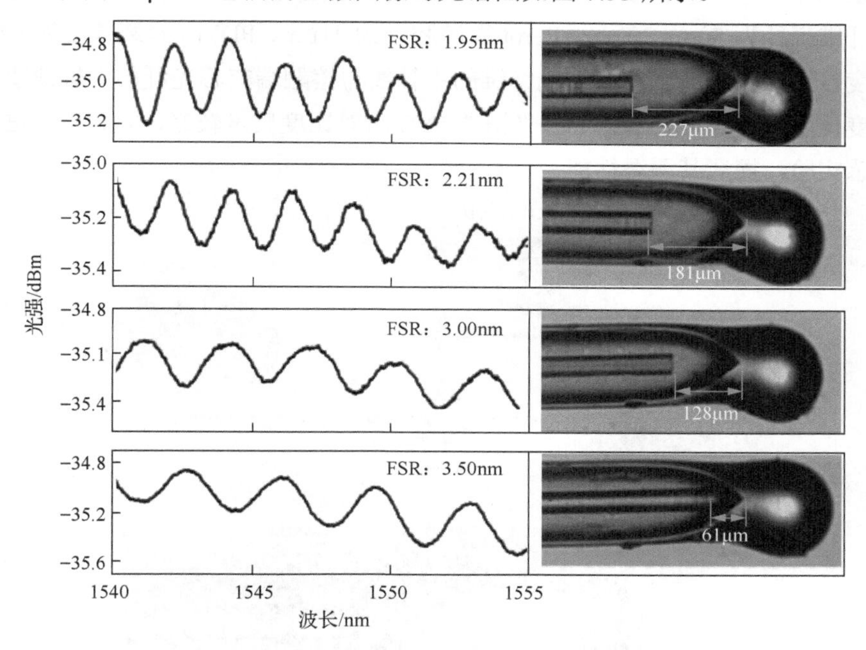

图 7.55　Fabry-Perot 微腔不同长度的光谱对比

从图 7.55 中可以看出，随着腔长从 227μm 减小至 61μm，FSR 从 1.95nm 增大至 3.5nm。干涉腔腔体越长，反射光谱的 FSR 越小，干涉峰越陡。由于温度变化信息必须通过解调特定峰值（如干涉谷）的波长变化得到，所以较小的 FSR 将会限制传感器的工作范围，但同时也提高了传感器的检测精度。反之，干涉腔腔体越短，传感器工作范围越宽，但干涉峰的位置越难分辨。因此，设计温度传感探头时需要平衡其工作范围和传感精度。

在本实验中，希望制备一种工作范围相对较大的温度传感探头，使腔长在可控范围内最小化。同时，多次实验发现，腔长控制在约 40μm，可使 PDMS 的填充更加容易。由 PDMS 封装熔融微球端面的 Fabry-Perot 微腔光纤温度传感器，其温度传感实验系统原理图如图 7.56 所示。系统包含宽谱光源、环形器、恒温箱、光谱分析仪，光束从光源发出后经过环形器的一个支路进入恒温箱内的传感探头，通过 Fabry-Perot 微腔反射后再经过环形器的另一个支路（与光源同侧）被光谱分析仪采集到。手动调节恒温箱目标温度，PDMS 较大的热膨胀系数可导致 Fabry-Perot 微腔腔长发生改变，所以光谱分析仪显示的干涉光谱将会移动，最终通过建立光谱干涉波长移动量与温度变化量的关系实现对温度的检测。制作出微纳光纤锥直径为 50μm、Fabry-Perot 微腔腔长为 41μm、PDMS 封装长度为 976μm 的温度传感探头，并且将微纳光纤锥的中轴线与熔融端空芯光纤的中轴线重合。将温度传感系统连接好后，干涉光谱的 FSR 与对比度质量较好，因此可以进行温度传感实验，探究其测温性能。

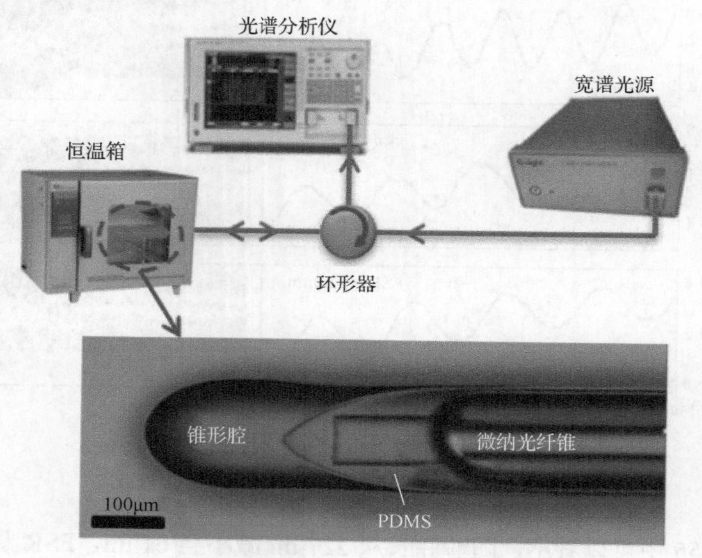

图 7.56 温度传感实验系统原理图

实验过程中，选择 1℃作为步进温度，当测量温度从 30℃加热升温至 34℃时光谱变化如图 7.57 所示。

从图 7.57 中可以看出，温度每升高 1℃，反射光谱整体红移一定波长距离，且每次发生的波长移动量基本相同。同时，当温度从 30℃升温至 32℃时，干涉谷的移动量超过一个 FSR 范围，这说明该温度传感探头的动态温度监测范围约为 2℃。由于干涉光谱的 FSR 小于 6nm，所以可以通过相位解调法中的单峰解调法，

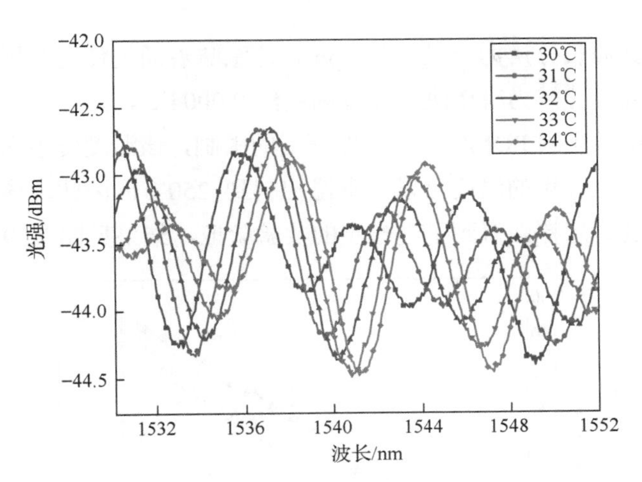

图 7.57 温度从 30℃升高至 34℃时光谱变化图

对光谱在整个光源波长范围内的移动量进行解调，从而绘制出温度响应曲线，见图 7.58。可以看出，当温度加热升高时，传感探头灵敏度为 2.41nm/℃，拟合线性度为 0.99708；当温度冷却下降时，传感探头灵敏度为 2.42nm/℃，拟合线性度为 0.99677。

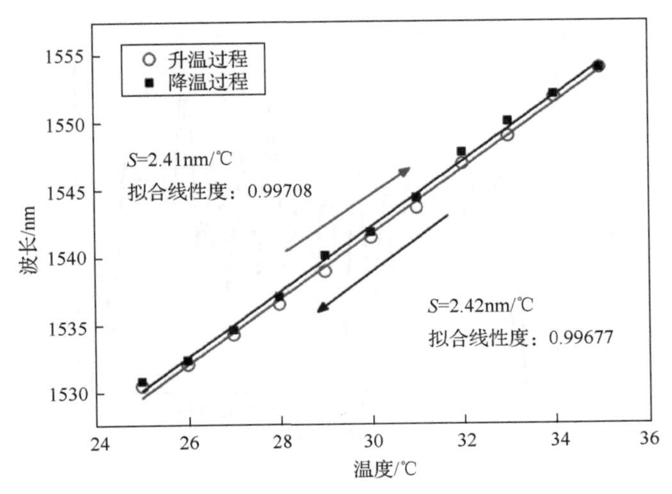

图 7.58 一次升降温过程温度传感特性曲线

由此可见，该传感探头的升温降温灵敏度较高，并且稳定性极强。同时，由于实验采用的光谱仪最高分辨力为 20pm，所以用最高分辨力除以传感探头灵敏度，可以得到该传感探头的温度分辨力，即 0.008℃。因此该传感探头同时具备高的温度检测精度。对于 FBG 传感器，其传感参数可以通过波长解调，借助于商用波长解调仪，其波长分辨力可以达到 1pm。这意味着通过使用商用光纤解调仪，该传感探头的温度分辨力有望进一步提高到约 0.0004℃。

理论上，由于受到 PDMS 工作温度范围的限制，该温度传感探头的工作范围为-50～200℃。恒温箱的温度可以从室温控制到 250℃。因此，该传感探头在较高温度下的温度传感特性得到了进一步的实验验证，结果见图 7.59。

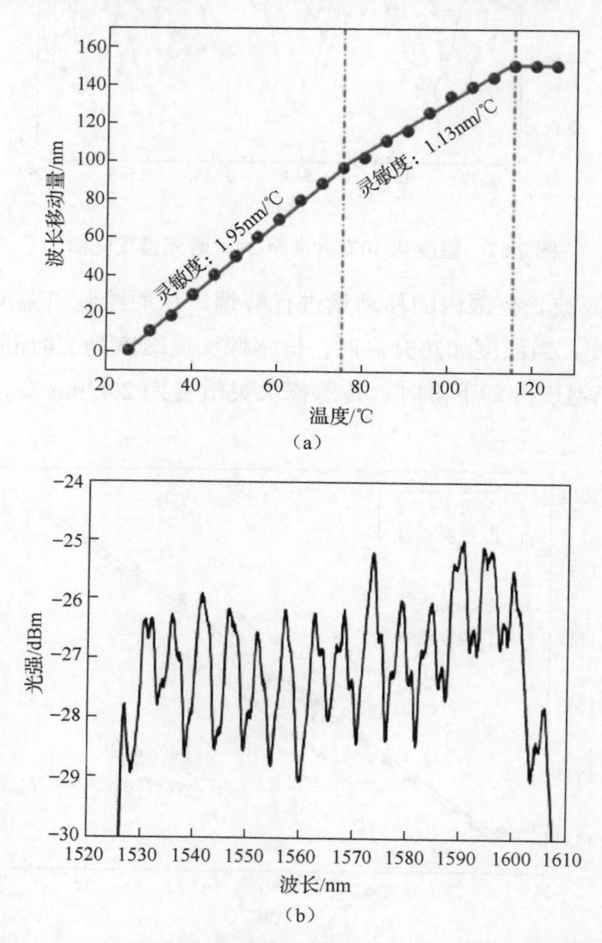

图 7.59　25～125℃温度传感特性曲线和 115℃对应光谱图

图 7.59（a）为 25～125℃温度传感特性曲线。由于温度范围较宽，为了完成整个温度范围内的温度检测，需要在不同时间间隔内选择不同的干涉谷，来校准传感性能，对应的干涉波长也会不同。因此，在图 7.59（a）中，采用干涉谷的相对波长位移来描述它与温度变化的关系。由图 7.59 可见，高温区的灵敏度为

1.13nm/℃，略低于低温区的 1.95nm/℃，传感器系统表现出良好的稳定性和传感性能。当温度超过 115℃时，灵敏度迅速下降，干涉光谱中模式增多，如图 7.59（b）所示，这将严重干扰干涉谷的跟踪和温度测量效果，主要原因在于 PDMS 在较高温度范围内的热膨胀不显著。此外，除 Fabry-Perot 微腔腔体外，PDMS 还被用于固定微纳光纤锥，导致腔体的线性膨胀受限。因此，必须进一步优化传感器的结构参数和制作工艺，以获得更大的工作范围。而在本实验中，最终得到的熔融微球端面 Fabry-Perot 微腔光纤温度传感器的有效工作范围为 25～110℃。

7.5.2　同轴单模端面 Fabry-Perot 微腔光纤温度传感器

上节设计的 Fabry-Perot 微腔光纤温度传感器中，熔融微球内端面并不是常规意义的平面而是圆锥形，这对干涉光谱质量有一定影响。本节采用 SMF 端面作 Fabry-Perot 微腔反射面来提高干涉光谱的质量和温度传感性能。这个探头的制作流程主要分为空芯光纤加工、微纳光纤制作、温度传感探头制作三个主要步骤，如图 7.60 所示。

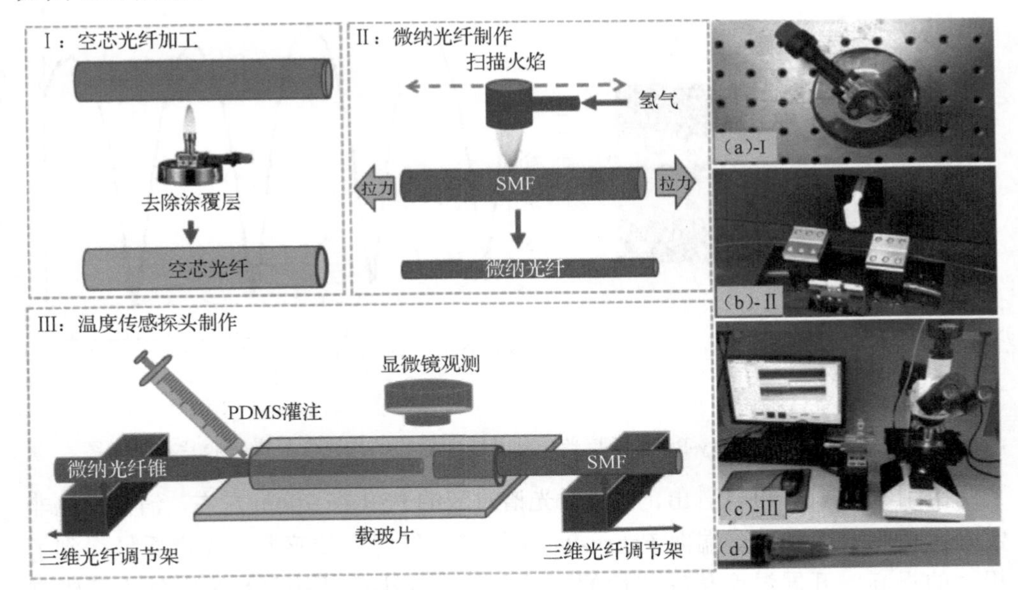

图 7.60　单模端面 Fabry-Perot 微腔光纤温度传感器的制备过程

每个步骤的具体描述如下：

（1）空芯光纤加工。与上一个结构一样，考虑到需要插入 SMF，选择外径为 200μm、内径为 150μm 的空芯光纤。利用本生灯外焰加热空芯光纤涂覆层（聚酰亚胺，熔点 350℃），如图 7.60 所示。加热时间不可过长，否则空芯光纤易发生断裂；用擦镜纸蘸取些许乙醇，擦拭空芯光纤外涂覆层灼烧部分，清理杂质后可得到透明的石英毛细管，便于在光学显微镜下观察和调节 Fabry-Perot 微腔。

（2）微纳光纤制作。包括涂覆层剥除、乙醇擦拭清洁等，然后加热拉锥，在双锥的中间处切割且保证端面齐整。要改变微纳光纤锥的直径，可以调节 H_2 和 O_2 的混合比例和火焰的扫描速度等工艺参数。

（3）温度传感探头制作。切割一定长度空芯光纤，长度不可过长，否则会增加 PDMS 填充时间；用紫外固化胶将空芯光纤固定在载玻片上；将微纳光纤锥与 SMF 分别固定在两个三维光纤调整架上，控制移动将其从两端插入空芯光纤中，通过显微系统实时观察和测量 Fabry-Perot 微腔的结构，并根据反射光谱进行实时调节；得到所需的高质量光谱后，用小型注射器将配置好的 PDMS 溶胶填充进空芯光纤中；放入 80℃恒温箱固化 1h，使传感探头结构稳定。

制作的传感探头光学显微镜照片及其反射光谱如图 7.61 所示。

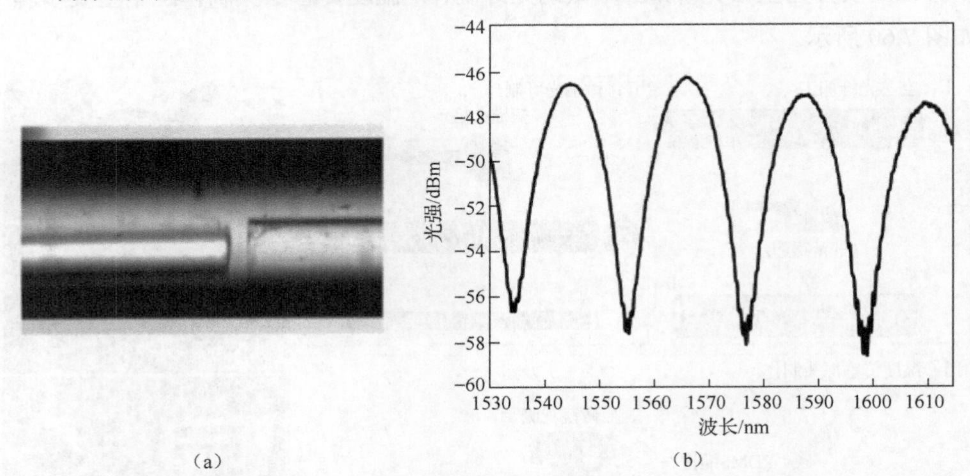

图 7.61　单模端面 Fabry-Perot 微腔光纤温度传感器的结构光学显微镜照片及光谱图

由图 7.61（b）可以看出，该反射光谱对应的 FSR 在 20nm 左右，消光比也非常好。相比于熔融微球端面 Fabry-Perot 微腔光纤温度传感器，光谱质量得到了极大的提高。开展温度传感特性的测试，使用探头的结构参数为微纳光纤锥直径 63μm，Fabry-Perot 微腔的腔长 34μm，实验装置如图 7.62 所示。可以看出光谱的 FSR 约为 21nm，当温度从 40℃升高至 41℃时，干涉谷红移了大概 10.5nm，则此时得出灵敏度为 10.5nm/℃。由于实验采用的光谱仪最高分辨力为 20pm，因此可以得出该传感探头的温度分辨力约为 0.002℃。相比于熔融微球端面 Fabry-Perot 微腔光纤温度传感器所具有的 0.008℃温度分辨力，该传感探头的温度灵敏度和温度分辨力提高了 3 倍。

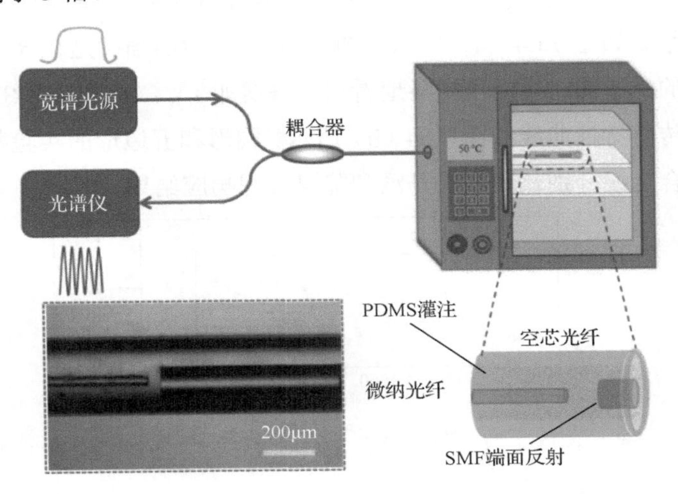

图 7.62 温度传感实验系统原理图

另外，因为传感探头的工作范围受其 FSR 的限制，所以传感探头可以实现对 0～2℃幅度范围内温度波动的动态监测。传感探头在 40℃和 41℃时的反射光谱对比，见图 7.63。

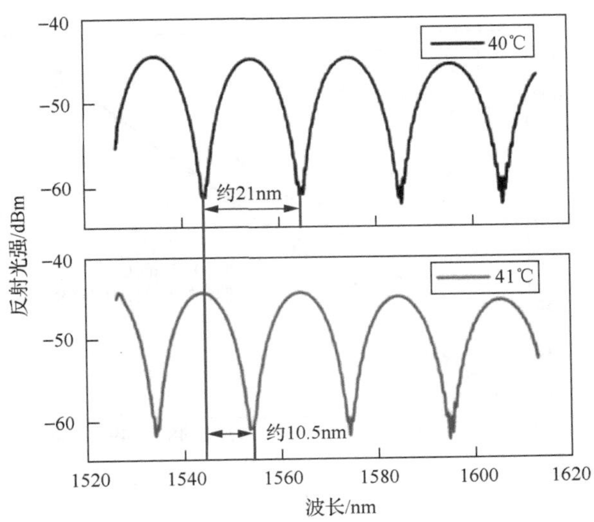

图 7.63 传感探头在 40℃和 41℃的反射光谱对比

为了在更大的光谱范围内测试该传感探头的温度传感性能，在光源的整个光谱范围（1520～1610nm）内标记并跟踪一个干涉谷的波长移动。当温度从 43℃升高至 50℃时（步进温度为 1℃），干涉谷从 1534.8nm（43℃）持续红移至 1607.3nm（50℃），其结果如图 7.64（a）所示。图 7.64（a）中的插图是在 8 个不同的温度值下所记录的光谱图，可以很明显地看出，每增加 1℃，光谱几乎红移半个 FSR。相应的温度传感特性曲线如图 7.64（b）所示。圆形和五边形的实验数据点以及相应的线性拟合直线分别代表加热升温和降温过程响应结果。

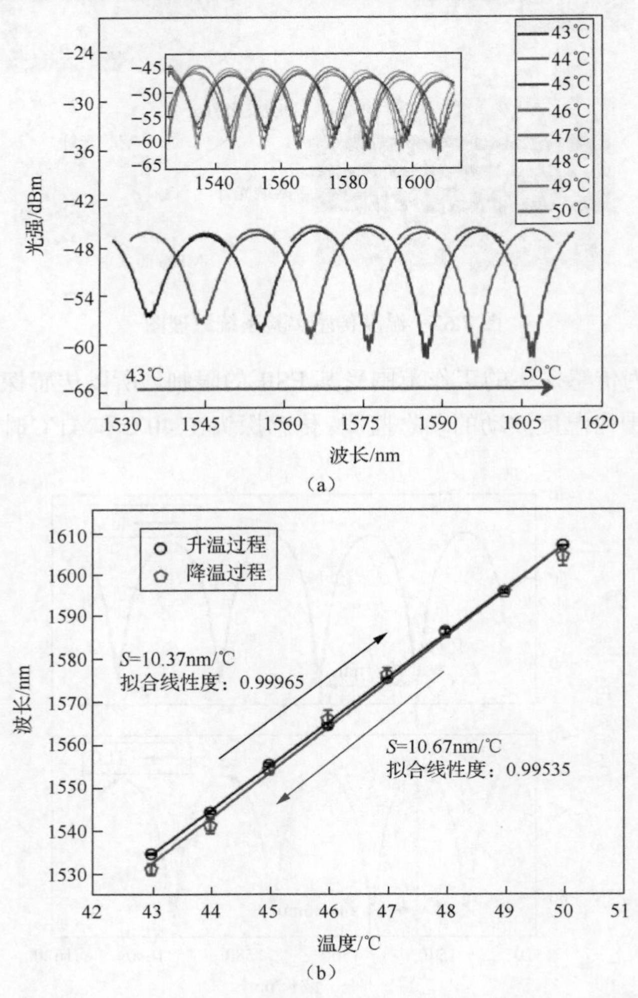

图 7.64 微纳光纤锥 Fabry-Perot 微腔的温度响应光谱及传感特性曲线

由图 7.64（b）可见，经拟合后在加热升温过程中，该探头对温度传感的灵敏度达到 10.37nm/℃，拟合线性度为 0.99965；为探究其恢复特性，将温度 50℃冷却降温至 43℃（步进温度为 1℃），并在此过程中记录干涉谷的移动。经拟合后，在冷却降温过程中，该探头对温度灵敏度达到 10.67nm/℃，拟合线性度为 0.99535。

7.5.3 错位单模端面 Fabry-Perot 微腔光纤温度传感器

由于微纳光纤很容易因范德瓦耳斯力和 PDMS 与空气界面处张力的作用被吸附在空芯光纤的内表面，因此微纳光纤会与 SMF 形成轴向错位 Fabry-Perot 微腔光纤传感探头。

由于 PDMS 封装传感探头之前可以调节 Fabry-Perot 微腔的腔长，所以可以对比不同微纳光纤直径和不同 Fabry-Perot 微腔的腔长的反射光谱，实现对探头结构参数更细致的优化和调整。图 7.65 比较了不同结构参数时探头的光谱。

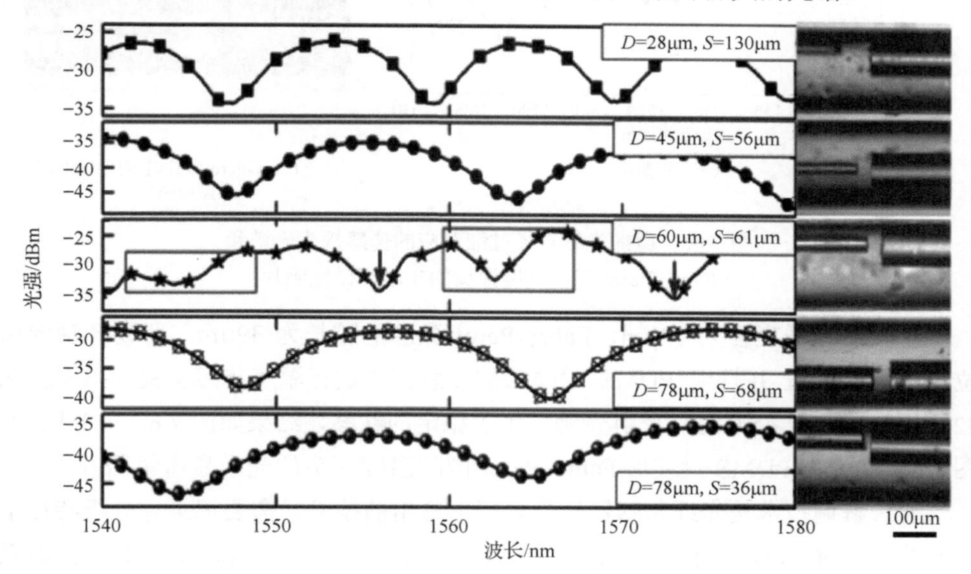

图 7.65 不同微纳光纤直径和不同腔长错位时结构的干涉光谱以及光学显微镜照片

图 7.65 是不同微纳光纤直径 D 和不同 Fabry-Perot 微腔的腔长 S 时，微纳光纤锥 Fabry-Perot 微腔的反射干涉光谱。可以得出，它们的 FSR 分别为 12nm、16.5nm、17nm、19nm、20.5nm。因此，当微纳光纤直径增大，同时 Fabry-Perot 微腔的腔长减小时，光谱的 FSR 会显著增大。除了关注微纳光纤直径，还必须测试

其端面质量，以消除可能存在的缺陷。微纳光纤端面质量对光谱图的影响参见图 7.65 中 $D=60\mu m$、$S=61\mu m$ 对应的光谱。微纳光纤端面微小缺陷可能导致个别干涉模式（方框标出）出现，影响了干涉谱质量。同时，微纳光纤直径不可过小，否则会极大地影响端面质量。图 7.66（a）为微纳光纤直径 10μm、Fabry-Perot 微腔的腔长 64μm 的光谱图，图 7.66（b）为该探头光学显微镜照片。根据光谱质量可以看出该探头无法使用。

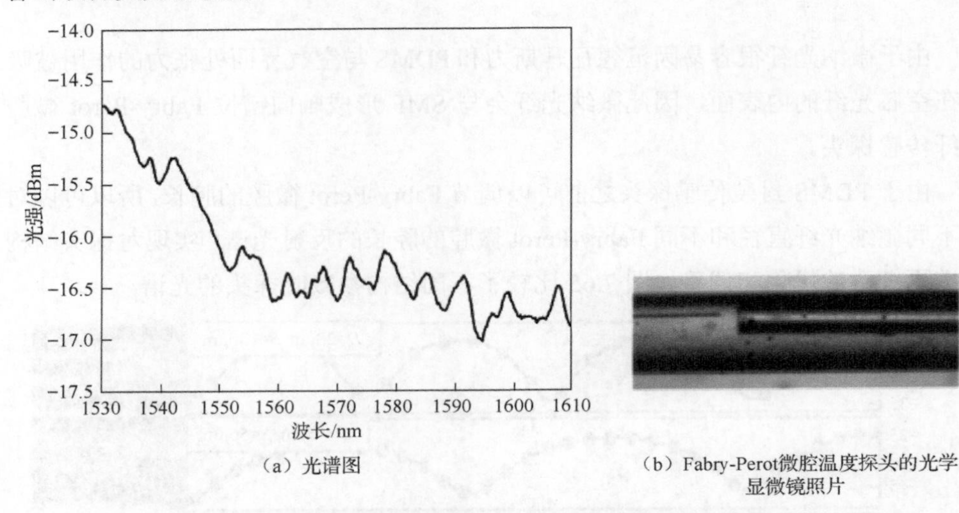

（a）光谱图

（b）Fabry-Perot微腔温度探头的光学显微镜照片

图 7.66 微纳光纤直径过细对应的传感探头光谱和 Fabry-Perot 微腔温度探头的光学显微镜照片

对微纳光纤直径为 73μm，Fabry-Perot 微腔的腔长为 39μm，两光纤轴向错位距离为 60μm 并且用 PDMS 封装后的传感探头进行温度传感实验。当温度从 42℃加热升温至 45℃时，反射光谱发生了稳定的红移，结果如图 7.67（a）所示。图 7.67（b）为 PDMS 封装后 Fabry-Perot 微腔温度探头的光学显微镜照片。

波长解调技术是光纤传感器信号处理中常用的技术。需要记录并分析特征干涉谷波长位置，以获得传感特性曲线。由图 7.67 可以看出，当温度从 42℃升温至 45℃时，干涉光谱出现重叠，这说明该温度探头的动态温度监测范围小于 3℃，超过这个 FSR 范围的干涉光谱很难解调出干涉谷波长位置。因此，FSR 较小的传感探头只适用于有限范围内的高精度温度波动监测，而不适用于大范围的温度变化测量。然而，由于环境温度的变化是连续的，由此引起的干涉谱移动也是连续的，因此可以通过动态跟踪一个干涉谷波长位置来获得较大的工作范围。

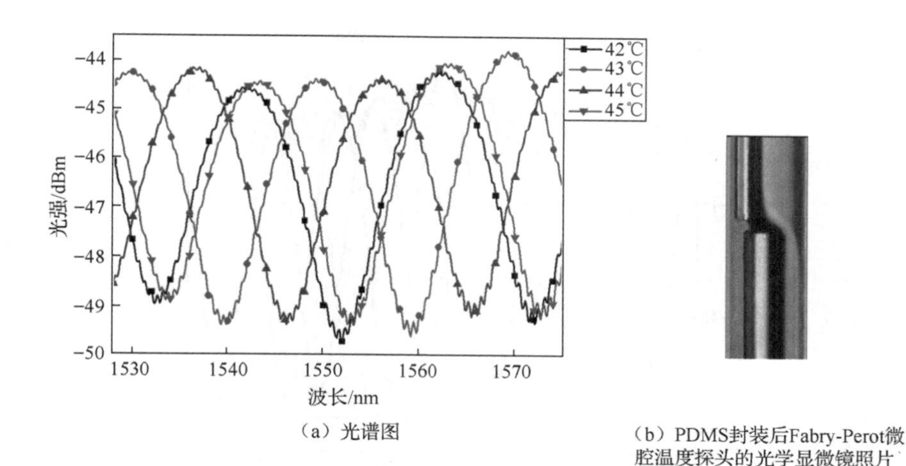

（a）光谱图

（b）PDMS封装后Fabry-Perot微腔温度探头的光学显微镜照片

图 7.67　传感探头在温度从 42℃升高至 45℃时的光谱图和 PDMS 封装后 Fabry-Perot 微腔温度探头的光学显微镜照片

实验中的恒温箱在 40℃以上时表现为线性增温过程。本节制作的错位单模端面Fabry-Perot微腔温度探头的工作范围取决于PDMS的性质，虽然PDMS在−50～200℃具有稳定的理化性质，但最终测试结果表明 Fabry-Perot 微腔温度探头的有效工作温度范围为 25～110℃。将恒温箱温度从 42℃加热升温至 54℃（步进温度 1℃），追踪特征干涉谷在整个光谱范围内的移动变化，如图 7.68（a）所示。如果温度高于 54℃，干涉谷将会移出光源的光谱范围（大于 1610nm）。此时，可以在 1520nm 附近再找一个特征干涉谷进行追踪（即实现特征波长的动态切换），同时采用相对波长变化量对应温度变化，以探究其在更高温度下的响应规律。

温度从 42℃升高至 54℃过程中，记录干涉谷波长位置（从约 1533nm 到约 1609nm），绘制出温度传感特性曲线，并且重复进行一次冷却降温实验，结果如图 7.68 所示。

对加热升温和冷却降温过程的实验数据拟合得到传感特性曲线，表现出良好的线性关系，即特征波长随着温度变化的移动速度均匀。温度从 42℃升高至 54℃时，平均灵敏度为 6.386nm/℃，线性度为 0.9990；温度从 54℃降低至 42℃时，平均灵敏度为 6.389nm/℃，拟合线性度为 0.9990。

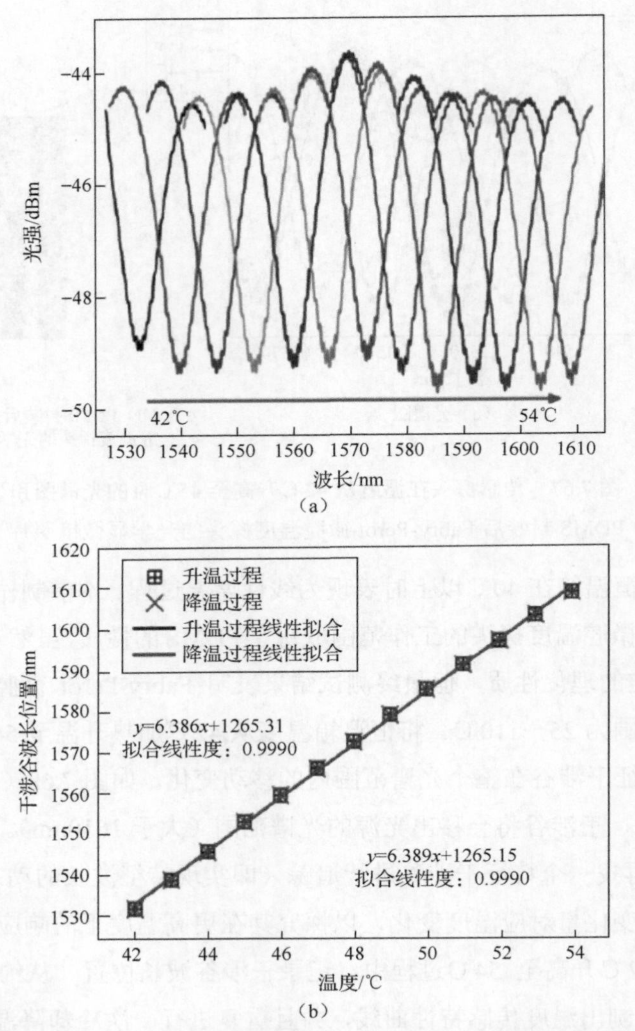

图 7.68　引入轴向错位后传感结构的温度传感响应光谱及特性曲线

在升温与降温过程中，通过比较同一个温度点的数据来分析其迟滞性，12 个实验数据的偏差分布在 0.0012～0.0041nm，该探头的重复性较好。实验中使用的光谱仪分辨力为 0.02nm，该传感探头的温度分辨力约为 0.003℃，与上述两种传感探头的温度分辨力在同一量级。尽管该探头在微纳光纤和 SMF 轴线发生位错的情况下表现出较高的重复性，但相比于同轴单模端面 Fabry-Perot 微纳光纤传感探头可达到的最高灵敏度 11.86nm/℃，其灵敏度下降了几乎一半，主要原因是微纳光纤与 SMF 之间形成错位后，二者之间填充的 PDMS 体积变小，导致温度变化量相同的情况下，PDMS 沿轴向的线性膨胀距离变小，灵敏度降低。

7.6 气敏材料修饰微纳光纤气体传感器技术

7.6.1 ZnO/PMMA 端面反射型乙醇传感器

本节拟设计的 ZnO/PMMA 端面反射型乙醇传感器，是通过在 SMF 的一端熔接一段无芯光纤来制作反射型光纤结构，这种制作方法操作简单，光纤结构的稳定性高。敏感材料为分散了 ZnO 纳米片的 PMMA 浆料。PMMA 为无色透明颗粒，质地坚硬，具有较好的化学稳定性以及透明性。ZnO 纳米片的制备技术已经非常成熟，包括水热法、溶胶凝胶法、湿化学法等。实验中选取了水热法来制备 ZnO 纳米片，这种方法是目前应用最广泛的纳米材料制备方法。本实验中的 ZnO 纳米片 SEM 图像如图 7.69 所示。

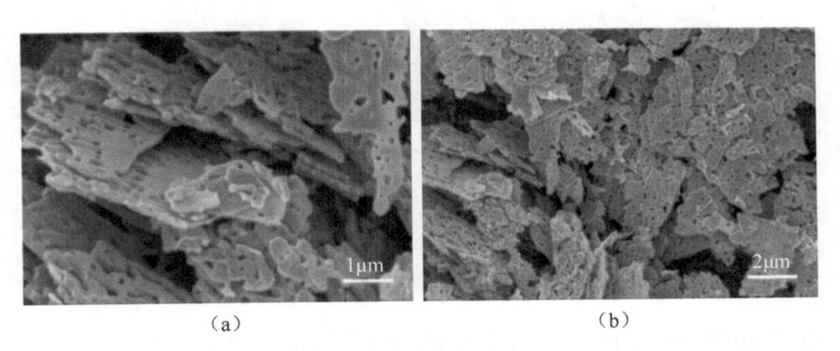

（a） （b）

图 7.69 ZnO 纳米片的 SEM 图像

从图 7.69（a）中可以看出，ZnO 纳米片呈多孔纳米片状，多孔的形貌使其表面积大，气体和其接触时也会更加充分。从图 7.69（b）中可以看出，ZnO 纳米片的大小均一。制备好 ZnO 纳米片之后，称量 800mg PMMA 颗粒，溶解于 4mL 丙酮溶液中，得到溶液 A；称量 30mg ZnO 纳米片分散于 4mL 丙酮中，得到溶液 B；将溶液 A 与溶液 B 分别超声 45min 后混合，再继续超声直至得到黏稠均匀的胶状半流质液体。通过以上步骤，用于修饰单模-无芯光纤的 ZnO/PMMA 敏感材料即制备完成。

将敏感材料修饰于光纤结构上的涂覆方法通常包括浸涂法、滴涂法、旋涂法和激光沉淀法。相对而言，浸涂法引入的光损耗更小，操作简单。使用提拉镀膜机对光纤结构进行浸涂，控制各项参数可以精准完成不同形貌敏感膜的涂覆，而且操作便捷，特别是容易在单个结构上实现多次重复涂覆。需要优化的工艺参数包括下降速度、上升速度、停留时间以及镀膜次数等，其中，下降速度指光纤从空气中浸入敏感材料溶液后的速度；上升速度指光纤从敏感材料溶液中重新提升到空气中的速度；停留时间指光纤在敏感材料溶液中停留的时间；镀膜次数指重复镀膜的次数。

首先，将光纤结构固定在提拉镀膜机的光纤夹上，并将敏感材料溶液置于光纤结构的正下方；随后，在提拉镀膜机上设置相应控制参数，即以 250μm/s 的上升和下降速度反复镀膜 5 次，在空气中与敏感材料溶液的停留时间均为 5s；之后，将敏感薄膜还未固化的传感器固定在无尘容器中，在室温环境下自然风干 96h，使其表面薄膜中的丙酮溶液完全挥发。风干结束，此反射型传感探头即制备完成，传感器结构示意图如图 7.70 所示。

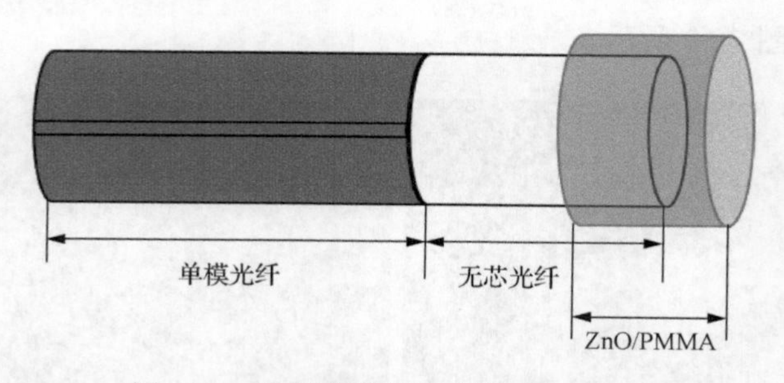

图 7.70　端面反射型传感器结构示意图

为检查 ZnO/PMMA 材料是否成功修饰在所制备的单模-无芯光纤结构的端面上，使用光学显微镜观察所制备的传感器，如图 7.71 所示。相比于未涂覆敏感材料的光纤结构，涂覆后的传感器端面呈圆弧形，端面位置包覆的敏感材料厚度为 15μm，且探头的直径为 149μm，大于裸 SMF 的包层直径 125μm，证明敏感材料包覆在了光纤结构端面。由于探头表面附着 ZnO 纳米片，当外界因素导致敏感材料的折射率发生改变时，会引起无芯光纤中的模式耦合，进而导致光信号更多地返回无芯光纤内部，所以在检测乙醇气体时传感器的反射光谱会发生相应的变化。在浸涂过程中，所设置的提拉镀膜机的提拉速度对传感器端面敏感材料涂覆的效果有着非常明显的影响。

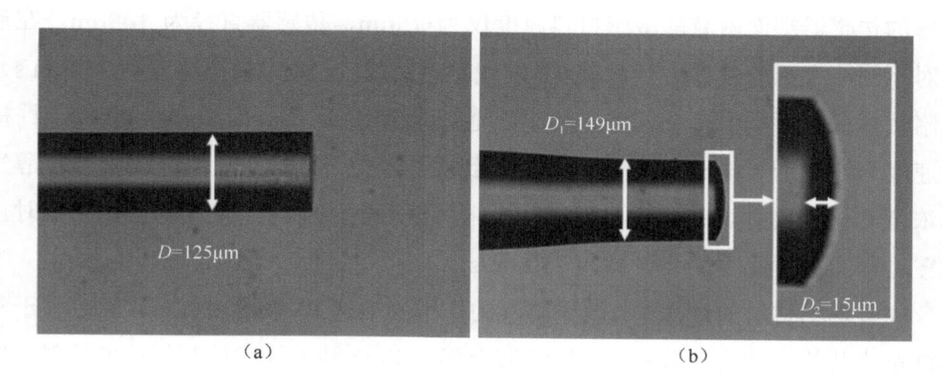

（a） （b）

图 7.71 涂覆敏感材料前后的传感探头照片

由于所制备的敏感材料溶液为胶状半流质液体，黏度比较大，所以当提拉速度过快时，光纤端面附着的敏感材料过多，会形成球形的反射头，甚至会形成形状不规则的反射探头；反之，降低提拉速度后，得到的光纤探头端面较为干净，仅在端面位置形成弧状薄膜层。根据这一点差异，实验中设计了这两种不同的传感探头，并对其传感性能进行了对比。两个传感器的制备过程在提拉速度方面进行了比较，分别为 500μm/s 和 250μm/s，其他工艺参数和光纤结构参数完全一致。图 7.72 为不同提拉速度所制备的传感器光纤探头的光学显微镜照片。

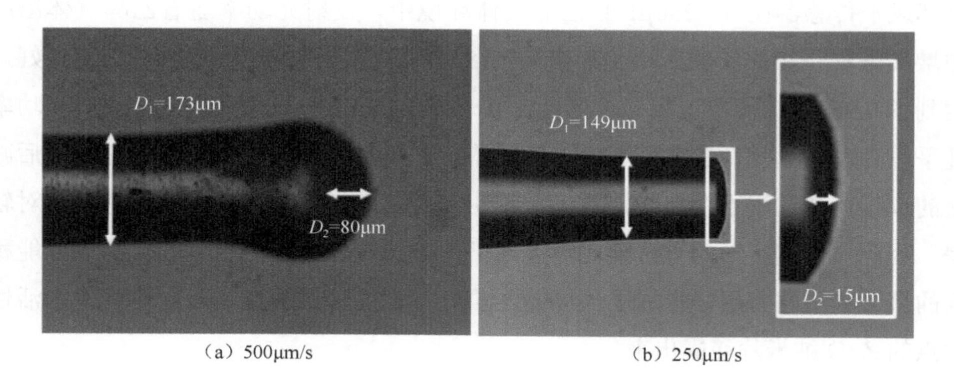

（a）500μm/s （b）250μm/s

图 7.72 采用不同提拉速度制备光纤探头的光学显微镜照片

可以看出，提拉速度为 500μm/s 所制备的传感器端面附着的敏感材料呈球状，端面的敏感材料厚度为 80μm，传感器直径为 173μm；而提拉速度为 250μm/s 所制备的传感器端面附着的敏感材料厚度仅为 15μm，传感器直径为 149μm。在后续对不同浓度乙醇气体进行测试时，发现敏感薄膜较薄时（提拉速度为 250μm/s），吸附气体分子后折射率变化信息能更好地被光信号探测到，而敏感膜层较厚时（提拉速度为 500μm/s），光信号几乎观察不到明显变化，体现在反射光谱上即乙醇气体浓度变化时反射光谱几乎不会随之变化，传感器性能差。因此制备传感器时，涂覆过程的提拉速度最终设置为 250μm/s。

制备敏感材料的过程中，丙酮溶液的作用为溶解 PMMA 颗粒，从而更易于与 ZnO 纳米片均匀混合。但是，丙酮溶液会影响 ZnO 纳米片和被测气体的接触，使传感器的性能降低。为了使敏感材料中的丙酮溶液完全挥发，使敏感膜层中只留下 ZnO 纳米片和 PMMA，需要对探头进行风干处理。风干方式可分为自然风干和恒温风干，自然风干即将浸涂后的传感器静置在实验室环境中 96h，其间需要避免阳光直射；而恒温风干方式是将传感器放置在 60℃的鼓风干燥箱中 1h。实验中，针对以上两种风干方式制作的传感探头，在相同的环境下比较了它们对不同浓度乙醇的响应，如图 7.73 所示。

图 7.73（a）为自然风干制备所得的传感器对乙醇气体浓度的测试结果，图 7.73（b）为恒温风干方式制备所得传感器对乙醇气体浓度的测试结果。可以看出，在波长 1528～1603nm 范围内，自然风干传感器对乙醇气体的响应效果更好。自然风干传感器在 0～250μL/L 乙醇气体环境中，反射光功率随着乙醇气体浓度的增加呈现正相关的关系，尤其在 0～150μL/L 范围内响应的拟合线性度良好，达到了 0.96217；而恒温风干传感器在 0～200μL/L 乙醇气体环境中，反射光功率几乎没有发生改变，在波长 1581.85nm 附近，反射光功率经历了一个先增大后减小的过程，该过程不存在线性关系，说明其对乙醇气体浓度的变化敏感性相对较差。因此，自然风干的方式要比恒温风干的方式更加优越，更有利于形成性能稳定的聚合物敏感膜层，形成了气体分子与光纤表面接触的通道，同时将作为活性位点的 ZnO 纳米片暴露出来。

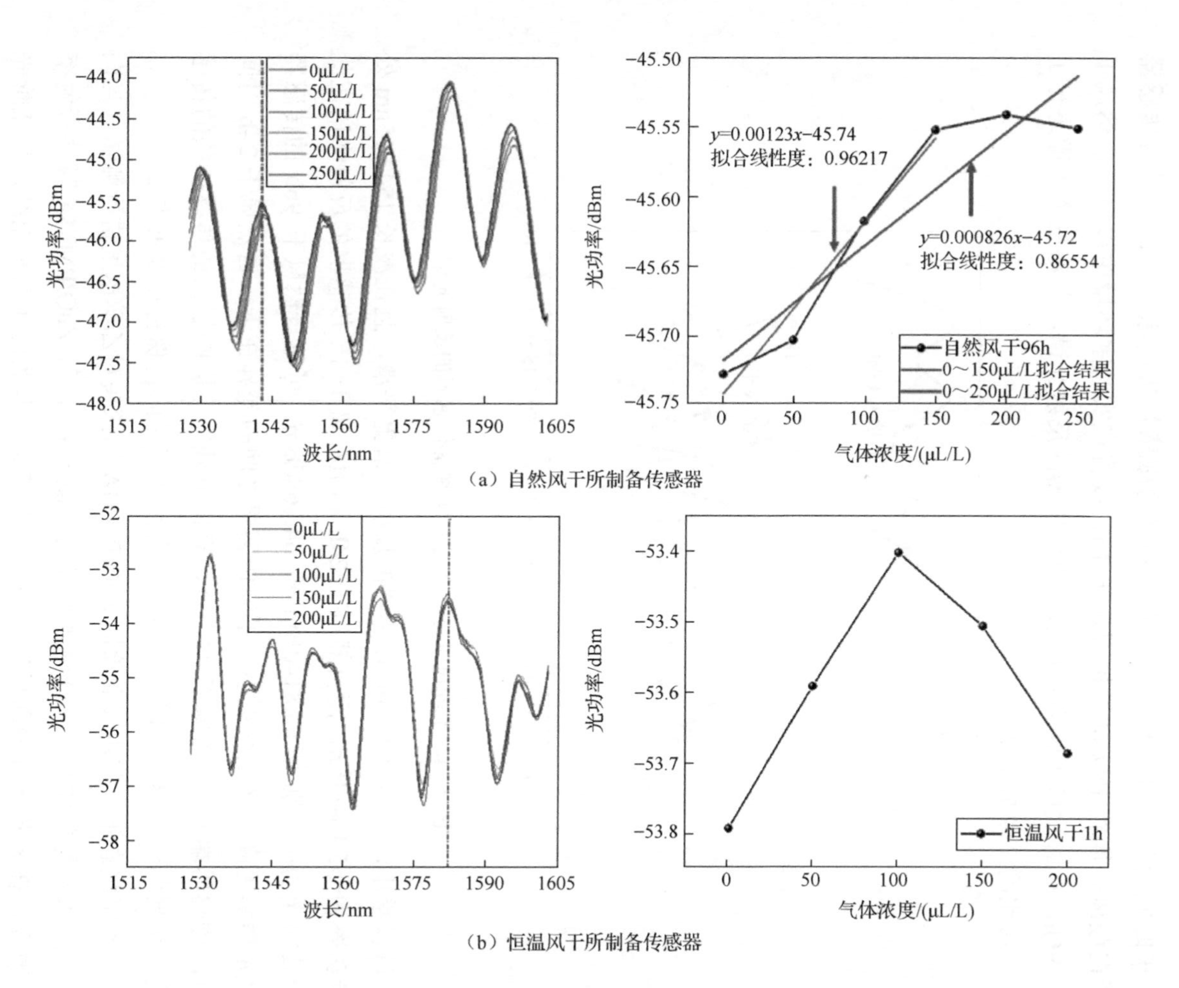

（a）自然风干所制备传感器

（b）恒温风干所制备传感器

图 7.73 不同风干方式所制备传感器对不同浓度乙醇气体的响应特性

自然风干时间对传感器气敏特性的影响同样十分明显。为了更准确地探究不同风干时间对传感器的影响，完成传感器的敏感材料浸涂之后，先后将传感器放置在鼓风干燥箱中以60℃恒温风干1h、放置在实验室环境中以室温自然风干24h、96h，在每次风干结束之后都采集传感器的反射光谱，并将三个光谱进行了对比，对比的结果如图7.74所示。

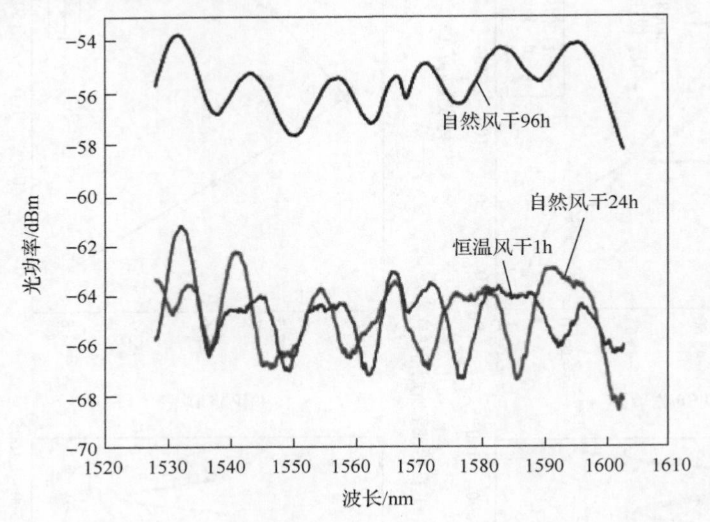

图7.74　不同风干方式及时间所制备传感器的反射光谱

可以看出，自然风干96h传感器的反射光谱更平滑，且在波长1543.15nm处的光功率为-55.164dBm，而自然风干24h和恒温风干1h传感器的反射光谱在此波长处的光功率分别为-63.814dBm和-64.168dBm。可见自然风干96h的传感器反射光功率更高，光损耗更小。不同传感器之间的差异在于，自然风干24h时间过短，传感器端面的丙酮未挥发完全，有部分残留，影响了乙醇传感探头的传感性能。在制备该传感探头时，应该控制自然风干时间，保持在96h左右。

在室温状态下，使用表面涂覆ZnO/PMMA的探头对乙醇浓度进行测试。当向气室内注入乙醇气体后，ZnO纳米片吸附待测乙醇分子，ZnO/PMMA膜层折射率发生改变，在无芯光纤表面反射的高阶光学模式更多地返回无芯光纤，与低阶光信号干涉，光强发生改变，结果如图7.75所示。以25μL/L为间隔，随着气体浓度的增加，光功率逐渐增强，在波长约为1572nm处，乙醇气体浓度在0～150μL/L变化时，干涉光功率增加了0.09308dBm，对应的灵敏度为6.2×10^{-4}dBm/(μL/L)。

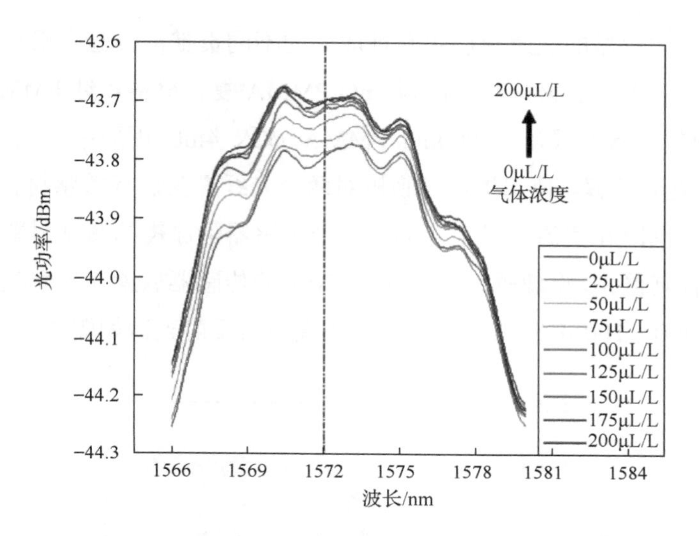

图 7.75 端面反射型传感器在乙醇气体下的响应光谱

为了得到光强变化和气体浓度之间的关系，将实验数据进行了线性拟合，见图 7.76。由于 ZnO/PMMA 敏感材料溶液具有一定的黏度，在浸涂过程中会在光纤结构端面形成一定厚度的腔体膜。当它接触到乙醇气体时，PMMA 的溶胀效应会导致其体积会改变。也就是说，对传感器进行乙醇气体浓度测试时，含有 PMMA 敏感材料的腔长改变，同时 ZnO 折射率也会发生改变，这两种改变都会影响传感器的性能。

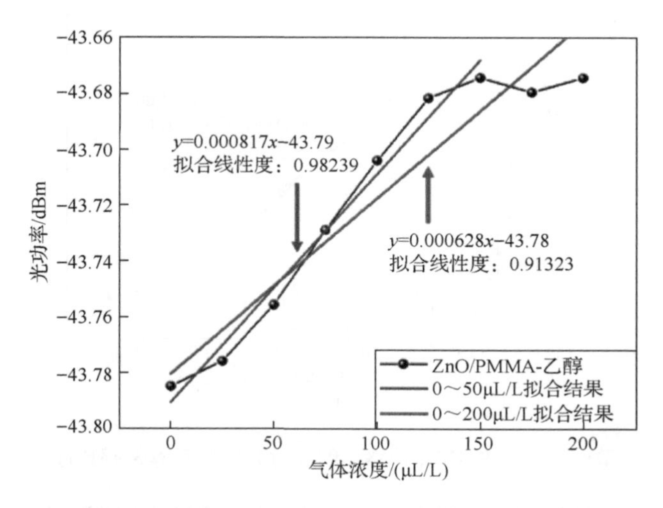

图 7.76 反射光功率与乙醇气体浓度的线性拟合

为了探究传感器的敏感膜层中两种成分的不同贡献，实验中设计了敏感材料不同的两个传感器。敏感材料分别为ZnO/PMMA复合材料和纯PMMA材料。纯PMMA材料的制备方式是将800mg PMMA放入4mL丙酮中，超声45min至PMMA颗粒充分溶解。使用提拉镀膜机对两个光纤探头进行敏感材料的涂覆，并放置在一起，同时在室温下风干96h。两个传感器除涂覆的敏感材料不同外，其他部分没有任何区别。将敏感材料为纯PMMA的传感器放置在乙醇气体环境中进行测试，其在0～200μL/L浓度乙醇气体环境中的反射光谱如图7.77所示。

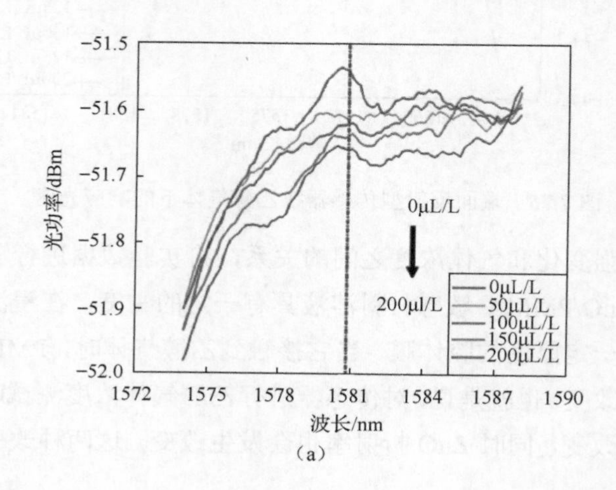

（a）

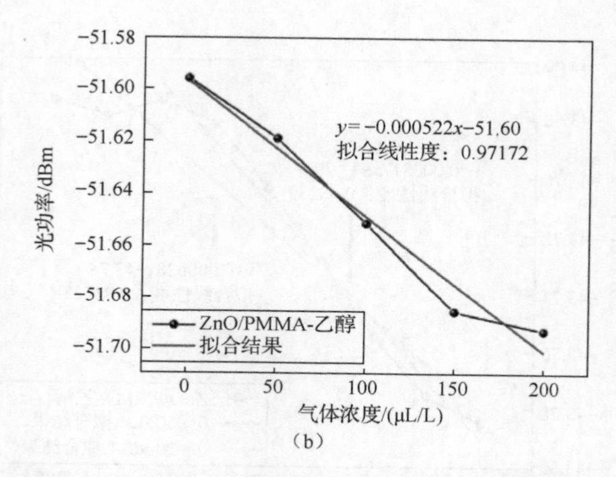

（b）

图7.77　敏感材料为PMMA传感器的反射光谱及乙醇传感特性拟合曲线

如图7.77（a）所示，随着乙醇气体浓度的增加，光功率逐渐减弱。在0～200μL/L

的气体浓度下，以 50μL/L 为间隔，光强变化和气体浓度变化具有良好的线性关系［图 7.77（b）］，拟合线性度达到 0.97172。

为了更好地对比纯 PMMA 膜层的传感器与 ZnO/PMMA 膜层的传感器光功率随乙醇气体浓度变化趋势，将两个传感器的线性拟合曲线放置在一起进行比较，如图 7.78 所示。

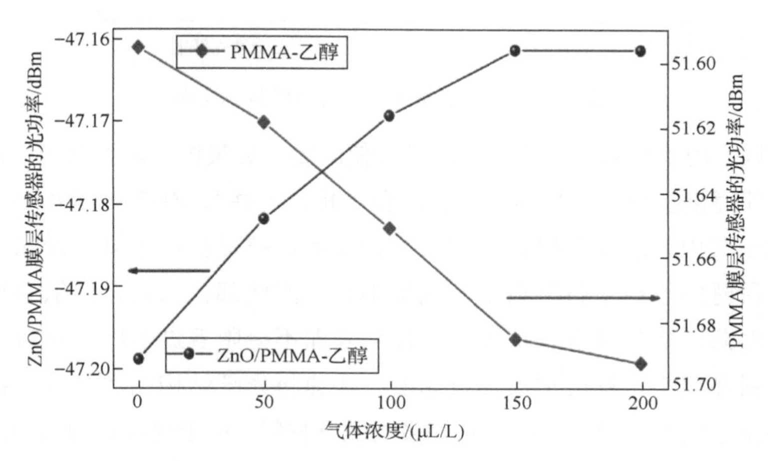

图 7.78　敏感材料为 ZnO/PMMA 和纯 PMMA 两种传感器的传感特性拟合曲线

随着乙醇气体浓度的增加，敏感材料中是否含有 ZnO 纳米片的两个传感器反射光谱光强的变化趋势是完全相反的。也就是说在检测乙醇气体时，PMMA 和 ZnO 纳米片两种材料的敏感性能对传感器灵敏度的作用效果相反，PMMA 的存在反而削弱了 ZnO 纳米片对乙醇的敏感性能、降低了灵敏度。在类似的实验中，需要注意选择主体掺杂材料 PMMA 的替代聚合物，以得到材料影响方向一致的敏感膜层，以有效改善传感器性能。

7.6.2　锥反射型乙醇传感器

锥反射型乙醇传感器的结构设计主要基于微纳光纤锥结构。将制备好的单锥光纤结构端面插入敏感材料溶液中并静置 5s，再将其取出，打开紫外灯照射敏感材料 1min，使紫外固化胶固化，即完成锥反射型乙醇传感器的制备。传感器的结构示意图见图 7.79。

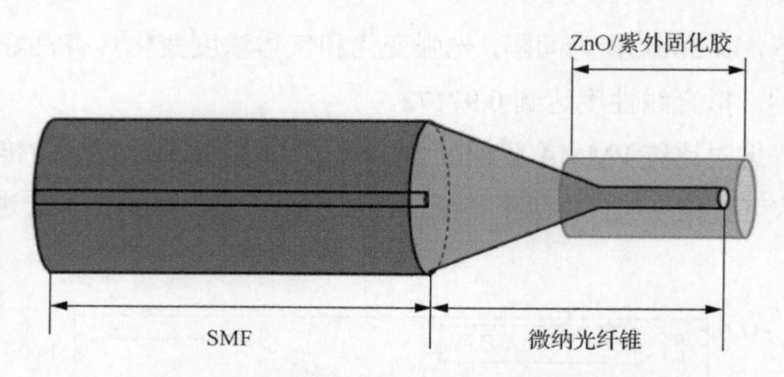

图 7.79　锥反射型乙醇传感器结构示意图

之所以采用手动的方式浸涂，而没有使用提拉镀膜机的原因有两点：一是低折射率紫外固化胶的黏度很小，其状态和水相似，并且 ZnO 纳米片不能溶解而只能分散于其中，若使用提拉镀膜机进行浸涂，在提拉、下降、浸涂以及间隔时间这一段时间里纳米材料极易下沉聚集在溶液底部；二是，若敏感材料黏度大，则需要降低提拉速度以保证传感探头表面不会附着过多敏感材料，反之，若敏感材料黏度小，则应加快提拉速度，快速将光纤结构端面从敏感材料溶液中向外提拉才能保证端面能附着足够多的敏感材料。由于提拉镀膜机的提拉速度比较慢，在光学显微镜下观察使用提拉镀膜机制备的传感器端面，其附着的敏感材料过少，几乎观察不到 ZnO 纳米片的存在。综合以上两点，最终选择手动涂覆的方式。

锥腰区是微纳光纤结构的重要区域，拉锥后光纤传感器端面锥形结构的直径仅有几微米，其极小的直径使得倏逝波极强。锥腰区是否完好，决定了传感器的反射光谱是否发生严重漂移。光谱信号噪声和毛刺的大小也将直接导致能否对乙醇气体发生可识别的敏感响应。

为避免微纳光纤锥腰区折断损毁，需要将敏感材料包覆整个光纤锥腰区。同时考虑到敏感材料为不透明的乳白色胶状溶液，将光纤结构端面浸入敏感材料溶液时，不易观测锥形结构端面的位置，浸涂时严格控制光纤结构的浸入深度，避免微纳光纤锥的端面碰触到容器底部，保证锥腰区结构完好。

敏感材料涂覆完成后，在光学显微镜下可以观察到，ZnO 纳米片均匀地分散在光纤结构表面。并且在紫外固化胶外层可以观察到明显分布的 ZnO 纳米片。图 7.80 为涂覆完成的锥反射型乙醇传感器光学显微镜照片。

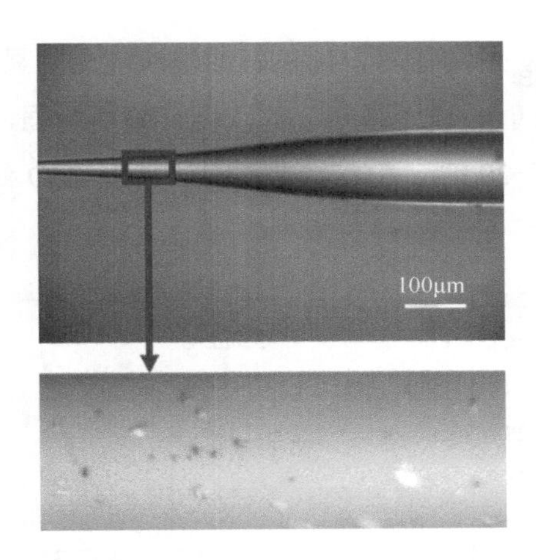

图 7.80 涂覆完成的锥反射型乙醇传感器光学显微镜照片

敏感材料中 ZnO 纳米片含量对传感器传感性能会产生明显影响，实验中分别将 5mg 和 10mg 的 ZnO 纳米片分散在 500μL 的紫外固化胶中制备敏感材料，并涂覆在微纳光纤锥端面，在光学显微镜下分别观察两个传感器，如图 7.81 所示。

在图 7.81 中可以观察到两个传感器的表面都明显附着 ZnO 纳米片，但是图 7.81（a）中 ZnO 纳米片含量为 5mg，且分散较均匀；图 7.81（b）中 ZnO 纳米片含量为 10mg，材料团聚现象较为严重，呈较大的颗粒状。

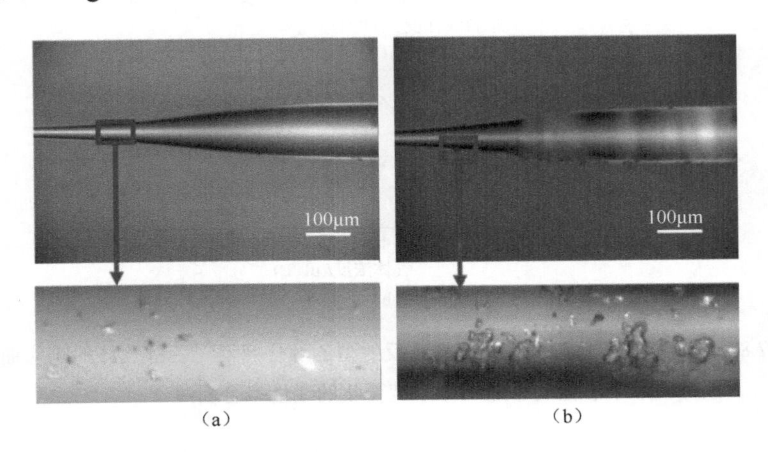

图 7.81 不同 ZnO 纳米片含量的锥反射型乙醇传感器光学显微镜照片

为探究敏感材料中 ZnO 纳米片含量对传感性能的影响，对比了两种探头对乙醇气体的响应效果，结果如图 7.82 和图 7.83 所示。随着气体浓度的升高，对于

ZnO 纳米片含量为 5mg 的传感器，对乙醇的响应能力明显更好。在 0～250μL/L 的乙醇气体环境中，反射光谱光强随气体浓度升高而增强，两者变化呈线性。传感器的反射光谱强度在-29dBm 左右，光强明显高于 ZnO 纳米片含量 10mg 的传感器的光强。

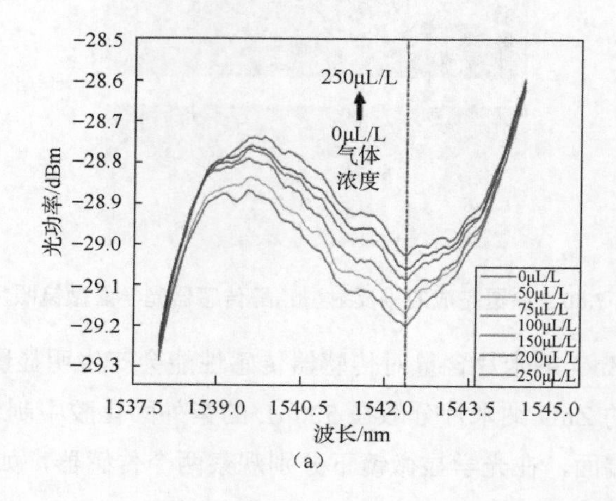

(a)

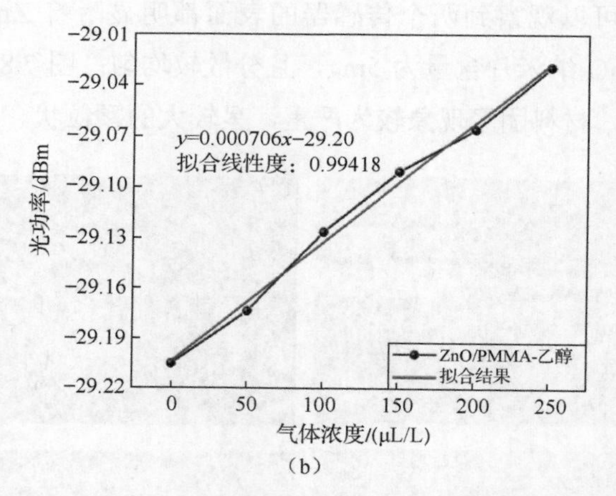

(b)

图 7.82　ZnO 纳米片含量为 5mg 的锥反射型乙醇传感器对乙醇气体的响应曲线和光功率随气体浓度变化的线性拟合曲线

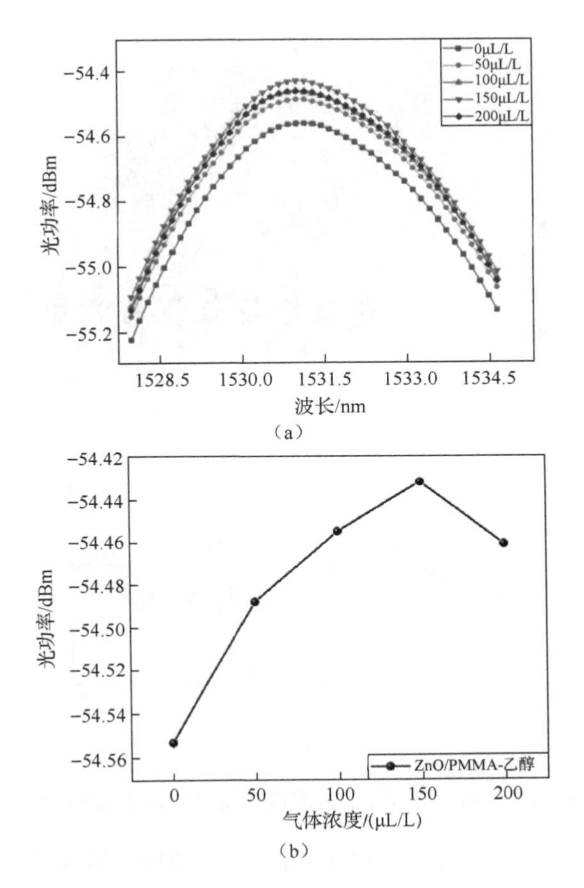

图 7.83　ZnO 纳米片含量为 10mg 的锥反射型乙醇传感器对乙醇气体的响应曲线和光功率随气体浓度变化的线性拟合曲线

ZnO 纳米片含量为 10mg 传感器的光功率先变高再变低，变化没有规律，且传感器光功率在-55dBm 左右，光损耗较严重。这一现象发生的原因是当光信号从光源到达传感器时，在传感器最外层会发生一定的散射，而当敏感材料中含有分散颗粒状的 ZnO 纳米片时，就会产生严重的光散射，导致性能变差。

7.6.3　MoS_2 纳米片包覆微纳光纤甲酸传感器

本节的微纳光纤甲酸传感器是以 MoS_2 纳米片包覆无芯光纤。通过液相分离手段得到的 MoS_2 纳米片为 N 型半导体，如图 7.84（a）所示。

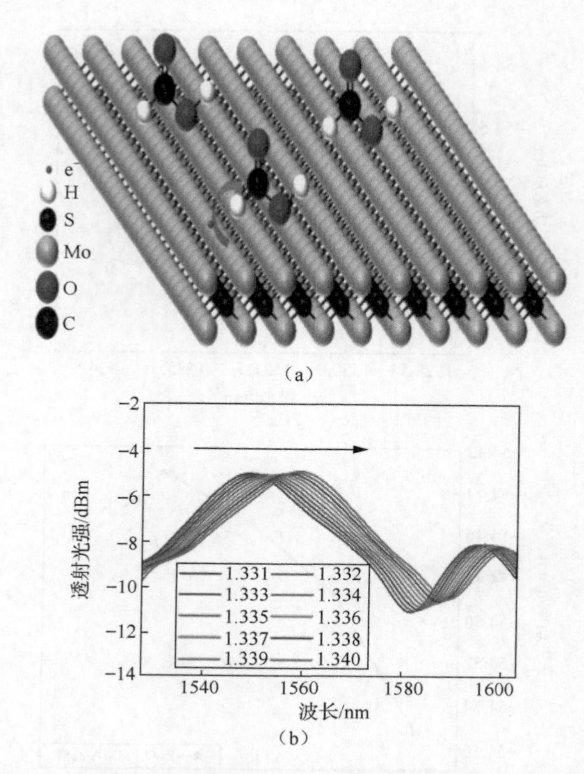

图 7.84　MoS_2 纳米片对甲酸气体的响应机理及对外界环境折射率变化响应光谱

当甲酸气体分子与 MoS_2 纳米片发生接触时，MoS_2 纳米片中的部分电子会向甲酸气体分子中转移，导致 MoS_2 纳米片材料的介电常数增大，即其折射率增大，进而引起光纤传感区域的等效折射率差增大，使干涉谱发生红移。图 7.84（b）显示了外界环境（此处相当于 MoS_2 纳米片，单层 MoS_2 纳米片的折射率近似于纯水）折射率的变化对透射谱影响的仿真结果，可以明显看出，随着外界环境折射率的增大，干涉谱逐渐红移，与理论分析相吻合。

相比于多模光纤结构本身对外界不敏感，需要进行不易控制的化学腐蚀或机械剥离的复杂操作手段。微纳光纤的机械强度差、极易断裂，PCF 等特种光纤的成本高昂。无芯光纤作为一种内部折射率均匀分布的特种光纤，具有结构简单、稳定性高和成本低等特点[42]。在两段普通 SMF 中间熔接 3cm 的无芯光纤（长飞公司的 CL1010-A）作为传感结构，在保证灵敏度的同时，又减少了后续镀膜的难度。具体的实验操作如图 7.85 所示。

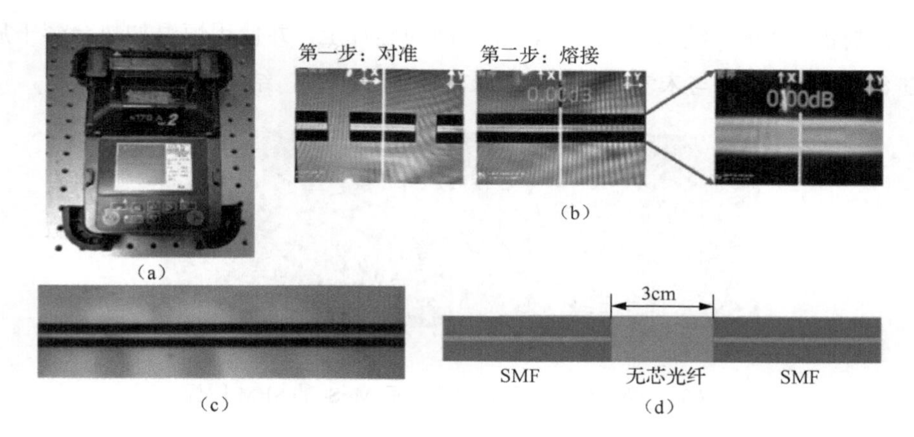

图 7.85 SMF-无芯光纤-SMF 级联光纤结构制作流程及示意图

利用光纤熔接机，选择自动熔接程序，将无芯光纤熔接在两段 SMF 中间，无芯光纤部分即待涂覆的光纤传感区域；随后，将熔接好的光纤传感区域擦拭干净，晾干，并固定到干净的载玻片上备用。

通过超声液相分离制备 MoS_2 纳米片敏感膜，选用的化学试剂均为分析纯。先将 225mL 无水乙醇与 275mL 纯水充分混合为约 500mL、体积分数为 45%的乙醇溶液，作为 MoS_2 分散液备用；然后将 MoS_2 原材料放入马弗炉中，以约 2℃/min 的升温速率加热至 270℃，并保持此温度煅烧 3h，煅烧结束后自然冷却至室温；将热处理后的 MoS_2 分散到提前配好的 45%乙醇分散液中，并在超声剥离前加入适量 NaOH 以提高剥离效果[43]；将 MoS_2 分散液放入功率为 600W 的超声清洗机中，超声处理 12h，待超声处理结束后，迅速对其进行离心分离。将超声分散剂放入离心机中以 4000r/min 离心 6min，取其上清液，再以 8000r/min 离心分离，取其沉淀，并加入适量 45%乙醇溶解分散，再重复一遍之前的离心操作，最后取 8000r/min 离心后获得的上清液，即是所制备好的 MoS_2 纳米片分散液。在离心过程中要做到轻拿轻放，且动作尽量要迅速，否则将影响离心效果，降低所得分散液中 MoS_2 薄层纳米片的含量比例；需要说明的是，在超声处理时，尽量使用硬质容器，否则将极大地影响超声剥离的效果，若容器有一定弹性，可适当增加超声剥离的时间，以保证剥离效果。

将制备的MoS_2纳米片分散液滴在干净的硅片上，并使用恒温加热台蒸干后，通过SEM表征，并与未剥离前MoS_2原材料进行对比，结果如图7.86所示。

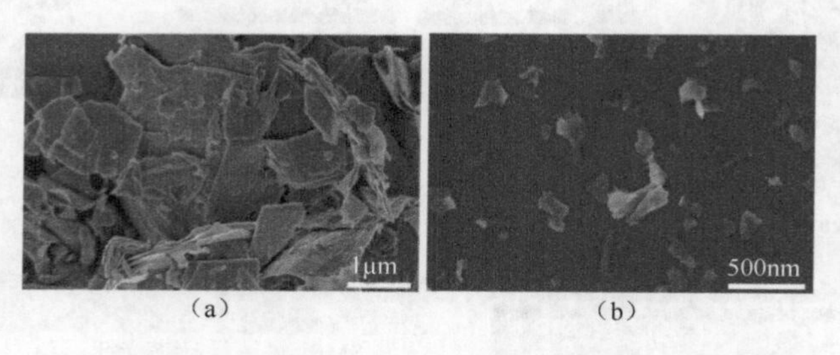

图7.86　超声剥离前和超声剥离后MoS_2的SEM图像

图7.86（a）、（b）分别为MoS_2原材料和MoS_2纳米片的SEM图像。可以看出，相比于原材料的厚板块状，所得MoS_2纳米片为小片状，且分布大致均匀。

光纤涂覆采用滴涂法，且在滴涂过程中，光纤结构始终和测试系统相连，通过观察光谱仪中干涉谱变化来判断涂覆效果。首先，将准备好的光纤结构接入光纤测试系统，开机运行，使其正常工作，再将光纤传感区域放至恒温加热台上，开启加热台，设定其工作温度略高于100℃，观察光谱仪中的干涉光谱。用移液管吸取适量制备好的MoS_2纳米片分散液，缓慢且均匀地滴加至光纤传感区域，待其经高温彻底蒸干后，观察并对比滴涂前后的光谱变化；不断重复滴涂操作，直至干涉谱有明显变化。干涉波谷有明显红移的同时，损耗有明显改变，即涂覆成功。涂覆前后的干涉谱变化越明显，往往光纤传感区域所附着的MoS_2纳米片修饰效果越好，传感器灵敏度也越高。但如果所附着的MoS_2纳米片太多，反而会增加传感器的响应与恢复时间，降低传感器性能，实际操作中，可根据需要适当控制涂覆效果。图7.87（a）为光纤传感区域镀膜后的光学显微镜照片及SEM图像。图7.87（b）为光纤结构涂覆MoS_2纳米片后的光谱对比。

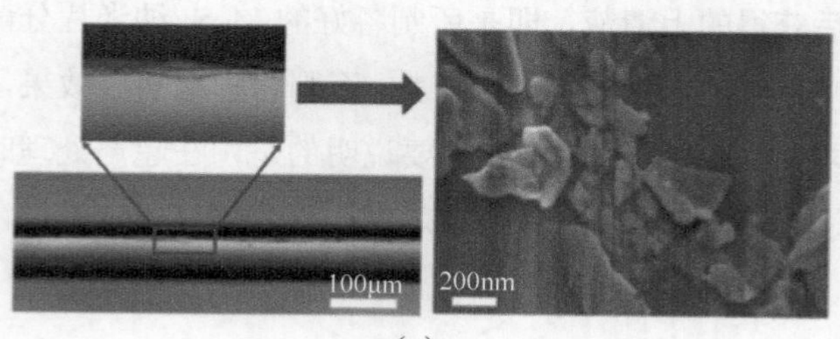

（a）

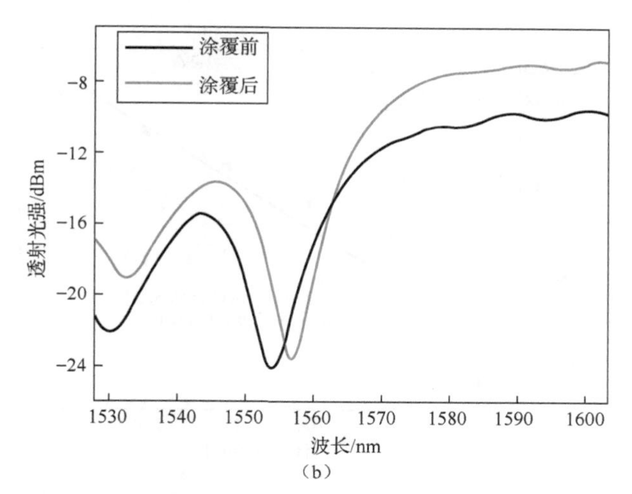

(b)

图 7.87 光纤结构涂覆 MoS_2 纳米片后的光学显微镜照片和 SEM 图像及光谱对比

在常温条件下，进而对涂覆了 MoS_2 纳米片的光纤传感器进行浓度梯度测试，以 50μL/L 为间隔，向气室内分别通入 0～250μL/L 甲酸气体，如图 7.88（a）所示。随着甲酸气体浓度的增加，干涉光谱的波谷逐渐向长波长方向移动。对甲酸气体的浓度信息和波谷的移动量进行线性拟合，结果如图 7.88（b）所示。此传感器对甲酸气体的检测下限可低至 50μL/L，且在 0～250μL/L 的浓度范围内，存在一定的线性关系，拟合线性度达 0.89286，而灵敏度则较低，仅达 0.114pm/(μL/L)。在相同条件下，扩大甲酸气体的浓度测量范围，分别向气室内通入 0μL/L、50μL/L、100μL/L、150μL/L、200μL/L、300μL/L、500μL/L、700μL/L、900μL/L、1100μL/L 的甲酸气体，传感器光谱图如图 7.89（a）所示。

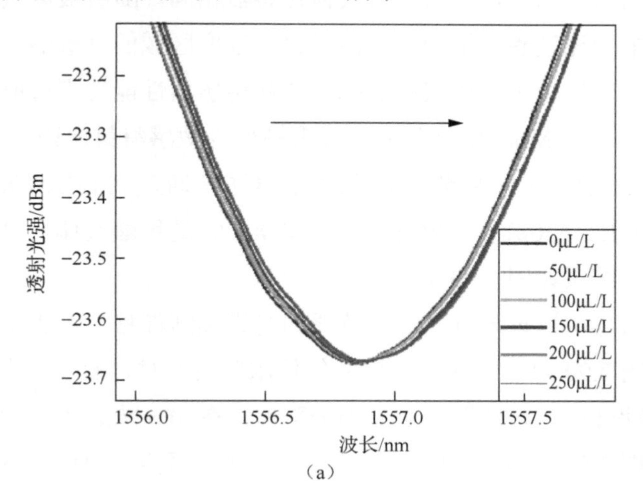

(a)

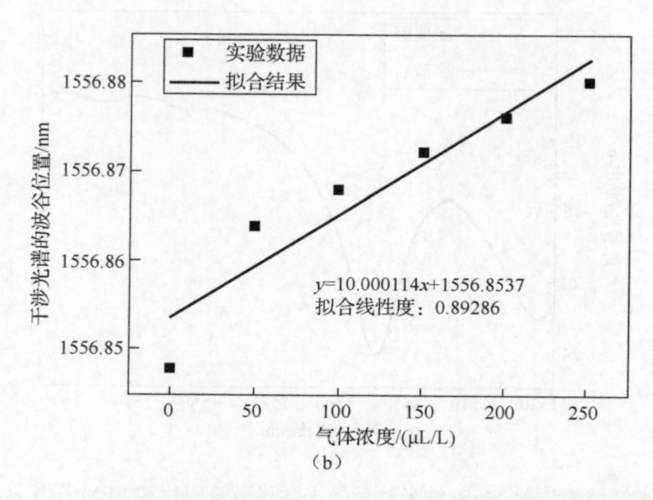

图 7.88　小范围甲酸气体浓度下的传感器光谱图及传感特性曲线

随着甲酸气体浓度的持续增加，干涉光谱的波谷产生了更大范围的红移。以相同方式对此实验数据进行处理，结果如图 7.89（b）所示。在 0～1100μL/L 浓度范围内，与之前的小浓度范围相比，拟合线性度有所下降，但是在 0～250μL/L 的浓度范围内表现出了更好的拟合线性度，如图 7.89（c）所示。当甲酸气体浓度在 50～250μL/L 时，拟合线性度为 1，就整个测试范围的拟合线性度，可通过数学运算方式加以修正，以简单的对数运算为例，仅仅对甲酸气体的浓度信息进行对数运算，其拟合线性度明显提升至 0.92196，且灵敏度为 28.73pm/(μL/L)，各项指标都有明显改善。另外，与大多数气体传感器相同，随着被测气体浓度的逐渐增加，传感器响应逐渐趋于饱和，必然导致高浓度区域的气敏响应程度降低。在传感器的实际标定过程中，可根据实际需要和传感器性能特点选取适当的标定方法和工作范围。采用 MoS_2 纳米片复合壳聚糖作为敏感材料修饰在单模-无芯级联光纤表面，可以设计另一种甲酸气体传感器。同样，通入 0μL/L、10μL/L、30μL/L、70μL/L、150μL/L、630μL/L、950μL/L、1590μL/L 的甲酸气体，对传感器的响应特性进行验证。结果如图 7.90（a）所示。

随着甲酸气体浓度逐渐升高，传感器的光谱逐渐红移。对实验数据进行简单处理，结果如图 7.90（b）所示。当甲酸气体浓度较低时，响应较为显著，随着甲酸气体浓度持续升高，传感器的响应趋于平坦。在 0～70μL/L，对实验结果进行线性拟合，从图 7.90（b）中可以看出，其气体响应灵敏度为 0.71pm/(μL/L)。

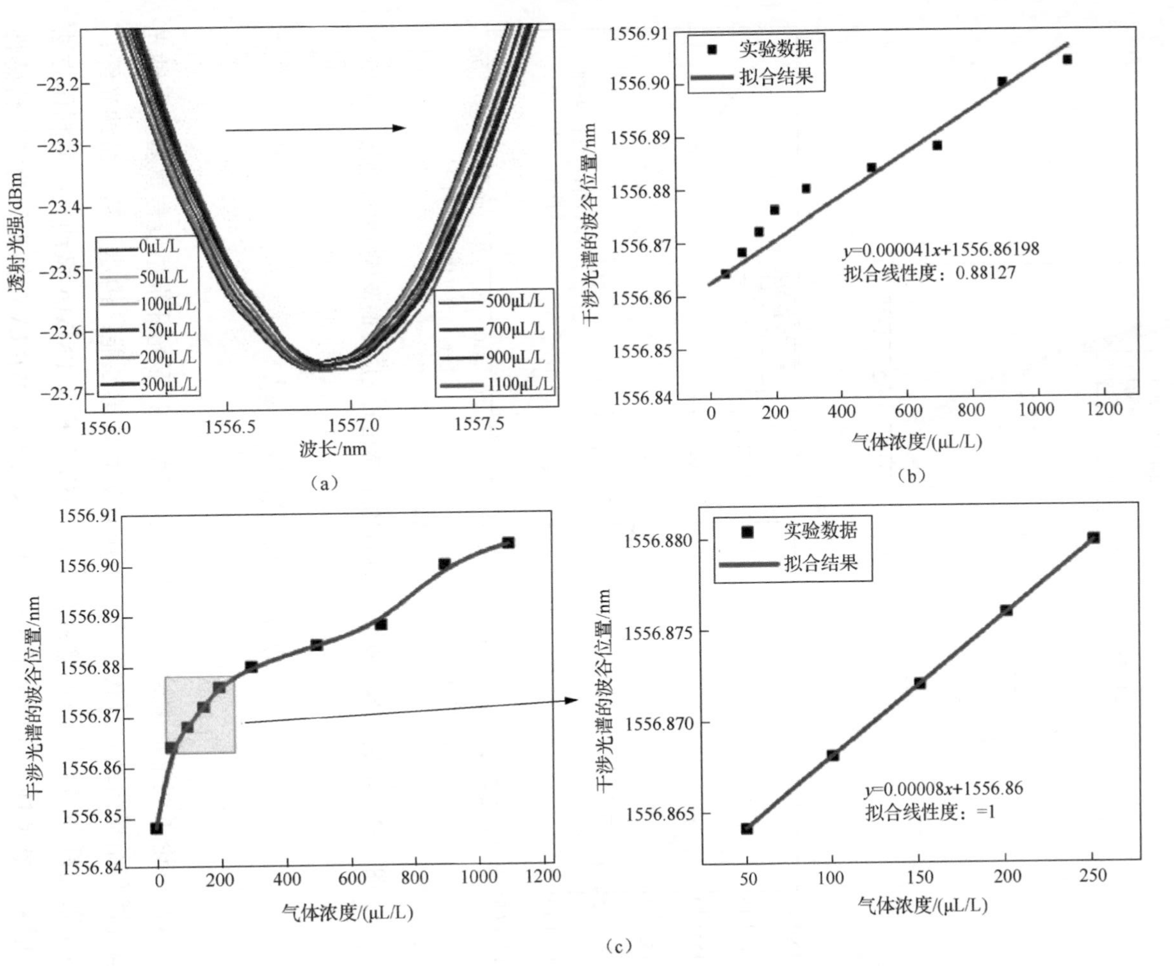

图 7.89 大范围甲酸气体浓度下的传感器光谱图及传感特性曲线

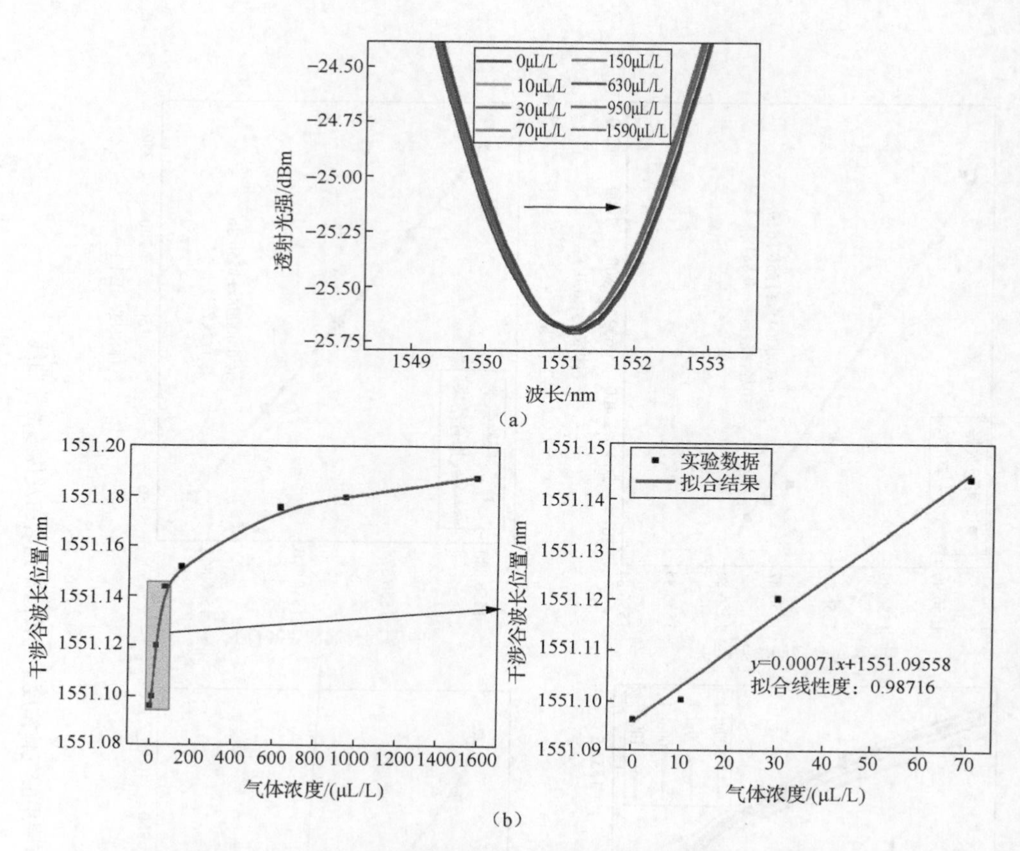

图 7.90　MoS_2 纳米片复合壳聚糖修饰传感器的响应光谱及传感特性曲线

7.7　本章小结

本章讨论了双锥形微纳光纤折射率传感器、S 形光纤锥温度传感器、微纳光纤耦合器和结形微纳光纤传感器的制作方法和传感性能；构建了基于微纳光纤、微纳空芯光纤和微球的回音壁耦合共振系统；分析了 PMMA 微纳光纤的制作方法及折射率传感特性，并探讨了掺杂 Pd 纳米粒子后 PMMA 微纳光纤的氢气传感性能；分析并讨论了熔融微球端面、同轴单模端面和错位单模端面 Fabry-Perot 微腔光纤温度传感器的设计方法及温度传感性能；通过实验对比分析了端面反射型和锥反射型光纤结构在修饰敏感材料后对乙醇的传感特性，其中敏感材料中的

PMMA 削弱了纳米氧化锌对乙醇气体的敏感特性，锥反射型传感器表现出了更高的灵敏度，最后分析了修饰 MoS_2 纳米片的甲酸气体传感器性能。

参 考 文 献

[1] Zhang Y D, Li J, Li H Y, et al. Plasmon induced transparency in subwavelength structures[J]. Optics and Laser Technology, 2013, 49: 202-208.

[2] Li J, Zhang Y D, Li H Y, et al. Power spectrum in the MIM waveguide with single tooth-structure and nano-structure detection[J]. Optik, 2013, 124(24): 6772-6775.

[3] Li J, Zhang Y D, Li H Y, et al. Surface plasmon excitation in a hollow prism[J]. Physica E: Low-dimensional Systems and Nanostructures, 2012, 44(7-8): 1667-1669.

[4] Li J, Zhao Y, Hu H F, et al. SPR based hollow prism used as RI sensor[J]. Optik, 2015, 126(2): 199-201.

[5] Li J, Zhao Y, Hu H F, et al. Waveform shaping of 1550nm transmission through hollow quartz fiber[J]. Optik, 2014, 125(20): 6102-6105.

[6] Li J, Zhang Y D, Li H Y, et al. Optical transmission characteristics of air-core fiber based on surface plasmon resonance effect of silver sphere[J]. Russian Physics Journal, 2012, 56(11): 1310-1313.

[7] Li J, Li H Y, Wang K Y, et al. Plasmon resonance of silver micro-sphere in fiber taper[J]. Optics Express, 2013, 21(18): 21414-21422.

[8] Li J, Zhang Y D, Li H Y, et al. The optical response of the silver nano-sphere with two spindle-shaped cavities in a sub-wavelength quartz fiber[J]. Europhysics Letters, 2013, 102(6): 67012.

[9] Li J, Li H Y, Zhao Y, et al. Hollow fiber taper with a silver micro-sphere used as refractive index sensor[J]. Optics Communications, 2014, 318: 7-10.

[10] Li J, Li H Y, Hu H F, et al. Preparation and spectral characteristics of micron metal particles doped quartz fiber[J]. Optics and Laser Technology, 2015, 68: 79-83.

[11] Hu H F, Li J, Li H Y, et al. Research on the glucose-sensing characteristics of gold microparticle-doped silica microfiber based on refractive index measurement[J]. Applied Physics B, 2016, 122(11): 282.

[12] Li J, Liu C X, Hu H F, et al. Ag micro-spheres doped silica fiber used as a miniature refractive index sensor[J]. Sensors and Actuators B: Chemical, 2016, 223: 241-245.

[13] Lü R Q, Li J, Hu H F, et al. Miniature refractive index fiber sensor based on silica micro-tube and Au microsphere[J]. Optical Materials, 2017, 72: 661-665.

[14] Li J, Li H Y, Hu H F, et al. Refractive index sensor based on silica microfiber doped with Ag microparticles[J]. Optics and Laser Technology, 2017, 94: 40-44.

[15] Li J, Li H Y, Hu H F, et al. Preparation and application of polymer nano-fiber doped with nano-particles[J]. Optical Materials, 2015, 40: 49-56.

[16] Li J, Duan Y N, Hu H F, et al. Flexible NWs sensors in polymer, metal oxide and semiconductor materials for chemical and biological detection[J]. Sensors and Actuators B: Chemical, 2015, 219: 65-82.

[17] Li H Y, Li J, Qiang L S, et al. Whispering gallery modes of dye-doped polymer microspheres in microtube[J]. Optics Communications, 2015, 354: 66-70.

[18] Li J, Hu H F, Li H Y, et al. Recent developments in electrochemical sensors based on nanomaterials for determining glucose and its byproduct H_2O_2[J]. Journal of Materials Science, 2017, 52(17): 10455-10469.

[19] Li J, Liu J T, Hu H F, et al. Tunable orbital angular momentum mode conversion in asymmetric long period fiber gratings[J]. IEEE Photonics Technology Letters, 2017, 29(23): 2103-2106.

[20] Cai Y, Li M, Wang M H, et al. Optical fiber sensors for metal ions detection based on novel fluorescent materials[J]. Frontiers in Physics, 2020, 8: 552.

[21] Li J, Wang H R, Li Z, et al. Preparation and application of metal nanoparticals elaborated fiber sensors[J]. Sensors, 2020, 20(18): 5155.

[22] Li J, Nie Q, Gai L T, et al. Highly Sensitive temperature sensing probe based on deviation S-shaped microfiber[J]. Journal of Lightwave Technology, 2017, 35(17): 3706-3711.

[23] Dang H T, Li J, Xin D Q, et al. Miniature temperature sensor based on encapsulated silica microfibre-microsphere structure[J]. Micro & Nano Letters, 2018, 13(12):1739-1742.

[24] Chen M S, Dang H T, Zhang J, et al. Mach-Zehnder interferometer refractive index sensing probe based on dual microfiber coupler[J]. Optik, 2021, 228: 166181.

[25] Liu F H, Wang Y, Dang H T, et al. Refractive index sensing properties of microfiber cascaded-long-tapers[J]. Microwave and Optical Technology Letters, 2023, 65(5): 1186-1191.

[26] Gai L T, Li J, Zhao Y. Preparation and application of microfiber resonant ring sensors: A review[J]. Optics and Laser Technology, 2017, 89: 126-136.

[27] Li J, Gai L T, Li H Y, et al. A high sensitivity temperature sensor based on packaged microfiber knot resonator[J]. Sensors and Actuators A: Physical, 2017, 263: 369-372.

[28] Fan R, Mu Z Z, Li J. Miniature temperature sensor based on polymer-packaged silica microfiber resonator[J]. Journal of Physics and Chemistry of Solids, 2019, 129: 307-311.

[29] Fan R, Yang J T, Li J, et al. Temperature measurement using a microfiber knot ring encapsulated in PDMS[J]. Physica Scripta, 2019, 94(12): 125706.

[30] Li J, Yang J T, Ma J N. Load sensing of a microfiber knot ring (MKR) encapsulated in polydimethylsiloxane (PDMS)[J]. Instrumentation Science & Technology, 2019, 47(5):511-521.

[31] Cai L, Li J. PDMS packaged MKR used for sensing longitudinal load change[J]. Journal of Physics and Chemistry of Solids, 2020, 138: 109268.

[32] Li J, Li Z B, Yang J T, et al. High sensitivity temperature probe based on elliptical microfiber knot ring[J]. Results in Physics, 2020, 16: 102953.

[33] Dang H T, Chen M S, Li J. A highly-sensitive temperature-sensor based on a microfiber knot-resonator packaged in polydimethylsiloxane[J]. IEEE Photonics Journal, 2020, 13(1): 7100208.

[34] Dang H T, Chen M S, Li J, et al. Sensing performance improvement of resonating sensors based on knotting micro/nanofibers: A review[J]. Measurement, 2021, 170: 108706.

[35] Li J, Yang J T, Ma J N. Highly sensitive temperature sensing performance of a microfiber Fabry-Perot interferometer with sealed micro-spherical reflector[J]. Micromachines, 2019, 10(11): 773.

[36] Li Z B, Zhang Y, Ren C Q, et al. A high sensitivity temperature sensing probe based on microfiber Fabry-Perot interference[J]. Sensors, 2019, 19(8): 1819.

[37] Li J, Li Z B, Yang J T, et al. Microfiber Fabry-Perot interferometer used as a temperature sensor and an optical modulator[J]. Optics and Laser Technology, 2020, 129: 106296.

[38] Guo Z W, Wang Y N, Li J. Compact strain fiber sensor based on Fabry-Perot microstructural air cavity[J]. Instrumentation Science & Technology, 2022, 50(4): 385-396.

[39] Li J, Wang Y N, Yang J T. Compact Fabry-Perot microfiber interferometer temperature probe with closed end face[J]. Measurement, 2021, 178: 109391.

[40] Meng J, Ma J N, Li J, et al. Humidity sensing and temperature response performance of polymer gel cold-spliced optical fiber fabry-perot interferometer[J]. Optical Fiber Technology, 2022, 68, 102823.

[41] Fan J X, Li W Y, Liu Y H, et al. Fiber strain sensor based on compact in-line air cavity fabricated by conventional single mode fiber[J]. Microwave and Optical Technology Letters, 2023, 65(5): 1093-1098.

[42] Cui J T, Chen G L, Li J. PMMA-coated SMF-CLF-SMF-cascaded fiber structure and its humidity sensing characteristics[J]. Applied Physics B, 2022, 128: 36.

[43] Li J, Choi D Y, Smietana M J. Novel smart materials for optical fiber sensor development[J]. Frontiers in Materials, 2021, 8: 671086.

[44] Chen G L, Li J, Meng F L. Formic acid gas sensor based on coreless optical fiber coated by molybdenum disulfide nanosheet[J]. Journal of Alloys and Compounds, 2022, 896: 163063.

[45] Li J, Chen G L, Meng F L. A fiber-optic formic acid gas sensor based on molybdenum disulfide nanosheets and chitosan works at room temperature[J]. Optics and Laser Technology, 2022, 150: 107975.
[46] Zhang S, Qi T Y, Li J, et al. Design and sensing characteristics of ethanol fiber probe elaborated by ZnO nanosheets[J]. Journal of Physics and Chemistry of Solids, 2022, 162: 110495.
[47] Liu H Q, Yao C B, Li J, et al. Modulating the electron transfer and resistivity of Ag plasma implanted and assisted MoS_2 nanosheets[J]. Applied Surface Science, 2022, 571: 151176.
[48] Li J, Fan R, Hu H F, et al. Hydrogen sensing performance of silica microfiber elaborated with Pd nanoparticles[J]. Materials Letters, 2018, 212: 211-213.
[49] Li J, Chen F, Li H Y, et al. Investigation on high sensitivity RI sensor based on PMF[J]. Sensors and Actuators B: Chemical, 2017, 242: 1021-1026.
[50] Gao N, Mu Z Z, Li J. Palladium nanoparticles doped polymer microfiber functioned as a hydrogen probe[J]. International Journal of Hydrogen Energy, 2019, 44(26):14085-14091.
[51] Yang J T, Fan R, Li J, et al. Hydrogen leakage detectors based on a polymer microfiber decorated with Pd nanoparticles[J]. IEEE Sensors Journal, 2019, 19(16): 6736-6741.
[52] 李晋，闫浩，孟杰. 光子晶体光纤气体吸收光谱探测技术研究进展[J]. 光学精密工程, 2021, 29(10): 2316-2329.
[53] Li J, Yan H, Dang H T, et al. Structure design and application of hollow core microstructured optical fiber gas sensor: A review[J]. Optics and Laser Technology, 2021, 135: 106658.